高职高专机械工程系列精品教材

机械制造基础

——公差配合和工程材料

主　编　黄丽娟　胡迎花
副主编　李　锐　于悟然　裴启军

ZHEJIANG UNIVERSITY PRESS
浙江大学出版社

图书在版编目（CIP）数据

机械制造基础 / 黄丽娟等主编. —杭州：浙江大学出版社，2013.1（2021.1 重印）

ISBN 978-7-308-10899-7

Ⅰ.①机… Ⅱ.①黄… Ⅲ.①机械制造—高等学校—教材 Ⅳ.①TH

中国版本图书馆 CIP 数据核字（2012）第 297347 号

内容简介

本书是根据高等职业技术院校〈机械制造基础课程的课程标准〉的要求，通过编者的教学实践并与同行专家研讨编写而成，可以满足教学计划 45～80 课时的教学需要，全书分成 2 篇共 14 章，上篇（1～6 章）为公差配合与技术测量，下篇（7～14）为工程材料及选用。本书紧密结合课程标准，内容少而精，全书穿插有应用性案例，以培养学生的综合能力，让学生能学习致用。

针对教学的需要，本书由浙大旭日科技配套提供全新的立体教学资源库（立体词典），内容更丰富、形式更多样，并可灵活、自由地组合和修改。同时，还配套提供教学软件和自动组卷系统，使教学效率显著提高。

本书可以作为高职高专等相关院校的机械制造基础相关教材，同时为从事工程检测的技术人员提供参考资料。

机械制造基础

主　编　黄丽娟　胡迎花
副主编　李　锐　于悟然　裴启军

责任编辑　杜希武
封面设计　刘依群
出版发行　浙江大学出版社
（杭州市天目山路 148 号　邮政编码 310007）
（网址：http://www.zjupress.com）
排　　版　杭州好友排版工作室
印　　刷　广东虎彩云印刷有限公司绍兴分公司
开　　本　787mm×1092mm　1/16
印　　张　17
字　　数　413
版 印 次　2013 年 1 月第 1 版　2021 年 1 月第 5 次印刷
书　　号　ISBN 978-7-308-10899-7
定　　价　48.00 元

《高职高专机械工程系列精品教材》编审委员会

前 言

机械制造基础是高等工科院校机械类和近机类各专业的一门专业知识课程，是从基础课学习过渡到专业课学习的桥梁，是机械工程技术人员和管理人员必备的基本知识技能。

本教材是根据机械制造基础课程的课程标准要求，按照当前的教学及课程改革需要，通过编者的教学实践并与同行专家研讨编写而成的。本书可以作为本科、高职高专等相关院校的机械制造基础的教材，同时为从事机械工程技术人员提供参考资料。本教材共有14章，分上下篇。上篇(1～6章)为公差配合与技术测量，下篇(7～14)为工程材料及选用。本书有以下几个特点：

- 针对性好：紧密结合课程标准，内容少而精。
- 应用性强：穿插应用性案例，以培养学生的综合应用能力，能学习致用。
- 适用面广：各章内容独立，可根据专业的不同情况选用。

此外，我们发现，无论是用于自学还是用于教学，现有教材所配套的教学资源库都远远无法满足用户的需求。主要表现在：1)一般仅在随书光盘中附以少量的视频演示、练习素材、PPT文档等，内容少且资源结构不完整。2)难以灵活组合和修改，不能适应个性化的教学需求，灵活性和通用性较差。为此，本书特别配套开发了一种全新的教学资源：立体词典。所谓"立体"，是指资源结构的多样性和完整性，包括视频、电子教材、印刷教材、PPT、练习、试题库、教学辅助软件、自动组卷系统、教学计划等等。所谓"词典"，是指资源组织方式。即把一个个知识点、软件功能、实例等作为独立的教学单元，就像词典中的单词。并围绕教学单元制作、组织和管理教学资源，可灵活组合出各种个性化的教学套餐，从而适应各种不同的教学需求。实践证明，立体词典可大幅度提升教学效率和效果，是广大教师和学生的得力助手。

参加本书编写的有：南京信息职业技术学院黄丽娟(第7、8、10、12、13、14章)，南京信息职业技术学院胡迎花(绪论、第1、2、3、4章)，常州工程职业技术学院李锐(第3、8、9章)，淮海技师学院于悟然(第5章)，淮海技师学院于悟然裴启军(第11章)，南京信息职业技术学院郭丽(第6章)，南京信息职业技术学院向翠萍(第2章)。全书由黄丽娟、胡迎花任主编并统稿，李锐、于悟然、裴启军为副主编。限于编写时间和编者的水平，书中必然会存在需要进一步改进和提高的地方。我们十分期望读者及专业人士提出宝贵意见与建议，以便今后不断加以完善。请通过以下方式与我们交流：

● 网站：http://www.51cax.com

● E-mail：book@51cax.com，marke t01@51cax.com

● 致电：0571－28852522，0571－87952303

杭州浙大旭日科技开发有限公司为本书配套提供立体教学资源库、教学软件及相关协助；编写过程中还承蒙许多专家和同行提供了许多宝贵意见建议，浙江大学出版社给予了大力支持。编者在此一并致以衷心的感谢。

编　者

2012 年 10 月

目 录

绪 论

0.1 互换性概述

不论如何复杂的机械产品，都是由大量的通用与标准零部件和少数专用零部件所组成的，这些通用与标准零部件可以由不同的专业化厂家来制造，这样，产品生产厂只需生产少量的专用零部件，其他零部件则由专门的标准件厂等厂家制造及提供。产品生产厂家不仅可以大大减少生产费用还可以缩短生产周期，及时满足市场与用户的需要。

既然现代化生产是按专业化、协作化组织生产的，这就提出了一个如何保证互换性的问题。在人们的日常生活中，有大量的现象涉及互换性，例如机器或仪器上掉了一个螺钉，按相同的规格换一个就行了；灯泡坏了，同样换个新的就行了；汽车、拖拉机乃至自行车、缝纫机、手表中某个机件磨损了，也可以换上一个新的，便能满足使用要求。之所以这样方便，是因为这些产品都是按互换性原则组织生产的，产品零件都具有互换性。

(1)互换性的定义

所谓**互换性**是指机械产品中同一规格的一批零件或部件，任取其中一件，不需作任何挑选、调整或辅助加工（如钳工修配），就能进行装配，并能保证满足机械产品的使用性能要求的一种特性。

(2)互换性的种类

按互换性的程度可分为**完全互换**（绝对互换）与**不完全互换**（有限互换）。

若零件在装配或更换时，不需选择、不需调整或辅助加工（修配），则其互换性为完全互换性。当装配精度要求较高时，采用完全互换性将使零件制造公差很小，加工困难，成本很高，甚至无法加工。这时，将零件的制造公差适当放大，使之便于加工，而在零件完工后，再用测量器具将零件按实际尺寸的大小分为若干组，使每组零件间实际尺寸的差别减小，装配时按相应组进行（例如，大孔组零件与大轴组零件装配，小孔组零件与小轴组零件装配）。这样，既可保证装配精度和使用要求，又能解决加工困难，降低成本。此种仅组内零件可能互换，组与组之间不能互换的特性，称之为不完全互换性。

对标准部件或机构来说，互换性又分为外互换与内互换。

外互换是指部件或机构与其装配件间的互换性，例如，滚动轴承内圈内径与轴的配合，外圈外径与轴承孔的配合。

内互换是指部件或机构内部组成零件间的互换性，例如，滚动轴承的外圈内滚道、内圈外滚道与滚动体的装配。

为使用方便起见，滚动轴承的外互换采用完全互换；而其内互换则因其组成零件的精度要求高，加工困难，故采用分组装配，为不完全互换。一般地说，不完全互换只用于部件或机构的制造厂内部的装配，至于厂外协作，即使产量不大，往往也要求完全互换。

(3)互换性的作用

从使用上看，由于零件具有互换性，零件坏了，可以以新换旧，方便维修，从而提高机器的利用率和延长机器的使用寿命。

从制造上看，互换性是组织专业化协作生产的重要基础，而专业化生产有利于采用高科技和高生产率的先进工艺和装备，从而提高生产率，提高产品质量，降低生产成本。

从设计上看，可以简化制图、计算工作，缩短设计周期，并便于采用计算机辅助设计(CAD)，这对发展系列产品十分重要。例如，手表在发展新品种时，采用具有互换性的统一机心，不同品种只需进行外观的造型设计，这就使设计与生产准备的周期大大缩短。

互换性生产原则和方式是随着大批量生产而发展和完善起来的，它不仅在单一品种的大批量生产中广为采用，而且已用于多品种、小批量生产；在由传统的生产方式向现代化的数字控制(NC)、计算机辅助制造(CAM)及柔性生产系统(FMS)和计算机集成制造系统(CIMS)的逐步过渡中也起着重要的作用。科学技术越发展，对互换性的要求越高、越严格。例如柔性生产系统的主要特点，是可以根据市场需求改变生产线上产品的型号和品种。当生产线上工序变动时，信息送给多品种控制器，控制器接受将要装配哪些零件的指令后，指定机器人(机械手)选择零件，进行装配，并经校核送到下一工序。库存零件提取后，由计算机通知加工站补充零件。显然按这种生产系统对互换性的要求更加严格。

因此，互换性原则是组织现代化生产的极为重要的技术经济原则。

(4)互换性生产的实现

任何机械，都是由若干最基本的零件构成的。这些具有一定尺寸、形状和相互位置几何参数的零件，可以通过各种不同的连接形式而装配成为一个整体。

由于任何零件都要经过加工的过程，无论设备的精度和操作工人的技术水平多么高，要使加工零件的尺寸、形状和位置做得绝对准确，不但不可能，也是没有必要的。只要将零件加工后各几何参数(尺寸、形状和位置)所产生的误差控制在一定的范围内，就可以保证零件的使用功能，同时还能实现互换性。

零件几何参数这种允许的变动量称为公差。它包括尺寸公差、形状公差、位置公差等。公差用来控制加工中的误差，以保证互换性的实现。因此，建立各种几何参数的公差标准是实现对零件误差的控制和保证互换性的基础。

完工后的零件是否满足公差要求，要通过检测加以判断。检测包含检验与测量，检验是指确定零件的几何参数是否在规定的极限范围内，并判断其是否合格；测量是将被测量与作为计量单位的标准量进行比较，以确定被测量的具体数值的过程。检测不仅用来评定产品质量，而且用于分析产生不合格品的原因，及时调整生产，监督工艺过程，预防废品产生。

综上所述，合理确定公差与正确进行检测，是保证产品质量、实现互换性生产的两个必不可少的条件和手段。

0.2 标准化与优先数

(1)标准化及其作用

标准为在一定的范围内获得最佳秩序,对活动或其结果规定共同的和重复使用的规则、导则或特性的文件。该文件经协商一致制定并经一个公认机构的批准。标准应以科学、技术和经验的综合成果为基础,以促进最佳社会效益为目的。

标准一般是指技术标准,它是指对产品和工程的技术质量、规格及其检验方法等方面所作的技术规定,是从事生产、建设工作的一种共同技术依据。

标准分为国家标准、行业标准、地方标准和企业标准。标准中的基础标准则是指生产技术活动中最基本的、具有广泛指导意义的标准。这类标准具有最一般的共性,因而是通用性最广的标准。例如,极限与配合标准、几何公差标准、表面粗糙度标准等等。

标准化是指在经济、技术、科学及管理等社会实践中,对重复性事物和概念通过制定、发布和实施标准,达到统一,以获得最佳秩序和社会效益的全部活动过程。

在机械制造中,标准化是实现互换性生产、组织专业化生产的前提条件;是提高产品质量、降低产品成本和提高产品竞争能力的重要保证;是消除贸易障碍,促进国际技术交流和贸易发展,使产品打进国际市场的必要条件。随着经济建设和科学技术的发展,国际贸易的扩大,标准化的作用和重要性越来越受到各个国家特别是工业发达国家的高度重视。

总之,标准化在实现经济全球化、信息社会化方面有其深远的意义。

表1 优先数系的基本系列

R5	R10	R20	R40	R5	R10	R20	R40	R5	R10	R20	R40
1.00	1.00	1.00	1.00			2.24	2.24		5.00	5.00	5.00
			1.06				2.36				5.30
		1.12	1.12	2.50	2.50	2.50	2.50			5.60	5.60
			1.18				2.65				6.00
	1.25	1.25	1.25			2.80	2.80	6.30	6.30	6.30	6.30
			1.32				3.00				6.70
		1.40	1.40		3.15	3.15	3.15			7.10	7.10
			1.50				3.35				7.50
1.60	1.60	1.60	1.60			3.55	3.55		8.00	8.00	8.00
			1.70				3.75				8.50
		1.80	1.80	4.00	4.00	4.00	4.00			9.00	9.00
			1.90				4.25				9.50
	2.00	2.00	2.00			4.50	4.50	10.00	10.00	10.00	10.00
			2.12				4.75				

(2)优先数和优先数系

优先数和优先数系标准是重要的基础标准。由于工程上的技术参数值具有传播特性,如造纸机械的规格和参数值会影响印刷机械、书刊、报纸、复印机、文件柜等等的规格和参数值，因此，对各种技术参数值协调、简化和统一是标准化的重要内容。优先数系就是对各种技术参数的数值进行协调、简化和统一的科学数值制度。

国家标准(GB321－80)规定的优先数系是由公比为$\sqrt[5]{10}$、$\sqrt[10]{10}$、$\sqrt[20]{10}$、$\sqrt[40]{10}$、$\sqrt[80]{10}$，且项值中含有10的整数幂的理论等比数列导出的一组近似等比的数列。各数列分别用符号R5、R10、R20、R40、R80表示，称为R5系列、R10系列…；R5、R10、R20、R40四个系列是优先数系中的常用系列，称为基本系列(见表1)。

优先数系中的任一个项值称为优先数。

采用等比数列作为优先数系可使相邻两个优先数的相对差相同，且运算方便，简单易记。在同一系列中，优先数的积、商、整数幂仍为优先数。因此，这种优先数系已成为国际上统一的数值分级制度。

0.3 工程材料的分类

机械工程材料是指具有一定性能，在特定条件下能够承担某些功能，被用来制造机各类机械零件的材料。据统计，目前世界上的机械工程材料已达40多万种，并且约以每年5%的速度增加。机械工程材料种类繁多，应用的场合也各不相同。按材料的化学组成分类，可将机械工程材料分为金属材料、高分子材料、陶瓷材料、复合材料四类。

(1)金属材料

金属材料可分为黑色金属材料和有色金属材料两类。黑色金属材料是指铁及铁基合金，主要包括碳钢、合金钢、铸铁等；有色金属材料是指铁及铁基合金以外的金属及其合金。有色金属材料的种类很多，根据它们的特性不同，又可分为轻金属、重金属、贵金属、稀有金属等多种类型。金属材料具有正的电阻温度系数，一般具有良好的电导性、热导性、塑性、金属光泽等，是目前工程领域中应用最广泛的工程材料。

(2)高分子材料

以高分子化合物为主要组分的材料称为高分子材料，可分为有机高分子材料和无机高分子材料两类。有机高分子材料主要有塑料、橡胶、合成纤维等；无机高分子材料包括松香、淀粉、纤维素等。高分子材料具有较高的强度、弹性、耐磨性、抗腐蚀性、绝缘性等优良性能，在机械、仪表、电机、电气等行业得到了广泛应用。

(3)陶瓷材料

陶瓷材料是金属和非金属元素间的化合物，主要包括水泥、玻璃、耐火材料、绝缘材料、陶瓷等。它们的主要原料是硅酸盐矿物，又称为硅酸盐材料，由于陶瓷材料不具有金属特性，因此也称为无机非金属材料。陶瓷材料熔点高、硬度高、化学稳定性高，具有耐高温、耐腐蚀、耐磨损、绝缘性好等优点，在现代工业中的应用越来越广泛。

(4)复合材料

复合材料由基体材料和增强材料两个部分构成。基体材料主要有金属、塑料、陶瓷等，增强材料则包括各种纤维、无机化合物颗粒等。根据基体材料不同，可将复合材料分为金属基复合材料、陶瓷基复合材料、聚合物基复合材料；根据组织强化方式的不同，可将复合材料

分为颗粒增强复合材料、纤维增强复合材料、层状复合材料等。复合材料由两种或两种以上的材料组合而成，可能具有非同寻常的强度、刚度、高温性能和耐腐蚀性等，其性能是它的组成材料所不具备的。

0.4 本课程的任务

本课程是高等院校机械类和近机类各专业的一门重要技术基础课，是从基础课学习过渡到专业课学习的桥梁，是机械工程技术人员和管理人员必备的基本知识技能。课程主要有两部分组成，上篇为公差配合与测量技术，下篇为工程材料及选用。

通过本课程的学习，学生应达到以下要求：

1. 建立互换性的基本概念，掌握各有关公差标准的基本内容、特点和表格的使用，能根据零件的使用要求，初步选用其公差等级、配合种类、几何公差及表面质量参数值等，并能在图样上进行正确的标注。

2. 建立技术测量的基本概念，能正确使用常用测量器具(各类卡尺，千分尺，百分表，内径百分表等)进行常用零件的尺寸和精度检测。

3. 掌握工程材料的基本理论知识及其性能特点，能够根据实际生产要求选择合理的工程材料和相应的热处理工艺。

总之，本课程的任务是使学生掌握国家有关公差配合标准的基本内容和常用材料性能、使用的基本知识，会正确使用常用的测量工具、仪表和专用测量工具，能根据具体的工作任务，对常用机械零件进行精度设计和检测，并在生产准备过程中合理选用和使用材料。本课程在培养学生严谨的工作态度、分析和解决实际问题的能力，以及工程实践能力等方面，发挥着积极的作用。

第1章　公差配合

为使零件具有互换性，必须保证零件的尺寸、几何形状和相互位置，以及表面特征技术要求的一致性。就尺寸而言，互换性要求尺寸的一致性，但并不是要求零件都准确地制成一个指定的尺寸，而只要求尺寸在某一合理的范围内；对于相互结合的零件，这个范围既要保证相互结合的尺寸之间形成一定的关系，以满足不同的使用要求，又要在制造上是经济合理的，这样就形成了“公差与配合”的概念。由此可见，“公差”用于协调机器零件使用要求与制造经济性之间的矛盾，“配合”则是反映零件组合时相互之间的关系。

经标准化的公差配合制，有利于机器的设计、制造、使用与维修，有利于保证产品精度、使用性能和寿命等，也有利于刀具、量具、夹具和机床等工艺装备的标准化。

1.1　公差配合的基本术语及定义

1.1.1　有关尺寸的术语定义

1. 尺寸

以特定单位表示长度值的数值。

长度值包括直径、半径、宽度、高度、厚度以及中心距等。它由数字和长度单位(通常以mm为单位)组成。

2. 公称尺寸(D,d)

公称尺寸是由设计给定的，通过它应用上、下极限偏差可算出极限尺寸(如图1.1(a)所示)。它是设计者从零件的功能出发，通过强度、刚度等方面的计算或结构需要，并考虑工艺方面的其他要求后确定的。

3. 实际尺寸(D_a，d_a)

通过测量获得的尺寸。由于存在测量误差，所以实际尺寸并非尺寸的真值。又由于存在形状误差，工件上各处的实际尺寸往往是不同的。

4. 极限尺寸

允许尺寸变化的两个界限值称为极限尺寸。孔或轴允许的最大尺寸称为上极限尺寸，分别以D_{max}和d_{max}表示。孔或轴允许的最小尺寸称为下极限尺寸，分别以D_{min}和d_{min}表示。

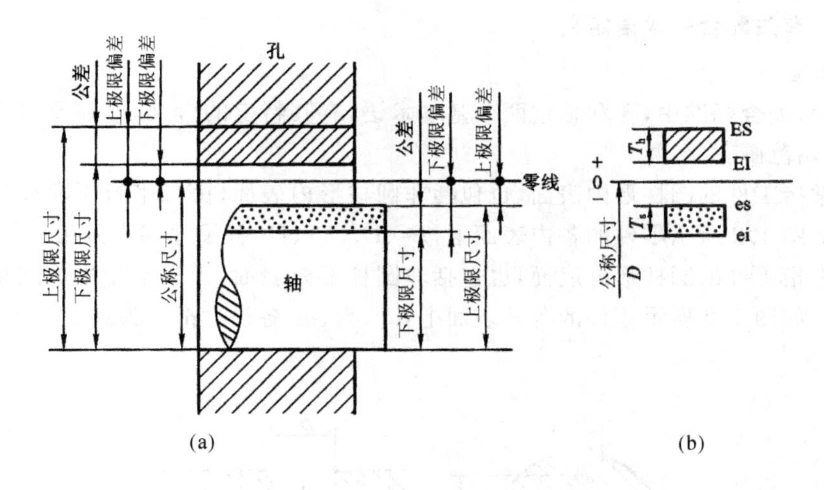

图 1.1 极限与配合

1.1.2 有关偏差与公差的术语定义

1. 尺寸偏差(简称偏差)

实际尺寸减其公称尺寸所得的代数差称为实际偏差;上极限尺寸减其公称尺寸所得的代数差称为上极限偏差;下极限尺寸减其公称尺寸所得的代数差称为下极限偏差。上极限偏差与下极限偏差统称为极限偏差。偏差可以为正、负或零值。

孔:上极限偏差 $\mathrm{ES}=D_{\max}-D$;下极限偏差 $\mathrm{EI}=D_{\min}-D$;实际偏差 $E_a=D_a-D$

轴:上极限偏差 $\mathrm{es}=d_{\max}-d$;下极限偏差 $\mathrm{ei}=d_{\min}-d$;实际偏差 $e_a=d_a-d$

2. 尺寸公差(简称公差)

允许尺寸的变动量。公差等于上极限尺寸与下极限尺寸代数差的绝对值,也等于上、下极限偏差之代数差的绝对值。公差取绝对值,不存在负值,也不允许为零。

孔公差:$T_h=|D_{\max}-D_{\min}|=|\mathrm{ES}-\mathrm{EI}|$

轴公差:$T_s=|d_{\max}-d_{\min}|=|\mathrm{es}-\mathrm{ei}|$

3. 公差带图

由代表上极限偏差和下极限偏差或上极限尺寸和下极限尺寸的两条直线所限定的一个区域,称为尺寸公差带。公差带图由零线和公差带组成。由于公差或偏差的数值比公称尺寸的数值小得多,在图中不便用同一比例表示,同时为了简化,以零线表示基本尺寸,如图1.1(b)所示。

零线:在公差带图中,确定偏差位置的一条基准直线。通常零线位置表示公称尺寸,正偏差位于零线上方,负偏差位于零线的下方。

公差带:在公差带图中,由代表上、下极限偏差的两平行直线所限定的区域。

4. 标准公差

极限与配合制标准中,所规定的(确定公差带大小的)任一公差。

5. 基本偏差

公差配合标准中,所规定的确定公差带相对于零线位置的那个极限偏差。它可以是上极限偏差或下极限偏差，一般为靠近零线的那个极限偏差。

1.1.3 有关配合的术语定义

1. 孔和轴

在极限与配合标准中，孔和轴这两个基本术语，有其特定的含义，它涉及极限与配合国家标准的应用范围。

孔：通常指工件的圆柱形内表面，也包括非圆柱形内表面(由二平行平面或切面形成的包容面)。如图 1.2 所示零件的各内表面上，D_1、D_2、D_3、D_4 各尺寸都称为孔。

轴：通常指工件的圆柱形外表面，也包括非圆柱形外表面(由二平行平面或切面形成的被包容面)。如图 1.2 所示零件的各外表面上，d_1、d_2、d_3 各尺寸都称为轴。

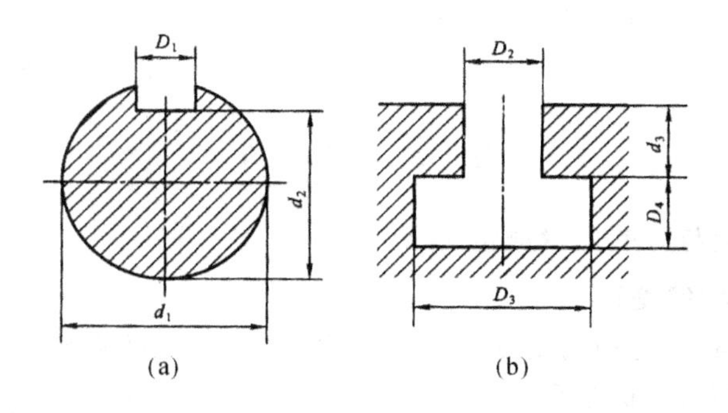

图 1.2 孔与轴

2. 配合

公称尺寸相同的，相互结合的孔和轴公差带之间的关系。

3. 间隙或过盈

孔的尺寸减去相配合的轴的尺寸所得的代数差。此差值为正时称为间隙，用 X 表示；为负时称为过盈，用 Y 表示。标准规定：配合分为间隙配合、过盈配合和过渡配合三大类。

4. 间隙配合

具有间隙(包括最小间隙为零)的配合。此时，孔的公差带在轴的公差带之上。见图 1.3(a)所示。

由于孔、轴的实际尺寸允许在各自公差带内变动，所以孔、轴配合的间隙也是变动的。当孔为 D_{max} 而相配轴为 d_{min} 时，装配后形成最大间隙 X_{max}；当孔为 D_{min} 而相配合轴为 d_{max} 时，装配后形成最小间隙 X_{min}。用公式表示为：

$$X_{max}=D_{max}-d_{min}=\mathrm{ES}-\mathrm{ei}$$

$$X_{min}=D_{min}-d_{max}=\mathrm{EI}-\mathrm{es}$$

X_{max} 和 X_{min} 统称为极限间隙。实际生产中，成批生产的零件其实际尺寸大部分为极限尺寸的平均值，所以形成的间隙大多数在平均尺寸形成的平均间隙附近，平均间隙以 X_{av} 表示，其大小为：

$$X_{av}=(X_{max}+X_{min})/2$$

5. 过盈配合

具有过盈(包括最小过盈为零)的配合。此时，孔的公差带在轴的公差带的下方。如图

1.3(b)所示。

当孔为 D_{min} 而相配合轴为 d_{max} 时，装配后形成最大过盈 Y_{max}；当孔为 D_{max} 而相配合轴为 d_{min} 时，装配后形成最小过盈 Y_{min}。用公式表示为：

$$Y_{max}=D_{min}-d_{max}=EI-es$$
$$Y_{min}=D_{max}-d_{min}=ES-ei$$

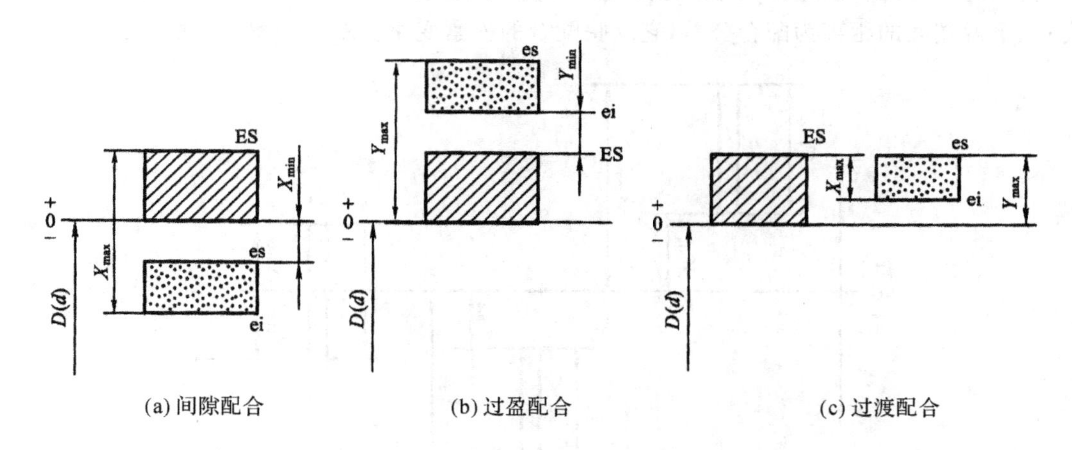

(a) 间隙配合　(b) 过盈配合　(c) 过渡配合

图 1.3　三类配合的公差

Y_{max} 和 Y_{min} 统称为极限过盈。同上，在成批生产中，最可能得到的是平均过盈附近的过盈值，平均过盈用 Y_{av} 表示，其大小为：

$$Y_{av}=(Y_{max}+Y_{min})/2$$

6. 过渡配合

可能具有间隙或过盈的配合。此时，孔的公差带与轴的公差带相互交叠。见图 1.3(c)。

当孔为 D_{max} 而相配合的轴为 d_{min} 时，装配后形成最大间隙 X_{max}；而孔为 D_{min} 相配合轴为 d_{max} 时，装配后形成最大过盈 Y_{max}。用公式表示为：

$$X_{max}=D_{max}-d_{min}=ES-ei$$
$$Y_{max}=D_{min}-d_{max}=EI-es$$

与前两种配合一样，成批生产中的零件，最可能得到的是平均间隙或平均过盈附近的值，其大小为：

$$X_{av}(Y_{av})=(X_{max}+Y_{max})/2$$

按上式计算所得的值为正时是平均间隙，为负时是平均过盈。

7. 配合公差(T_f)

组成配合的孔、轴公差之和。它是允许间隙或过盈的变动量。

$$\left.\begin{aligned}&\text{对于间隙配合 } T_f=|X_{max}-X_{min}|\\&\text{对于过盈配合 } T_f=|Y_{min}-Y_{max}|\\&\text{对于过渡配合 } T_f=|X_{max}-Y_{max}|\end{aligned}\right\}T_h+T_s$$

上式说明配合精度取决于相互配合的孔和轴的尺寸精度。若要提高配合精度，则必须减少相配合孔、轴的尺寸公差，提高零件的加工精度。

8. 配合公差带图

用来直观地表达配合性质，即配合松紧及其变动情况的图。在配合公差带图中，横坐标为零线，表示间隙或过盈为零；零线上方的纵坐标为正值，代表间隙，零线下方的纵坐标为负值，代表过盈。配合公差带两端的坐标值代表极限间隙或极限过盈，它反映配合的松紧程度；上下两端间的距离为配合公差，它反映配合的松紧变化程度。如图 1.4 所示。

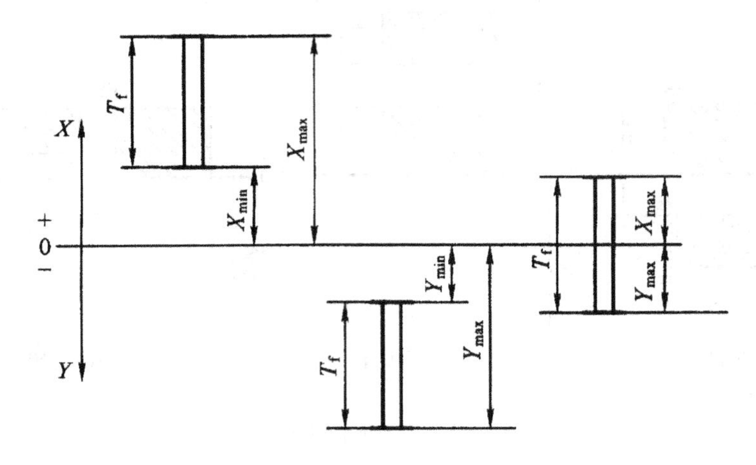

图 1.4 配合公差带图

例题 1 求下列三对配合孔、轴的公称尺寸、极限尺寸、公差、极限间隙或极限过盈，平均间隙或平均过盈及配合公差，指出各属何类配合，并画出尺寸公差带图。

①孔 $\phi 30_{0}^{+0.021}$ mm 与轴 $\phi 30_{-0.033}^{-0.020}$ mm 相配合

②孔 $\phi 30_{0}^{+0.021}$ mm 与轴 $\phi 30_{+0.008}^{+0.021}$ mm 相配合

③孔 $\phi 30_{0}^{+0.021}$ mm 与轴 $\phi 30_{+0.035}^{+0.048}$ mm 相配合

解：根据题目要求，求得各项参数如表 1.1 所列，尺寸公差带图见图 1.5 和图 1.6 所示。

表 1.1 单位：mm

所求项目 \ 相配合的孔、轴		①		②		③	
		孔	轴	孔	轴	孔	轴
公称尺寸		30	30	30	30	30	30
极限尺寸	$D_{max}(d_{max})$	30.021	29.980	30.021	30.021	30.021	30.048
	$D_{min}(d_{min})$	30.000	29.967	30.000	30.008	30.000	30.035
极限偏差	ES(es)	+0.021	−0.020	+0.021	+0.021	+0.021	+0.048
	EI(ei)	0	−0.033	0	+0.008	0	+0.035
公差 $T_h(T_S)$		0.021	0.013	0.021	0.013	0.021	0.013
极限间隙或极限过盈	X_{max}	+0.054		+0.013			
	X_{min}	+0.020					
	Y_{max}			−0.021		−0.048	
	Y_{min}					−0.014	

续表

所求项目 \ 相配合的孔、轴		① 孔	① 轴	② 孔	② 轴	③ 孔	③ 轴
平均间隙或平均过盈	X_{av}	+0.037					
	Y_{av}			−0.004		−0.031	
配合公差 T_f		0.034		0.034		0.034	
配合类别		间隙配合		过渡配合		过盈配合	

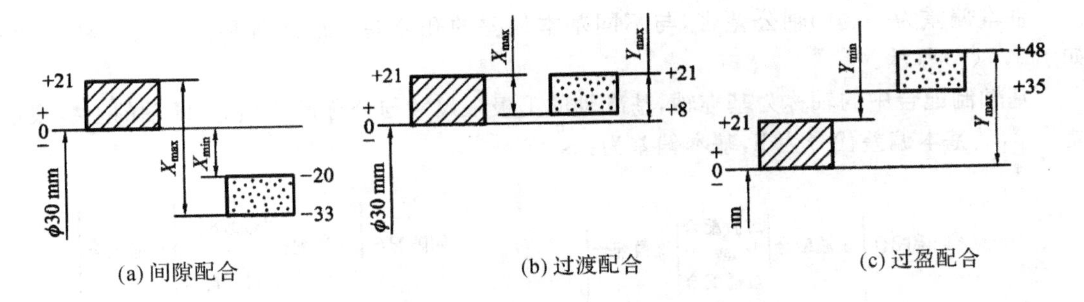

图 1.5　例题 1 的尺寸公差带

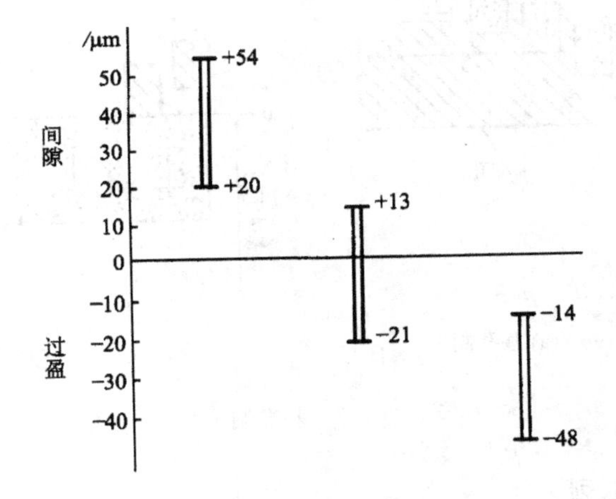

图 1.6　例题 1 的配合公差带

1.2　公差配合国家标准的组成

经标准化的公差与偏差制度称为极限制。它是一系列标准的孔、轴公差数值和极限偏差数值。配合制则是同一极限的孔和轴组成配合的一种制度。公差配合国家标准主要由基准制，标准公差系列，基本偏差系列组成。

1.2.1　配合的基准制

基准制是指以两个相配合的零件中的一个零件为基准件，并确定其公差带位置，而改变另一个零件（非基准件）的公差带位置，从而形成各种配合的一种制度。国家标准中规定有基孔制和基轴制。

1. 基孔制

基本偏差为一定的孔的公差带，与不同基本偏差的轴公差带形成各种配合的一种制度。如图 1.7(a)所示。

基孔制配合中的孔称为基准孔，基准孔的下极限尺寸与公称尺寸相等，即孔的下极限偏差为 0，其基本偏差代号为 H，基本偏差为：EI=0。

2. 基轴制

基本偏差为一定的轴公差带，与不同基本偏差的孔公差带形成各种配合的一种制度。如图 1.7(b)所示。

基轴制配合中的轴称为基准轴，基准轴的上极限尺寸与公称尺寸相等，即轴的上极限偏差为 0，其基本偏差代号为 h，基本偏差为：es=0。

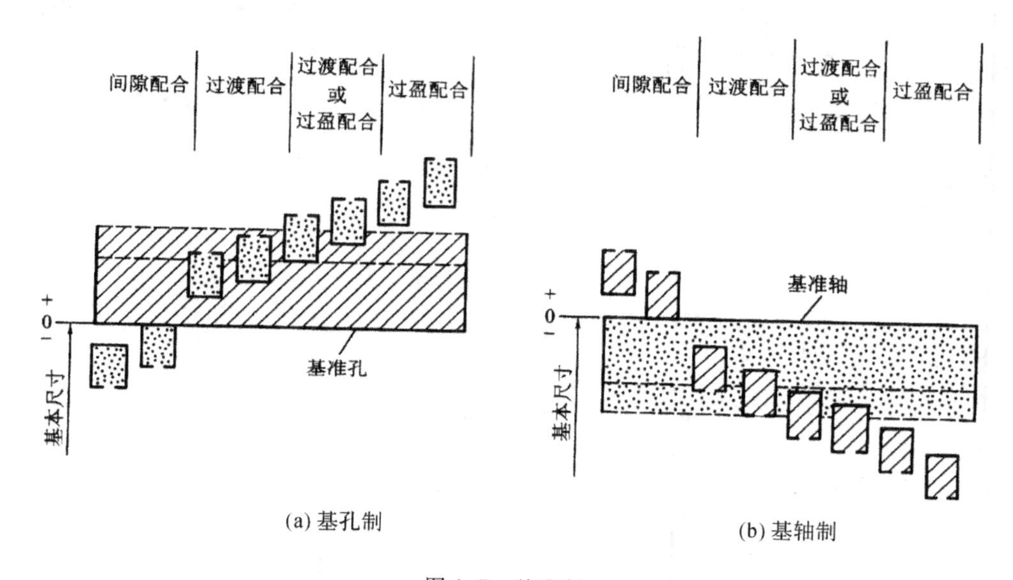

图 1.7　基准制

1.2.2　标准公差系列

标准公差系列是国家标准制定出的一系列标准公差数值，如表 1.4 所列。从表中可知，标准公差取决于公差等级和公称尺寸两个因素。

1. 公差等级

确定尺寸精确程度的等级称为公差等级。国家标准将标准公差分为 20 级，各级标准公差用代号 IT 及数字 01、0、1、2、…、18 表示，IT 是国际公差(ISO Tolerance)的缩写。如 IT8 称为标准公差 8 级。从 IT01～IT18 等级依次降低。

2. 公差单位(公差因子)

公差单位是随公称尺寸而变化用来计算标准公差的一个基本单位。生产实践表明，在相同加工条件下，公称尺寸不同的孔或轴加工后产生的加工误差也不同，利用统计法可以发现加工误差与公称尺寸在尺寸较小时，呈立方抛物线的关系，在尺寸较大时，接近线性关系。如图 1.8 所示。由于公差是用来控制误差的，所以公差与公称尺寸之间也应符合这个规律。

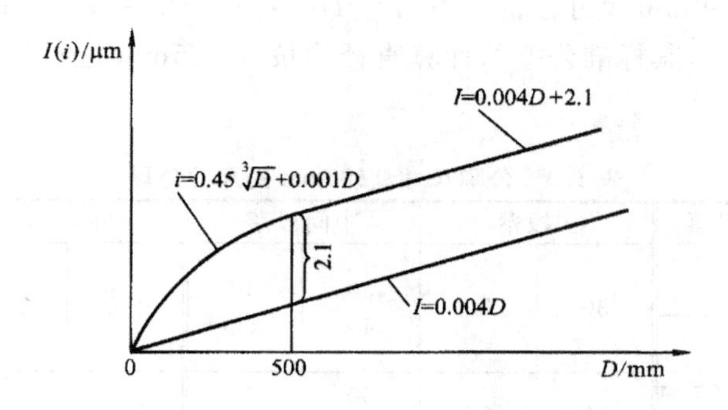

图 1.8　公差单位与公称尺寸的关系

当公称尺寸≤500mm 时，公差单位 i 按下式计算：

$$i=0.45\sqrt[3]{D}+0.001D \quad (\mu m)$$

式中：D 为公称尺寸的计算值(mm)。第一项主要反映加工误差，第二项主要用于补偿测量时温度不稳定和偏离标准温度以及量规的变形等引起的测量误差。

当公称尺寸>500～3150mm 时，公差单位 I 的计算式为：

$$I=0.004D+2.1 \quad (\mu m)$$

3. 标准公差的计算及规律

GB/T1800.3—1998 中各个公差等级的标准公差值，在公称尺寸≤500mm 时的计算公式见表 1.2。可见对 IT5～IT18 标准公差 IT=ai。其中 a 为公差等级系数，它采用 R5 优先数系，即公比 $q=\sqrt[5]{10}\approx1.6$ 的等比数列。从 IT6 开始，每隔 5 级，公差数值增加 10 倍。

对高精度 IT01、IT0、IT1 级，主要考虑测量误差，所以标准公差与公称尺寸呈线性关系，且三个公差等级之间的常数和系数均采用优先数系的派生系列 R10/2。

IT2～IT4 是在 IT1～IT5 之间插入三级，使之成等比数列，公比 $q=(IT5/IT1)^{1/4}$。

由此可见，标准公差数值计算的规律性很强，便于标准的发展和扩大使用。

表 1.2　尺寸≤500mm 的标准公差计算式

公差等级	IT01			IT0			IT1		IT2		IT3		IT4	
公差值	$0.3+0.008D$			$0.5+0.012D$			$0.8+0.020D$		$IT1\left(\frac{IT5}{IT1}\right)^{\frac{1}{4}}$		$IT1\left(\frac{IT5}{IT1}\right)^{\frac{1}{2}}$		$IT1\left(\frac{IT5}{IT1}\right)^{\frac{3}{4}}$	
公差等级	IT5	IT6	IT7	IT8	IT9	IT10	IT11	IT12	IT13	IT14	IT15	IT16	IT17	IT18
公差值	$7i$	$10i$	$16i$	$25i$	$40i$	$64i$	$100i$	$160i$	$250i$	$400i$	$640i$	$1000i$	$1600i$	$2500i$

公称尺寸大于 500～3150mm 时，可按 T=aI 式计算标准公差。

4. 公称尺寸分段

按公式计算标准公差值，每个公称尺寸都应有一个相对应的公差值。在生产实践中，公称尺寸数目繁多，这样，公差值的数值表将非常庞大，使用也不方便。其次，公差等级相同而公称尺寸相近的公差数值计算结果相差甚微，因此，国标将公称尺寸分成若干段(见表1.3)，以简化公差表格。

尺寸分段后，标准公差计算式中的公称尺寸 D 按每一尺寸分段首尾两尺寸的几何平均值代入计算。如 50～80mm 尺寸段的计算直径 $D=\sqrt{50\times80}=63.25$(mm)，只要属于这一尺寸分段内的公称尺寸，其标准公差的计算直径均按 63.25mm 进行计算。对≤3mm 的尺寸段，$D=\sqrt{1\times3}$mm。

表 1.3　公称尺寸≤500mm 的尺寸分段

主段落		中间段落		主段落		中间段落		主段落		中间段落	
—	3			30	50	30 40	40 50	180	250	180 200 225	200 225 250
3	6										
6	10			50	80	50 65	65 80	250	315	250 280	280 315
10	18	10 14	14 18	80	120	80 100	100 120	315	400	315 355	355 400
18	30	18 24	24 30	120	180	120 140 160	140 160 180	400	500	400 450	450 500

例题 2　公称尺寸为 $\phi30$mm，求 IT6＝?　　IT7＝?

解：$\phi30$mm 属于＞18～30mm 尺寸分段

计算直径：$D=\sqrt{18\times30}\approx23.24$(mm)

公差单位：$i=0.45\sqrt[3]{D}+0.001D$

$=0.45\sqrt[3]{23.24}+0.001\times23.24\approx1.31(\mu m)$

标准公差：　$IT6=10i=10\times1.31\approx13(\mu m)$，$IT7=16i=16\times1.31\approx21(\mu m)$

表 1.4 中的标准公差值就是经这样的计算，并按规则圆整后得出的。

表 1.4　标准公差数值(GB/T 1800.1-2009)

基本尺寸(mm)	公差等级																		
	(μm)												(mm)						
	IT01	IT0	IT1	IT2	IT3	IT4	IT5	IT6	IT7	IT8	IT9	IT10	IT11	IT12	IT13	IT14	IT15	IT16	IT17	IT18
≤3	0.3	0.5	0.8	1.2	2	3	4	6	10	14	25	40	60	0.10	0.14	0.25	0.40	0.60	1.0	1.4
＞3～6	0.4	0.6	1	1.5	2.5	4	5	8	12	18	30	48	75	0.12	0.18	0.30	0.48	0.75	1.2	1.8
＞6～10	0.4	0.6	1	1.5	2.5	4	6	9	15	22	30	58	90	0.15	0.22	0.36	0.58	0.90	1.5	2.2
＞10～18	0.5	0.8	1.2	2	3	5	8	11	18	27	43	70	110	0.18	0.27	0.43	0.70	1.10	1.8	2.7
＞18～30	0.6	1	1.5	2.5	4	6	9	13	21	33	52	84	130	0.21	0.33	0.52	0.84	1.30	2.1	3.3
＞30～50	0.6	1	1.5	2.5	4	7	11	16	25	39	62	100	160	0.25	0.39	0.62	1.00	1.60	2.5	3.9
＞50～80	0.8	1.2	2	3	5	8	13	19	30	46	74	120	190	0.30	0.46	0.74	1.20	1.90	3.0	4.6
＞80～120	1	1.5	2.5	4	6	10	15	22	35	54	87	140	220	0.35	0.54	0.87	1.40	2.20	3.5	5.4
＞120～180	1.2	2	3.5	5	8	12	18	25	40	63	100	160	250	0.40	0.63	1.00	1.60	2.50	4.0	6.3
＞180～250	2	3	4.5	7	10	14	20	29	46	72	115	185	290	0.46	0.72	1.15	1.85	2.90	4.6	7.2
＞250～315	2.5	4	6	8	12	16	23	32	52	81	130	210	320	0.52	0.81	1.30	2.10	3.20	5.2	8.1
＞315～400	3	5	7	9	13	18	25	36	57	89	140	230	360	0.57	0.89	1.40	2.30	3.60	5.7	8.9
＞400～500	4	6	8	10	15	20	27	40	63	97	155	250	400	0.63	0.97	1.55	2.50	4.00	6.3	9.7

注：基本尺寸小于 1mm 时，无 I14～IT119。

1.2.3　基本偏差系列

基本偏差是用来确定公差带相对于零线的位置的，不同的公差带位置与基准件将形成不同的配合。基本偏差的数量将决定配合种类的数量。为了满足各种不同松紧程度的配合需要，国家标准对孔和轴分别规定了 28 种基本偏差。

1. 基本偏差代号及其规律

基本偏差系列如图 1.9 所示，基本偏差的代号用拉丁字母表示，大写字母代表孔，小写字母代表轴。从图 1.9 可见，轴 a～h 基本偏差是 es，孔 A～H 基本偏差是 EI，他们的绝对值依次减小，其中 h 和 H 的基本偏差为零。

轴 js 和孔 JS 的公差带相对于零线对称分布，故基本偏差可以是上极限偏差，也可以是下极限偏差，其值为标准公差的一半（即±IT/2）。

轴 j～zc 基本偏差为 ei，孔 J～ZC 基本偏差是 ES，其绝对值依次增大。

孔和轴的基本偏差原则上不随公差等级变化，只有极少数基本偏差（j、js、k）例外。图 1.9 中各公差带只画出了由基本偏差决定的一端，另一端取决于基本偏差与标准公差值的组合。

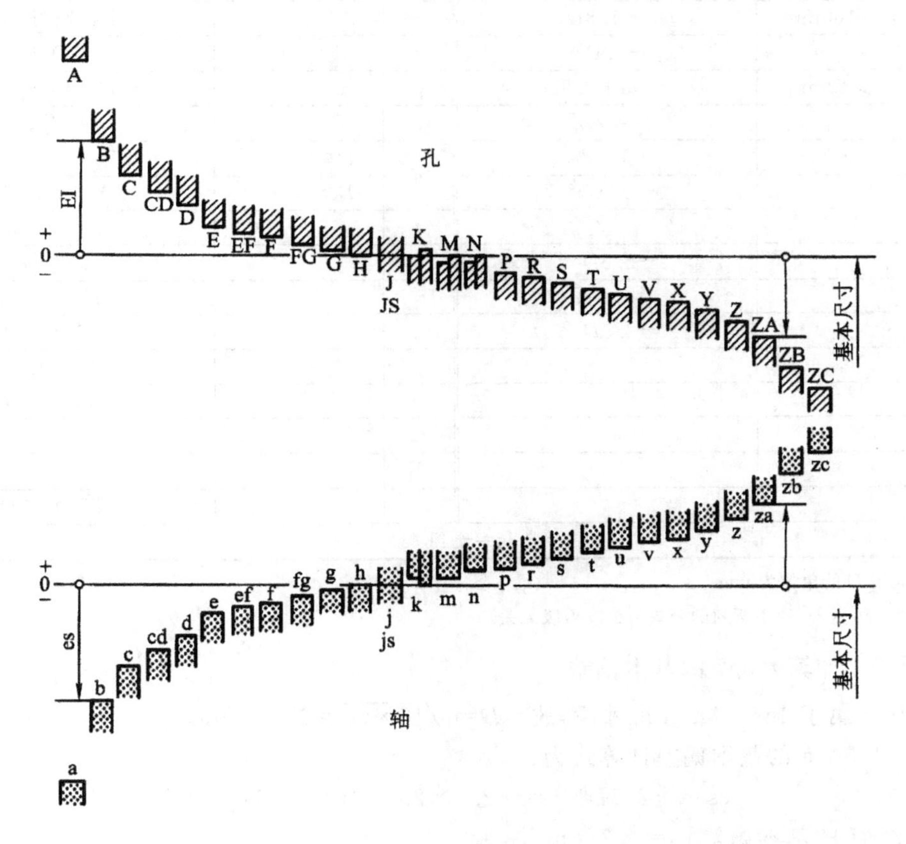

图 1.9 基本偏差系列

2. 公差带代号与配合代号

（1）公差带代号　由于公差带相对于零线的位置由基本偏差确定，公差带的大小由标准公差确定，因此公差带的代号由基本偏差代号与公差等级数组成。如ϕ50H8、ϕ30F7 为孔的公差带代号，ϕ30h7、ϕ25g6 为轴的公差带代号。

（2）配合代号　标准规定，用孔和轴的公差带代号以分数形式组成配合代号，其中，分子为孔的公差带代号，分母为轴的公差带代号。如ϕ30H8/f7 表示基孔制的间隙配合；ϕ50K7/h6表示基轴制的过渡配合。

3. 基本偏差数值

(1) 轴的基本偏差数值

轴的基本偏差数值是以基孔制为基础，根据各种配合的要求，在生产实践和大量试验的基础上，依据统计分析的结果整理出一系列公式而计算出来的。轴的基本偏差计算公式如表 1.5 所示。

表 1.5 公称尺寸≤500mm 的轴的基本偏差计算公式(GB/T 1800.1-2009)　(μm)

代号	适用范围	基本偏差为上极限偏差(es)	代号	适用范围	基本偏差为下极限偏差(ei)
a	$D\leqslant120$mm	$-(265+1.3D)$	j	IT5～IT8	经验数据
	$D>120$mm	$-3.5D$	k	≤IT3 及≥IT8	0
b	$D\leqslant160$mm	$-(140+0.85D)$		IT4～IT7	$+0.6\sqrt[3]{D}$
	$D>160$mm	$-1.8D$	m		+IT7−IT6
c	$D\leqslant40$mm	$-52D^{0.2}$	n		$+5D^{0.34}$
	$D>40$mm	$-(95+0.8D)$	p		+IT7+(0～5)
cd		$-\sqrt{cd}$	r		$+\sqrt{ps}$
d		$-16D^{0.44}$	s	$D\leqslant500$mm	+IT8+(1～4)
e		$-11D^{0.41}$		$D>500$mm	+IT7+0.4D
ef		$-\sqrt{ef}$	t		+IT7+0.63D
f		$-5.5D^{0.41}$	u		+IT7+D
fg		$-\sqrt{fg}$	v		+IT7+1.25D
g		$-2.5D^{0.34}$	x		+IT7+1.6D
h		0	y		+IT7+2D
			z		+IT7+2.5D
			za		+IT8+3.15D
			zb		+IT9+4D
			zc		+IT10+5D
js=±IT/2					

注1. 表中 D 的单位为 mm。

2. 除 j 和 js 外，表中所列的公式与公差等级无关。

例题 3 计算ϕ25g7 的基本偏差

解：ϕ25 属于 18～30mm 尺寸段，故 $D=\sqrt{18\times30}=23.24$mm

查表 1.5 g 的基本偏差计算式为：

$$es=-2.5D^{0.34}=-2.5\times23.24^{0.34}\approx-7(\mu m)$$

故ϕ25g7 的基本偏差 es=−7(μm)。

为了方便使用，标准将各尺寸段的基本偏差按表 1.5 计算公式进行计算，并按一定规则圆整尾数后，列成轴的基本偏差数值表，见表 1.6 所示。

(2) 孔的基本偏差数值

公称尺寸≤500mm 时，孔的基本偏差是从轴的基本偏差换算得到的。

表 1.6　尺寸≤500mm 轴的基本偏差数值(GB/T 1800.1-2009)　　单位(μm)

公称尺寸/mm		基本偏差																
		上极限偏差 es												下极限偏差 ei				
		a	b	c	cd	d	e	ef	f	fg	g	h	js	j			k	
〉	至	所有公差等级												5～6	7	8	4～7	≤3≥8
—	3	−270	−140	−60	−34	−20	−14	−10	−6	−4	−2	0	偏差等于±IT/2	−2	−4	−6	0	0
3	6	−270	−140	−70	−46	−30	−20	−14	−10	−6	−4	0		−2	−4	—	+1	0
6	10	−280	−150	−80	−56	−40	−25	−18	−13	−8	−5	0		−2	−5	—	+1	0
10	14	−290	−150	−90	—	−50	−32	—	−16	—	−6	0		−3	−6	—	+1	0
14	18																	
18	24	−300	−160	−110	—	−65	−40	—	−20	—	−7	0		−4	−8	—	+2	0
24	30																	
30	40	−310	−170	−120	—	80	−50	—	−25	—	−9	0		−5	−10	—	+2	0
40	50	−320	−180	−130														
50	65	−340	−190	−140	—	−100	−60	—	−30	—	−10	0		−7	−12	—	+2	0
65	80	−360	−200	−150														
80	100	−380	−220	−170	—	−120	−72	—	−36	—	−12	0		−9	−15	—	+3	0
100	120	−410	−240	−180														
120	140	−460	−260	−200	—	−145	−85	—	−43	—	−14	0		−11	−18	—	+3	0
140	160	−520	−280	−210														
160	180	−580	−310	−230														
180	200	−660	−340	−240	—	−170	−100	—	−50	—	−15	0		−13	−21	—	+4	0
200	225	−740	−380	−260														
225	250	−820	−420	−280														
250	280	−920	−480	−300	—	−190	−110	—	−56	—	−17	0		−16	−26	—	+4	0
280	315	−1050	−540	−330														
315	355	−1200	−600	−360	—	−210	−125	—	−62	—	−18	0		−18	−28	—	+4	0
355	400	−1350	−680	−400														
400	450	−1500	−760	−440	—	−230	−135	—	−68	—	−20	0		−20	−32	—	+5	0
450	500	−1650	−840	−480														

注：1. 公称尺寸小于 1mm 时各级的 a 和 b 均不采用

2. js 的数值：对 IT7～IT11，若 IT 的数值为奇数，则取 js=±(IT−1)/2

续表

公称尺寸/mm		基本偏差													
		下极限偏差 ei													
		m	n	p	r	s	t	u	v	x	y	z	za	zb	zc
大于	至	所有公差等级													
—	3	+2	+4	+6	+10	+14	—	+18		+20	—	+26	+32	+40	+60
3	6	+4	+8	+12	+15	+19	—	+23		+28	—	+35	+42	+50	+80
6	10	+6	+10	+15	+19	+23	—	+28		+34	—	+42	+52	+67	+97
10	14	+7	+12	+18	+23	+28	—	+33		+40	—	+50	+64	+90	+130
14	18								+39	+45	—	+60	+77	+108	+150
18	24	+8	+15	+22	+28	+35	—	+41	+47	+54	+63	+73	+98	+136	+188
24	30						+41	+48	+55	+64	+75	+88	+118	+160	+218
30	40	+9	+17	+26	+34	+43	+48	+60	+68	+80	+94	+112	+148	+200	+274
40	50						+54	+70	+81	+97	+114	+136	+180	+242	+325
50	65	+11	+20	+32	+41	+53	+66	+87	+102	+122	+144	+172	+226	+300	+405
65	80				+43	+59	+75	+102	+120	+146	+174	+210	+274	+360	+480

续表

公称尺寸/mm		基本偏差													
		下极限偏差 ei													
大于	至	m	n	p	r	s	t	u	v	x	y	z	za	zb	zc
80	100	+13	+23	+37	+51	+71	+91	+124	+146	+178	+214	+258	+335	+445	+585
100	120				+54	+79	+104	+144	+172	+210	+254	+310	+400	+525	+690
120	140	+15	+27	+43	+63	+92	+122	+170	+202	+248	+300	+365	+470	+620	+800
140	160				+65	+100	+134	+190	+228	+280	+340	+415	+535	+700	+900
160	180				+68	+108	+146	+210	+252	+310	+380	+465	+600	+780	+1000
180	200	+17	+31	+50	+77	+122	+166	+236	+284	+350	+425	+520	+670	+880	+1150
200	225				+80	+130	+180	+258	+310	+385	+470	+575	+740	+960	+1250
225	250				+84	+140	+196	+284	+340	+425	+520	+640	+820	+1050	+1350
250	280	+20	+34	+56	+94	+158	+218	+315	+385	+475	+580	+710	+920	+1200	+1550
280	315				+98	+170	+240	+350	+425	+525	+650	+790	+1000	+1300	+1700
315	355	+21	+37	+62	+108	+190	+268	+390	+475	+590	+730	+900	+1150	+1500	+1900
355	400				+114	+208	+294	+435	+530	+660	+820	+1000	+1300	+1650	+2100
400	450	+23	+40	+68	+126	+232	+330	+490	+595	+740	+920	+1100	+1450	+1850	+2400
450	500				+132	+252	+360	+540	+660	+820	+1000	+1250	+1600	+2100	+2600

换算的原则是：同名代号的孔、轴的基本偏差（如 E 与 e、T 与 t），在孔、轴同一公差等级或孔比轴低一级的配合条件下，按基孔制形成的配合（如ϕ40H7/g6）与按基轴制形成的配合（如ϕ40G7/h6）性质（极限间隙或极限过盈）相同。据此有两种换算规则：

通用规则：同一字母表示的孔、轴基本偏差的绝对值相等，而符号相反，即：

对于 A～H　　　　$EI=-es$

对于 K～ZC　　　　$ES=-ei$

特殊规则：对于标准公差≤IT8 的 K、M、N 和≤IT7 的 P～ZC，孔的基本偏差 ES 与同字母的轴的基本偏差 ei 的符号相反，而绝对值相差一个 Δ 值。即：

$$ES=-ei+\Delta$$

$$\Delta=IT_n-IT_{(n-1)}$$

式中：IT_n 为孔的标准公差，$IT_{(n-1)}$ 为比孔高一级的轴的标准公差。

换算得到的孔的基本偏差值列于表 1.7。实际应用时可直接查表 1.6 或表 1.7 确定孔与轴的基本偏差值。

例题 4　查表确定ϕ25f6 和ϕ25K7 的极限偏差

解：① 查表 1.4 确定标准公差值

IT6=13 μm　　IT7=21μm

② 查表 1.6 确定ϕ25f6 的基本偏差　es=−20μm

查表 1.7 确定ϕ25K7 的基本偏差　ES=−2+Δ　Δ=8μm

所以ϕ25K7 的基本偏差　ES=−2+8=+6(μm)

③ 求另一极限偏差：

ϕ25f6 的下极限偏差　ei=es−IT6=−20−13=−33(μm)

ϕ25K7 的下极限偏差　EI=ES−IT7=+6−21=−15(μm)

所以得：ϕ25f6 的极限偏差表示为$\phi 25_{-0.033}^{-0.020}$

ϕ25K7 的极限偏差表示为$\phi 25_{-0.015}^{-0.006}$

1.2.4 公差带与配合的标准化

国家标准规定有20个公差等级和28个基本偏差代号，其中，基本偏差j限用于4个公差等级，J限用于3个公差等级。由此可得到的公差带，孔有(20×27+3)=543个，轴有(20×27+4)=544个。数量如此之多，故可满足广泛的需要，不过，同时应用所有可能的公差带显然是不经济的，因为这会导致定值刀具、量具规格的繁杂。所以，对公差带的选用应加以限制。

在极限与配合制中，对公称尺寸≤500mm的常用尺寸段，标准推荐了孔、轴的一般、常用和优先公差带。如表1.8和表1.9所示。表中为一般用途公差带，轴有116个，孔有105个；线框内为常用的公差带，轴有59个，孔有44个；加底纹为优先公差带，轴、孔均有13个。在选用时，应首先考虑优先公差带，其次是常用公差带，再次为一般用途公差带。这些公差带的上、下极限偏差均可从极限与配合制中直接查得。仅仅在特殊情况下，当一般公差带不能满足要求时，才允许按规定的标准公差与基本偏差组成所需公差带；甚至按公式用插入或延伸的方法，计算新的标准公差与基本偏差，然后组成所需公差带。

在上述推荐的轴、孔公差带的基础上，极限与配合制还推荐了孔、轴公差带的组合，如表1.10、表1.11所示。对基孔制规定了常用配合59个，优先配合13个；对基轴制规定了常用配合47个，优先配合13个。并对这些配合，在标准中分别列出了它们的极限间隙或过盈，便于设计选用。

表1.7 尺寸≤500mm孔的基本偏差(GB/T 1800.1-2009) 单位(μm)

公称尺寸/mm		基本偏差																				
		下极限偏差EI												上极限偏差ES								
		A	B	C	CD	D	E	DF	F	FG	G	H	JS	J			K		M		N	
大于	至	所有公差等级												6	7	8	≤8	>8	≤8	>8	≤8	>8
—	3	+270	+140	+60	+34	+20	+14	+10	+6	+4	+2	0	偏差等于±IT/2	+2	+4	+6	0	0	−2	−2	−4	−4
3	6	+270	+140	+70	+46	+30	+20	+14	+10	+6	+4	0		+5	+6	+10	−1+△	—	−4+△	−4	8+△	0
6	10	+280	+150	+80	+56	+40	+25	+18	+13	+8	+5	0		+5	+8	+12	−1+△	—	−6+△	−6	−10+△	0
10	14	+290	+150	+95	—	+50	+32	—	+16	—	+6	0		+6	+10	+15	−1+△	—	−7+△	−7	−12+△	0
14	18																					
18	24	+300	+160	+110	—	+65	+40	—	+20	—	+7	0		+8	+12	+20	−2+△	—	−8+△	−8	−15+△	0
24	30																					
30	40	+310	+170	+120	—	+80	+50	—	+25	—	+9	0		+10	+14	+24	−2+△	—	−9+△	−9	−17+△	0
40	50	+320	+180	+130																		
50	65	+340	+190	+140	—	+100	+60	—	+30	—	+10	0		+13	+18	+28	−2+△	—	−11+△	−11	−20+△	0
65	80	+360	+200	+150																		
80	100	+380	+220	+170	—	+120	+72	—	+36	—	+12	0		+16	+22	+34	−3+△	—	−13+△	−13	−23+△	0
100	120	+410	+240	+180																		
120	140	+460	+260	+200	—	+145	+85	—	+43	—	+14	0		+18	+26	+41	−3+△	—	−15+△	−15	−27+△	0
140	160	+520	+280	+210																		
160	180	+580	+310	+230																		
180	200	+660	+340	+240	—	+170	+100	—	+50	—	+15	0		+22	+30	+47	−4+△	—	−17+△	−17	−31+△	0
200	225	+740	+380	+260																		
225	250	+820	+420	+280																		
250	280	+920	+480	+300	—	+190	+110	—	+56	—	+17	0		+25	+36	+55	−4+△	—	−20+△	−20	−34+△	0
280	315	+1050	+540	+330																		
315	355	+1200	+600	+360	—	+210	+125	—	+62	—	+18	0		+29	+39	+60	−4+△	—	−21+△	−21	−37+△	0
355	400	+1350	+680	+400																		
400	450	+1500	+760	+440	—	+230	+135	—	+68	—	+20	0		+33	+43	+66	−5+△	—	−23+△	−23	−40+△	0
450	500	+1650	+840	+480																		

注：1. 公称尺寸小于1mm时各级的A和B及大于8级的均不采用。对小于或等于IT8的K、M、N和小于或等于IT7的P至ZC，所属△值从表内右侧选取。3、特殊情况，当公称尺寸在250～315时，M6的ES等于−9(不等于−11)

续表

公称尺寸/mm		上极限偏差(ES)													△值					
		P到ZC	P	R	S	T	U	V	X	Y	Z	ZA	ZB	ZC						
		公差等级																		
大于	至	≤7	>7												3	4	5	6	7	8
—	3	在大于7级的相应数值上增加一个△值	−6	−10	−14	—	−18		−20	—	−26	−32	−40	−60	0	0	0	0	0	0
3	6		−12	−15	−19	—	−23		−28	—	−35	−42	−50	−80	1	1.5	1	3	4	6
6	10		−15	−19	−23	—	−28		−34	—	−42	−52	−67	−97	1	1.5	2	3	6	7
10	14		−18	−23	−28	—	−33		−40	—	−50	−64	−90	−130	1	2	3	3	7	9
14	18							−39	−45	—	−60	−77	−108	−150						
18	24		−22	−28	−35	—	−41	−47	−54	−65	−73	−98	−136	−188	1.5	2	3	4	8	12
24	30					−41	−48	−55	−64	−75	−88	−118	−160	−218						
30	40		−26	−34	−43	−48	−60	−68	−80	−94	−112	−148	−200	−274	1.5	3	4	5	9	14
40	50					−54	−70	−81	−95	−114	−136	−180	−242	−325						
50	65		−32	−41	−53	−66	−87	−102	−122	−144	−172	−226	−300	−400	2	3	5	6	11	16
65	80			−43	−59	−75	−102	−120	−146	−174	−210	−274	−360	−480						
80	100		−37	−51	−71	−91	−124	−146	−178	−214	−258	−335	−445	−585	2	4	5	7	13	19
100	120			−54	−79	−104	−144	−172	−210	−254	−310	−400	−525	−690						
120	140		−43	−63	−92	−122	−170	−202	−248	−300	−365	−470	−620	−800	3	4	6	7	15	23
140	160			−65	−100	−134	−190	−228	−280	−340	−415	−535	−700	−900						
160	180			−68	−108	−146	−210	−252	−310	−380	−465	−600	−770	−1000						
180	200		−50	−77	−122	−166	−236	−284	−350	−425	−520	−670	−880	−1150	3	4	6	9	17	26
200	225			−80	−130	−180	−258	−310	−385	−470	−575	−740	−960	−1250						
225	250			−84	−140	−196	−284	−340	−425	−520	−640	−820	−1050	−1350						
250	280		−56	−94	−158	−218	−315	−385	−475	−580	−710	−920	−1200	−1550	4	4	7	9	20	29
280	315			−98	−170	−240	−350	−425	−525	−650	−790	−1000	−1300	−1700						
315	355		−62	−108	−190	−268	−390	−475	−590	−730	−900	−1150	−1500	−1900	4	5	7	11	21	32
355	400			−114	−208	−294	−435	−530	−660	−820	−1000	−1300	−1650	−2100						
400	450		−68	−126	−232	−330	−490	−595	−740	−920	−1100	−1450	−1850	−2400	5	5	7	13	23	34
450	500			−132	−252	−360	−540	−660	−820	−1000	−1250	−1600	−2100	−2600						

表 1.8 尺寸至 500mm 的一般、常用和优先的轴公差带

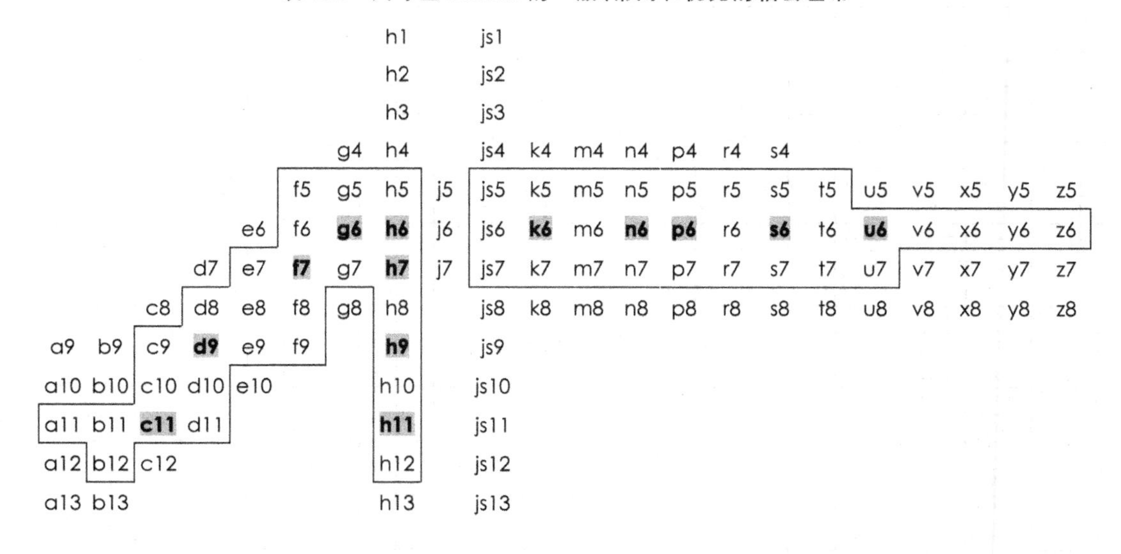

表 1.9 尺寸至 500mm 的一般、常用和优先的孔公差带

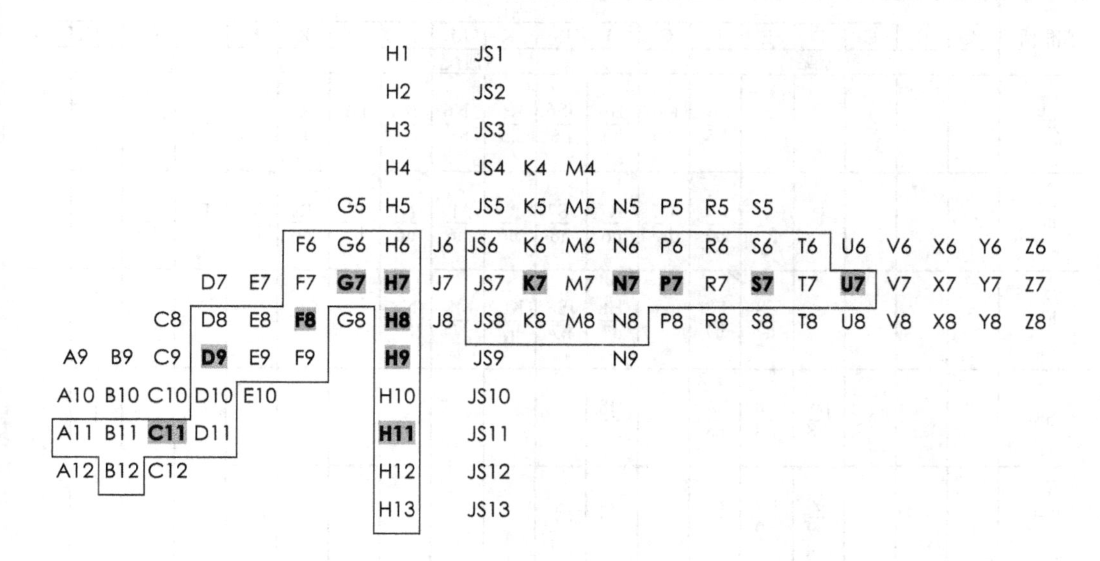

表 1.10 基孔制优先、常用配合(GB/T 1800.1-2009)

基准孔	轴																				
	a	b	c	d	e	f	g	h	js	k	m	n	p	r	s	t	u	v	x	y	z
	间隙配合								过渡配合			过盈配合									
H6						$\frac{H6}{f5}$	$\frac{H6}{k5}$	$\frac{H6}{g5}$	$\frac{H6}{hs5}$	$\frac{H6}{k5}$	$\frac{H6}{m5}$	$\frac{H6}{n5}$	$\frac{H6}{p5}$	$\frac{H6}{r5}$	$\frac{H6}{s5}$	$\frac{H6}{t5}$					
H7						$\frac{H7}{f6}$	◤$\frac{H7}{g6}$	◤$\frac{H7}{h6}$	$\frac{H7}{js6}$	◤$\frac{H7}{k6}$	$\frac{H7}{m6}$	◤$\frac{H7}{n6}$	◤$\frac{H7}{p6}$	$\frac{H7}{r6}$	◤$\frac{H7}{s6}$	$\frac{H7}{t6}$	◤$\frac{H7}{u6}$	$\frac{H7}{v6}$	$\frac{H7}{x6}$	$\frac{H7}{y6}$	$\frac{H7}{z6}$
H8					$\frac{H8}{e7}$	◤$\frac{H8}{f7}$	$\frac{H8}{g7}$	◤$\frac{H8}{h7}$	$\frac{H8}{js7}$	$\frac{H8}{k7}$	$\frac{H8}{m7}$	$\frac{H8}{n7}$	$\frac{H8}{p7}$	$\frac{H8}{r7}$	$\frac{H8}{s7}$	$\frac{H8}{t7}$	$\frac{H8}{u7}$				
				$\frac{H8}{d8}$	$\frac{H8}{e8}$	$\frac{H8}{f8}$		$\frac{H8}{h8}$													
H9			$\frac{H9}{c9}$	◤$\frac{H9}{d9}$	$\frac{H9}{e9}$	$\frac{H9}{f9}$		◤$\frac{H9}{h9}$													
H10			$\frac{H10}{c10}$	$\frac{H10}{d10}$				$\frac{H10}{h10}$													
H11	$\frac{H11}{a11}$	$\frac{H11}{b11}$	◤$\frac{H11}{c11}$	$\frac{H11}{d11}$				◤$\frac{H11}{h11}$													
H12		$\frac{H12}{b12}$						$\frac{H12}{h12}$													

注:1. $\frac{H6}{n5}$、$\frac{H7}{p6}$在基本尺寸≤3mm 和$\frac{H8}{r7}$在≤100mm 时,为过渡配合。

2. 标准的配合为优先配合。

表 1.11　基轴制优先、常用配合(GB/T 1800.1-2009)

基准轴	孔																				
	A	B	C	D	E	F	G	H	JS	K	M	N	P	R	S	T	U	V	X	Y	Z
	间隙配合							过渡配合							过盈配合						
h5						F6/h5	G6/h5	H6/h5	JS6/h5	K6/h5	N6/h5	N6/h5	P6/h5	R6/h5	S6/h5	T6/h5					
h6						F7/h6	◤G7/h6	◤H7/h6	JS7/h6	◤K7/h6	M7/h6	◤N7/h6	◤P7/h6	R7/h6	◤S7/h6	T7/h6	◤U7/h6				
h7					E8/h7	◤F8/h7		◤H8/h7	JS8/h7	K8/h7	M8/h7	N8/h7									
h8				D8/h8	E8/h8	F8/h8		H8/h8													
h9				◤D9/h9	E9/h9	F9/h9		◤H9/h9													
H10				D10/h10				H10/h10													
H11	A11/h11	B11/h11	◤C11/h11	D11/h11				◤H11/h11													
H12		B12/h12						H12/h12													

注：标注◤的配合为优先配合。

1.3　公差与配合的选用

尺寸公差与配合的选择是机械设计与制造中的一个重要环节。公差与配合的选择是否恰当，对产品的性能、质量、互换性及经济性都有着重要的影响。

公差与配合的选择主要包括配合制、公差等级及配合种类。

1.3.1　配合制的选用

基孔制配合和基轴制配合是两种平行的配合制度。对各种使用要求的配合，既可用基孔制配合也可用基轴制配合来实现。配合制的选择主要应从结构、工艺性和经济性等方面分析确定。

1. 一般情况下优先选用基孔制。

从工艺上看，对较高精度的中小尺寸孔，广泛采用定值刀、量具(如钻头、铰刀、塞规)加工和检验。采用基孔制可减少备用定值刀、量具的规格和数量，故经济性好。

2. 在采用基轴制有明显经济效果的情况下，应采用基轴制。例如：

（1）农业机械和纺织机械中，有时采用IT9～IT11的冷拉成型钢材直接做轴（轴的外表面不需经切削加工即可满足使用要求），此时应采用基轴制。

（2）尺寸小于1mm的精密轴比同一公差等级的孔加工要困难，因此在仪器制造、钟表生产和无线电工程中，常使用经过光轧成型的钢丝或有色金属棒料直接做轴，这时也应采用基轴制。

（3）在结构上，当同一轴与公称尺寸相同的几个孔配合，并且配合性质要求不同时，可根据具体结构考虑采用基轴制。如图1.10(a)所示的柴油机的活塞连杆组件中，由于工作时要求活塞销和连杆相对摆动，所以活塞销与连杆小头衬套采用间隙配合。而活塞销和活塞销座孔的连接要求准确定位，故它们采用过渡配合。若采用基孔制，则活塞销应设计成中间小两头大的阶梯轴（图1.10(b)），这不仅给加工造成困难，而且装配时阶梯轴大头易刮伤连杆衬套内表面。若采用基轴制，活塞销设计成光轴（图1.10(c)），这样容易保证加工精度和装配质量。而不同基本偏差的孔，分别位于连杆和活塞两个零件上，加工并不困难。所以应采用基轴制。

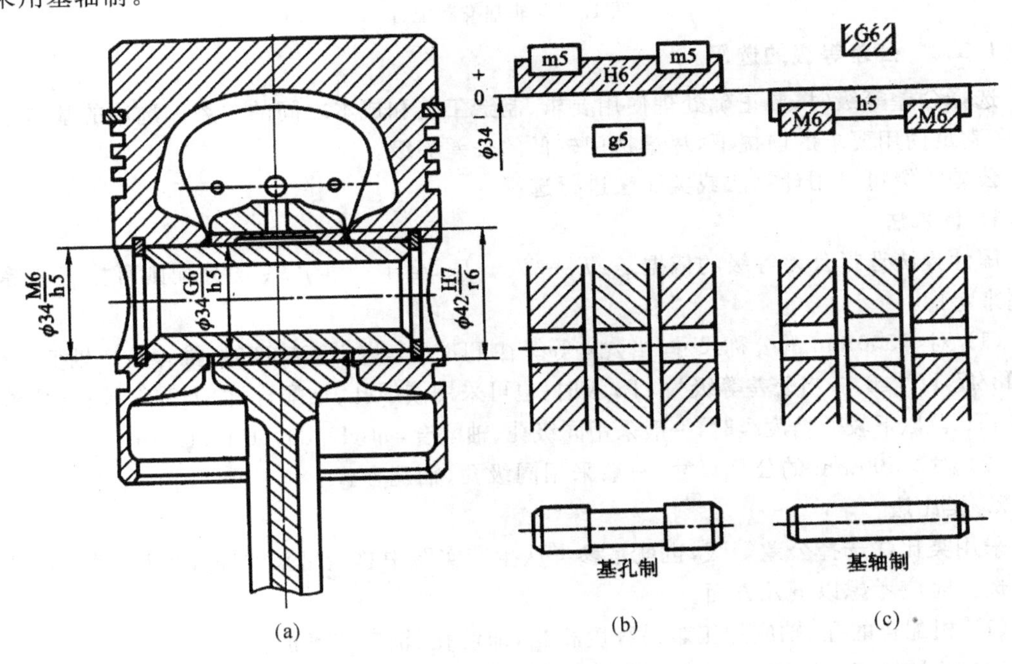

图1.10　基准制选择示例

3. 当设计的零件与标准件相配合时，基准制的选择应按标准件而定。

例如与滚动轴承内圈配合的轴颈应按基孔制配合，而与滚动轴承外圈配合的轴承座孔，则应选用基轴制。

4. 为了满足配合的特殊需要，有时允许孔与轴都不用基准件（H或h）而采用非基准孔、轴公差带组成的配合，即非基准制配合。例如图1.11所示的外壳孔同时与轴承外径和端盖直径配合，由于轴承与外壳孔的配合已被定为基轴制过渡配合（M7），而端盖与外壳孔的配合则要求有间隙，以便于拆装，所以端盖直径就不能再按基准轴制造，而应小于轴承的外径。在图中端盖外径公差带取f7，所以它和外壳孔所组成的为非基准配合M7/f7。又如有镀层要求的零件，要求涂镀后满足某一基准制配合的孔或轴，在电镀前也应按非基准制配合的孔、轴公差带进行加工。

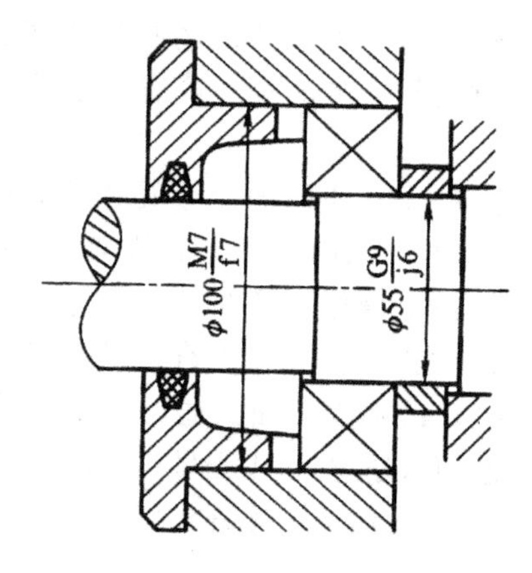

图 1.11　非基准制配合

1.3.2　公差等级的选用

选择公差等级时，要正确处理使用要求、制造工艺和成本之间的关系。选用的基本原则是，在满足使用要求的前提下，尽量选用较低的公差等级。

公差等级可采用计算法或类比法进行选择。

1. 计算法

用计算法选择公差等级的依据是：$T_f=T_h+T_S$，至于 T_h 与 T_S 的分配则可按工艺等价原则来考虑。

(1) 对≤500mm 的公称尺寸，当公差等级在 IT8 及其以上高精度时，推荐孔比轴低一级，如 H8/f7，H7/g6，…当公差等级为 IT8 级时，也可采用同级孔、轴配合，如 H8/f8 等；当公差等级在 IT9 及以下较低精度级时，一般采用同级孔、轴配合，如 H9/d9，H11/c11，…

(2) 对>500mm 的公称尺寸，一般采用同级孔、轴配合。

2. 类比法

采用类比法选择公差等级，也就是参考从生产实践中总结出来的经验资料，进行比较选用。选择时应考虑以下几方面。

(1) 相配合的孔、轴应加工难易程度相当，即使孔、轴工艺等价。

(2) 各种加工方法能够达到的公差等级如表 1.12 所示，可供选择时参考。

(3) 与标准零件或部件相配合时应与标准件的精度相适应。如与滚动轴承相配合的轴颈和轴承座孔的公差等级，应与滚动轴承的精度等级相适应，与齿轮孔相配合的轴的公差等级要与齿轮的精度等级相适应。

(4) 过渡配合与过盈配合的公差等级不能太低，一般孔的标准公差≤IT8 级，轴的标准公差≤IT7 级。间隙配合则不受此限制。但间隙小的配合公差等级应较高，而间隙大的公差等级应低些。

(5) 产品精度愈高，加工工艺愈复杂，生产成本愈高。图 1.12 是公差等级与生产成本的关系曲线图。由图可见，在高精度区，加工精度稍有提高将使生产成本急剧上升。所以高公差等级的选用要特别谨慎。而在低精度区，公差等级提高使生产成本增加不显著，因而可在工艺条件许可的情况下适当提高公差等级，以使产品有一定的精度储备，从而取得更好的综合经济效益。

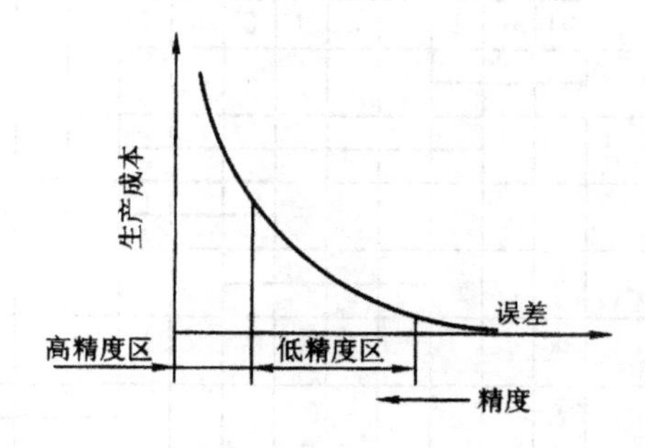

图 1.12 公差等级与生产成本的关系

（6）各公差等级的应用范围如表 1.13 所示。常用公差等级的应用示例如表 1.14 所示。

表 1.12 各种加工方法所能够达到的公差等级

加工方法	IT 等级																	
	01	0	1	2	3	4	5	6	7	8	9	10	11	12	13	14	15	16
研　　磨	—	—	—	—	—	—	—											
珩						—	—	—	—									
圆　　磨							—	—	—	—								
平　　磨							—	—	—	—								
金刚石车							—	—	—									
金刚石镗							—	—	—									
拉　　削							—	—	—	—								
铰　　孔								—	—	—	—	—						
车									—	—	—	—	—					
镗									—	—	—	—	—					
铣										—	—	—	—					
刨、插												—	—					
钻　　孔												—	—	—	—			
滚压、挤压												—	—					
冲　　压												—	—	—	—	—		
压　　铸													—	—	—	—		
粉末冶金成型								—	—	—								
粉末冶金烧型									—	—	—	—						
砂型铸造、气割																		—
锻　　造																	—	

表 1.13 公差等级应用范围

应　用	IT 等级																			
	01	0	1	2	3	4	5	6	7	8	9	10	11	12	13	14	15	16	17	18
块　规	—	—	—																	
量　规			—	—	—	—	—	—	—											
配合尺寸							—	—	—	—	—	—	—	—	—					
特别精密零件的配合				—	—	—	—													
非配合尺寸(大制造公差)														—	—	—	—	—	—	—
原材料公差										—	—	—	—	—	—	—				

表 1.14 常用公差等级应用示例

公差等级	应　用
5 级	主要用在配合精度,几何精度要求较高的地方,一般在机床、发动机、仪表等重要部位应用。如:与 P4 级滚动轴承配合的箱体孔;与 P5 级滚动轴承配合的机床主轴,机床尾架与套筒,精密机械及高速机械中的轴径,精密丝杆轴径等。
6 级	用于配合性质均匀性要求较高的地方。如:与 P5 级滚动轴承配合的孔、轴颈;与齿轮、蜗轮、联轴器、带轮、凸轮等连接的轴径,机床丝杠轴径;摇臂钻立柱;机床夹具中导向件外径尺寸;6 级精度齿轮的基准孔,7、8 级精度齿轮的基准轴径。
7 级	在一般机械制造中应用较为普遍。如:联轴器、带轮、凸轮等孔径;机床夹盘座孔;夹具中固定钻套、可换钻套;7、8 级齿轮基准孔,9、10 级齿轮基准轴。
8 级	在机器制造中属于中等精度。如:轴承座衬套沿宽度方向尺寸,低精度齿轮基准孔与基准轴;通用机械中与滑动轴承配合的轴颈;也用于重型机械或农业机械中某些较重要的零件。
9 级 10 级	精度要求一般。如机械制造中轴套外径与孔;操作件与轴;键与键槽等零件。
11 级 12 级	精度较低,适用于基本上没有什么配合要求的场合。如:机床上法兰盘与止口;滑块与滑移齿轮;加工中工序间尺寸;冲压加工的配合件等。

1.3.3 配合的选择

当配合制和公差等级确定后,配合的选择就是根据所选部位松紧程度的要求,确定非基准件的基本偏差代号。

国家标准规定的配合种类很多,设计中应根据使用要求,尽可能地选用优先配合,其次考虑常用配合,然后是一般配合等。

配合选用的方法有计算法、试验法和类比法三种。

1. 计算法

根据配合部位的使用要求和工作条件,按一定理论建立极限间隙或极限过盈的计算公式。如根据流体润滑理论,计算保证液体摩擦状态所需要的间隙和根据弹性变形理论,计算出既能保证传递一定力矩而又不使材料损坏所需要的过盈。然后按计算出的极限间隙或过盈选择相配合孔、轴的公差等级和配合代号(选择步骤见例题 5)。由于影响配合间隙和过盈量的因素很多,所以理论计算往往是把条件理想化和简单化,因此结果不完全符合实际,也较麻烦。故目前只有计算公式较成熟的少数重要配合才有可能用计算法。但这种方法理

论根据比较充分，有指导意义，随着计算机技术的发展，将会得到越来越多的应用。

例题 5 公称尺寸为ϕ40mm 的某孔、轴配合，由计算法设计确定配合的间隙应在+0.022mm～+0.066mm 之间，试选用合适的孔、轴公差等级和配合种类。

解：① 选择公差等级

由 $T_f = |X_{\max} - X_{\min}| = T_h + T_S$

得：$T_h + T_S = |66 - 22| = 44(\mu m)$

查表 1.4 知：$IT7 = 25\mu m$，$IT6 = 16\mu m$，按工艺等价原则，取孔为 $IT7$ 级，轴为 $IT6$ 级，则：

$$T_h + T_S = 25 + 16 = 41(\mu m)$$

接近 44μm，符合设计要求。

② 选择基准制

由于没有其他条件限制，故优先选用基孔制，则孔的公差带代号为：$\phi 40H7(\begin{smallmatrix}+0.025\\0\end{smallmatrix})$

③ 选择配合种类，即选择轴的基本偏差代号

因为是间隙配合，故轴的基本偏差应在 a～h 之间，且其基本偏差为上极限偏差(es)。

由 $X_{\min} = EI - es$

得：$es = EI - X_{\min} = 0 - 22 = -22(\mu m)$

查表 1.6 选取轴的基本偏差代号为 f(es=−25μm)能保证 $X_{\min}$ 的要求，故轴的公差带代号为：$\phi 40f6^{-0.025}_{-0.041}$。

④ 验算：所选配合为ϕ40H7/f6，其：

$$X_{\max} = ES - ei = 25 - (-41) = +66\mu m$$

$$X_{\min} = EI - es = 0 - (-25) = +25\mu m$$

均在+0.022mm～+0.066mm 之间，故所选符合要求。

2. 试验法

对于与产品性能关系很大的关键配合，可采用多种方案进行试验比较，从而选出具有最理想的间隙或过盈量的配合。这种方法较为可靠，但成本较高，一般用于大量生产的产品的关键配合。

3. 类比法

在对机械设备上现有的行之有效的一些配合有充分了解的基础上，对使用要求和工作条件与之类似的配合件，用参照类比的方法确定配合，这是目前选择配合的主要方法。

用类比法选择配合，必须掌握各类配合的特点和应用场合，并充分研究配合件的工作条件和使用要求，进行合理选择。下面分别加以阐述。

(1) 了解各类配合的特点与应用情况，正确选择配合类别。

a～h(或 A～H)11 种基本偏差与基准孔(或基准轴)形成间隙配合，主要用于结合件有相对运动或需方便装拆的配合。

js～n(或 JS～N)5 种基本偏差与基准孔(或基准轴)一般形成过渡配合，主要用于需精确定位和便于装拆的相对静止的配合。

p～zc(或 P～ZC)12 种基本偏差与基准孔(或基准轴)一般形成过盈配合，主要用于孔、轴间没有相对运动，需传递一定的扭矩的配合。过盈不大时主要借助键联接(或其他紧固

件)传递扭矩,可拆卸;过盈大时,主要靠结合力传递扭矩,不便拆卸。

表 1.15 提供了三类配合选择的大体方向,可供参考。

表 1.15　配合类别的大体方向

<table>
<tr><td rowspan="4">无相对运动</td><td rowspan="3">要传递转矩</td><td rowspan="2">要精确同轴</td><td>永久结合</td><td>过盈配合</td></tr>
<tr><td>可拆结合</td><td>过渡配合或基本偏差为 H(h)① 的间隙配合加紧固件②</td></tr>
<tr><td colspan="2">不要求精确同轴</td><td>间隙配合加紧固件</td></tr>
<tr><td colspan="3">不需要传递转矩</td><td>过渡配合或轻的过盈配合</td></tr>
<tr><td rowspan="2">有相对运动</td><td colspan="3">只有移动</td><td>基本偏差为 H(h)、G(g)① 的间隙配合</td></tr>
<tr><td colspan="3">转动或转动与移动复合运动</td><td>基本偏差为 A～F(a～f)① 的间隙配合</td></tr>
</table>

注① 指非基准件的基本偏差代号;② 紧固件指键、销、和螺钉等。

配合类别大体确定后,再进一步类比选择确定非基准件的基本偏差代号。表 1.16 为各种基本偏差的特点及选用说明;表 1.17 为尺寸至 500mm 的基孔制常用和优先配合的特征和应用说明。均可供选择时参考。

表 1.16　各种基本偏差的特点及选用说明

配合	基本偏差	配合特性及应用
间隙配合	a(A) b(B)	可得到特别大的间隙,应用很少。主要用于工作时温度高,热变形大的零件的配合,如发动机中活塞与缸套的配合为 H9/a9
	c(C)	可得到很大的间隙,一般用于工作条件较差(如农业机械),工作时受力变形大及装配工艺性不好的零件的配合,也适用于高温工作的动配合,如内燃机排气阀与导管的配合为 H8/c7
	d(D)	与 IT7～IT11 对应,适用于较松的间隙配合(如滑轮、空转皮带轮与轴的配合),以及大尺寸滑动轴承与轴的配合(如涡轮机、球磨机等的滑动轴承)。活塞环与活塞槽的配合可用 H9/d9
	e(E)	与 IT6～IT9 对应,具有明显的间隙,用于大跨距及多支点的转轴与轴承的配合,以及高速、重载的大尺寸轴与轴承的配合,如大型电机、内燃机的主要轴承处的配合为 H8/e7
	f(F)	多与 IT6～IT8 对应,用于一般转动的配合,受温度影响不大,采用普通润滑油的轴与滑动轴承的配合滑动轴承,如齿轮箱、小电机、泵等的转轴与滑动轴承的配合为 H7/f6
	g(G)	多与 IT5、IT6、IT7 对应,形成配合的间隙较小,用于轻载精密装置中的转动配合,最适合不回转的精密滑动配合,也用于插销等定位配合,如精密连杆轴承、活塞及滑阀、连杆销等处的配合。
	h(H)	多与 IT4～IT11 对应,广泛用于无相对转动的零件,作为一般的定位配合。若没有温度、变形的影响,也可用于精密滑动配合,如车床尾座孔与滑动套筒的配合为 H6/h5
过渡配合	js(JS) j(J)	多用于 IT4～IT7 具有平均间隙的过渡配合,用于略有过盈的定位配合,如联轴节、齿圈与轮毂的配合,滚动轴承外圈与外壳孔的配合多用 JS7 或 J7。一般用手或木槌装配
	k(K)	多用于 IT4～IT7 平均间隙接近零的配合,用于定位配合,如滚动轴承的内、外圈分别与轴颈、外壳孔的配合,用木槌装配
	m(M)	多用于 IT4～IT7 平均过盈较小的配合,用于精密定位的配合,如蜗轮的青铜轮缘与轮毂的配合为 H7/m6
	n(N)	多用于 IT4～IT7 平均过盈较大的配合,很少形成间隙。用于加键传递较大扭矩的配合,如冲床上齿轮与轴的配合

续表

配合	基本偏差	配合特性及应用
过盈配合	p(P)	小过盈配合。与 H6 或 H7 的孔形成过盈配合，而与 H8 的孔形成过渡配合。碳钢和铸铁制零件形成的配合为标准压入配合，如卷扬机的绳轮与齿圈的配合为 H7/p6。对弹性材料，如轻合金等，往往要求很小的过盈，故可采用 p(或 P)与基准件形成的配合
	r(R)	用于传递大扭矩或受冲击负荷而需加键的配合，如蜗轮与轴的配合为 H7/r6。配合 H8/r7 在公称尺寸小于 100mm 时，为过渡配合
	s(S)	用于钢和铸铁制零件的永久性和半永久性结合，可产生相当大的结合力，如套环压在轴、阀座上用 H7/s6 的配合。尺寸较大时，为避免损伤配合表面，需用热胀或冷缩法装配
	t(T)	用于钢和铸铁制零件的永久性结合，不用键可传递扭矩，需用热胀或冷缩法装配，如联轴节与轴的配合为 H7/t6
	u(U)	大过盈配合，最大过盈需验算材料的承受能力，用热胀或冷缩法装配，如火车轮毂和轴的配合为 H6/u5
	v(V)、x(X) y(Y)、z(Z)	特大过盈配合，目前使用的经验和资料很少，须经试验后才能应用，一般不推荐

表 1.17　尺寸至 500mm 基孔制常用和优先配合的特征和应用

配合类别	配合特征	配合代号	应用
间隙配合	特大间隙	$\frac{H11}{a11}$ $\frac{H11}{b11}$ $\frac{H12}{b12}$	用于高温或工作时要求大间隙的配合
	很大间隙	$\left(\frac{H11}{c11}\right)$ $\frac{H11}{d11}$	用于工作条件较差，受力变形或为了便于装配而需要大间隙的配合和高温工作的配合
	较大间隙	$\frac{H9}{c9}$ $\frac{H10}{c10}$ $\frac{H8}{d8}$ $\left(\frac{H9}{d9}\right)$ $\frac{H10}{d10}$ $\frac{H8}{e7}$ $\frac{H8}{e8}$ $\frac{H9}{e9}$	用于高速重载的滑动轴承或大直径的滑动轴承，也可用于大跨距或多支点支承的配合
	一般间隙	$\frac{H6}{f5}$ $\frac{H6}{f6}$ $\left(\frac{H8}{f7}\right)$ $\frac{H8}{f8}$ $\frac{H9}{f9}$	用于一般转速的配合，当温度影响不大时，广泛应用于普通润滑油润滑的支承处
	较小间隙	$\left(\frac{H7}{g6}\right)$ $\frac{H8}{g7}$	用于精密滑动零件或缓慢间歇回转的零件的配合部件
	很小间隙或零间隙	$\frac{H6}{g5}$ $\frac{H6}{h5}$ $\left(\frac{H7}{h6}\right)$ $\left(\frac{H8}{h7}\right)$ $\frac{H8}{h8}$ $\left(\frac{H9}{h9}\right)$ $\frac{H10}{h10}$ $\left(\frac{H11}{h11}\right)$ $\left(\frac{H12}{h12}\right)$	用于不同精度要求的一般定位件的配合和缓慢移动和摆动零件的配合

续表

配合类别	配合特征	配合代号	应用
过渡配合	大部分有微小间隙	$\frac{H6}{js5}$ $\frac{H7}{js6}$ $\frac{H8}{js7}$	用于易于装拆的定位配合或加紧固件后可传递一定静载荷的配合
	大部分有微小间隙	$\frac{H6}{k5}$ $\left(\frac{H7}{k6}\right)$ $\frac{H8}{k7}$	用于稍有振动的定位配合，加紧固件可传递一定载荷，装配方便可用木槌敲入
	大部分有微小过盈	$\frac{H6}{m5}$ $\frac{H7}{m6}$ $\frac{H8}{m7}$	用于定位精度较高且能抗振的定位配合，加键可传递较大载荷，可用铜锤敲入或小压力压入
	大部分有微小过盈	$\left(\frac{H7}{n6}\right)$ $\frac{H8}{n7}$	用于精确定位或紧密组合件的配合加键能传递大力矩或冲击性载荷，只在大修时拆卸
	大部分有较小过盈	$\frac{H8}{p7}$	加键后能传递很大力矩，且承受振动和冲击的配合，装配后不再拆卸
过盈配合	轻型	$\frac{H6}{n5}$ $\frac{H6}{p5}$ $\left(\frac{H6}{p6}\right)$ $\frac{H6}{r5}$ $\frac{H7}{r6}$ $\frac{H8}{r7}$	用于精确的定位配合，一般不能靠过盈传递力矩。要传递力矩需加紧固件
	中型	$\frac{H6}{n5}$ $\frac{H6}{p5}$ $\left(\frac{H6}{p6}\right)$ $\frac{H6}{r5}$ $\frac{H7}{r6}$ $\frac{H8}{r7}$	不需加紧固件就可传递较小力矩和轴向力。加紧固件后承受较大载荷或动载荷的配合
	重型	$\left(\frac{H7}{u6}\right)$ $\frac{H8}{u7}$ $\frac{H7}{u6}$	不需加紧固件就可传递和承受大的力矩和动载荷的配合。要求零件材料有高强度
	特重型	$\frac{H7}{x6}$ $\frac{H7}{y6}$ $\frac{H7}{z6}$	能传递和承受很大力矩和动载荷的配合，须经试验后方可应用

注：① 括号内的配合为优先配合。

②国家标准规定的44种基轴制配合的应用与本表中的同名配合相同。

(2) 分析零件的工作条件及使用要求，合理调整配合的间隙与过盈。

零件的工作条件是选择配合的重要依据。用类比法选择配合时，当待选部位和类比的典型实例在工作条件上有所变化时，应对配合的松紧作适当的调整。因此必须充分分析零件的具体工作条件和使用要求，考虑工作时结合件的相对位置状态(如运动速度、运动方向、停歇时间、运动精度要求等)、承受负荷情况、润滑条件、温度变化、配合的重要性、装卸条件以及材料的物理机械性能等，参考表1.18对结合件配合的间隙量或过盈量的绝对值进行适当的调整。

表1.18 不同工作条件影响配合间隙或过盈的趋势

具体情况	|过盈量|	间隙量	具体情况	|过盈量|	间隙量
材料强度小	减	—	装配时可能歪斜	减	增
经常拆卸	减	增	旋转速度增高	增	增
有冲击载荷	增	减	有轴向运动	—	增
工作时孔温高于轴温	增	减	润滑油粘度增大	—	增
工作时轴温高于孔温	减	增	表面趋向粗糙	增	减
配合长度增长	减	增	单件生产相对于成批生产	减	增
配合面形状和位置误差增大	减	增			

1.3.4 线性尺寸的一般公差

国家标准GB/T 1804-2007《一般公差未注出公差的线性和角度尺寸的公差》规定了线性尺寸一般公差的等级和极限偏差。

1. 线性尺寸的一般公差的概念

线性尺寸的一般公差是在车间普通工艺条件下，机床设备一般加工能力可保证的公差。

在正常维护和操作情况下,它代表车间的一般加工的经济加工精度。

采用一般公差的尺寸和角度,在正常车间精度保证的条件下,一般可不检验。

应用一般公差,可简化图样,使图样清晰易读。由于一般公差不需在图样上进行标注,则突出了图样上的注出公差的尺寸,从而使人们在对这些注出尺寸进行加工和检验时给予应有的重视。

2. 标准的有关规定

线性尺寸的一般公差规定有4个公差等级。从高到低依次为:精密级、中等级、粗糙级和最粗级,分别用字母f、m、c和v表示。而对尺寸也采用了大的分段。线性尺寸的极限偏差值见表1.19所示。这4个公差等级相当于IT12、IT14、IT16和IT17。

表1.19 线性尺寸的未注极限偏差的数值(mm)(GB/T 1804-2007)

公差等级	尺寸分段							
	0.5~3	>3~6	>6~30	>30~120	>120~400	>400~1000	>1000~2000	>2000~4000
f(精密级)	±0.05	±0.05	±0.1	±0.15	±0.2	±0.3	±0.5	—
m(中等级)	±0.1	±0.1	±0.2	±0.3	±0.5	±0.8	±1.2	±2
c(粗糙级)	±0.2	±0.3	±0.5	±0.8	±1.2	±2	±3	±4
v(最粗级)	—	±0.5	±1	±1.5	±2.5	±4	±6	±8

由表1.19可见,不论孔和轴还是长度尺寸,其极限偏差的取值都采用对称分布的公差带,因而与旧国标相比,使用更方便,概念更清晰。标准同时也对倒圆半径与倒角高度尺寸的极限偏差的数值作了规定,如表1.20所示。

表1.20 倒圆半径与倒角高度尺寸的极限偏差的数值(mm)(GB/T 1804-2007)

公差等级	尺寸分段			
	0.5~3	>3~6	>6~30	>30
f(精密级) m(中等级)	±0.2	±0.5	±1	±2
c(粗糙级) v(最粗级)	±0.4	±1	±2	±4

3. 线性尺寸的一般公差的表示方法

线性尺寸的一般公差主要用于较低精度的非配合尺寸。当功能上允许的公差等于或大于一般公差时,均应采用一般公差。

采用国标规定的一般公差,在图样上的尺寸后不注出极限偏差,而是在图样的技术要求或有关文件中,用标准号和公差等级代号作出总的表示。

1.4 普通计量器具的选择

1.4.1 误收和误废

用普通计量器具测量工件适用于车间用的计量器具(游标卡尺、千分尺和分度值不小于

0.5μm 的指示表和比较仪等)，主要用以检测公称尺寸至 500mm，公差等级为 IT6～IT18 的光滑工件尺寸，也适用于对一般公差尺寸的检测。

由于各种测量误差的存在，若按零件的上、下极限尺寸验收，当零件的实际尺寸处于上、下极限尺寸附近时，有可能将本来处于零件公差带内的合格品判为废品，或将本来处于零件公差带以外的废品误判为合格品，前者称为**"误废"**，后者称为**"误收"**。误废和误收是尺寸误检的两种形式。

1.4.2 尺寸的验收极限

1. 验收极限与安全裕度(A)

国家标准规定的验收原则是：所用验收方法应只接收位于规定的极限尺寸之内的工件。为了保证这个验收原则的实现，保证零件达到互换性要求，规定了验收极限。

验收极限是指检测工件尺寸时判断合格与否的尺寸界限。国家标准规定，验收极限可以按照下列两种方法之一确定。

方法 1：验收极限是从图样上标定的上极限尺寸和下极限尺寸分别向工件公差带内移动一个安全裕度 A 来确定，如图 1.13 所示。

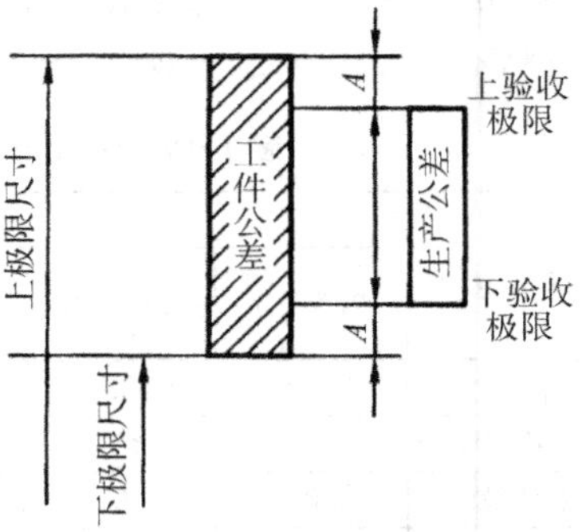

图 1.13 验收极限与安全裕度

即：上验收极限尺寸＝上极限尺寸－A

下验收极限尺寸＝下极限尺寸＋A

表 1.21 安全裕度(A)与计量器具的测量不确定度允许值(u1) (μm)

公差等级		IT6					IT7					IT8					IT9				
公称尺寸/mm		T	A	u1			T	A	u1			T	A	u1			T	A	u1		
大于	至			Ⅰ	Ⅱ	Ⅲ			Ⅰ	Ⅱ	Ⅲ			Ⅰ	Ⅱ	Ⅲ			Ⅰ	Ⅱ	Ⅲ
—	3	6	0.6	0.54	0.9	1.4	10	1.0	0.9	1.5	2.3	14	1.4	1.3	2.1	3.2	25	2.5	2.3	3.8	5.6
3	6	8	0.8	0.72	1.2	1.8	12	1.2	1.1	1.8	2.7	18	1.8	1.6	2.7	4.1	30	3.0	2.7	4.5	6.8
6	10	9	0.9	0.81	1.4	2.0	15	1.5	1.4	2.3	3.4	22	2.2	2.0	3.3	5.0	36	3.6	3.3	5.4	8.1
10	18	11	1.1	1.0	1.7	2.5	18	1.8	1.7	2.7	4.1	27	2.7	2.4	4.1	6.1	43	4.3	3.9	6.5	9.7
18	30	13	1.3	1.2	2.0	2.9	21	2.1	1.9	3.2	4.7	33	3.3	3.0	5.0	7.4	52	5.2	4.7	7.8	12
30	50	16	1.6	1.4	2.4	3.6	25	2.5	2.3	3.8	5.6	39	3.9	3.5	5.9	8.8	62	6.2	5.6	9.3	14
50	80	19	1.9	1.7	2.9	4.3	30	3.0	2.7	4.5	6.8	46	4.6	4.1	6.9	10	74	7.4	6.7	11	17
80	120	22	2.2	2.0	3.3	5.0	35	3.5	3.2	5.3	7.9	54	5.4	4.9	8.1	12	87	8.7	7.8	13	20
120	180	25	2.5	2.3	3.8	5.6	40	4.0	3.6	6.0	9.0	63	6.3	5.7	9.5	14	100	10	9.0	15	23
180	250	29	2.9	2.6	4.4	6.5	46	4.6	4.1	6.9	10	72	7.2	6.5	11	16	115	12	10	17	26
250	315	32	3.2	2.9	4.8	7.2	52	5.2	4.7	7.8	12	81	8.1	7.3	12	18	130	13	12	19	29
315	400	36	3.6	3.2	5.4	8.1	57	5.7	5.1	8.4	13	89	8.9	8.0	13	20	140	14	13	21	32
400	500	40	4.0	3.6	6.0	9.0	63	6.3	5.7	9.5	14	97	9.7	8.7	15	22	155	16	14	23	35

公差等级		IT10					IT11					IT12				IT13			
公称尺寸/mm		T	A	u1			T	A	u1			T	A	u1		T	A	u1	
大于	至			Ⅰ	Ⅱ	Ⅲ			Ⅰ	Ⅱ	Ⅲ			Ⅰ	Ⅱ			Ⅰ	Ⅱ
—	3	40	4.0	3.6	6.0	9.0	60	6.0	5.4	9.0	14	100	10	9.0	15	140	14	13	21
3	6	48	4.8	4.3	7.2	11	75	7.5	6.8	11	17	120	12	11	18	180	18	16	27
6	10	58	5.8	5.2	8.7	13	90	9.0	8.1	14	20	150	15	14	23	220	22	20	33
10	18	70	7.0	6.3	11	16	110	11	10	17	25	180	18	16	27	270	27	24	41
18	30	84	8.4	7.6	13	19	130	13	12	20	29	210	21	19	32	330	33	30	50
30	50	100	10	9.0	15	23	160	16	14	24	36	250	25	23	38	390	39	35	59
50	80	120	12	11	18	27	190	19	17	29	43	300	30	27	45	460	46	41	69
80	120	140	14	13	21	32	220	22	20	33	50	350	35	32	53	540	54	49	81
120	180	160	16	15	24	36	250	25	23	38	56	400	40	36	60	630	63	57	95
180	250	185	18	17	28	42	290	29	26	44	65	460	46	41	69	720	72	65	110
250	315	210	21	19	32	47	320	32	29	48	72	520	52	47	78	810	81	73	120
315	400	230	23	21	35	52	360	36	32	54	81	570	57	51	80	890	89	80	130
400	500	250	25	23	38	56	400	40	36	60	90	630	63	57	95	970	97	87	150

安全裕度A由工件公差T确定，A的数值一般取工件公差的1/10，其数值可由表1.21查得。由于验收极限向工件的公差带之内移动为了保证验收时合格，在生产时不能按原有的极限尺寸加工，应按由验收极限所确定的范围生产，这个范围称为“生产公差”。

方法2：验收极限等于图样上标定的上极限尺寸和下极限尺寸，即安全裕度A值等于零。

具体选择哪一种方法，要结合工件的尺寸、功能要求及其重要程度、尺寸公差等级、测量不确定度和工艺能力等因素综合考虑。具体原则是：

(1) 对要求符合包容要求的尺寸、公差等级高的尺寸，其验收极限按方法1确定。

(2) 对工艺能力指数 $C_p \geqslant 1$ 时，其验收极限可以按方法2确定〔工艺能力指数 C_p 值是工件公差 T 与加工设备工艺能力 $C\sigma$ 之比值。C 为常数，工件尺寸遵循正态分布时 $C=6$，σ 为加工设备的标准偏差，$C_p=T/(6\sigma)$〕。但采用包容要求时，在最大实体尺寸一侧仍应按内缩方式确定验收极限。

(3) 对偏态分布的尺寸，尺寸偏向的一边应按方法1确定。

(4) 对非配合和一般公差的尺寸，其验收极限按方法2确定。

2. 计量器具的选择原则

计量器具的选择主要取决于计量器具的技术指标和经常指标。选用时应考虑：

(1) 选择的计量器具应与被测工件的外几何置、尺寸的大小及被测参数特性相适应，使所选计量器具的测量范围能满足工件的要求。

(2)选择计量器具应考虑工件的尺寸公差，使所选计量器具的不确定度值既要保证测量精度要求，又要符合经济性要求。

为了保证测量的可靠性和量值的统一，国家标准规定：按照计量器具的测量不确定度允许值 u_1 选择计量器具。u_1 值见表1.21。u_1 值分为Ⅰ、Ⅱ、Ⅲ档，分别约为工件公差的1/10、1/6和1/4。一般情况下，优先选用Ⅰ档，其次为Ⅱ档、Ⅲ档。选用计量器具时，应使所选测

量器具的不确定度 u_1' 等于或小于表 1.21 所列的 u_1 值，($u_1' \leqslant u_1$)。各种普通计量器具的不确定度 u'_1 见表 1.22、表 1.23 所列。

生产中，当现有测量器具的不确定度 $u'_1 > u_1$ 时，应按下式扩大安全裕度 A 至 A′。

$$A' = u'_1/0.9$$

例 6 被检验零件尺寸为轴 ϕ65e9E，试确定验收极限、选择适当的计量器具。

解 ① 由极限与配合标准中查得：ϕ65e9 的极限偏差为 $\phi 65^{-0.050}_{-0.124}$

② 由表 1.21 中查得安全裕度：$A=7.4\mu m$，测量不确定度允许值：$u_1=6.7\mu m$。

因为此工件尺寸遵循包容要求，应按照方法 1 的原则确定验收极限，则：

上验收极限 $= \phi 65 - 0.050 - 0.0074 = \phi 64.9426mm$

下验收极限 $= \phi 65 - 0.124 + 0.0074 = \phi 64.8834mm$

③ 由表 1.22 查得分度值为 0.01mm 的外径千分尺，在尺寸大于 50～100mm 内，不确定度数 $u_1 = 0.005mm$，

因 $0.005 < u_1 = 0.0067$，故可满足使用要求。

例 7 被检验零件为孔 ϕ130H10E，工艺能力指数 $C_p = 1.2$，试确定验收极限，并选择适当的计量器具。

解 ① 由极限与配合标准中查得：ϕ130H10 的极限偏差为 ϕ

② 由表 1.21 中查得安全裕度 $A=16\mu m$，因 $C_p = 1.2 > 1$，其验收极限可以按方法 2 确定，即一边 $A=0$，但因该零件尺寸遵循包容要求，因此，其最大实体极限一边的验收极限仍按方法 1 确定，则有：上验收极限 $= \phi(130+0.16) = \phi 130.16mm$

下验收极限 $= \phi(130+0+0.016) = \phi 130.016mm$

③ 由表 1.21 中按优先选用Ⅰ档的原则，查得计量器具不确定度允许值 $u_1 = 15\mu m$，由表 1.23 查得，分度值为 0.01mm 的内径千分尺在尺寸 100～150mm 范围内，不确定度为 $0.008 < u_1 = 0.015$，故可满足使用要求。

表 1.22 指示表的不确定度 (mm)

尺寸范围		所使用的计量器具			
		分度值为 0.001 的千分表(0 级在全程范围内)(1 级在 0.2mm 内)分度值为 0.002 的千分表 1 转范围内	分度值为 0.001、0.002、0.005 的千分表(1 级在全程范围内)分度值为 0.01 的百分表(0 级在任意 1mm 内)	分度值为 0.01 的百分表(0 级在全程范围内)(1 级在任意 1mm 内)	分度值为 0.01 的百分表(1 级在全程范围内)
大于		至	不确定度 u_1'		
	115	0.005	0.01	0.018	0.30
115	315	0.006			

表1.23 千分尺和游标卡尺的不确定度 (mm)

尺寸范围		计量器具类型			
		分度值0.01 外径千分尺	分度值0.01 内径千分尺	分度值0.02 游标卡尺	分度值0.05 游标卡尺
大于	至	不确定度 u′ (mm)			
0	50	0.004	0.008	0.020	0.05
50	100	0.005			
100	150	0.006			
150	200	0.007	0.013		
200	250	0.008			0.100
250	300	0.009			
300	350	0.010	0.020	0.150	
350	400	0.011			
400	450	0.012			
450	500	0.013	0.025		
500	600		0.030		
600	700				0.150
700	1000				

注:①当采用比较测量时,千分尺的不确定度可小于本表规定的数值,一般可减小40%。

②考虑到某些车间的实际情况,当从本表中选用的计量器具不确定度(u_1')需在一定范围内大于GB/T3177-1997规定的u_1值时,须按式:$A'=u_1'/0.9$重新计算出相应的安全裕度。

1.5 实验:用内径百分表测量孔径

一、实验内容

用内径百分表测量孔径,按孔的验收极限判断其合格性。

二、实验目的

1)了解内径百分表的结构和工作原理;

2)掌握用内径百分表测量零件孔径的方法;

3)加深对内尺寸测量特点的了解。

三、实验仪器

内径百分表,被测工件

四、实验原理

内径百分表的测量是用相对测量法测量孔的形状误差和孔径的一种常用测量仪器。适用于测量一般精度的深孔零件,它由百分表和装有杠杆系统的测量装置所组成,如图1.14。

内径百分表主要由百分表1、接长杆2、活动测头3、等臂杠杆4、可换测量头5、定心及锁紧装置等组成。工件的尺寸变化通过活动测头3,传递给等臂转向杠杆4及接长杆2,然后由分度值为0.01毫米的百分表指示出来。为使内径百分表的测量轴线通过被测孔的圆心,内径百分表一般均设有定心装置,以保证测量的快捷与准确。

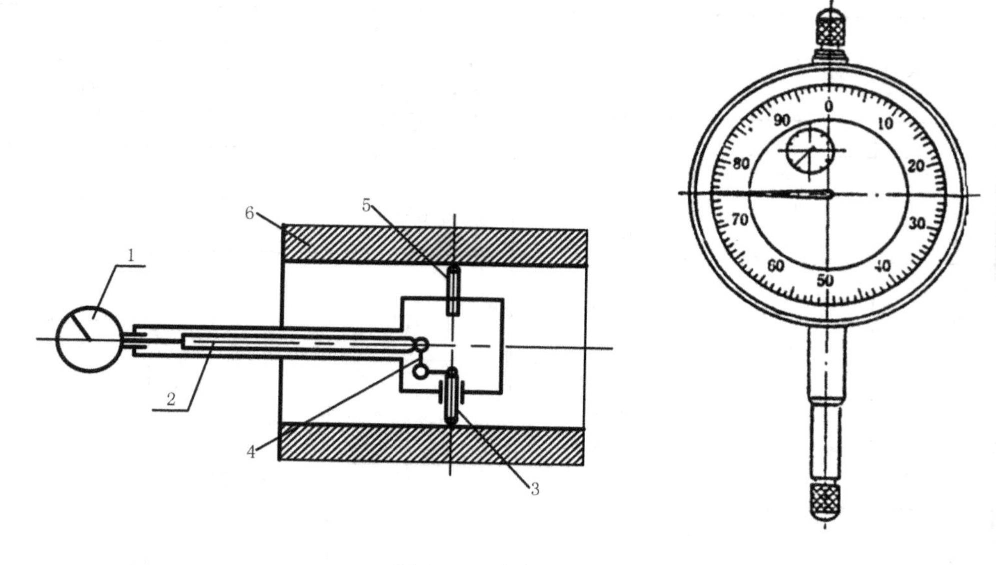

图 1.14　内径百分表

内径百分表的分度值为 0.01mm，测量范围有 6～10mm、10～18mm、18～35mm、35～50mm、50～160mm、100～250mm、250～450mm 等多种规格。根据不同的被测孔直径可选择相应测量范围的内径百分表及适当的可换测量头，通过比其精度高的量具调整零位后进行测量。百分表结构由指针、表盘、测量头、测量杆等组成，如图 1.14 所示。

读数方法：当百分表的长指针转动一小格时，表示百分表的测量头移动了 0.01 毫米，当百分表的长指针转动一周时，表示内径百分表的测量头移动了 1 毫米，测量读数时可估计读数到 0.001 毫米。通过百分表读出被测尺寸的实际偏差，测量时要特别注意该实际偏差的正、负符号：当表针按顺时针方向未达到"零"点的读数是正值，当表针按顺时针方向超过"零"点的读数是负值。

五、测量步骤

1)预调整

a. 安装百分表：将百分表装入量杆内，预压缩 1 毫米左右(百分表的小指针指在 1 毫米的附近)后锁紧。

b. 安装固定测量头：根据被测零件的公称尺寸选择适当的固定测量头装入量杆的杆座上，调整固定测量头的位置，使固定测量头与活动测量头之间的长度大于被测尺寸 0.5～1 毫米左右(以便测量时活动测量头能在基本尺寸的正、负一定范围内自由运动)，然后锁紧固定测量头的锁紧螺母。

2)校对"零"位

因内径百分表是比较测量法的测量器具，故在使用前必须用其他测量器具作为标准，根据被测件的公称尺寸校对内径百分表的"零"位。方法有三种；

a. 用量块和量块附件校对零位：按被测零件的公称尺寸组合量块，右手握住内径百分表的隔热手柄，并将内径百分表的两测头放在量块附件两量脚之间，摆动量杆使百分表读数最小，此时转动百分表的滚花环，将百分表的长指针指向刻度盘的零刻线。这样的零位校对方法能保证校对零位的准确度及内径百分表的测量精度，但其操作比较麻烦，且对量块的使用环境要求较高。

b. 用标准环规校对"零"位：选择与被测件的公称尺寸相同的标准环规，按标准环规的实际尺寸校对内径百分表的零位。将内径百分表的两测头放入环规中摆动量杆，对"0"。此方法操作简便，并能保证校对零位的准确度，适合检测生产批量较大的零件。

c. 用外径千分尺校对"零"位：按被测零件的公称尺寸选择适当测量范围的外径千分尺，首先要校正外径千分尺，校正后再将外径千分尺对在被测零件的公称尺寸上，内径百分表的两测头放在外径千分尺两测量面之间校对"零"位。因受外径千分尺精度的影响，用其校对零位的准确度和稳定性均不高，从而降低了内径百分表的测量精确度。但此方法易于操作和实现，在生产现场常用来检测精度要求不高的单件或小批量生产的零件，目前仍得到工矿企业广泛应用。

3）测量

手握内径百分表的隔热手柄，先将内径百分表的活动量头和定心护桥轻轻压入被测孔径中，然后再将固定量头放入。当测头达到指定的测量部位时，将表微微在轴向截面内摆动，如图 1.15(a)，读出指示表最小读数，即为该测量点孔径的实际偏差。测量时要特别注意该实际偏差的正、负符号：当表针按顺时针方向未达到"零"点的读数是正值，当表针按顺时针方向超过"零"点的读数是负值。在上、中、下三个截面，每个截面互相垂直的两个方向上测量六个值，如图 1.15(b)所示。

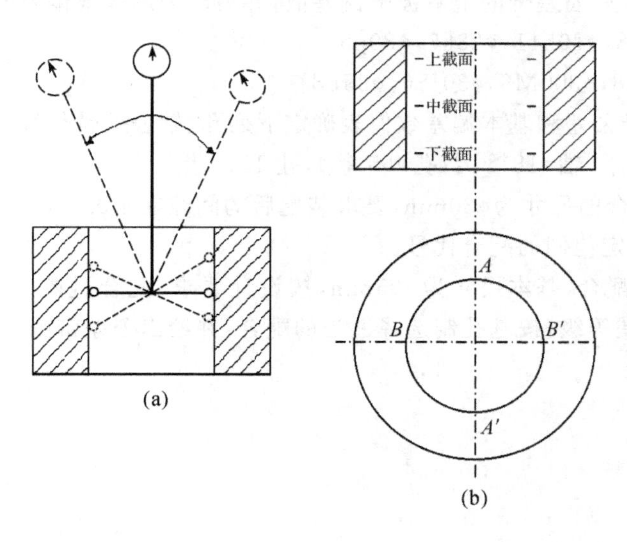

图 1.15　测量位置

六、合格性评定

$$\mathrm{Ei}+A\leqslant \mathrm{Ea}\leqslant \mathrm{Es}-A$$

按要求被测孔的 6 个实际尺寸均在验收极限范围内，则被测内孔为合格。

小　结

本单元主要介绍了公差配合的国家标准，包括：公差配合的基本术语和定义、标准公差系列和基本偏差系列，公差与配合的选用，要求学生牢固掌握极限与配合的概念，能熟练计算和查用标准公差和基本偏差，学会初步选用公差与配合。

思考与习题

1-1　什么是公称尺寸、极限尺寸、尺寸公差和极限偏差？

1-2　什么是标准公差？什么是基本偏差？

1-3　什么是配合制？在哪些情况下采用基轴制？

1-4　配合有哪几种？简述各种配合的特点。

1-5　按ϕ30k6加工一批轴，完工后测得这批轴的最大实际尺寸为ϕ30.015，最小为ϕ30。问该轴的尺寸公差是多少？这批轴是否全部合格？为什么？

1-6　设某配合的孔径为$\phi 45^{+0.005}_{-0.034}$，轴径为$\phi 45^{0}_{-0.023}$，试分别计算其极限尺寸、极限偏差、尺寸公差、极限间隙（或过盈）、和配合公差，并画出尺寸公差带，并说明其配合类别。

1-7　已知两根轴，其中的d1＝ϕ5mm，其公差值为Td1＝5um，d2＝ϕ180mm，其公差值为Td1＝25um，试比较两根轴加工的难易程度。

1-8　表查出下列公差带的上下极限偏差值，并写出采用极限偏差的标注形式。

轴：ϕ32d8，ϕ70h11，ϕ28k7，ϕ80p6

孔：ϕ40C8，ϕ300M6，ϕ30JS6，ϕ35P8

1-9　试查标准公差和基本偏差数值表确定下列孔、轴公差带代号。

轴$\phi 40^{+0.033}_{+0.017}$，轴$\phi 18^{+0.046}_{+0.028}$，孔$\phi 65^{-0.03}_{-0.06}$，孔 $15^{-0.016}_{-0.034}$

1-10　设某配合的尺寸为ϕ30mm，要求装配后的间隙在＋0.018～＋0.088mm范围内，试按基孔制配合确定他们的配合代号。

1-11　设有一配合，基本尺寸为ϕ25mm，按设计要求：配合过盈为－0.014～－0.048。试确定孔、轴的公差等级，按基孔制选择适当的配合，并绘出公差带图。

第 2 章　测量技术基础

2.1　测量技术概述

2.1.1　基本概念

在生产和科学试验中，经常要对一些现象和物体进行检测，以对其进行定量或定性的描述。在机械制造中，技术测量主要研究对零件的几何量（包括长度、角度、表面粗糙度、几何形状和相互位置误差等）进行测量和检验，以确定机器或仪器的零部件加工后是否符合设计图样上的技术要求。

所谓测量是指为确定被测对象的量值而进行的实验过程。即测量是将被测量与测量单位或标准量在数值上进行比较，从而确定两者比值的过程。

一个完整的几何量测量过程应包括以下四个要素。

被测对象：零件的几何量，包括长度、角度、形状和位置误差、表面粗糙度以及单键和花键、螺纹和齿轮等典型零件的各个几何参数的测量。

计量单位：几何量中的长度、角度单位。在我国规定的法定计量单位中，长度的基本单位为米（m），其他常用的长度单位有毫米（mm），微米（μm）。平面角的角度单位为弧度（rad）、微弧度（μrad）及度（°）、分（′）秒（″）。

测量方法：指测量时所采用的测量原理、计量器具和测量条件的综合，一般情况下，多指获得测量结果的方式方法。

测量精度：指测量结果与真值的一致程度，即测量结果的可靠程度。

检验是确定被检几何量是否在规定的极限范围内，从而判断其是否合格的实验过程。检验通常用量规、样板等专用定值无刻度量具来判断被检对象的合格性，所以它不一定能得到被测量的具体数值。

2.1.2　长度基准和尺寸传递

在我国法定计量单位制中，长度的基本单位是米（m）。1983 年第十七届国际计量大会的决议，规定米的定义为：1m 是光在真空中，在 1/299 792 458 s 的时间间隔内的行程长度。国际计量大会推荐用稳频激光辐射来复现它，1985 年 3 月起，我国用碘吸收稳频的 0.633μm氦氖激光辐射波长作为国家长度基准。

在实际生产和科学研究中，不可能都直接利用激光辐射的光波长度基准去校对测量器具或进行零件的尺寸测量，通常要经过工作基准—线纹尺和量块，将长度基准的量值准确地逐级传递到生产中应用的计量器具和零件上去，以保证量值的准确一致。长度量值传递系统，如图 2.1 所示。

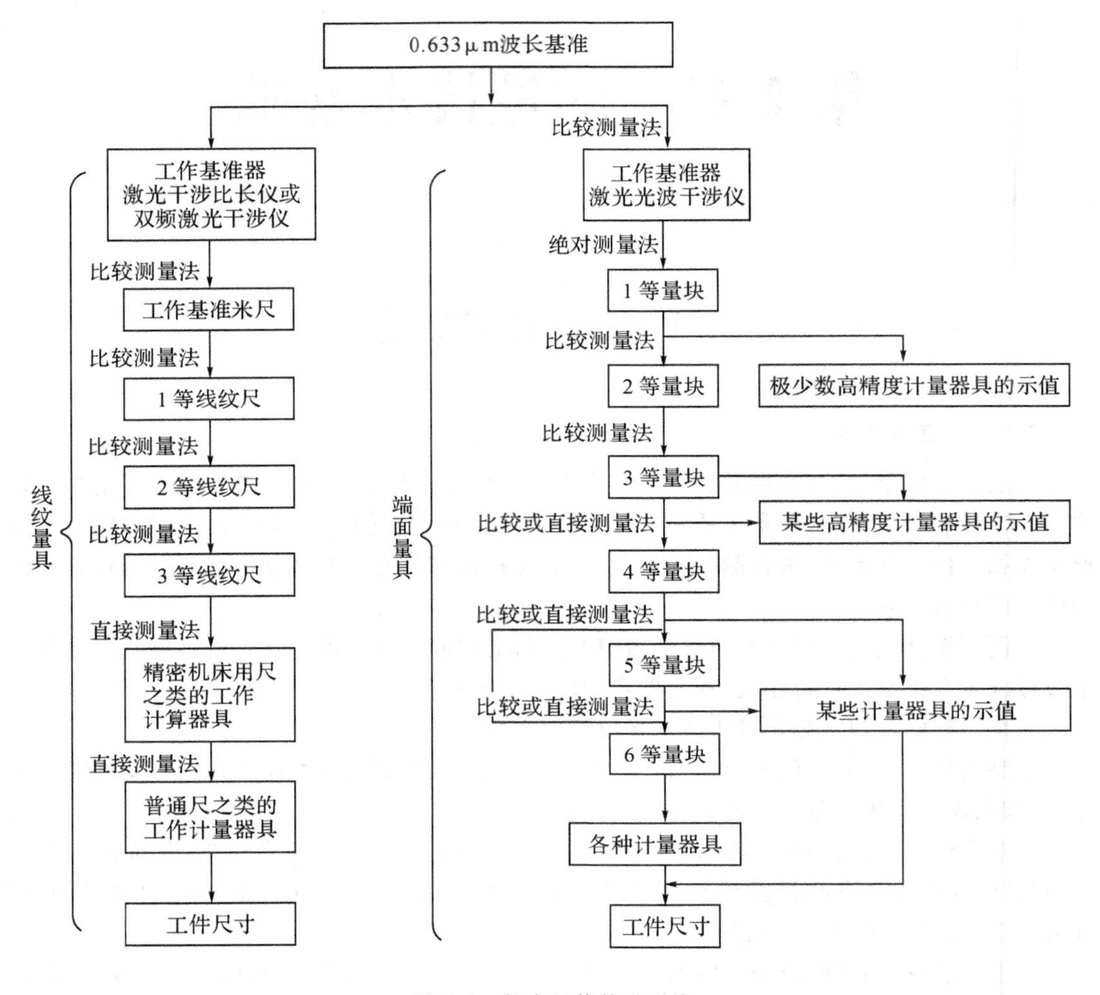

图 2.1　长度量值传递系统

2.1.3　量块的基本知识

量块是一种无刻度的标准端面量具。其制造材料多为特殊合金钢，形状主要有长方六面体结构，六个平面中有两个互相平行的极为光滑平整的测量面，两测量面之间具有精确的工作尺寸。量块主要用作尺寸传递系统中的中间标准量具，或在相对法测量时作为标准件调整仪器的零位，也可以用它直接测量零件，如图 2.2 所示。

1）量块的尺寸

量块长度是其一个测量面上任意一点（距边缘 0.5mm 区域除外）到与另一个测量面相研合的平晶表面的垂直距离。测量面上中心点的量块长度 L，为量块的中心长度，如图 2.3 所示。量块上标出的数字为量块长度的标称值，称为标称长度。尺寸＜6mm 的量块，长度标记刻在测量面上；尺寸≥6mm 的量块，长度标记刻在非测量面上，且该表面的左右侧面为测量面。

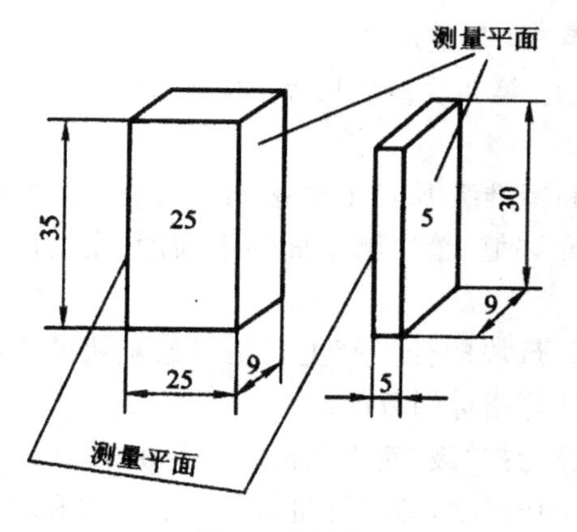

图 2.2 量块

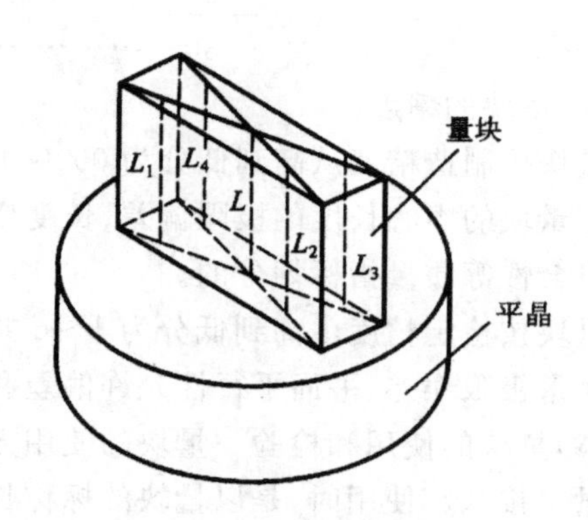

图 2.3 量块长度

量块按一定的尺寸系列成套生产,国家量块标准中规定了 17 种成套的量块系列,表2.1为从标准中摘录的几套量块的尺寸系列。

在组合量块尺寸时,为获得较高尺寸精度,应力求以最少的块数组成所需的尺寸。例如,需组成尺寸为 38.965mm,若使用 83 块一套的量块,参考表2.1,可按如下步骤选择量块尺寸。

表 2.1 成套量块的尺寸

套别	总块数	级别	尺寸系列/mm	间隔/mm	块数
2	83	00,0,1,2,(3)	0.5	—	1
			1	—	1
			1.005	—	1
			1.01,1.02,…,1.49	0.01	49
			1.5,1.6,…,1.9	0.1	5
			2.0,2.5,…9.5	0.5	16
			10,20,…100	10	10
3	46	0,1,2	1	—	1
			1.001,1.002,…,1.009	0.001	9
			1.01,1.02,…,1.09	0.01	9
			1.1,1.2,…,1.9	0.1	9
			2,3,…,9	1	8
			10,20,…,100	10	10
5	10	00,0,1	0.991,0.992,…,1	0.001	10
6	10	00,0,1	1,1.001,…,1.009	0.001	10

注:带()的等级,根据订货供应

38.965 ………………需要的量块尺寸
−1.005 ……………… 第一块量块尺寸
37.96
−1.46 ……………… 第二块量块尺寸
36.5

-6.5 ………………… 第三块量块尺寸

30 ………………… 第四块量块尺寸

(2)量块的精度

量块按制造精度从高到低分为00、0、1、2、3和标准级K共6个级别。量块的分“级”主要是按量块的中心长度的极限偏差、长度变动量允许值、量块测量面的平面度、粗糙度及量块的研合性等质量指标划分的。

量块按检定精度由高到低分为1～6共六等。量块的分“等”主要是根据量块的中心长度的测量极限误差、平面平行性允许偏差和研合性等指标划分的。

(3)量块的使用和检验　量块的使用方法可分为按“级”使用和按“等”使用。

量块按“级”使用时，是以量块的标称长度为工作尺寸，即不计量块的制造误差和磨损误差，但它们将被引入到测量结果中，使测量精度受到影响，但因不需加修正值，因此使用方便。

量块按“等”使用时，是用量块经检定后所给出的实际中心长度尺寸作为工作尺寸。例如，某一标称长度为10mm的量块，经检定其实际中心长度与标称长度之差为－0.003mm，则中心长度为9.997mm。这样就消除了量块的制造误差影响，提高了测量精度。但是，在检定量块时，不可避免地存在一定的测量方法误差，它将作为测量误差而被引入到测量结果中。

2.2　计量器具和测量方法

2.2.1　计量器具的分类

测量仪器和测量工具统称为计量器具，按其原理、结构特点及用途可分为：

1. 基准量具　用来校对或调整计量器具，或作为标准尺寸进行相对测量的量具称为基准量具。如量块等。

2. 通用计量器具　能将被测量转换成可直接观测的指示值或等效信息的测量工具，按其工作原理可分类如下：

a) 游标类量具，如游标卡尺、游标高度尺等。

b) 螺旋类量具，如千分尺、公法线千分尺等。

c) 机械式量仪，如百分表、千分表、齿轮杠杆比较仪、扭簧比较仪等。

d) 光学量仪，如光学计、光学测角仪、光栅测长仪、激光干涉仪等。

e) 电动量仪，如电感比较仪、电动轮廓仪、容栅测位仪等。

f) 气动量仪，如水柱式气动量仪、浮标式气动量仪等。

g) 微机化量仪，如微机控制的数显万能测长仪和三坐标测量机等。

3. 极限量规　一种没有刻度的专用检验工具。如塞规、卡规、螺纹量规、功能量规等。

4. 检验夹具　也是一种专用的检验工具，它在和相应的计量器具配套使用时，可方便地检验出被测件的各项参数，如检验滚动轴承用的各种检验夹具，可同时测出轴承套圈的尺寸及径向或端度面跳动等。

2.2.2 计量器具的度量指标

计量器具的度量指标是表征计量器具的性能和功用的指标，也是选择和使用计量器具的依据。

1. 分度值(i) 计量器具刻尺或度盘上相邻两刻线所代表的量值之差。例如：千分尺的分度值 $i=0.01$mm。分度值是量仪能指示出被测件量值的最小单位。对于数字显示仪器的分度值称为分辨率，它表示最末一位数字间隔所代表的量值之差。

2. 刻度间距(a) 量仪刻度尺或度盘上两相邻刻线的中心距离，通常 a 值取 1～1.25mm。

3. 示值范围(b) 计量器具所指示或显示的最低值到最高值的范围。

4. 测量范围(B) 在允许误差限内，计量器具所能测量零件的最低值到最高值的范围。

5. 灵敏度(K) 计量器具对被测量变化的反应能力。若用 ΔL 表示被观测变量的增量，用 ΔX 表示被测量的增量，则 $K=\Delta L/\Delta X$。

6. 灵敏限(灵敏阈) 能引起计量器具示值可觉察变化的被测量的最小变化值。

7. 测量力 测量过程中，计量器具与被测表面之间的接触力。在接触测量中，希望测量力是一定量的恒定值。测量力太大会使零件产生变形，测量力不恒定会使示值不稳定。

8. 示值误差 计量器具示值与被测量真值之间的差值。

9. 示值变动性 在测量条件不变的情况下，对同一被测量进行多次重复测量时，其读数的最大变动量。

10. 回程误差 在相同测量条件下，对同一被测量进行往返两个方向测量时，量仪的示值变化。

11. 不确定度 在规定条件下测量时，由于测量误差的存在，对测量值不能肯定的程度。计量器具的不确定度是一项综合精度指标，它包括测量仪的示值误差、示值变动性、回程误差、灵敏限以及调整标准件误差等综合影响。

2.2.3 测量方法的分类

1. 按测得示值方式不同可分为绝对测量和相对测量

绝对测量 在计量器具的读数装置上可表示出被测量的全值。例如，用千分尺或测长仪测量零件直径或长度，其实际尺寸由刻度尺直接读出。

相对测量 在计量器具的读数装置上只表示出被测量相对已知标准量的偏差值。例如用量块(或标准件)调整比较仪的零位，然后再换上被测件，则比较仪所指示的是被测件相对于标准件的偏差值。

2. 按测量结果获得方法不同分为直接测量和间接测量

直接测量 用计量器具直接测量被测量的整个数值或相对于标准量的偏差。例如，用千分尺测轴径，用比较仪和标准件测轴径等。

间接测量 测量与被测量有函数关系的其他量，再通过函数关系式求出被测量。例如对孔中心距的测量。

3. 按同时测量被测参数的多少可分为单项测量和综合测量

单项测量 对被测件的个别参数分别进行测量。例如，分别测量螺纹的中径、螺距和牙型半角。

综合测量　同时检测工件上的几个有关参数，综合地判断工件是否合格。例如，用螺纹量规检验螺纹作用中径的合格性（综合检验其中径、螺距和牙型半角误差对合格性的影响）。

此外，按被测量在测量过程中所处的状态可分为静态测量和动态测量；按被测表面与量仪间是否有机械作用的测量力可分为接触测量与不接触测量；按测量过程中决定测量精度的因素或条件是否相对稳定可分为等精度测量和不等精度测量等等。

2.3 测量误差及数据处理

2.3.1 测量误差的概念

测量误差是测得值与被测量真值之差。若以 X 表示测量结果，Q 表示真值，则有

$$\delta = X - Q \tag{2-1}$$

一般说来，被测量的真值是不知道的。在实际测量时，常用相对真值或不存在系统误差情况下的多次测量的算术平均值来代替真值使用。

由式(2-1)所定义的测量误差又称为绝对误差，由于 X 可能大于或小于 Q，故上式可表示为：

$$Q = X \pm \delta \tag{2-2}$$

显然式(2-2)反映测得值偏离真值大小的程度。δ 愈小，X 愈接近 Q，测量的准确度愈高。而对不同尺寸的测量准确度，则需用相对误差来评定。

相对误差 ε 为测量的绝对误差的绝对值与被测量真值之比。常用百分数表示。即：

$$\varepsilon = \delta / Q \approx \delta / X \tag{2-3}$$

2.3.2 测量误差的来源

1. 测量器具误差　由测量器具的设计、制造、装配和使用调整的不准确而引起的误差。如分度盘安装偏心等。

2. 基准件误差　作为标准量的基准件本身存在的误差。如量块的制造误差等。

3. 测量方法误差　由于测量方法不完善（包括计算公式不精确，测量方法选择不当，测量时定位装夹不合理）所产生的误差。

4. 环境条件引起的误差　测量时的环境条件不符合标准条件所引起的误差。如温度、湿度、气压、照明等不符合标准以及计量器具或工件上有灰尘，测量时有振动等引起的误差。

5. 人为误差　人为原因所引起的误差。如测量人员技术不熟练、视力分辨能力差，估读判断不准等引起的误差。

总之，产生测量误差的原因很多，在分析误差时，应找出产生测量误差的主要原因，采取相应的措施消除或减少其对测量结果的影响，以保证测量结果的精度。

2.3.3 测量误差分类与处理

测量误差按其性质可分为随机误差、系统误差和粗大误差三类。

1. 随机误差及其评定

随机误差　在相同测量条件下，多次测量同一量值时，误差的绝对值和符号以不可预定的方式变化的误差。

随机误差的产生是由于测量过程中各种随机因素而引起的，例如，测量过程中，温度的波动、震动、测力不稳以及观察者的视觉等。随机误差的数值通常不大，虽然某一次测量的随机误差大小、符号不能预料，但是进行多次重复测量，对测量结果进行统计、预算，就可以看出随机误差符合一定的统计规律。

(1) 随机误差的分布规律和特性　大量测量实践的统计分析表明，随机误差的分布曲线多呈正态分布。正态分布曲线如图 2.4 所示。由此可归纳出随机误差具有以下几个分布特性：

1)单峰性。绝对值小的误差比绝对值大的误差出现的概率大。

2)对称性。绝对值相等的正、负误差出现的概率相等。

3)有界性。在一定的测量条件下，随机误差的绝对值不会超过一定界限。

4) 抵偿性。随着测量次数的增加，随机误差的算术平均值趋于零。

(2) 随机误差的评定

正态分布曲线的数学表达式为

$$y=\frac{1}{\sigma\sqrt{2\pi}}e^{-\frac{\delta^2}{2\sigma^2}} \tag{2-4}$$

式中：y——概率密度；δ——随机误差；σ——标准偏差。

由图 2.4 可见。当 $\delta=0$ 时，概率密度最大，且有 $y_{\max}=1/\sigma\sqrt{2\pi}$，概率密度的最大值 $y_{\max}$ 与标准偏差 σ 成反比，即 σ 越小，$y_{\max}$ 越大，分布曲线越陡峭，测得值越集中，亦即测量精度越高；反之，σ 越大，$y_{\max}$ 越小，分布曲线越平坦，测得值越分散，亦即测量精度越低。图 2.5 所示为三种标准偏差的分布曲线。$\sigma_1<\sigma_2<\sigma_3$，所以标准偏差 σ 表征了随机误差的分散程度，也就是测量精度的高低。

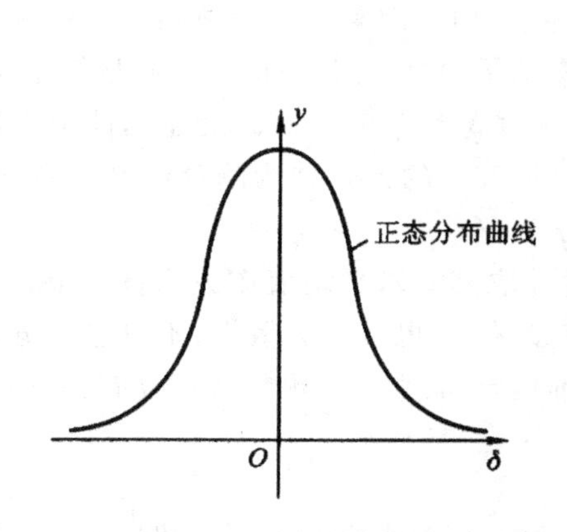

图 2.4　正态分布曲线

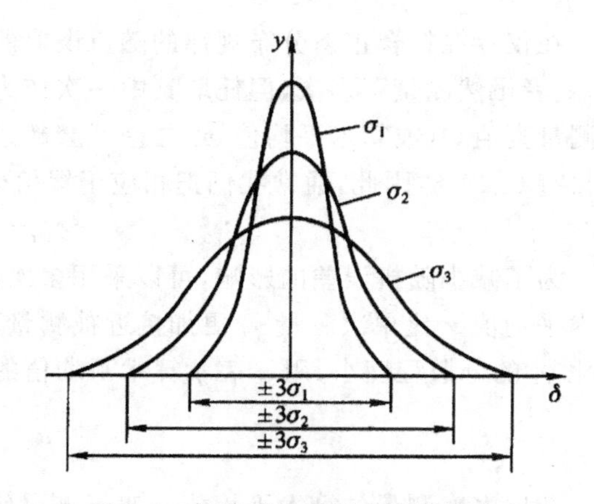

图 2.5　标准偏差对概率密度的影响

标准偏差 σ 和算术平均值 $\bar{x}$ 也可通过有限次的等精度测量实验求出，其计算式为

$$\sigma=\sqrt{\frac{\sum_{i=1}^{n}(x_i-\bar{x})^2}{n-1}} \tag{2-5}$$

$$\bar{x}=\frac{1}{n}\sum_{i=1}^{n}x_i \tag{2-6}$$

式中：x_i—— 某次测量值；

$\bar{x}$——n 次测量的算术平均值；

n—— 测量次数，（一般 n 取 10 ～ 20）。

由概率论可知，全部随机误差的概率之和为 1，即

$$P=\int_{-\infty}^{+\infty} y\mathrm{d}\delta=\frac{1}{\sigma\sqrt{2\pi}}\int_{-\infty}^{+\infty}\mathrm{e}^{-\frac{\delta^2}{2\sigma^2}}\mathrm{d}\delta=1 \tag{2-7}$$

随机误差出现在区间（$-\delta$，$+\delta$）内的概率为

$$P=\frac{1}{\sigma\sqrt{2\pi}}\int_{-\delta}^{+\delta}\mathrm{e}^{-\frac{\delta^2}{2\sigma^2}}\mathrm{d}\delta$$

若令 $t=\delta/\sigma$，则 $\mathrm{d}t=\mathrm{d}\delta/\sigma$，于是有：

$$P=\frac{1}{\sqrt{2\pi}}\int_{-t}^{+t}\mathrm{e}^{\frac{-t^2}{2}}\mathrm{d}t=\frac{2}{\sqrt{2\pi}}\int_{0}^{t}\mathrm{e}^{\frac{-t^2}{2}}\mathrm{d}t=2\varphi(t)$$

式中，

$$\varphi(t)=\frac{1}{\sqrt{2\pi}}\int_{0}^{t}\mathrm{e}^{\frac{t^2}{2}}\mathrm{d}t \tag{2-8}$$

$\varphi(t)$称为拉普拉斯函数。表 2.2 为从 $\varphi(t)$表中查得的 4 个特殊 t 值对应的概率。

表 2.2 拉普拉斯函数表

t	$\delta=\pm t\sigma$	不超出$\lvert\delta\rvert$的概率 $P=2\phi(t)$	超出$\lvert\delta\rvert$的概率 $\alpha=1-2\phi(t)$
1	1σ	0.6826	0.3174
2	2σ	0.9544	0.0456
3	3σ	0.9973	0.0027
4	4σ	0.99936	0.00064

在仅存在符合正态分布规律的随机误差的前提下，如果用某仪器对被测工件只测量一次，或者虽然测量了多次，但任取其中一次作为测量结果，我们可认为该单次测量结果 x_i 与被测量真值 Q（或算术平均值 $\bar{x}$）之差不会超过$\pm 3\sigma$ 的概率为 99.73%，而超出此范围的概率只有 0.27%，因此，通常我们把相应于置信概率 99.73%的$\pm 3\sigma$ 作为测量极限误差，即

$$\delta_{\lim}=\pm 3\sigma \tag{2-9}$$

为了减小随机误差的影响，可以采用多次测量并取其算术平均值作为测量结果，显然，算术平均值 $\bar{x}$ 比单次测量 χ_i 更加接近被测量真值 Q，但 $\bar{x}$ 也具有分散性，不过它的分散程度比 χ_i 的分散程度小，用 $\sigma_{\bar{x}}$表示算术平均值的标准偏差，其数值与测量次数 n 有关，即

$$\sigma_{\bar{x}}=\frac{\sigma}{\sqrt{n}} \tag{2-10}$$

若以多次测量的算术平均值 $\bar{x}$ 表示测量结果，则 $\bar{x}$ 与真值 Q 之差不会超过$\pm 3\sigma_{\bar{x}}$，即

$$\delta_{\lim\bar{x}}=\pm 3\sigma_{\bar{x}} \tag{2-11}$$

例 1 在某仪器上对某零件尺寸进行 10 次等精度测量，得到表 2.3 所示的测量值 x_i。已知测量中不存在系统误差，试计算测量列的标准偏差 σ、算术平均值的标准偏差 $\sigma_{\bar{x}}$，并分别给出以单次测量值作为结果和以算术平均值作为结果的精度。

解 由式(2-5)、(2-6)、(2-10)得测量列的算术平均值、测量列的标准偏差和算术平均值的标准偏差分别为

表2.3 测量数据

测量 序号 i	测量值 x_i/mm	$x_i-\bar{x}$/μm	$(x_i-\bar{x})^2$/μm²
1	40.008	+1	1
2	40.004	−3	9
3	40.008	+1	1
4	40.009	+2	4
5	40.007	0	0
6	40.008	+1	1
7	40.007	0	0
8	40.006	−1	1
9	40.008	+1	1
10	40.005	−2	4
	$\bar{x}=\frac{1}{10}\sum_{i=1}^{10}X_i=40.007$	$\sum_{i=1}^{10}(x_i-\bar{x})=0$	$\sum_{i=1}^{10}(x_i-\bar{x})^2=22$

$$\bar{x}=\frac{1}{10}\sum_{i=1}^{10}x_i=40.007\text{mm}$$

$$\sigma=\sqrt{\frac{\sum_{i=1}^{n}(x_i-\bar{x})^2}{n-1}}=\sqrt{\frac{22}{10-1}}\approx 1.6\mu\text{m}$$

$$\sigma_{\bar{x}}=\frac{\sigma}{\sqrt{n}}=\frac{1.6}{\sqrt{10}}\approx 0.5\mu\text{m}$$

因此，以单次测量值作为结果的精度为 $\pm 3\sigma\approx\pm 5\mu\text{m}$

以算术平均值作结果的精度为 $\pm 3\sigma_{\bar{x}}=\pm 1.5\mu\text{m}$

所以，该零件的最终测量结果表示为：$x=\bar{x}\pm 3\sigma_{\bar{x}}=(40.007\pm 0.0015)\text{mm}$

2.系统误差及其消除

系统误差　在相同测量条件下，多次重复测量同一量值，测量误差的大小和符号保持不变或按一定规律变化的误差。

系统误差可分为定值的系统误差和变值的系统误差，前者如千分尺的零位不正确引起的误差，后者如在万能工具显微镜（简称万工显）上测量长丝杠的螺距误差时，由于温度有规律地升高而引起丝杠长度变化的误差。对这两种数值大小和变化规律已被确切掌握了的系统误差，也叫做已定系统误差。对于不易确切掌握误差大小和符号，但是可以估计其数值范围的误差，叫做未定系统误差。在实际测量中，应设法避免产生系统误差。如果难以避免，则应设法加以消除或减小系统误差。消除和减小系统误差的方法有以下几种。

（1）从产生系统误差的根源消除　这是消除系统误差的最根本方法。例如调整好仪器的零位，正确选择测量基准，保证被测零件和仪器都处于标准温度条件等。

（2）用加修正值的方法消除　对于标准量具或标准件以及计量器具的刻度，都可事先用更精密的标准件检定其实际值与标准值的偏差，然后将此偏差作为修正值在测量结果中予以消除。例如：按“等”使用量块，按修正值使用测长仪的读数，测量时温度偏离标准温度而引起的系统误差也可以计算出来。

(3) 用两次读数法消除　若用两种测量法测量，产生的系统误差的符号相反，大小相等或相近，则可以用这两种测量方法测得值的算术平均值作为结果，从而消除系统误差。例如，用水平仪测量某一平面倾角，由于水平仪气泡原始零位不准确而产生系统误差为正值，若将水平仪调头再测一次，则产生系统误差为负值，且大小相等，因此可取两次读数之算术平均值作为结果。

3. 粗大误差及其剔除

粗大误差(也称过失误差)　超出在规定条件下预期的误差。

粗大误差的产生是由于某些不正常的原因所造成的。例如，测量者的粗心大意，测量仪器和被测件的突然振动，以及读数或记录错误等。由于粗大误差一般数值较大，它会显著地歪曲测量结果，因此它是不允许存在的。若发现有粗大误差，则应按一定准则加以剔除。

发现和剔除粗大误差的方法，通常是用重复测量或者改用另一种测量方法加以核对。对于等精度多次测量值，判断和剔除粗大误差较简便的方法是按 3σ 准则。所谓 3σ 准则，即在测量列中，凡是测量值与算术平均值之差(也叫剩余误差)绝对值大于标准偏差 σ 的 3 倍，即认为该测量值具有粗大误差，即应从测量列中将其剔除。例如，在例 1 中，已求得该测量列的标准偏差 $\sigma=1.6\mu m$，$33\sigma=4.8\mu m$。可以看出 10 次测量的剩余误差 $x_i-\bar{x}$ 值均不超过 $4.8\mu m$，则说明该测量列中没有粗大误差。倘若某测量值的剩余误差：$x_i-\bar{x}>4.8\mu m$，则应视为粗大误差而将其剔除。

4. 测量精度的分类

系统误差与随机误差的区别及其对测量结果的影响，可以进一步以打靶为例加以说明。如图 2.6 所示，圆心为靶心，图(a)表现为弹着点密集但偏离靶心，说明随机误差小而系统误差大；图(b)表示弹着点围绕靶心分布，但很分散，说明系统误差小而随机误差大；图(c)表示弹着点即分散又偏离靶心，说明随机误差与系统误差都大；图(d)表示弹着点既围绕靶心分布而且弹着点又密集，说明系统误差与随机误差都小。

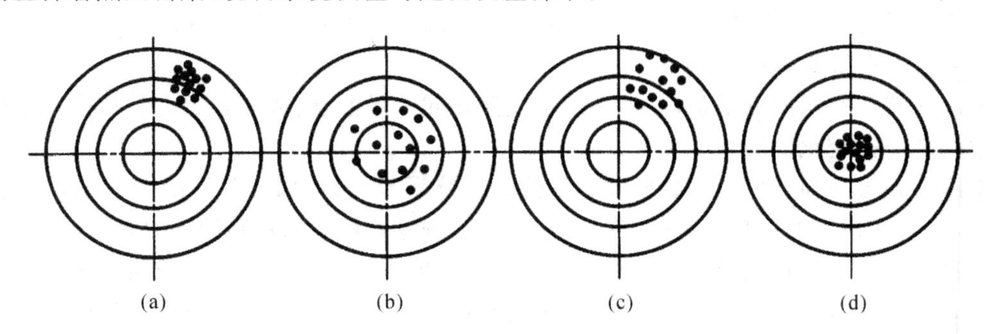

图 2.6　测量精度分类

根据上述概念，在测量领域中可把精度进一步分类为：

(1) 精密度　表示测量结果中随机误差的影响程度。若随机误差小，则精密度高。

(2) 正确度　表示测量结果中系统误差的影响程度。若系统误差小，则正确度高。

(3) 准确度(也称精确度)表示测量结果中随机误差和系统误差综合的影响程度。若随机误差和系统误差都小，则准确度高。

由上述分析可知，图 2.6 中，(a)为精密度高而正确度低；(b)为正确度高而精密度低；(c)为精密度与正确度都低；(d)为精密度与正确度都高，因而准确度也高。

2.4 光滑极限量规

光滑极限量规是指被检验工件为光滑孔或光滑轴所用的极限量规的总称，简称量规。在大批量生产时，为了提高产品质量和检验效率常常采用量规进行检验，量规结构简单、使用方便，省时可靠，并能保证互换性。因此，量规在机械制造中得到了广泛的应用。

2.4.1 量规的作用

量规是一种无刻度定值专用量具，用它来检验工件时，只能判断工件是否在允许的极限尺寸范围内，而不能测量出工件的实际尺寸。当图样上被测要素的尺寸公差和形位公差按独立原则标注时，一般使用通用计量器具分别测量。当单一要素的尺寸公差和形状公差采用包容要求标注时，则应使用量规来检验，把尺寸误差和形状误差都控制在极限尺寸范围内。

检验孔用的量规称为塞规，如图 2.7(a)所示；检验轴用的量规称为卡规(或环规)，如图 2.7(b)所示。塞规和卡规(或环规)统称量规，量规有通规和止规之分，量规通常成对使用。通规控制工件的作用尺寸，止规控制工件的实际尺寸。

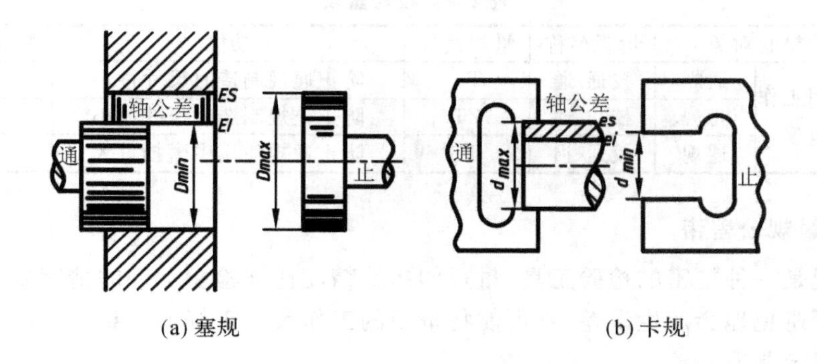

(a) 塞规　　(b) 卡规

图 2.7　光滑极限量规

塞规的通规按被检验孔的最大实体尺寸(下极限尺寸)制造，塞规的止规按被检验孔的最小实体尺寸(上极限尺寸)制造。检验工件时，塞规的通规应通过被检验孔，表示被检验孔的体外作用尺寸大于下极限尺寸(最大实体边界尺寸)；止规应不能通过被检验孔，表示被检验孔实际尺寸小于上极限尺寸。当通规通过被检验孔而止规不能通过时，说明被检验孔的尺寸误差和形状误差都控制在极限尺寸范围内，被检孔是合格的。

卡规的通规按被检验轴的最大实体尺寸(上极限尺寸)制造，卡规的止规按被检验轴的最小实体尺寸(下极限尺寸)制造。检验轴时，卡规的通规应通过被检验轴，表示被检验轴的体外作用尺寸小于上极限尺寸(最大实体边界尺寸)；止规应不能通过被检验轴，表示被检验轴的实际尺寸大于下极限尺寸。当通规通过被检验轴而止规不能通过时，说明被检验轴的尺寸误差和形状误差都控制在极限尺寸范围内，被检验轴是合格的。

综上所述，量规的通规用于控制工件的体外作用尺寸，止规用于控制工件的实际尺寸。用量规检验工件时，其合格标志是通规能通过，止规不能通过；否则即为不合格。因此，用量规检验工件时，必须通规和止规成对使用，才能判断被测孔或轴是否合格。

2.4.2 量规的种类

量规按其用途不同分为工作量规、验收量规和校对量规三种。

1. 工作量规

工作量规是生产过程中操作者检验工件时所使用的量规。通规用代号“T”表示，止规用代号“Z”表示。

2. 验收量规

验收量规是验收工件时，检验人员或用户代表所使用的量规。验收量规一般不需要另行制造，它的通规是从磨损较多，但未超过磨损极限的工作量规中挑选出来的，验收量规的止规应接近工件的最小实体尺寸。这样，操作者用工作量规自检合格的工件，当检验人员用验收量规验收时一般也会判定合格。

3. 校对量规

校对量规是检验工作量规的量规。因为孔用工作量规便于用精密仪器测量，故国标未规定校对量规，国标只对轴用量规规定了校对量规。

校对量规有三种，其名称、代号、用途等见表2.4。

表2.4 校对量规

量规形状	检验对象		量规名称	量规代号	功能	判断合格的标志
塞规	轴用工作量规	通规	校通-通	TT	防止通规制造时尺寸过小	通过
		止规	校止-通	ZT	防止止规制造时尺寸过小	通过
		通规	校通-损	TS	防止通规使用中磨损过大	不通过

2.4.3 量规公差带

虽然量规是一种精密的检验工具，量规的制造精度比被检验工件的精度要求更高，但在制造时也不可避免地会产生误差，不可能将量规的工作尺寸正好加工到某一规定值，因此对量规也必须规定制造公差。

由于通规在使用过程中经常通过工件，因而会逐渐磨损。为了使通规具有一定的使用寿命，应当留出适当的磨损储备量，因此对通规应规定磨损极限，即将通规公差带从最大实体尺寸向工件公差带内缩一个距离；而止规通常不通过工件，所以不需要留磨损储备量，故将止规公差带放在工件公差带内紧靠最小实体尺寸处。校对量规也不需要留磨损储备量。

1. 工作量规的公差带

国家标准GB1957-1981规定量规的公差带不得超越工件的公差带，这样有利于防止误收，保证产品质量与互换性。但有时会把一些合格的工件检验成不合格，实质上缩小了工件公差范围，提高了工件的制造精度。工作量规的公差带分布如图2.8所示。图2.8中T为量规制造公差，Z为位置要素(即通规制造公差带中心到工件最大实体尺寸之间的距离)，T、Z的大小取决于工件公差的大小。国标规定的T值和Z值见表2.5。通规的磨损极限尺寸等于工件的最大实体尺寸。

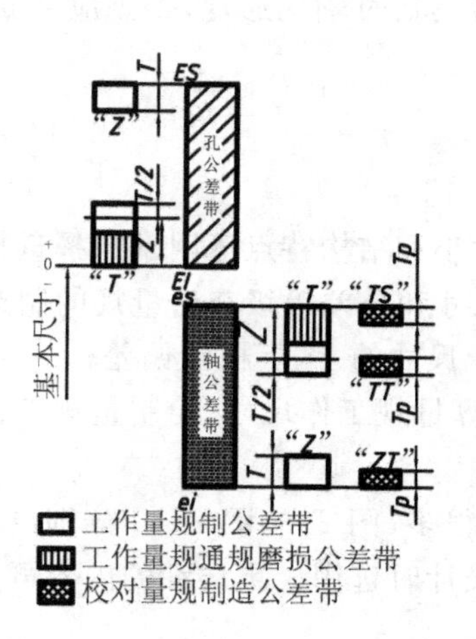

图 2.8 量规的公差带分布

表 2.5 量规制造公差 T 值和位置要素 Z 值(摘自 GB1957-1981) 单位:μm

工件基本尺寸/mm	IT6			IT7			IT8			IT9			IT10			IT11			IT12		
	IT6	T	Z	IT7	T	Z	IT8	T	Z	IT9	T	Z	IT10	T	Z	IT11	T	Z	IT12	T	Z
～3	6	1	1	10	1.2	1.6	14	1.6	2	25	2	3	40	2.4	4	60	3	6	100	4	9
>3～6	8	1.2	1.4	12	1.4	2	18	2	2.6	30	2.4	4	48	3	5	75	4	8	120	5	11
>6～10	9	1.4	1.6	15	1.8	2.4	22	2.4	3.2	36	2.8	5	58	3.6	6	90	5	9	150	6	13
>10～18	11	1.6	2	18	2	2.8	27	2.8	4	43	3.4	6	70	4	8	110	6	11	180	7	15
>18～30	13	2	2.4	21	2.4	3.4	33	3.4	5	52	4	7	84	5	9	130	7	13	210	8	18
>30～50	16	2.4	2.8	25	3	4	39	4	6	62	5	8	100	6	11	160	8	16	250	10	22
>50～80	19	2.8	3.4	30	3.6	4.6	46	4.6	7	74	6	9	120	7	13	190	9	19	300	12	26
>80～120	22	3.2	3.8	35	4.2	5.4	54	5.4	8	87	7	10	140	8	15	220	10	22	350	14	30
>120～180	25	3.8	4.4	40	4.8	6	63	6	9	100	8	12	160	9	18	250	12	25	400	16	35
>180～250	29	4.4	5	46	5.4	7	72	7	10	115	9	14	185	10	20	290	14	29	460	18	40
>250～315	32	4.8	5.6	52	6	8	81	8	11	130	10	16	210	12	22	320	16	32	520	20	45
>315～400	36	5.4	6.2	57	7	9	89	9	12	140	11	18	230	14	25	360	18	36	570	22	50
>400～500	40	6	7	63	8	10	97	10	14	155	12	20	250	16	28	400	20	40	630	24	55

2. 校对量规的公差带

校对量规的公差带如图 2.8 所示。

(1)校通-通(代号"TT")用在轴用通规制造时,其作用是防止通规尺寸小于其最小极限尺寸,故其公差带是从通规的下偏差起,向轴用通规公差带内分布。检验时,该校对塞规应通过轴用通规,否则应判断该轴用通规不合格。

(2)校止-通(代号"ZT") 用在轴用止规制造时,其作用是防止止规尺寸小于其最小极限尺寸,故其公差带是从止规的下偏差起,向轴用止规公差带内分布。检验时,该校对塞规应通过轴用止规,否则应判断该轴用止规不合格。

(3)校通-损(代号"TS") 用于检验轴用通规在使用时磨损情况,其作用是防止轴用通规在使用中超过磨损极限尺寸,故其公差带是从轴用通规的磨损极限起,向轴用通规公差带内分布。检验时，该校对塞规应不通过轴用通规，否则应判断所校对的轴用通规已达到磨损极限，不应该继续使用。

2.4.4　工作量规设计

工作量规的设计步骤一般如下：

1. 根据被检工件的尺寸大小和结构特点等因素选择量规结构形式；
2. 根据被检工件的基本尺寸和公差等级查出量规的制造公差 T 和位置要素 Z 值，画量规公差带图，计算量规工作尺寸的上、下极限偏差；
3. 确定量规结构尺寸、计算量规工作尺寸，绘制量规工作图，标注尺寸及技术要求。

1. 量规的结构形式

光滑极限量规的结构形式很多，图 2.9、图 2.10 分别给出了几种常用的轴用和孔用量规的结构形式及适用范围，供设计时选用。更详细的内容可参见 GB6322-1986《光滑极限量规形式和尺寸》及有关资料。

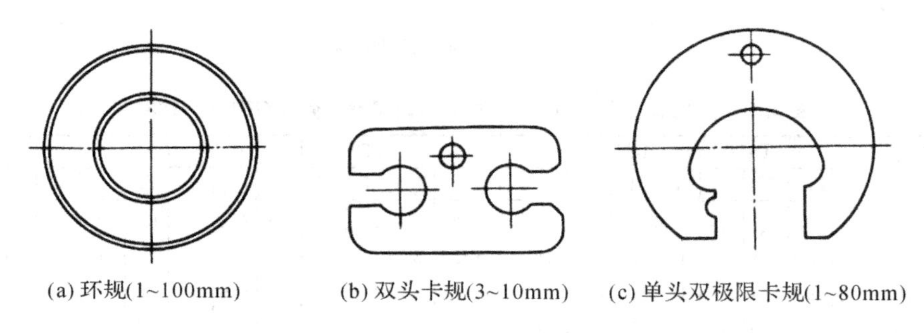

(a) 环规(1~100mm)　(b) 双头卡规(3~10mm)　(c) 单头双极限卡规(1~80mm)

图 2.9　轴用量规的结构形式及适用范围

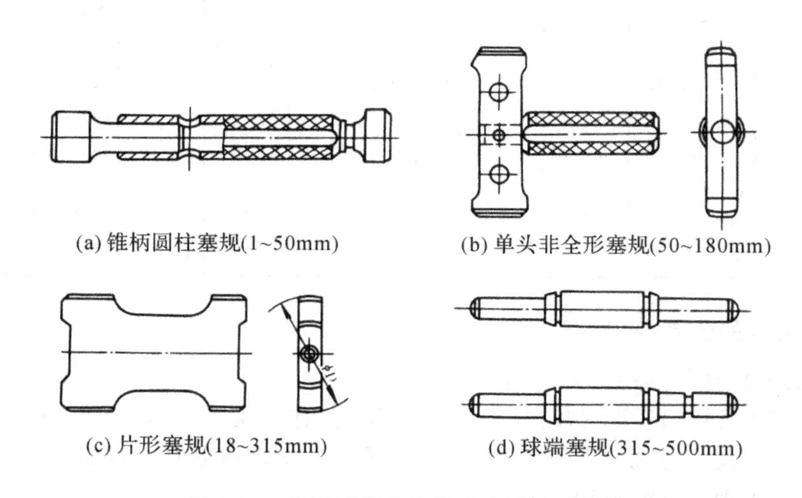

(a) 锥柄圆柱塞规(1~50mm)　(b) 单头非全形塞规(50~180mm)

(c) 片形塞规(18~315mm)　(d) 球端塞规(315~500mm)

图 2.10　孔用量规的结构形式及适用范围

2. 量规的技术要求

量规测量面的材料与硬度对量规的使用寿命有一定的影响。量规可用合金工具钢(如 CrMn、CrMnW、CrMoV)，碳素工具钢(如 T10A、T12A)，渗碳钢(如 15 钢、20 钢)及其他耐磨材料(如硬质合金)等材料制造。手柄一般用 Q235 钢、LY11 铝等材料制造。量规测量面

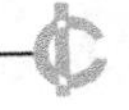

硬度为 58～65 HRC，并应经过稳定性处理。

国家标准规定了 IT6～IT16 工件的量规公差。量规的几何公差一般为量规制造公差的 50%。考虑到制造和测量的困难，当量规的尺寸公差小于 0.002 mm 时，其几何公差仍取 0.001 mm。

量规测量面不应有锈迹、毛刺、黑斑、划痕等明显影响外观和使用质量的缺陷。量规测量表面的表面粗糙度参数 Ra 值见表 2.6。

表 2.6　量规测量表面的表面粗糙度 Ra

工作量规	被检工件的基本尺寸/mm		
	≤120	>120～315	>315～500
IT6 级孔用量规	>0.02～0.04	>0.04～0.08	>0.08～0.16
IT6～IT9 级轴用量规 IT7～IT9 级孔用量规	>0.04～0.08	>0.08～0.16	>0.16～0.32
IT10～IT12 级孔/轴用量规	>0.08～0.16	>0.16～0.32	>0.32～0.63
IT13～IT16 级孔/轴用量规	>0.16～0.32	>0.32～0.63	>0.32～0.63

3. 量规工作尺寸的计算

量规工作尺寸的计算步骤如下：

(1)查出被检验工件的极限偏差；

(2) 查出工作量规的制造公差 T 和位置要素 Z 值，并确定量规的形位公差；

(3) 画出工件和量规的公差带图；

(4)计算量规的极限偏差；

(5) 计算量规的极限尺寸以及磨损极限尺寸。

4. 量规设计应用举例

例 2　设计检验ϕ30H8 孔用工作量规。

解　1) 查表得ϕ30H8 孔的极限偏差为：ES＝＋0.033mm，EI＝0，

2) 由表 2.5 查出工作量规制造公差 T 和位置要素 Z 值，并确定形位公差。

$T=0.0034\text{mm}$，$Z=0.005\text{mm}$，$T/2=0.0017\text{mm}$。

3) 画出工件和量规的公差带图，如图 2.11 所示。

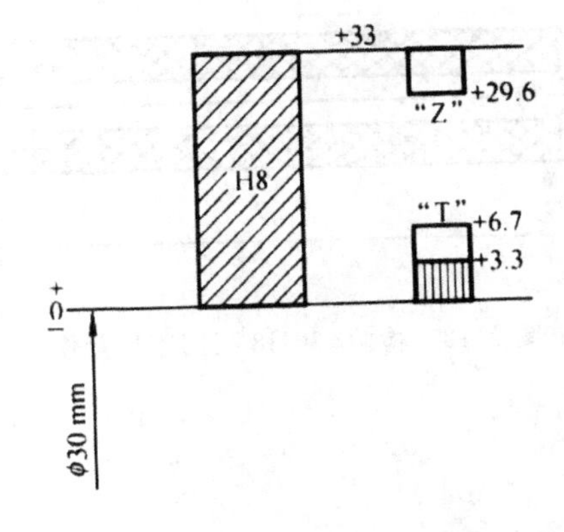

图 2.11　ϕ30H8 孔用工作量规公差带

4）计算量规的极限偏差：

通规(T)：上极限偏差＝EI＋Z＋T/2＝0＋0.005＋0.017＝＋0.0067mm

下极限偏差＝EI＋Z－T/2＝0＋0.005－0.017＝＋0.0033mm

磨损极限偏差＝EI＝0

止规(Z)：上极限偏差＝ES＝＋0.033mm

下极限偏差＝ES－T＝＋0.033－0.0034＝＋0.0296mm

5）计算量规的极限尺寸和磨损极限尺寸

通规：上极限尺寸＝30＋0.0067＝30.0067mm

下极限尺寸＝30＋0.0033＝30.0033mm

磨损极限尺寸＝30mm

所以塞规的通规尺寸为$\phi30^{+0.0067}_{+0.0033}$ mm，一般在图样上按工艺尺寸标注为$\phi30.0067^{0}_{-0.0034}$ mm

止规：最大极限尺寸＝30＋0.033＝30.033mm

最小极限尺寸＝30＋0.0296＝30.0296mm

所以塞规的止规尺寸为$\phi30^{+0.0330}_{+0.0296}$ mm，同理按工艺尺寸标注为$\phi30.033^{0}_{-0.0034}$ mm

上述计算结果列于表2.7。

表2.7　量规工作尺寸的计算结果　(mm)

被检工件	量规种类		量规极限偏差		量规极限尺寸		通规磨损极限尺寸	量规工作尺寸的标注
			上偏差	下偏差	最大	最小		
ϕ30H8	塞规	通规	＋0.0067	＋0.0033	ϕ30.0067	ϕ30.0033	ϕ30	$\phi30.0067^{0}_{-0.0034}$
		止规	＋0.0330	＋0.0296	ϕ30.0330	ϕ30.0296	—	$\phi30.033^{0}_{-0.0034}$

6）按量规的常用形式绘制并标注量规图样

绘制量规的工作图样，就是把设计结果通过图样表示出来，从而为量规的加工制造提供技术依据。上述设计例子中孔用量规选用锥柄双头塞规，如图2.12所示。

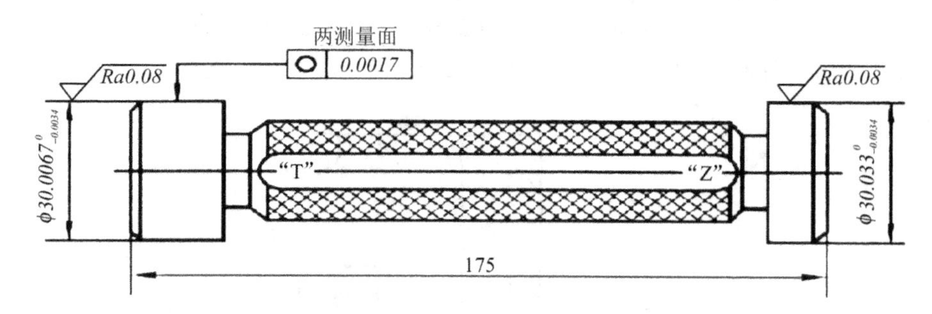

图2.12　检验ϕ30H8孔用工作量规

2.5 实验:用立式光学计测量量规,并判断其合格性

一、实验内容

在立式光学计上测量量规通端和止端的实际偏差,并计算其实际尺寸。

二、实验目的

1)了解立式光学计测量原理;

2)掌握用立式光学计测量量规的方法;

3)判断量规的合格性。

三、实验仪器

立式光学计,被测量规。

1. 立式光学计的测量范围:0～180mm

2. 立式光学计的示值范围:±0.1mm

3. 立式光学计的分度值:0.001mm

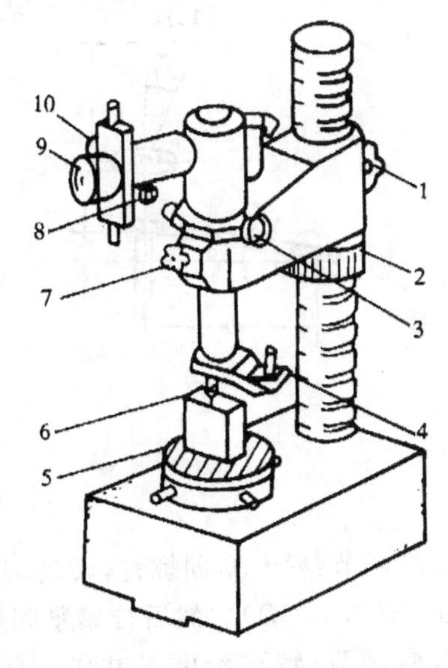

立式光学计主要由:1-悬臂锁紧螺丝;2-升降螺母;3-光管细调手轮;4-测头提升杠杆;5-工作台;6-被测工件;7-光管锁紧螺钉;8-测微螺丝;9-目镜;10-反光镜等构成

图 2.13 立式光学计

四、实验原理

立式光学计是一种精度较高而结构简单的常用光学量仪。它是利用光学杠杆放大原理,用块规作为长度基准,用相对测量法,将微小的位移量转换为光学影像的移动。照明光线经反射镜 1 照射到刻尺 8 上,再经直角棱镜 2、物镜 3,照射到反射镜 4 上。由于刻度尺 8 位于物镜 3 的焦平面上,故从刻度尺 8 上发出的光线经物镜 3 后成为一平行光束,若反射镜 4 与物镜 3 之间相互平行,则反射光线折回到焦平面,刻度尺象 7 与刻度尺 8 对称。若被测尺寸变动使测杆 5 推动反射镜 4 饶支点转动某一角度 α(图 2.14(a)),则反射光线相对于入射光线偏转 2α 角度,从而使刻度尺象 7 产生位移 t(图 2.14(c)),它代表被测尺寸的变动量。

五、测量步骤

1)测头的选择

测头有球形、平面形和刀口形三种,根据被测零件表面的几何形状来选择,选择原则是使测头与被测表面尽量满足点接触。所以,测量平面或圆柱面工件时,选用球形测头。测量球面工件时,选用平面形测头。测量直径小于 10mm 的圆柱面工件时,选用刀口形测头。

2)按被测量规的公称尺寸组合量块:组合的原则是量块的块数越少越好,最多不得超过 4 块。

3)调整仪器零位:

a. 选好量块组后,将下测量面置于工作台的中央,并使测头对准上测量面中央。

b. 粗调节:松开支臂紧固螺钉,转动调节螺母,使支臂缓慢下降,直到测头与量块上测量面轻微接触,并能在视场中看到刻度尺象时,将螺钉锁紧。

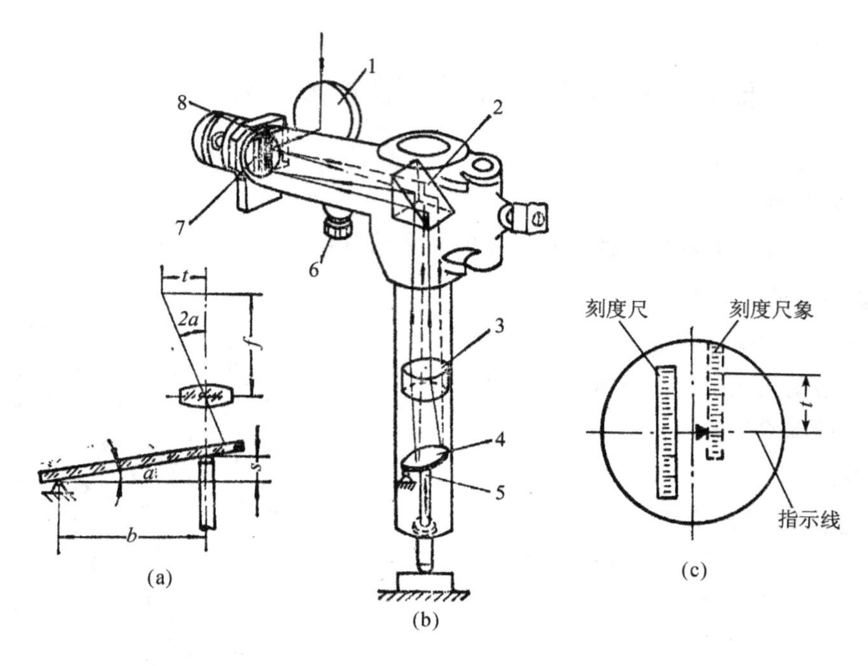

图 2.14　内径百分表

c. 细调节：松开紧固螺钉，转动调节凸轮，直至在目镜中观察到刻度尺象与 μ 指示线接近为止(图 2.15(a))。然后拧紧紧固螺钉。

d. 微调节：转动刻度尺寸微调螺钉，使刻度尺的零线影像与 μ 指示线重合(图 2.15(b))。然后压下测头提升杠杆数次，使零位稳定，调零结束。

e. 按动提升器将测头抬起，取下块规组。

4)测量位置：按实验规定在三个横截面上进行测量，每个截面。都要在相互垂直的两个方向上测量如图 2.16(1、3 截面距两端面 2mm)，共测量六个值。测量时每一点都要读取指示表的最大示值，把测量结果填入实验报告。

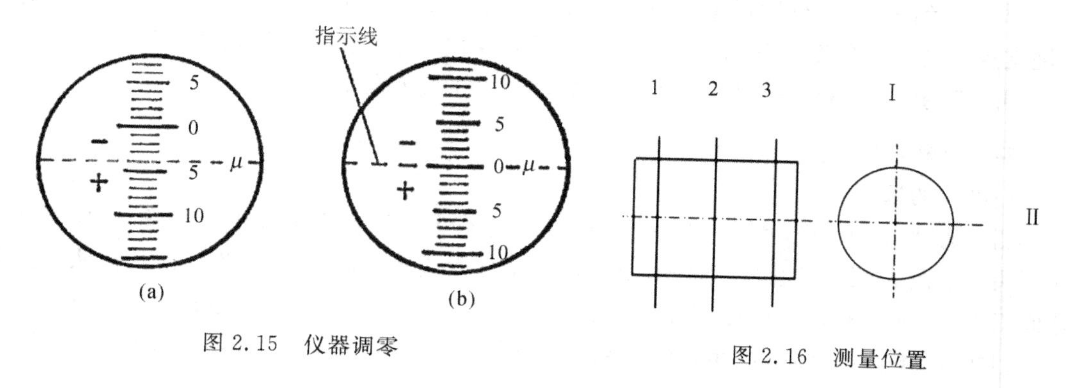

图 2.15　仪器调零

图 2.16　测量位置

六、合格性评定

根据测量结果与被测量规的公差值进行比较，实际测量出的值均在被测量规的公差值范围内，则此量规才可定为合格；反之为不合格。

七、仪器保养

使用精密仪器应注意保持清洁，不用时宜用罩子套上防尘。

1)使用完毕后必须在工作台、测量头以及其他金属表面，用航空汽油清洗、拭干，再涂上无酸凡士林。

2)光学计管内部构造比较复杂精密，不宜随意拆卸，出现故障应送专业部门修理。光学部件避免用手指碰触，以免影响成像质量。

3)组合量块应保持清洁，防锈。

2.6 实验：用万能角尺测量角度

一、实验内容

用万能角尺测量工件各角度的误差(图 2.17)。

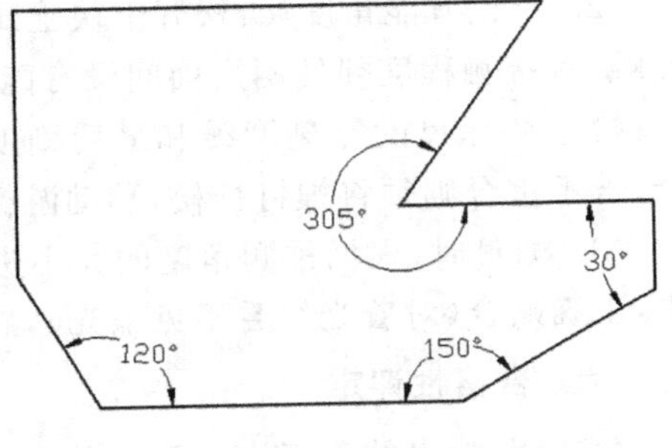

图 2.17 万能角尺

二、实验目的

1)了解用万能角尺直接测量角度的原理和角度游标的原理；

2)掌握万能角尺的结构、读数和测量角度的方法。

三、实验仪器

万能角尺，被测游标。

如图 2.18 所示，它是由刻有基本角度刻线的尺座 1，和固定在扇形板 6 上的游标 3 组成。扇形板可在尺座上回转移动(由制动器 5 控制)，形成了和游标卡尺相似的游标读数机构。

万能角度尺游标的分度值有 2′和 5′两种。尺座上的刻度线每格 1°。由于游标上刻有 30 格，所占的总角度为 29°，因此，两者每格刻线的度数差是

$1°-\frac{29°}{30}=\frac{1°}{30}=2'$ 即万能角度尺的精度为 2′。测量范围：外角：0°～320°；内角：40°～220°

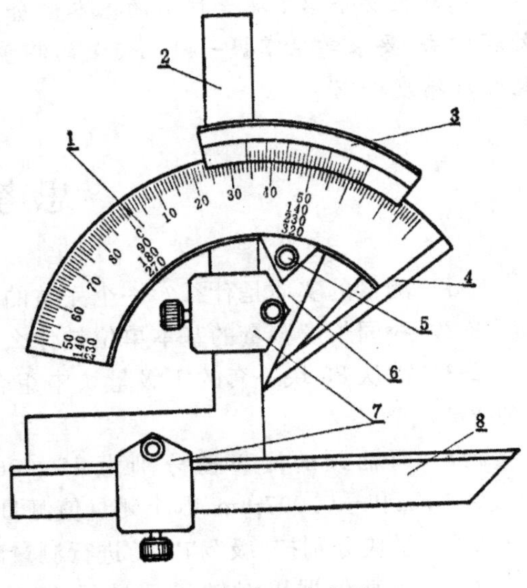

图 2.18 万能角尺

四、测量原理

用万能角尺测量工件的角度时，是以量角和扇形量角的两个基准面与被测角度的两边重合，通过尺座刻度和游标尺刻度而读出被测的角度。

1. 被游标尺零度刻线所指的尺座上刻线是表示被测量角的度数与尺座上刻线重合的游标尺刻线是表示被测量角的分数；尺座上刻线每一格为 1°游标尺上刻线每一格为 2′。

2. 用万能角度尺测量零件角度时，应使基尺与零件角度的母线方向一致，且零件应与量角尺的两个测量面的全长上接触良好，以免产生测量误差。

3. 角尺和直尺全装上时，可测量0°～5°的外角度，仅装上直尺时，可测量50°～140°的角度，仅装上角尺时，可测量140°～230°的角度，把角尺和直尺全拆下时，可测量230°～320°的角度(即可测量40°～130°的内角度)。

4. 万能量角尺的尺座上，基本角度的刻线只有0～90°，如果测量的零件角度大于90°，则在读数时，应加上一个基数(90°;180°;270°;)。当零件角度为：>90°～180°，被测角度=90°+量角尺读数；零件角度为：>180°～270°，被测角度=180°+量角尺读数；零件角度为：>270°～320°被测角度=270°+量角尺读数。

五、实验步骤

1. 在使用前先用干净棉布将角度尺和工件擦干净；

2. 校正万能角度尺：松开卡块上螺帽和制动头上的螺帽，移动游标尺和尺座使之互相接触，其接触程度须使两尺面间没有能用眼睛可察觉的间隙；拧紧两螺帽以固定游标尺和尺座；检查游标尺的零刻度线和最后刻度线是否分别与尺座上的零刻线和29分度刻线相重合，若不重合则须将螺钉拧松，移动游标尺以调整；

3. 测量时，根据被测角度的大小进行组合，调节万能角尺的两个基准面与被测角的两边，正确贴合(对着光线看不见漏光)，然后读出读数记入报告；

六、合格性评定

实际测量出的角度均在两极限角度范围内，则为合格，否则，不合格。

小　结

本章主要介绍了测量技术的基本概念、计量器具的分类及度量指标，测量误差的分类及处理方法，要求学生掌握一般几何量的测量方法，能正确使用常用测量器具进行常用零件的尺寸和精度检测。

思考与习题

2-1　测量的实质是什么？一个完整的测量过程包括哪几个要素？

2-2　我国长度测量的基本单位是什么？它是如何定义的？

2-3　欲从83块一套的1级量块中组合尺寸87.985mm，所选各量块的标称尺寸分别多少？

2-4　两轴颈的测量值分别为15.006mm和189.992mm，它们的绝对误差分别为+0.004mm和-0.007mm，哪个测量值测量精确度较高？请说明原因。

2-5　量块分别按“级”和“等”进行测量时，其测量各有什么特点？

2-6　在某仪器上对轴尺寸进行10次等精度测量，得到数据如下：20.008、20.004、20.008、20.010、20.007、20.008、20.007、20.006、20.008、20.005mm。若已知在测量过程中破在系统误差和粗大误差，试分别求出以单次测量值作结果和以算术平均值作结果的极限误差。

第 3 章　几何公差

几何公差包括形状、方向、位置和跳动公差，它是针对构成零件几何特征的点、线、面的几何形状和相互位置的误差所规定的公差。

3.1　概　述

零件在加工过程中由于受各种因素的影响，其几何要素不可避免地会产生误差。如在车削圆柱表面时，刀具的运动轨迹若与工件的旋转轴线不平行，会使完工零件表面产生圆柱度误差，而零件的圆柱度误差会影响圆柱结合要素的配合均匀性。因此，对零件的几何精度进行合理的设计，规定适当的几何公差是十分重要的。

3.1.1　几何公差的研究对象

几何公差的研究对象是零件的几何要素（简称为“要素”），就是构成零件几何特征的点、线、面。如图 3.1 所示零件的球心、锥顶、圆柱面和圆锥面的素线、轴线、球面、圆柱面和圆锥面、槽的中心平面等。

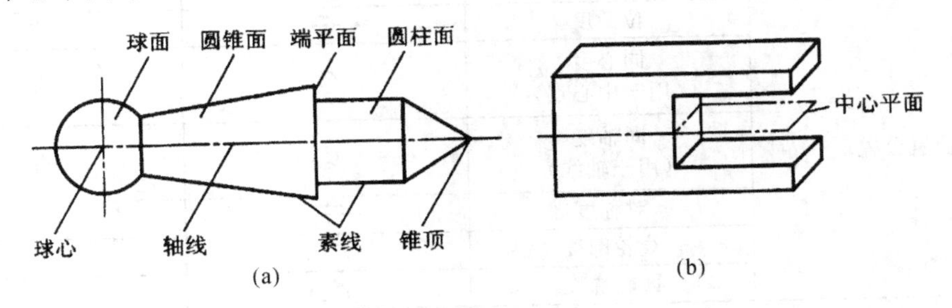

图 3.1　零件的几何要素

几何要素可按不同的角度分类如下

1. 按存在的状态分

公称要素　机械零件图样上表示的要素均为公称要素。具有几何学意义的要素，它们不存在任何误差。

实际要素　零件上实际存在的要素。通常都以测得要素来代替。

2. 按结构特征分

导出要素　由组成要素得到的中心点、中心线、中心面。

组成要素　构成零件外形的点、线、面各要素。

3. 按所处地位分

基准要素　用来确定被测要素的方向或位置的组成要素或导出要素。

被测要素　在图样上给出了几何公差要求的组成要素或导出要素，是检测的对象。

4. 按被测要素的功能关系分

单一要素　仅对要素本身给出形状公差要求的被测要素。

关联要素　对基准要素有功能关系要求而给出位置公差要求的被测要素。

3.1.2　几何公差的特征项目及其符号

GB/T 1182—2008 规定了 14 种形状和位置公差的特征项目。各几何公差项目的名称及其符号如表 3.1 所列。

表 3.1　几何公差项目及其符号

公差类型	几何特征	符　号	有无基准
形状公差	直线度	—	无
	平面度	▱	无
	圆度	○	无
	圆柱度	⌭	无
	线轮廓度	⌒	无
	面轮廓度	⌓	无
方向公差	平行度	//	有
	垂直度	⊥	有
	倾斜度	∠	有
	线轮廓度	⌒	有
	面轮廓度	⌓	有
位置公差	位置度	⌖	有或无
	同心度（用于中心点）	◎	有
	同轴度（用于轴线）	◎	有
	对称度	⌯	有
	线轮廓度	⌒	有
	面轮廓度	⌓	有
跳动公差	圆跳动	↗	有
	全跳动	⌰	有

3.2　几何公差的标注

3.2.1　几何公差的标注方法

几何公差在图样上用框格的形式标注，如图 3.2 所示。

几何公差框格由二至五格组成。框格中的内容从左到右顺序填写：几何特征符号；几何公差值（以 mm 为单位）和有关符号；基准字母及有关符号。代表基准的字母（包括基准代

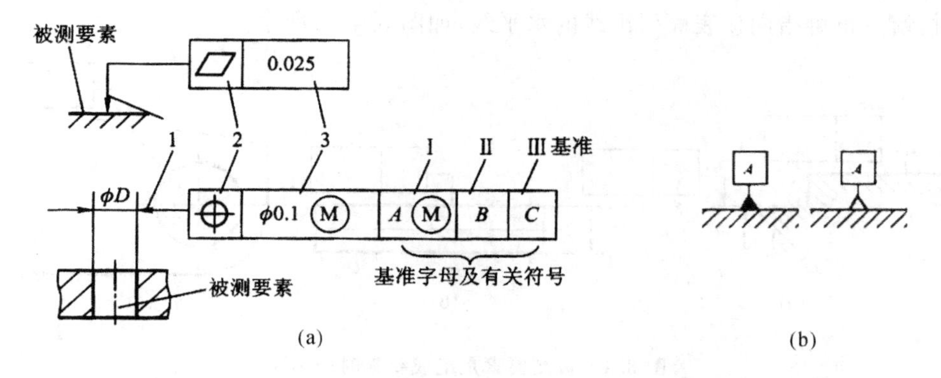

1-指引箭头；2-项目符号；3-几何公差值及有关符号

图 3.2 公差框格及基准代号

号圆圈内的字母)用大写英文字母(为不引起误解，其中 E、I、J、M、Q、O、P、L、R、F 不用)表示。若几何公差值的数字前加注有 Ȼ 或 SȻ，则表示其公差带为圆形、圆柱形或球形。基准代号如图 3.2(b)所示用一个大写字母表示，字母标注在基准方格内，与一个涂黑的或空白的三角形相连。如果要求在几何公差带内进一步限定被测要素的形状，则应在公差值后加注相应的符号，如表 3.2 所列。

表 3.2 对被测要素形状要求的符号

含 义	符号	举 例	含 义	符号	举 例
只许中间向材料内凹下	(−)	— t(−)	只许从左至右减小	(▷)	⌭ t(▷)
只许中间向材料内凸起	(+)	▱ t(−)	只许从右至左减小	(◁)	⌭ t(◁)

如对同一要素有一个以上的几何公差特征项目的要求，其标注方法又一致时，为方便起见，可将一个框格放在另一个框格的下方，如图 3.3(a)所示；当多个被测要素有相同的几何公差(单项或多项)要求时，可以从框格引出的指引线上绘制多个指示箭头并分别与各被测要素相连，如图 3.3(b)所示。

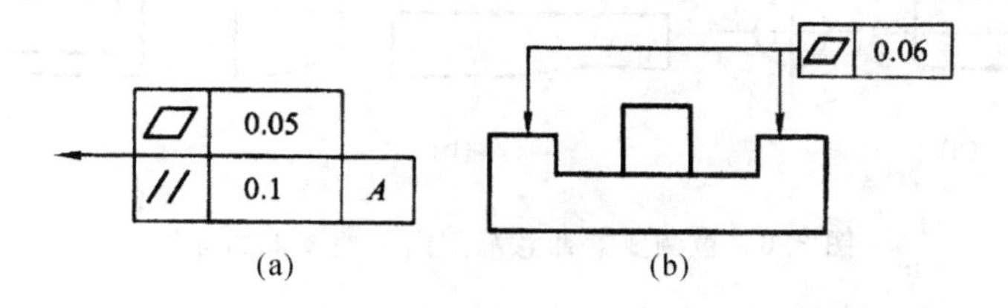

图 3.3 几何公差的标注

3.2.2 被测要素的标注

设计要求给出几何公差的要素用带指示箭头的指引线与公差框格相连。指引线一般与框格一端的中部相连，如图 3.2 所示。

当被测要素为组成要素(轮廓线或轮廓面)时，指示箭头应直接指向该要素的轮廓线或其延长线上，并与尺寸线明显错开，如图 3.4(a)，3.4(b)所示。当被测要素为视图上的局部表面时，箭头也可指向该表面引出线的水平线，如图 3.4(c)所示。

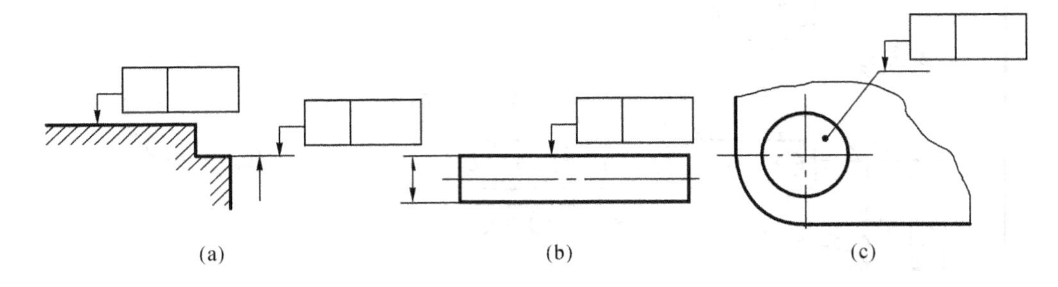

图 3.4　被测要素是组成要素时的标注

当被测要素为导出要素(中心点、中心线、中心平面等)时，指示箭头应与被测要素相应的组成要素的尺寸线对齐，如图 3.5 所示。必要时指示箭头可代替一个尺寸线的箭头。

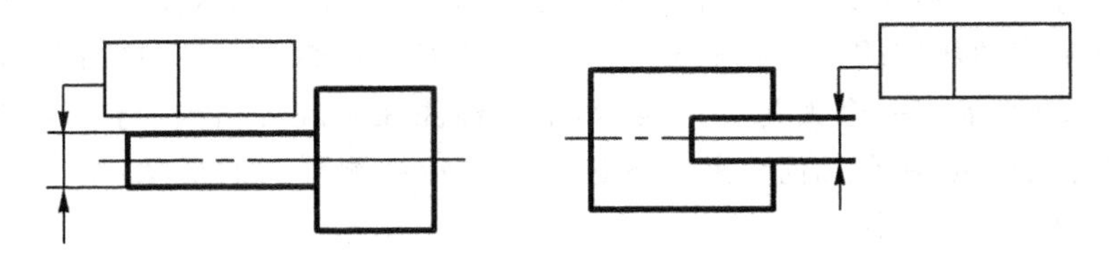

图 3.5　被测要素是中心要素时的标注

对被测要素任意局部范围内的公差要求，应将该局部范围的尺寸标注在几何公差值后面，并用斜线隔开，如图 3.6(a)表示圆柱面素线在任意 100mm 长度范围内的直线度公差为 0.05mm；图 3.6(b)表示箭头所指平面在任意边长为 100mm 的正方形范围内的平面度公差是 0.01mm；图 3.6(c)表示上平面对下平面的平行度公差在任意 100mm 长度范围内为 0.08mm。

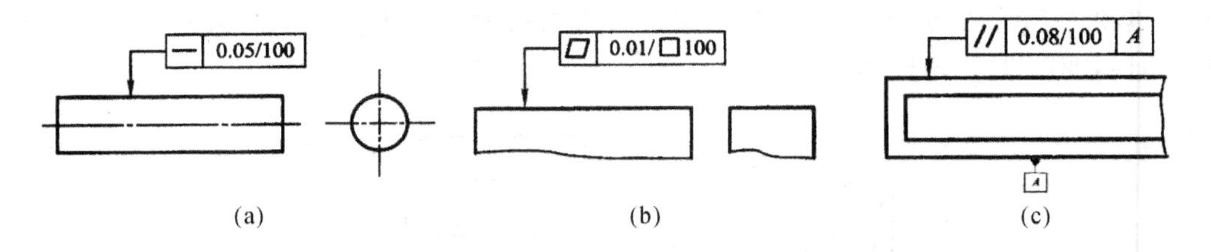

图 3.6　被测要素任意范围内公差要求的标注

当被测要素为视图上的整个轮廓线(面)时，应在指示箭头的指引线的转折处加注全周符号。如图 3.7(a)所示线轮廓度公差 0.1mm 是对该视图上全部轮廓线的要求。其他视图上的轮廓不受该公差要求的限制。以螺纹、齿轮、花键的轴线为被测要素时，应在几何公差框格下方标明节径 PD、大径 MD 或小径 LD。如图 3.7(b)所示。

3.2.3　基准要素的标注

对关联被测要素的公差要求必须注明基准。基准代号如图 3.2(b)所示，方框内的字母应与公差框格中的基准字母对应，且不论基准代号在图样中的方向如何，方框内的字母均应

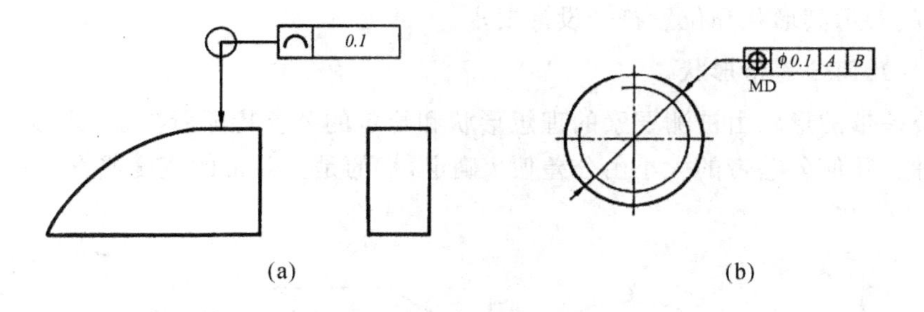

(a) (b)

图 3.7 被测要素的其他标注

水平书写。

单一基准由一个字母表示,基准体系由两个或三个字母表示,公共基准采用由横线隔开的两个字母表示,如图 3.8(a)所示。

当以组成要素作为基准时,基准符号应靠近基准要素的轮廓线或其延长线,且与轮廓的尺寸线明显错开,如图 3.8(b)所示;当基准要素为实际表面时,基准三角形也可放置在该轮廓面引出线的水平线上,如图 3.8(c)所示;当以导出要素为基准时,基准连线应与相应的组成要素的尺寸线对齐,如果没有足够的位置标注基准要素尺寸的两个尺寸箭头,则其中一个箭头可用基准三角形代替,如图 3.8(d)、(e)、(f)所示。

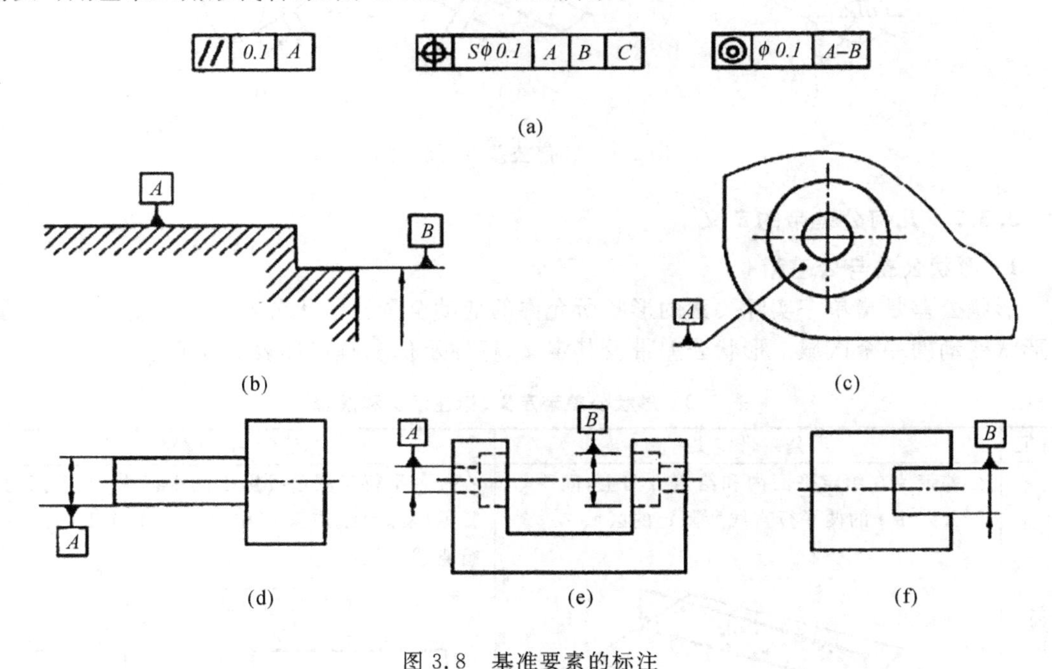

(a)
(b) (c)
(d) (e) (f)

图 3.8 基准要素的标注

3.3 几何公差与公差带

几何公差带是用来限制被测实际要素变动的区域。只要被测实际要素完全落在给定的公差带内，就表示其形状和位置符合设计要求。

3.3.1 几何公差带形状

几何公差带的形状由被测要素的理想形状和给定的公差特征所决定，其形状有如图3.9所示的几种。几何公差带的大小由公差值 t 确定，指的是公差带的宽度或直径等。

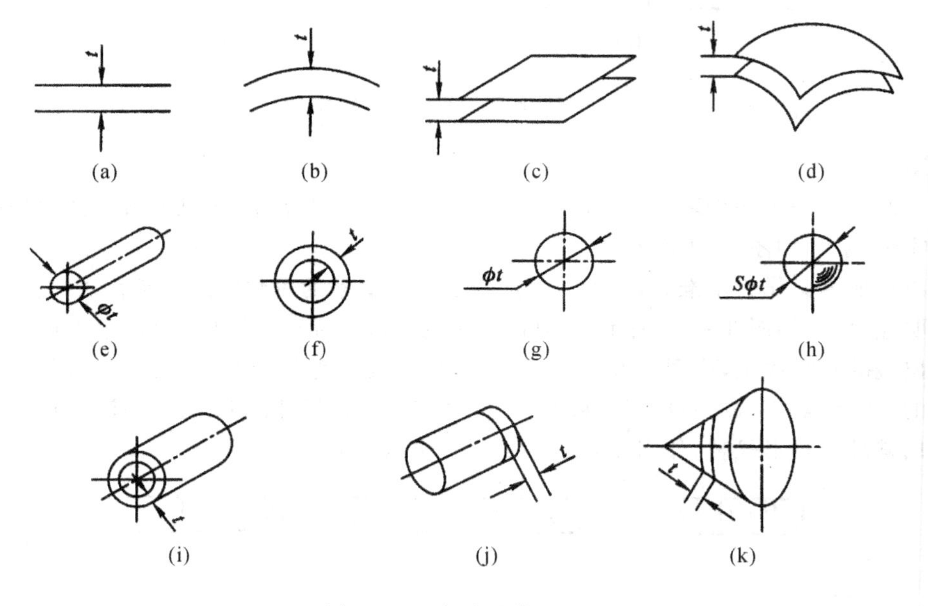

图 3.9 几何公差带的形状

3.3.2 几何公差带的定义

1. 形状公差与公差带

形状公差是指单一实际要素的形状所允许的变动全量。形状公差带是限制实际被测要素形状变动的一个区域。形状公差带及其定义、标注示例和解释如表 3.3 所示。

表 3.3 形状公差带定义、标注示例和解释

特征	公差带定义	标注示例和解释
直线度	公差带为在给定平面内和给定方向上，间距等于公差带 t 的两平行直线所限定的区域	在任一平行于图示投影面的平面内，上平面的提取(实际)线应限定在间距等于 0.1 的两平行直线之间

续表

特征	公差带定义	标注示例和解释
直线度	公差带为间距等于公差值 t 的两平行平面所限定的区域 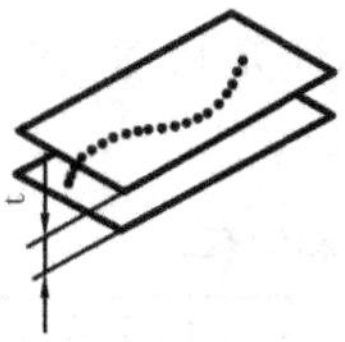	提取(实际)的棱边应限定在间距等于 0.1 的两平行平面之间 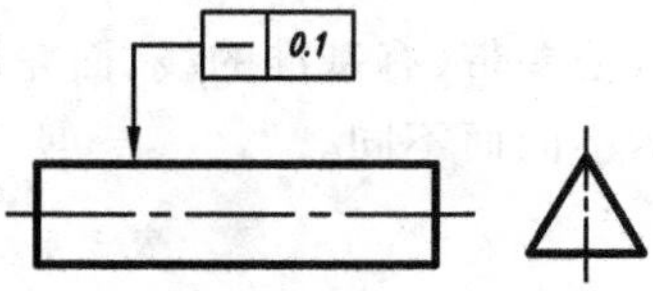
	在任意方向上,公差带是直径为公差值 t 的圆柱面所限定的区域 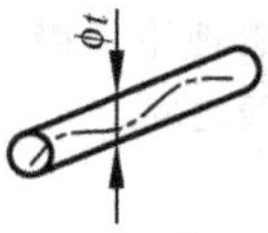	圆柱面的提取(实际)中心线应限定在直径等于 ϕ0.08mm 的圆柱面内 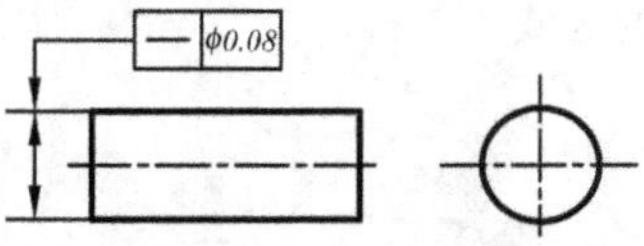
平面度	公差带是距离为公差值 t 的两平行平面所限定的区域 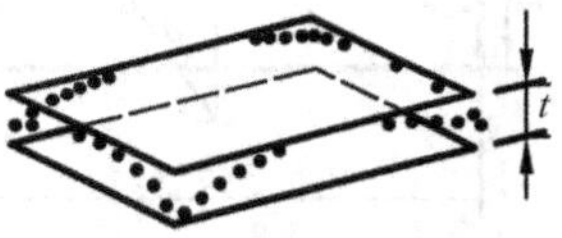	提取(实际)表面应限定在间距为公差值 0.08 的两平行平面之间 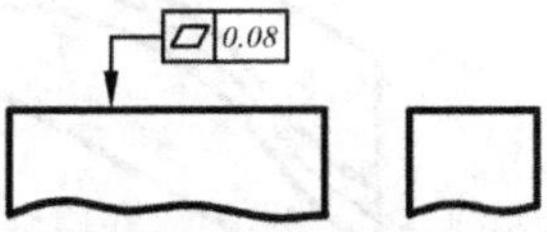
圆度	公差带为在给定横截面内半径等于公差值 t 的两同心圆所限定的区域 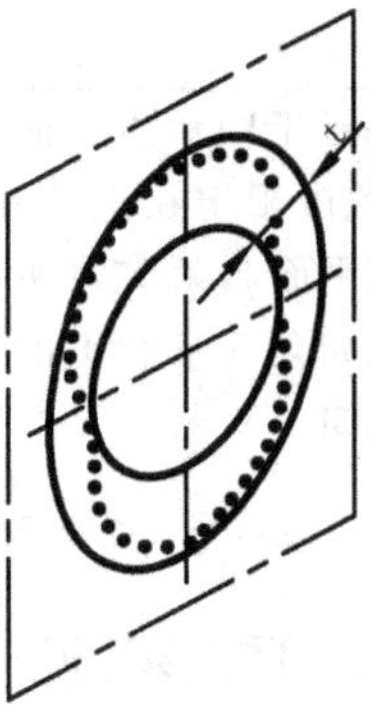	在圆柱面和圆锥面的任意横截面内,提取(实际)圆周应限定在半径差等于 0.03 的两共面同心圆之间 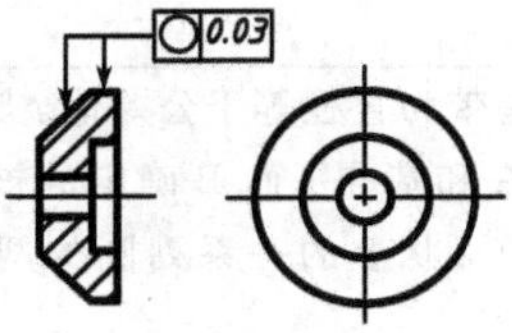
		在圆锥面的任意截面内,提取(实际)圆周应限定在半径差等于 0.1 的两同心圆之间 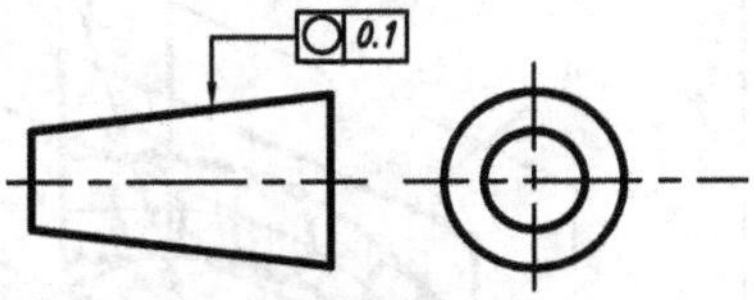
圆柱度	公差带是半径差为公差值 t 的两同轴圆柱面所限定的区域 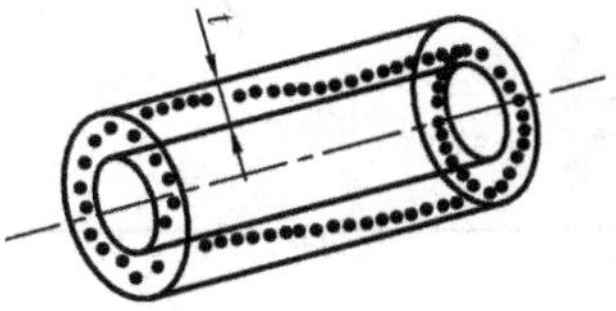	提取(实际)圆柱面应限定在半径差等于 0.1 的两同轴圆柱面之间 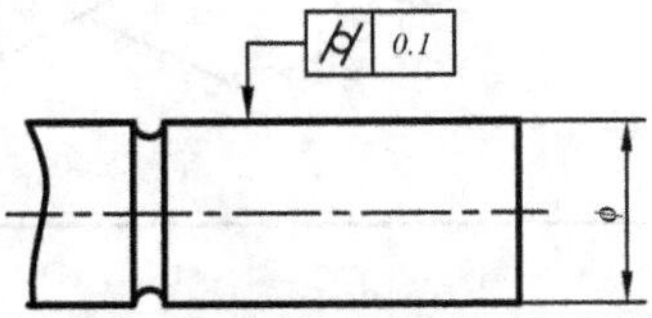

2. 轮廓度公差与公差带

轮廓度公差特征有线轮廓度和面轮廓度，均可有基准或无基准。轮廓度无基准要求时为形状公差，有基准要求时为方向、位置公差。其公差带定义、标注示例和解释如表 3.4 所示。

形状公差带（有基准的线、面轮廓度除外）的特点是不涉及基准，其方向和位置随相应实际要素的不同而不同。

表 3.4　轮廓度公差带定义、标注和解释

特征	公差带定义	标注示例和解释
线轮廓度	公差带为直径为公差值 t 圆心位于具有理论正确几何形状上的一系列圆的两包络线所限定的区域 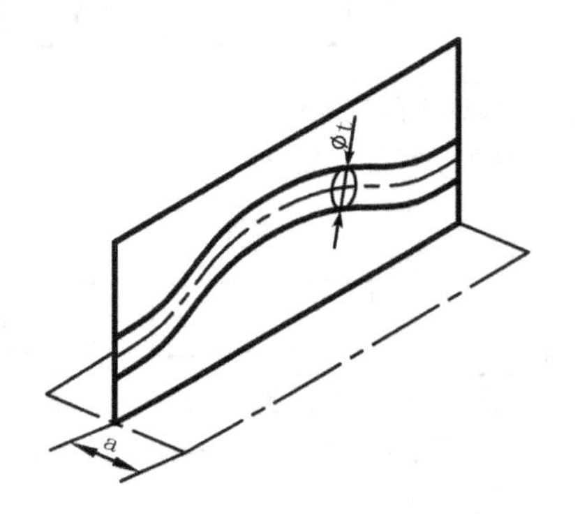	在任一平行于图示投影面的截面内，提取（实际）轮廓线应限定在直径等于 0.04，且圆心位于被测要素理论正确几何形状上的一系列圆的两包络线之间 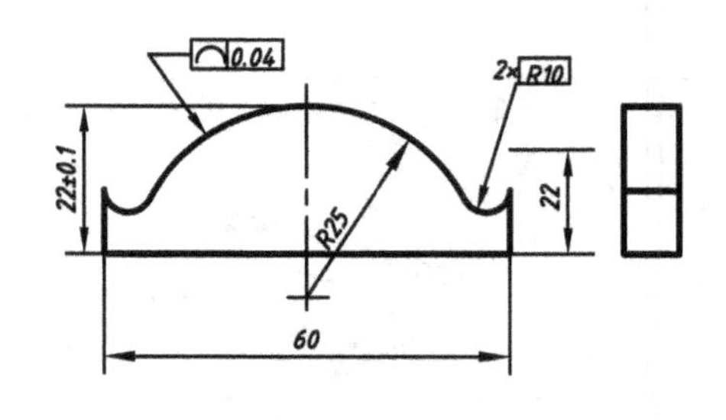
	公差带为直径等于公差值 t 圆心位于由基准平面 A 和基准平面 B 确定的被测要素理论正确几何形状上的一系列圆的两包络线所限定的区域 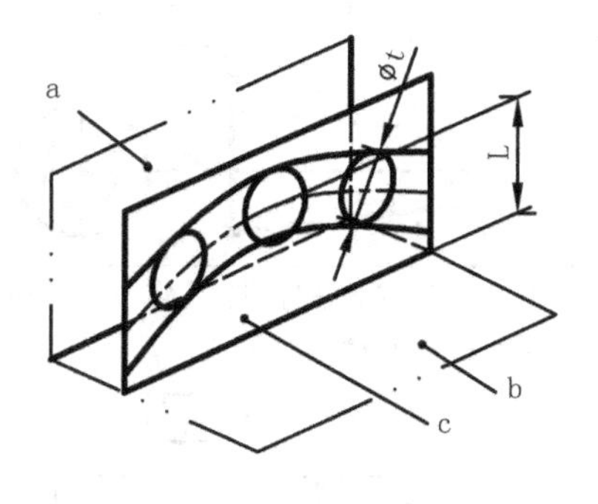	在任一平行于图示投影面的截面内，提取（实际）轮廓线应限定在直径等于 0.04，且圆心位于由基准平面 A 和基准平面 B 确定的被测要素理论正确几何形状上的一系列圆的两等距包络线之间 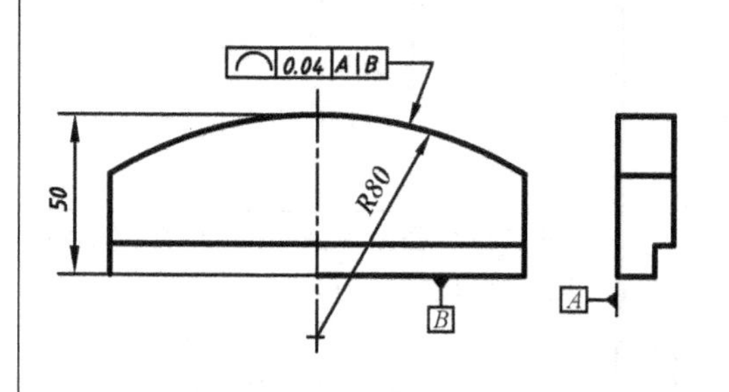

续表

特征	公差带定义	标注示例和解释
面轮廓度	公差带为直径等于公差值 t 的球心位于被测要素理论正确形状上的一系列圆球的两包络面所限定的区域。 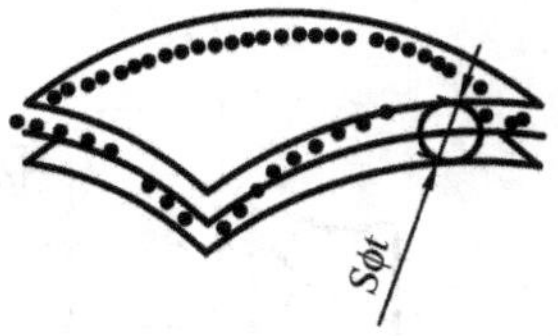	提取(实际)轮廓面应限定在直径等于 0.02,球心位于被测要素理论正确几何形状上的一系列圆球的两等距包络面之间 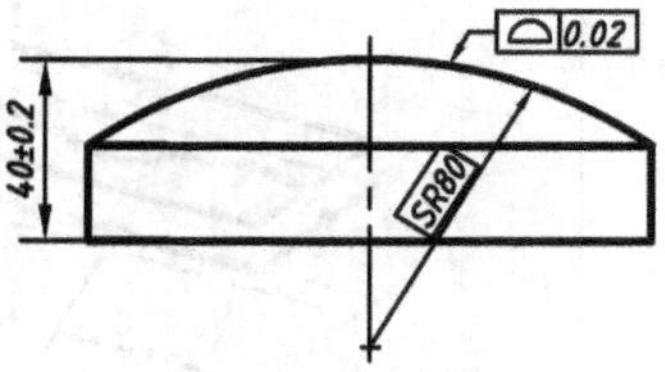
	公差带为直径等于公差值 t 的球心位于由基准平面 A 确定的被测要素理论正确几何形状上的一系列圆球的两包络面所限定的区域。 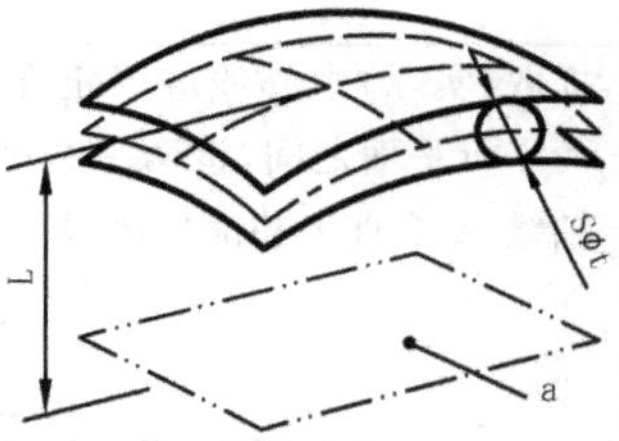	提取(实际)轮廓面应限定在直径等于 0.1、球心位于由基准平面 A 确定的被测要素理论正确几何形状上的一系列圆球的两等距包络面之间 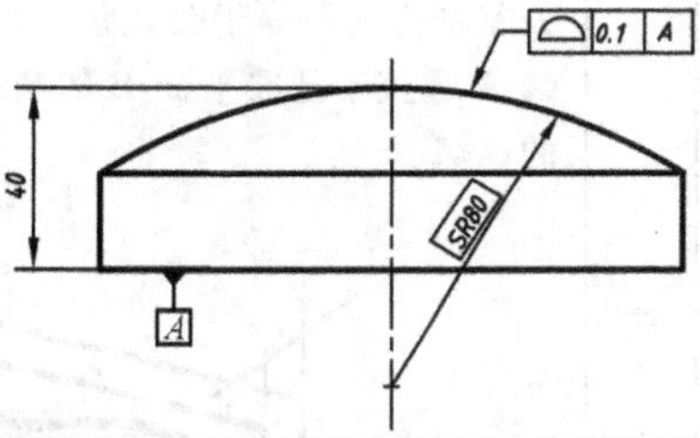

3. 方向公差与公差带

方向公差是关联实际要素对基准在方向上允许的变动全量。方向公差有平行度、垂直度和倾斜度三项。典型的方向公差的公差带定义、标注示例和解释如表 3.5 所示。

表 3.5 方向公差带定义、标注示例和解释

特征		公差带定义	标注示例和解释
平行度	线对基准线	公差带为平行于基准轴线,直径等于公差值 ϕt 的圆柱所限定的区域 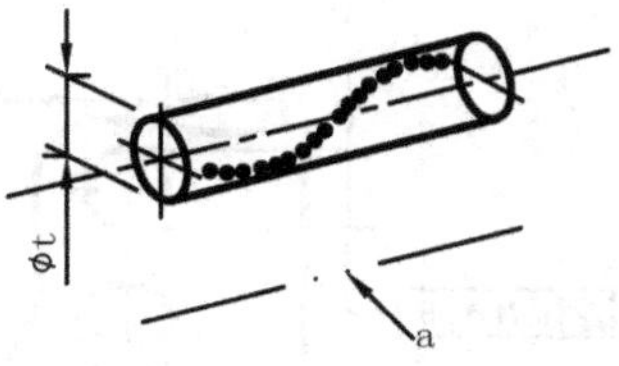	提取(实际)中心线应限定在平行于基准轴线 A 直径等于ϕ0.03 的圆柱面内 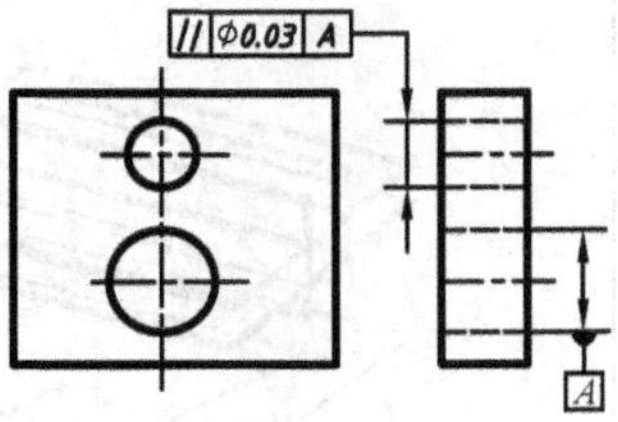

续表

特征		公差带定义	标注示例和解释
平行度	线对基准体系	公差带是距离为公差值 t，且平行于两基准的两平行平面所限定的区域 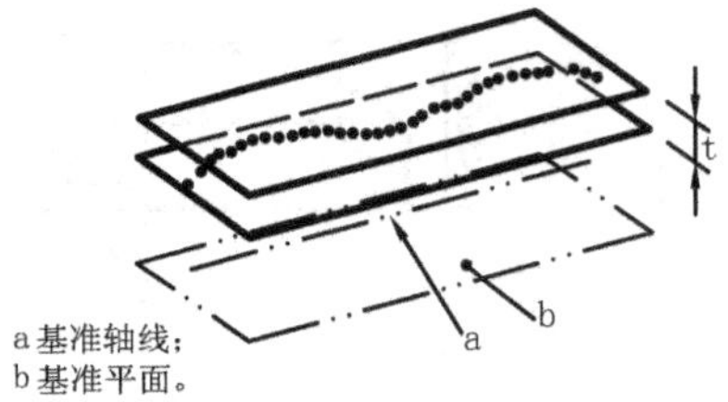 a 基准轴线； b 基准平面。	提取（实际）中心线应限定在间距等于 0.1、平行于基准轴线 A 和基准平面 B 的两平行平面之间 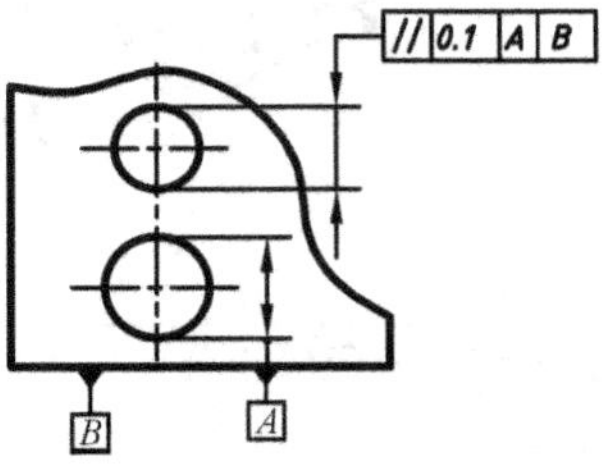
		公差带为间距等于公差值 t、平行于基准轴线 A 垂直于基准平面 B 的两平行平面限定的区域 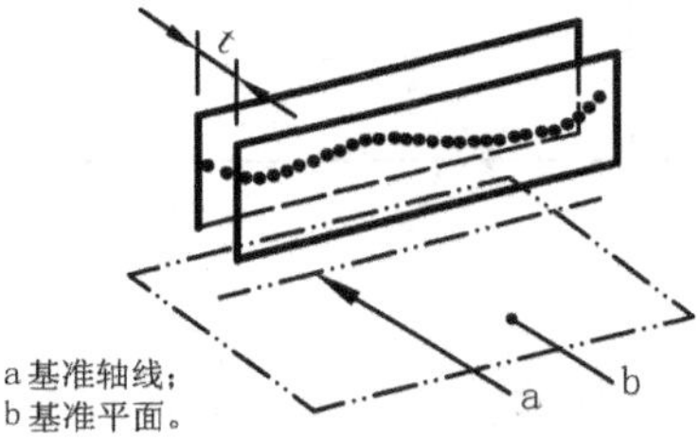 a 基准轴线； b 基准平面。	提取（实际）中心线应限定在间距等于 0.1、两平行平面之间，该两平行平面平行于基准轴线 A 垂直于基准平面 B 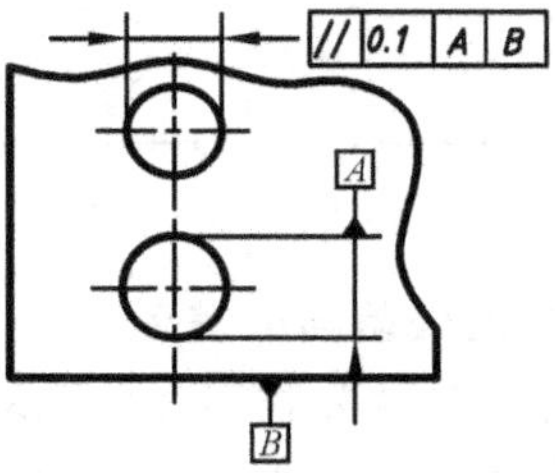
		公差带为平行于基准轴线和平行或垂直于基准平面、间距分别等于公差值 t_1 和 t_2 且相互垂直的两组平行平面所限定的区域 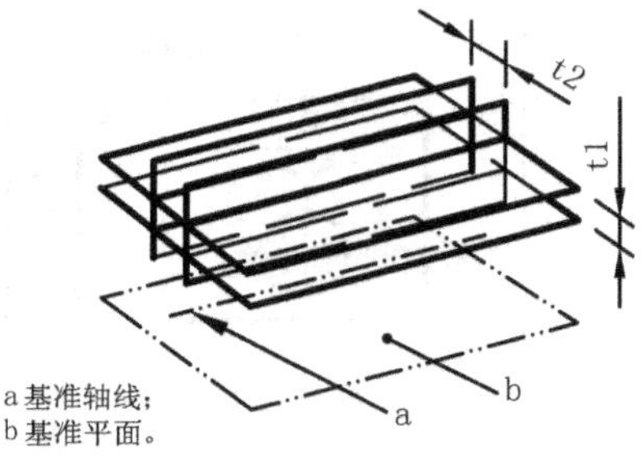 a 基准轴线； b 基准平面。	提取（实际）中心线应限定在平行于基准轴线 A 和平行或垂直于基准平面 B、间距分别等于公差值 0.1 和 0.2 且相互垂直的两组平行平面之间 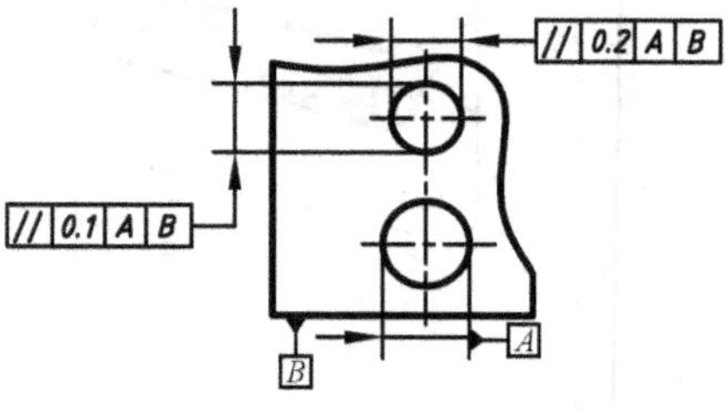

续表

特征		公差带定义	标注示例和解释
平行度	线对基准体系	公差带为间距等于公差值 t 的两平行直线所限定的区域,该两平行直线平行于基准平面 A 且处于平行于基准平面 B 的平面内 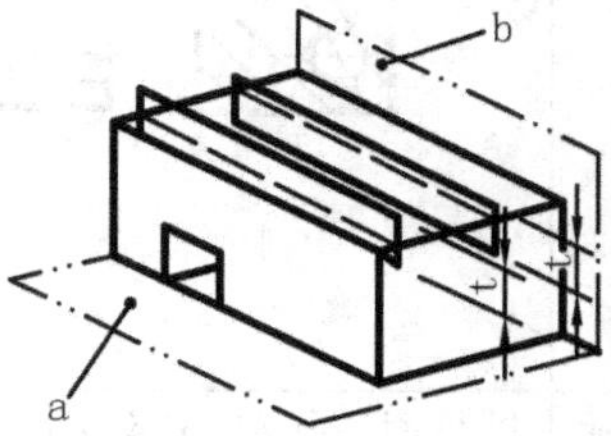	提取(实际)线应限定在间距等于 0.02 的两平行直线之间,该两平行直线平行于基准平面 A 且处于平行于基准平面 B 的平面内 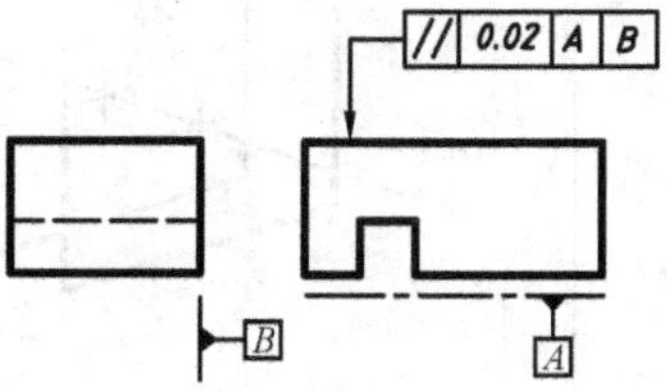
平行度	线对基准面	公差带为平行于基准平面 A 间距等于公差值 t 的两平行平面所限定的区域 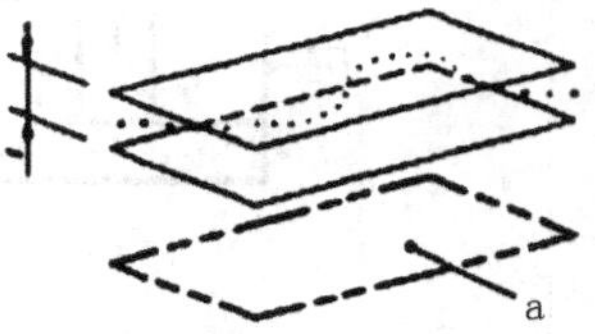	提取(实际)中心线应限定在平行于基准平面 B 间距等于 0.01 的两平行平面之间 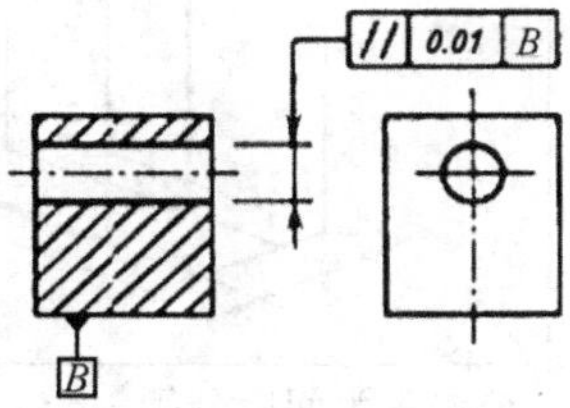
	面对基准线	公差带是距离为公差值 t,且平行于基准轴线的两平行平面所限定的区域 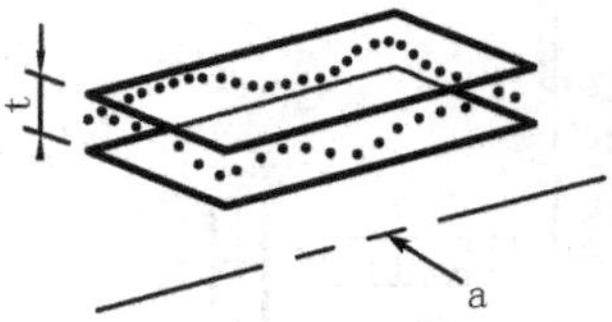	提取(实际)表面应限定在间距等于 0.1、平行于基准轴线 C 的两平行平面之间 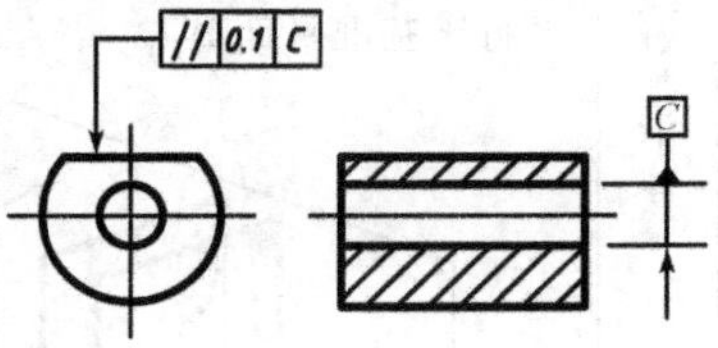
	面对基准面	公差带是距离为公差值 t,且平行于基准平面的两平行平面所限定的区域 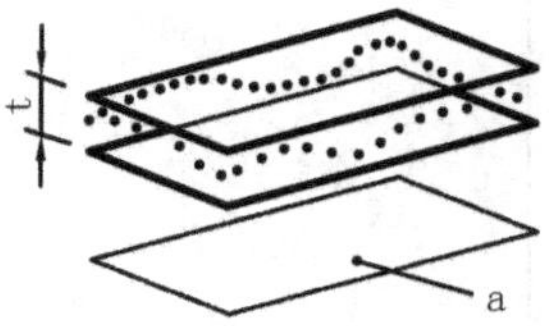	提取(实际)表面应限定在间距等于 0.01、平行于基准 D 的两平行平面之间 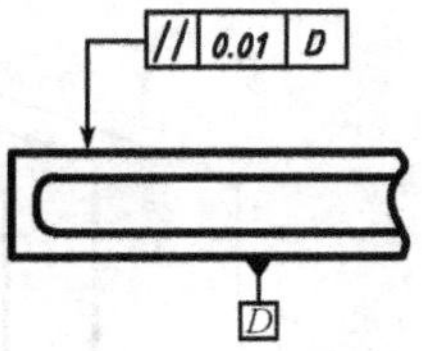

续表

特征		公差带定义	标注示例和解释
垂直度	线对线	公差带为间距等于公差值 t 且垂直于基准线的两平行平面所限定的区域 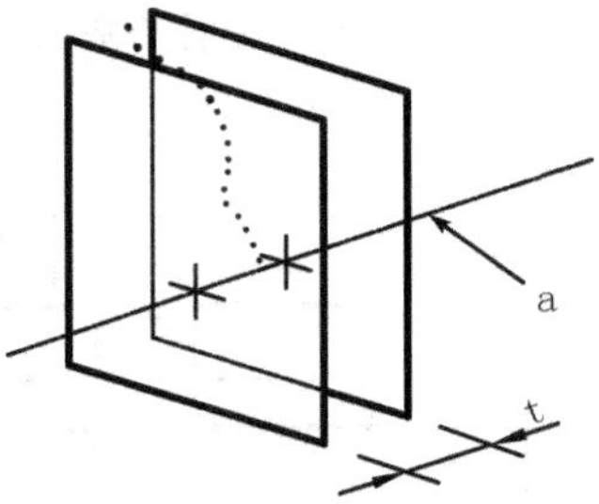	提取(实际)表面应限定在间距等于 0.06 且垂直于基准轴线 A 的两平行平面之间 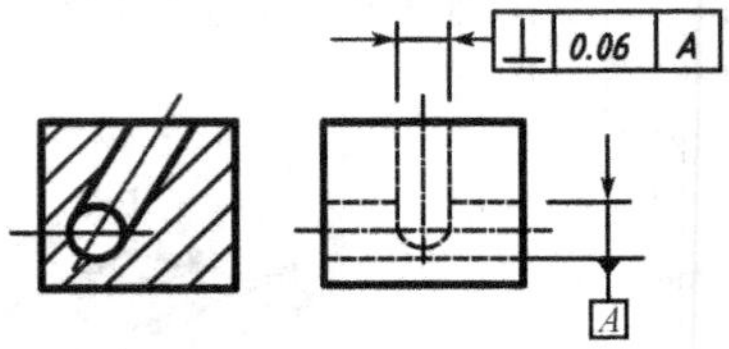
	线对基准体系	公差带为间距等于公差值 t 的两平行平面所限定的区域,该两平行平面垂直于基准平面 A,且平行于基准平面 B 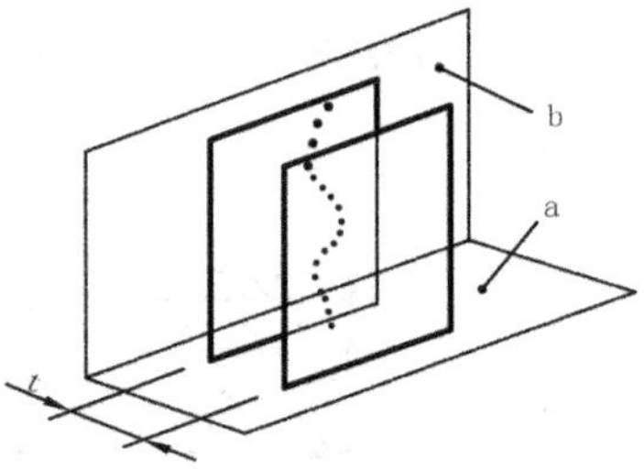	圆柱面的提取(实际)中心线应限定在间距等于 0.1 的两平行面之间,该两平行平面垂直于基准平面 A,且平行于基准平面 B 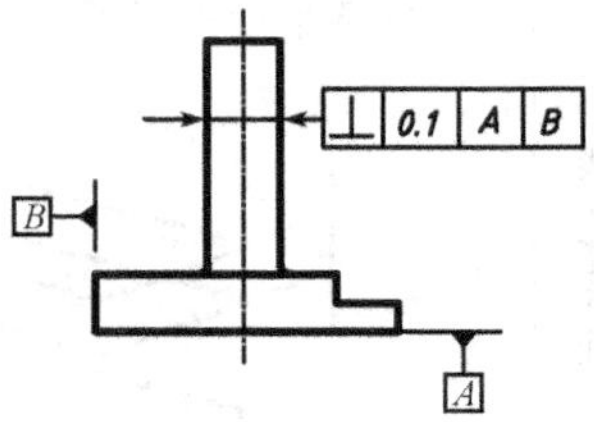
		公差带为间距分别等于公差值 t_1、t_2,且互相垂直的两组平行平面所限定的区域,该两平行平面都垂直于基准平面 A,其中一组平行于平面垂直于基准平面 B,另一组平行平面平行于基准平面 B 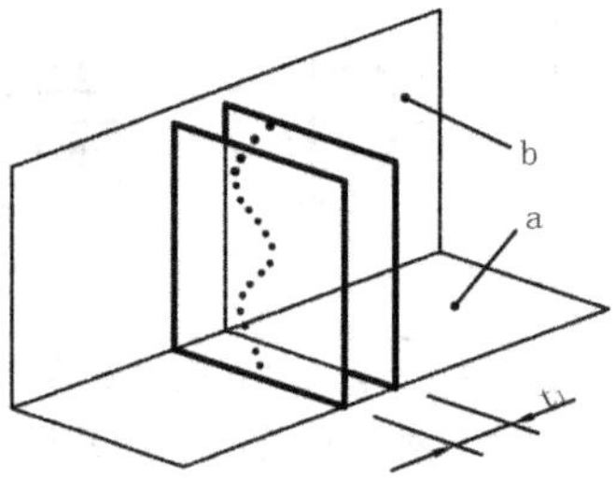 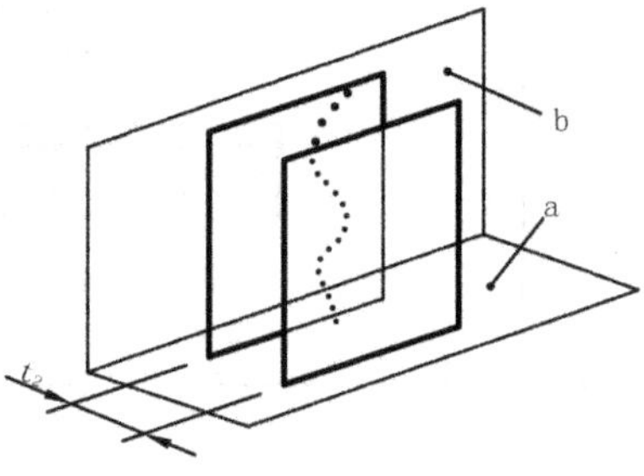	圆柱面的提取(实际)中心线应限定在间距分别等于 0.1 和 0.2,且相互垂直的两组平行平面内,该两组平行平面垂直于基准平面 A 且垂直或平行于基准平面 B 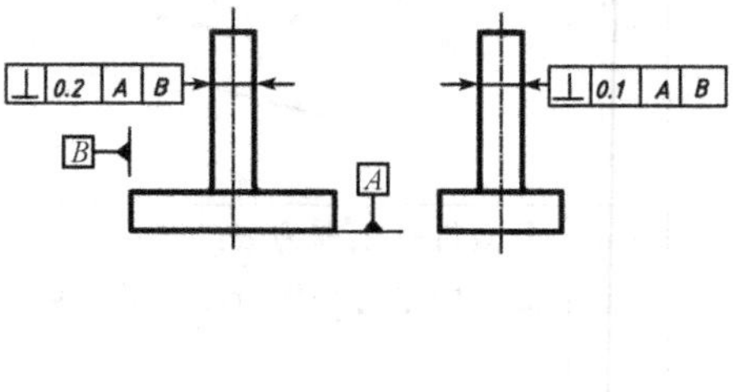

续表

特征		公差带定义	标注示例和解释
垂直度	线对面	公差带为直径等于公差值ϕt，轴线垂直于基准平面的圆柱面所限定的区域 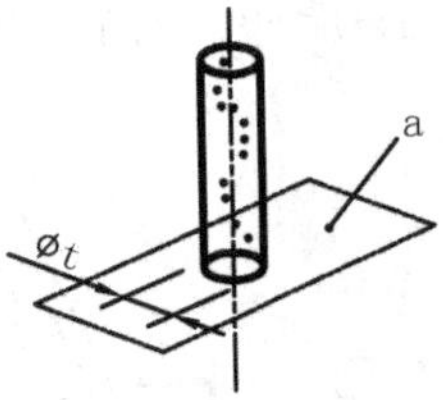	圆柱面的提取(实际)中心线应限定在直径等于$\phi 0.01$，且垂直于基准平面 A 的圆柱面内 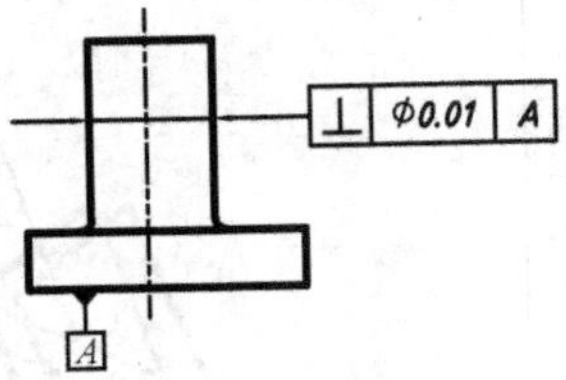
	面对线	公差带为间距等于公差值 t 且垂直于基准轴线的两平行平面所限定的区域 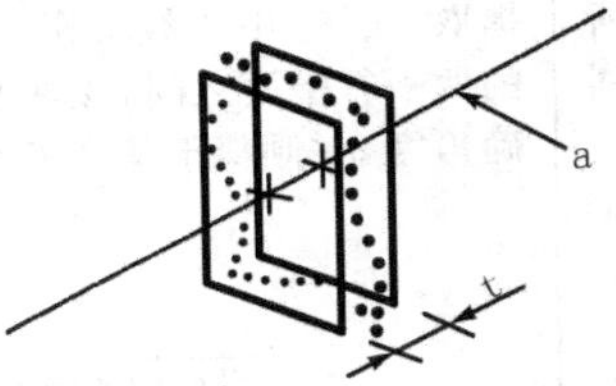	提取(实际)表面应限定在间距等于 0.03 的两平行平面之间，该两平行平面垂直于基准轴线 A 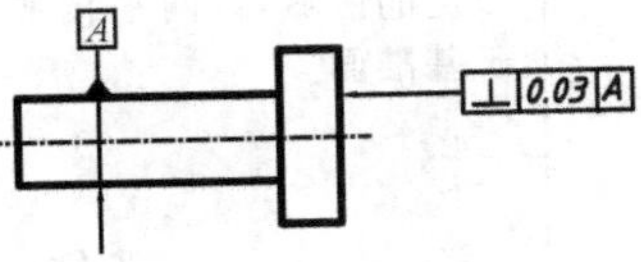
	面对面	公差带为间距等公差值 t、垂直于基准平面的两平行平面所限定的区域 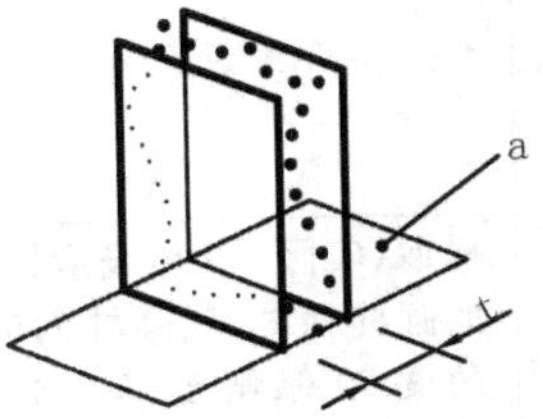	提取(实际)表面应限定在间距等于 0.08、垂直于基准平面 A 的两平行平面之间 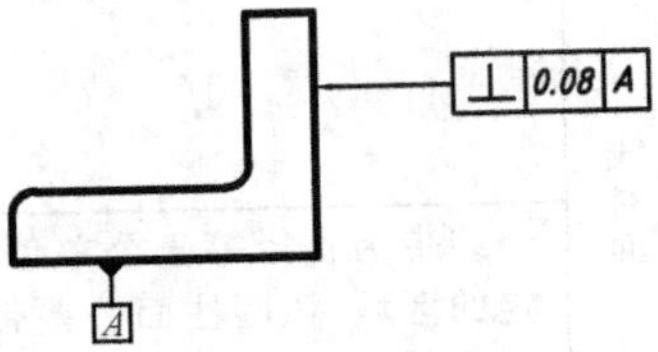
倾斜度	线对线	被测线与基准线在同一平面上 公差带为间距等于公差值 t 的两平行平面所限定的区域，该两平行平面按给定角度倾斜于基准轴线 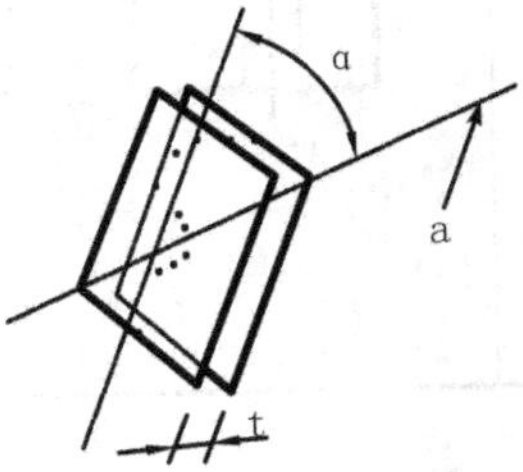	提取(实际)中心线应限定在间距等于 0.08 的两平行平面之间，该两平行平面按理论正确角度 60°倾斜于公共基准轴线 A—B 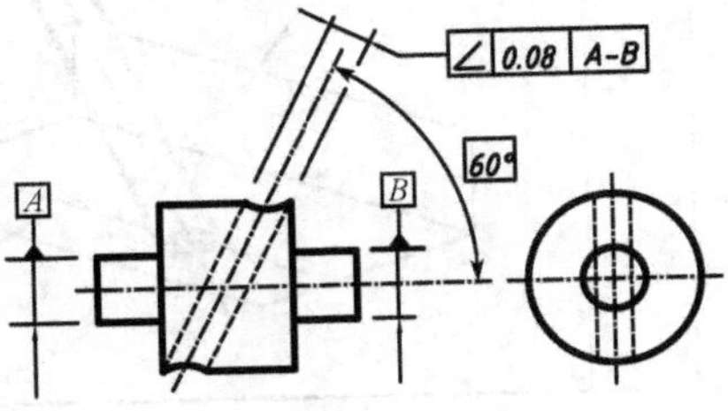

续表

特征		公差带定义	标注示例和解释
倾斜度	线对线	被测线与基准线在不同平面内 公差带为间距等于公差值 t 的两平行平面所限定的区域，该两平行平面按给定角度倾斜于基准轴线 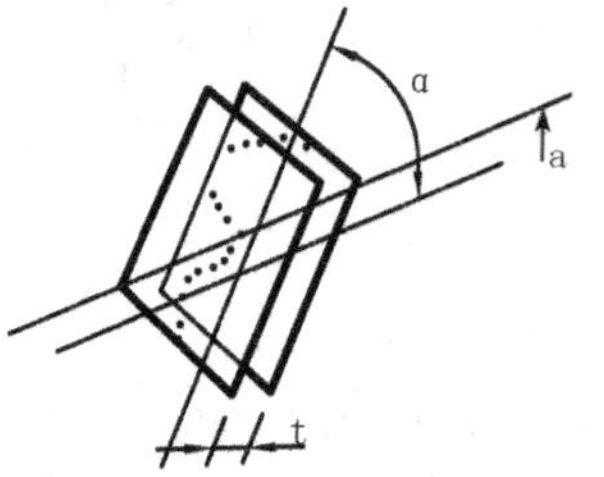	提取(实际)中心线应限定在间距等于 0.08 的两平行平面之间，该两平行平面按理论正确角度 60°倾斜于公共基准轴线 A—B 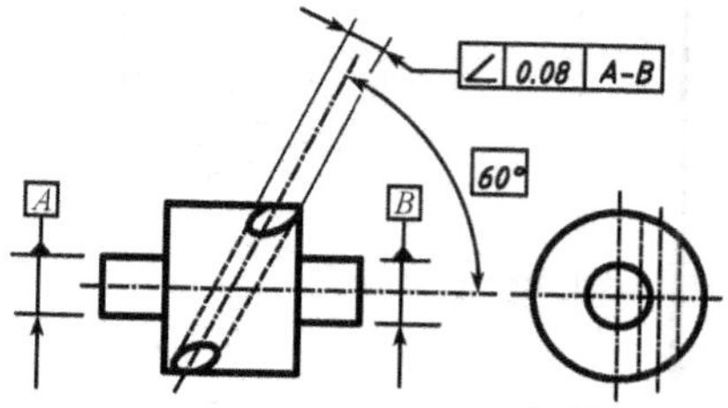
	线对面	公差带为间距等于公差值 t 的两平行平面所限定的区域，该两平行平面按给定角度倾斜于基准面 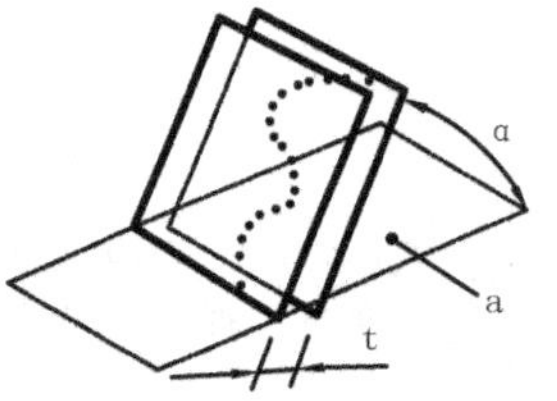	提取(实际)中心线应限定在间距等于 0.08 的两平行平面之间，该两平行平面按理论正确角度 60°倾斜于基准平面 A 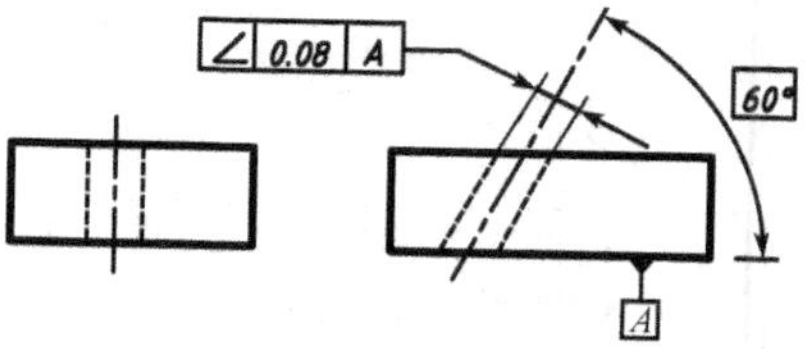
		公差带为直径等于公差值 ϕt 的圆柱面所限定的区域，该圆柱面公差带的轴线按给定角度倾斜于基准面 A 且平行于基准面 B 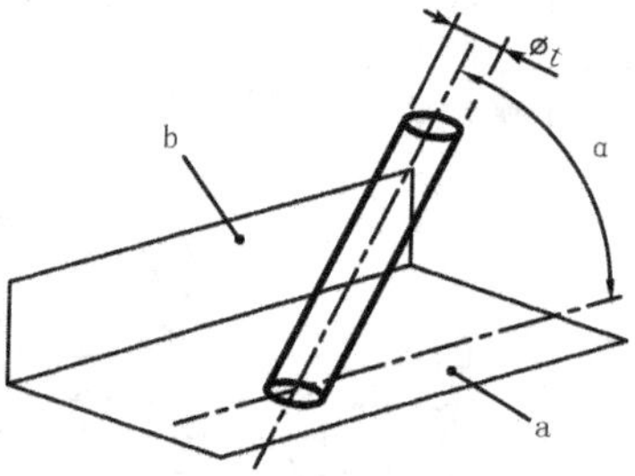	提取(实际)中心线应限定在直径等于 ϕ0.1 的圆柱面内，该圆柱面的中心线按理论正确角度 60°倾斜于基准平面 A 且平行于基准面 B 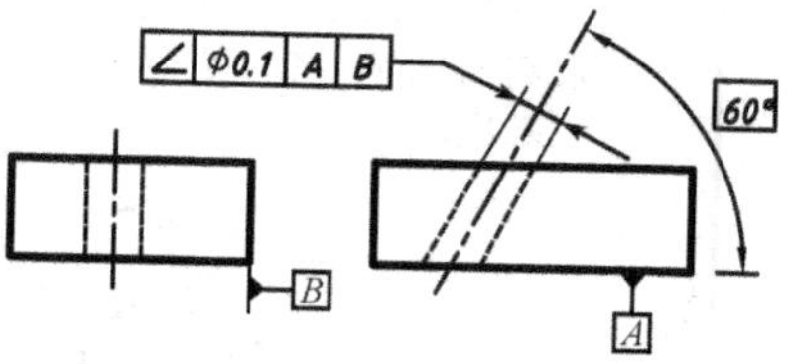

续表

<table>
<tr><th colspan="2">特征</th><th>公差带定义</th><th>标注示例和解释</th></tr>
<tr><td rowspan="2">倾斜度</td><td>面对线</td><td>公差带为间距等于公差值 t 的两平行平面所限定的区域，该两平行平面按给定角度倾斜于基准直线
</td><td>提取(实际)表面应限定在间距等于 0.1 的两平行平面之间，该两平行平面按理论正确角度 75°倾斜于基准轴线 A
</td></tr>
<tr><td>面对面</td><td>公差带为间距等于公差值 t 的两平行平面所限定的区域，该两平行平面按给定角度倾斜于基准平面
</td><td>提取(实际)表面应限定在间距等于 0.08 的两平行平面之间，该两平行平面按理论正确角度 40°倾斜于基准平面 A
</td></tr>
</table>

4. 位置公差与公差带

位置公差是关联实际要素对基准在位置上所允许的变动全量。位置公差有同轴度、对称度和位置度，其公差带的定义、标注示例和解释如表 3.6 所示。

表 3.6　位置公差带定义、标注示例和解释

<table>
<tr><th>特征</th><th>公差带定义</th><th>标注示例和解释</th></tr>
<tr><td>位置度</td><td>点的位置度。公差带为直径等于 $S\phi t$ 的圆球面所限定的区域，该圆球面中心的理论正确位置由基准 A、B、C 和理论尺寸确定
</td><td>提取(实际)球心应限定在直径等于 Sφ0.3 的圆球内，该圆球面中心由基准平面 A、B、C 和理论正确尺寸 30、25 确定
</td></tr>
</table>

续表

<table>
<tr><th>特征</th><th>公差带定义</th><th>标注示例和解释</th></tr>
<tr><td rowspan="2">位置度</td><td>给定一个方向的公差时，公差带为间距等于公差值 t、对称于线的理论正确位置的两平行平面所限定的区域，线的理论正确位置由基准平面 A、B 和理论正确尺寸确定，公差只在一个方向上给定
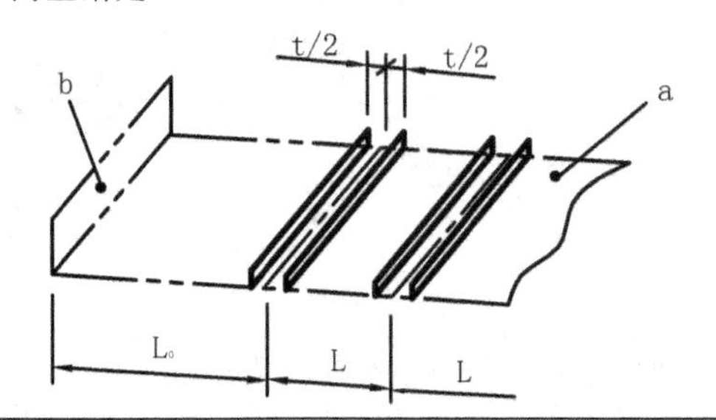</td><td>各条刻线的提取（实际）中心线应限定在间距等于 0.1 对称于基准平面 A、B 和理论正确尺寸 25、10 确定的理论正确位置的两平行平面之间
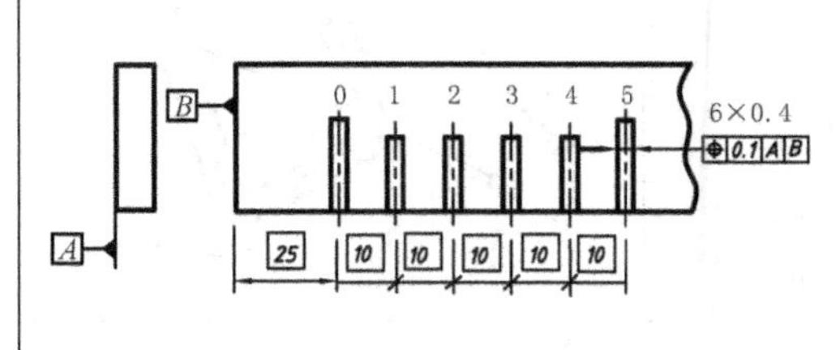</td></tr>
<tr><td>给定两个方向的公差时，公差带为间距分别等于公差值 t_1、t_2 对称于线的理论正确（理想）位置的两对互相垂直的平行平面所限定的区域，线的理论正确位置由基准平面及理论正确尺寸确定，该公差在基准体系的两个方向上给定
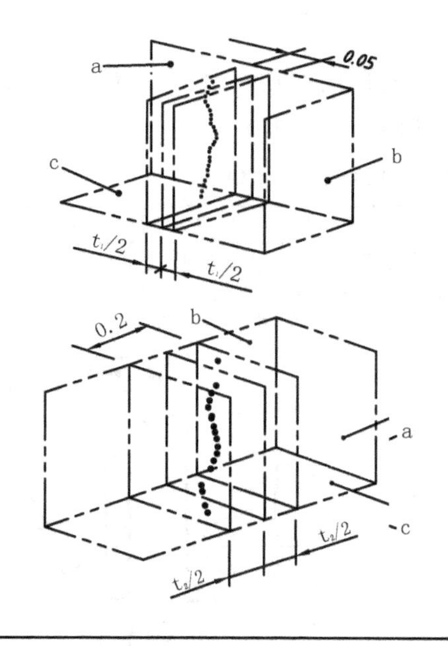</td><td>各孔的测得（实际）中心线在给定方向上应各自限定在间距分别等于 0.05 和 0.2 且相互垂直的两平行平面内。每对平行平面对称于由基准平面 C、A、B 和理论正确尺寸 20、15、30 确定的各孔轴线的理论正确位置
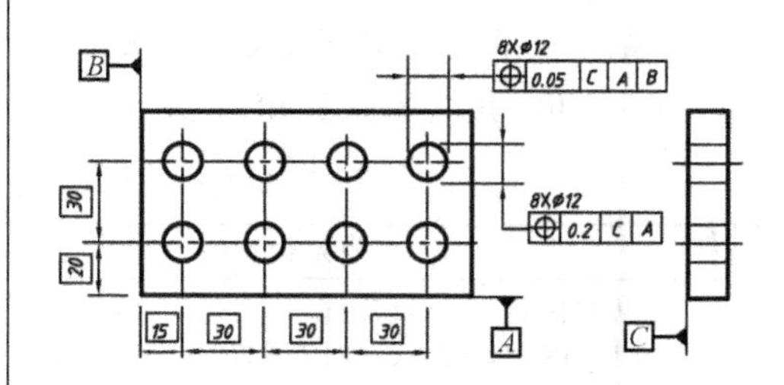</td></tr>
</table>

续表

<table>
<tr><th>特征</th><th>公差带定义</th><th>标注示例和解释</th></tr>
<tr><td rowspan="2">位置度</td><td>公差带为直径等于公差值ϕt的圆柱面所限定的区域，该圆柱面的轴线的位置由基准平面C、A、B和理论尺寸确定
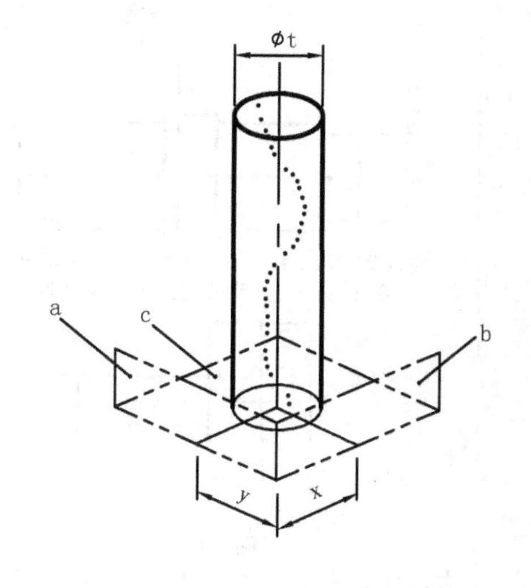
</td><td>提取(实际)中心线应限定在直径等于$\phi 0.08$的圆柱面内，该圆柱面的轴线的位置应处于由基准平面C、A、B和理论正确尺寸100、68确定的理论正确位置上
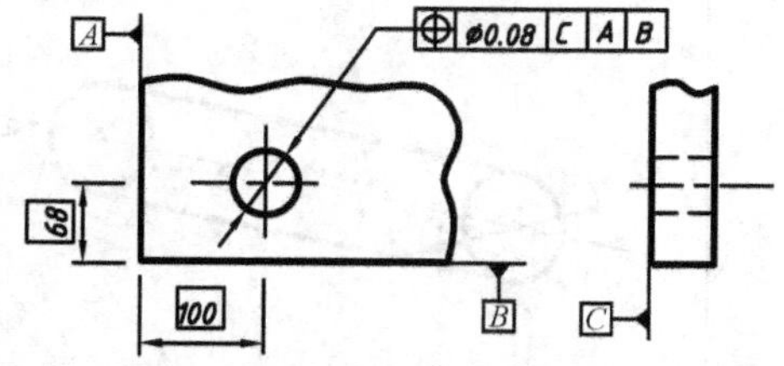

各提取(实际)中心线应各自限定在直径等于$\phi 0.1$的圆柱面内，该圆柱面的轴线应处于由基准平面C、A、B和理论正确尺寸25、15、30确定的各孔轴线的理论正确位置上
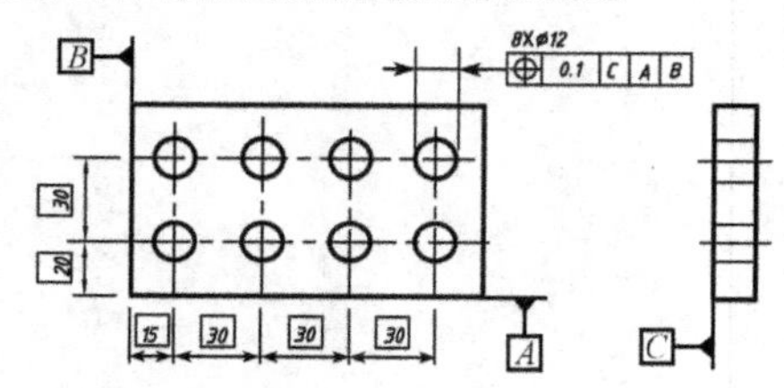
</td></tr>
<tr><td>公差带为间距等于公差值t且对称于被测面理论正确位置的两平行平面所限定的区域，面的理论正确位置由基准平面、基准轴线和理论正确尺寸确定
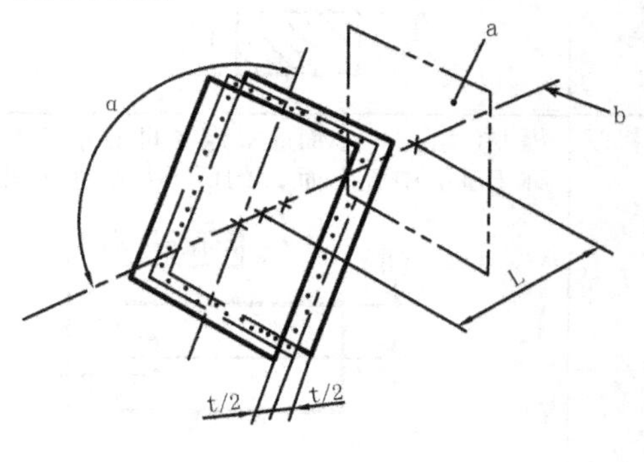
</td><td>提取(实际)表面应限定在间距等于0.05且对称于被测面的理论正确位置的两平行平面之间，该两平行平面对称于由基准平面A、基准轴线B和理论正确尺寸15、105°确定的被测面的理论正确位置
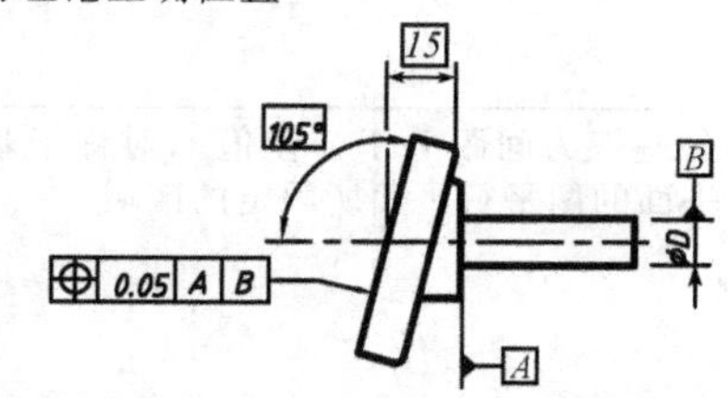

提取(实际)中心面应各自限定在间距等于0.05的两平行平面之间。该两平行平面对称于由基准轴线A和理论正确角度45°确定的各被测面的理论正确位置
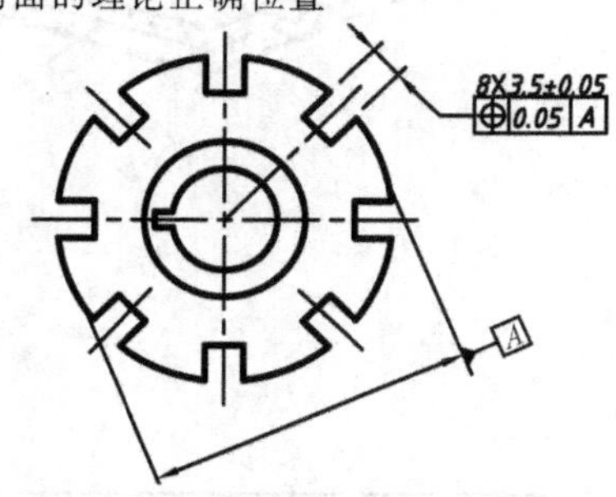
</td></tr>
</table>

续表

特征	公差带定义	标注示例和解释
同轴度	公差带为直径等于公差值ϕt的圆柱面所限定的区域，该圆柱面的轴线与基准轴线重合	大圆柱面的提取（实际）中心线应限定在直径等于ϕ0.08、以公共基准轴线A－B为轴线的圆柱面内 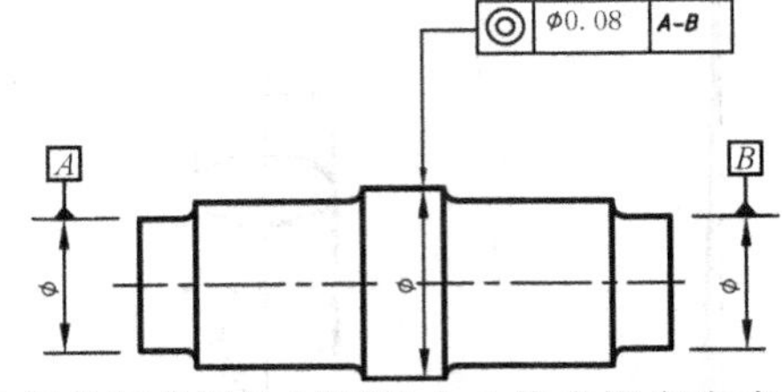 大圆柱面的提取（实际）中心线应限定在直径等于ϕ0.1、以基准轴线A为轴线的圆柱面内 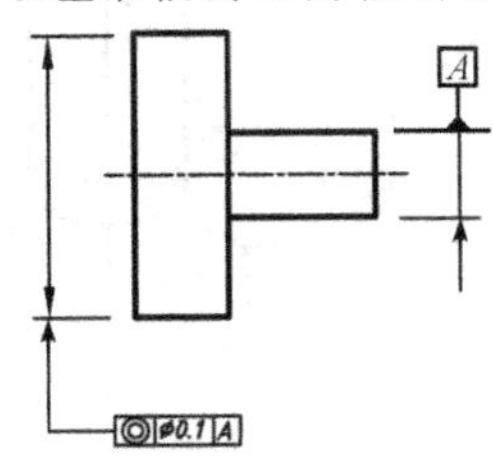 大圆柱面的提取（实际）中心线应限定在直径等于ϕ0.1、以垂直于基准平面A的基准轴线B为轴线的圆柱面内 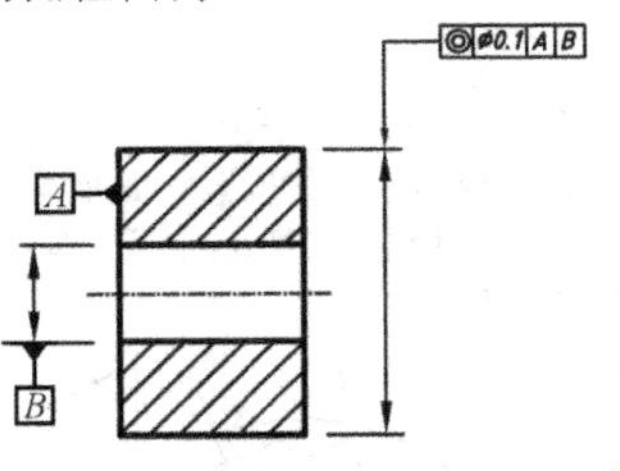
对称度	公差带为间距等于公差值t，对称于基准中心平面的两平行平面所限定的区域 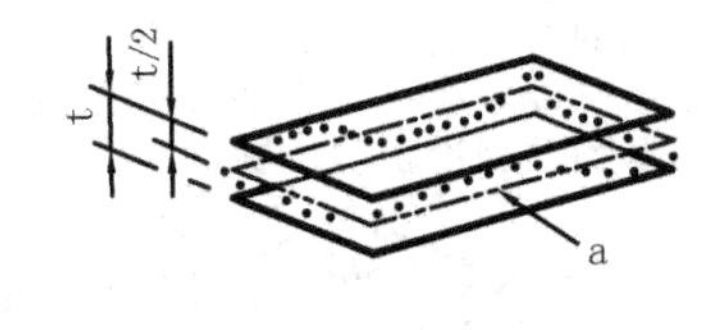	提取（实际）中心面应限定在间距等于0.08、对称于基准中心平面A的两平行平面之间 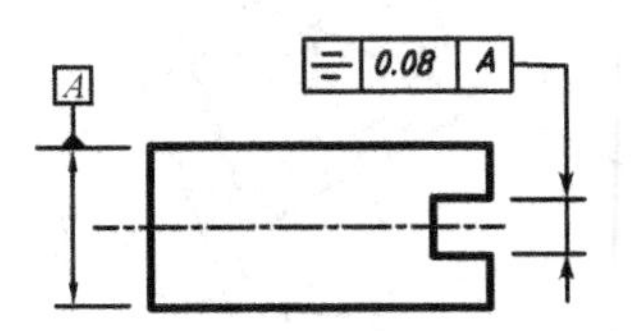 提取（实际）中心面应限定在间距等于0.08、对称于公共基准中心平面A－B的两平行平面之间 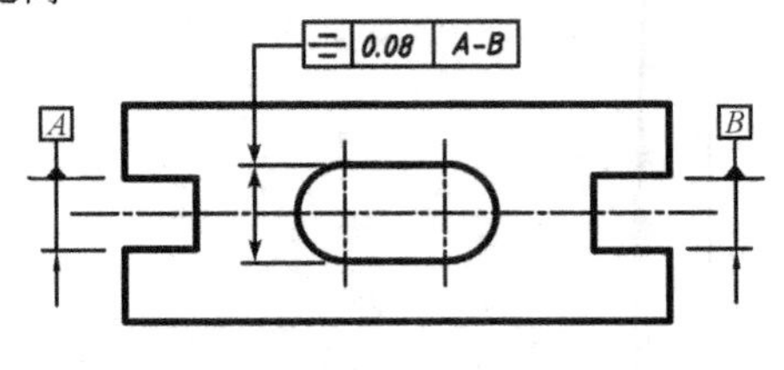

5. 跳动公差与公差带

跳动公差是关联实际要素绕基准轴线回转一周或连续回转时所允许的最大跳动量。跳动公差分为圆跳动和全跳动。圆跳动是指被测要素在某个测量截面内相对于基准轴线的变动量;全跳动是指整个被测要素相对于基准轴线的变动量。其公差带的定义、标注示例和解释如表 3.7 所示。

表 3.7 跳动公差带定义、标注示例和解释

特征		公差带定义	标注示例和解释
圆跳动	径向圆跳动	公差带为在任一垂直于基准轴线的横截面内、半径差等于公差值 t,且圆心在基准轴线上的两同心圆所限定的区域 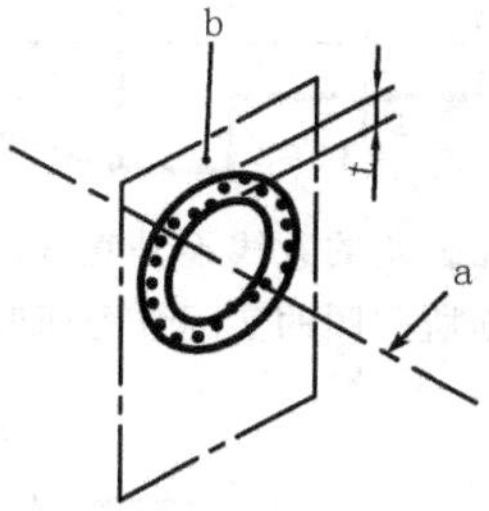	在任一垂直于基准 A 的横截面内,提取(实际)圆应限定在半径差等于 0.8 圆心在基准轴线 A 上的两同心圆之间 在任一平行于基准平面 B、垂直于基准 A 的横截面上,提取(实际)圆应限定在半径差等于 0.1,圆心在基准轴线 A 上的两同心圆之间 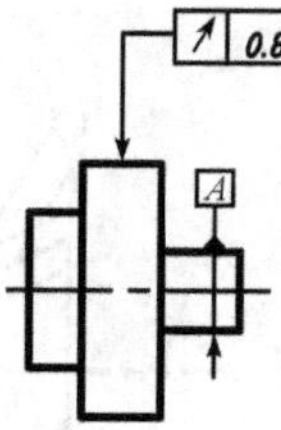 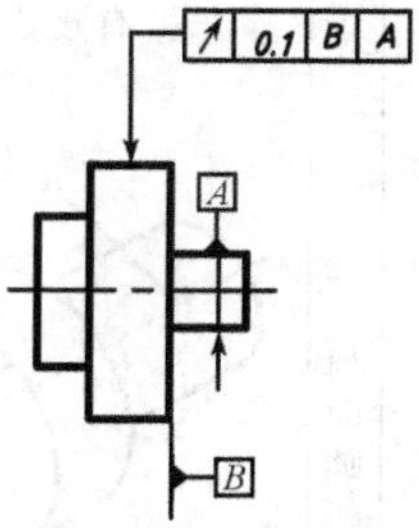 在任一垂直于公共基准轴线 A—B 的横截面内,提取(实际)圆应限定在半径差等于 0.1、圆心在基准轴线 A—B 上的两同心圆之间 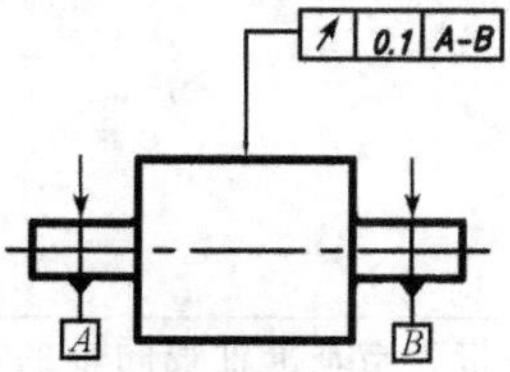
		圆跳动通常用于整个要素,但亦可规定只适用于局部要素的某一指定部分	在任一垂直于基准轴线 A 的横截面内,提取(实际)圆弧应限定在半径差等于 0.2、圆心在基准轴线 A 上的两同心圆弧之间 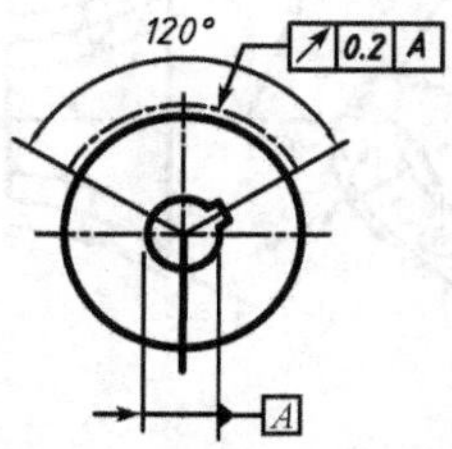 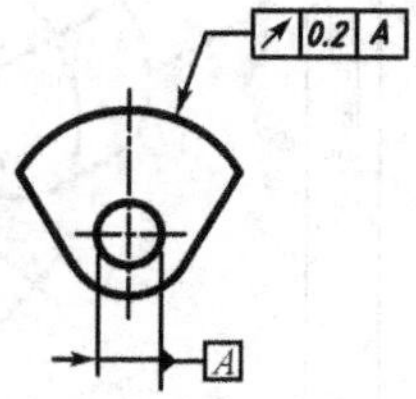

续表

特征		公差带定义	标注示例和解释
圆跳动	轴向圆跳动	公差带为与基准轴线同轴的任一半径的圆柱截面上，间距等于公差值 t 的两圆所限定的圆柱面区域 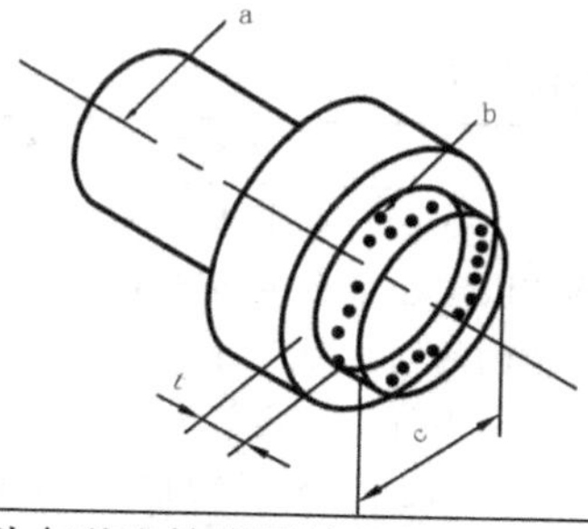	在与基准轴线 D 同轴的任一圆柱形截面上，提取（实际）圆应限定在轴向距等于 0.1 的两个等圆之间 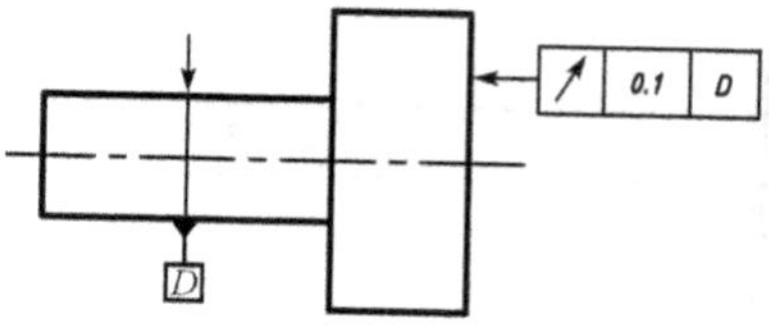
	斜向圆跳动	公差带为与基准轴线同轴的某一圆锥截面上，间距等于公差值 t 的两圆所限定的圆锥面区域 除非另有规定，测量方向应沿被测表面的法向 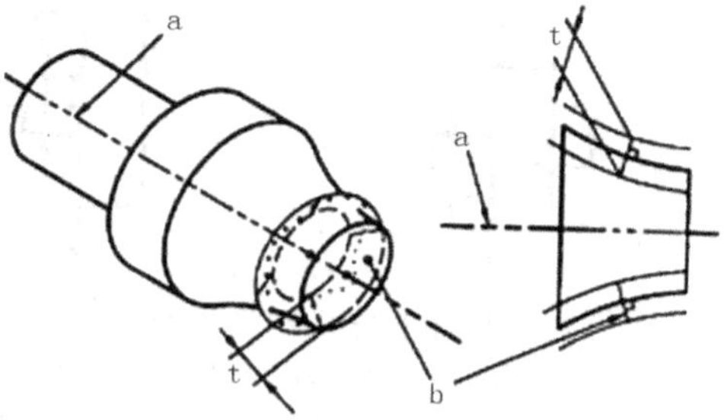	在与基准轴线 C 同轴的任一圆锥截面上，提取（实际）线应限定在素线方向间距等于 0.1 的两个不等圆之间 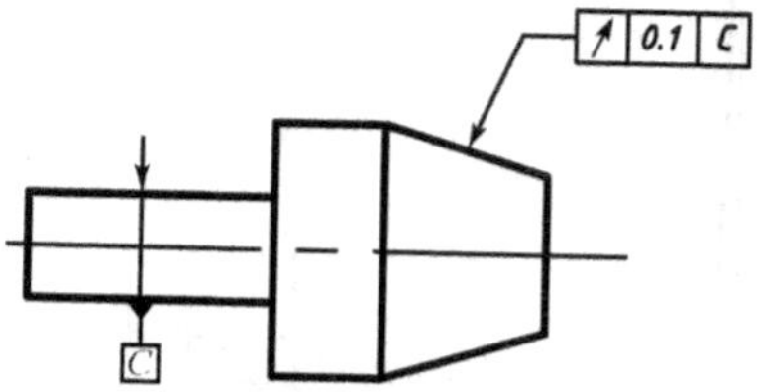 当标注公差的素线不是直线时，圆锥截面的锥角要随所测圆的实际位置而改变 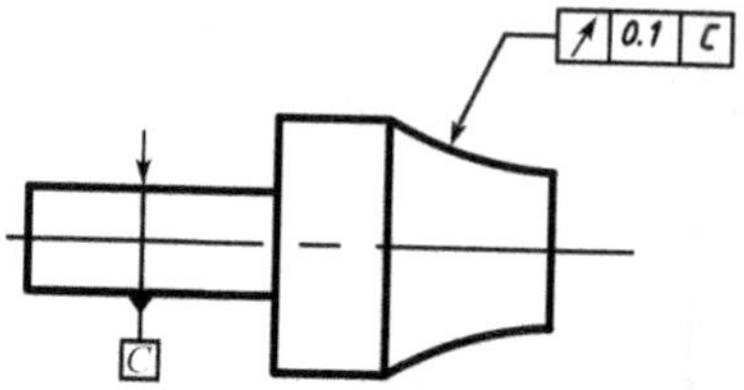
全跳动	给定方向的斜向圆跳动	公差带为与基准轴线同轴的、具有给定锥角的任一圆锥截面上，间距等于公差值 t 的两不等圆所限定的区域 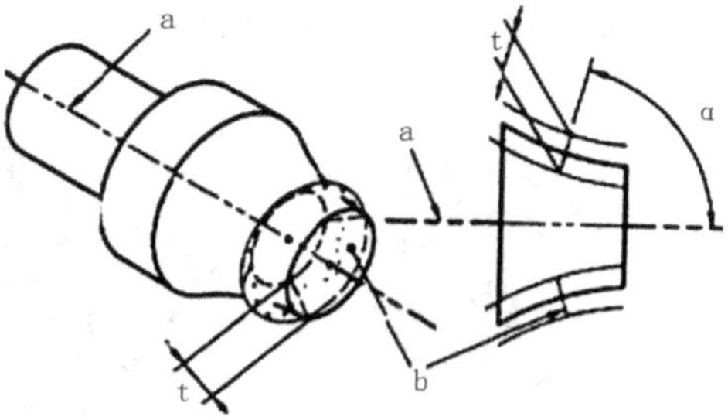	在与基准轴线 C 同轴且具有给定角度 60°的任一圆锥截面上，提取（实际）圆应限定在素线方向间距等于 0.1 的两个不等圆之间 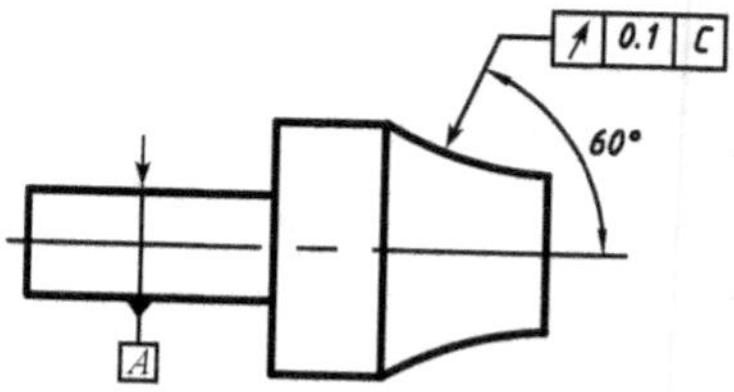

续表

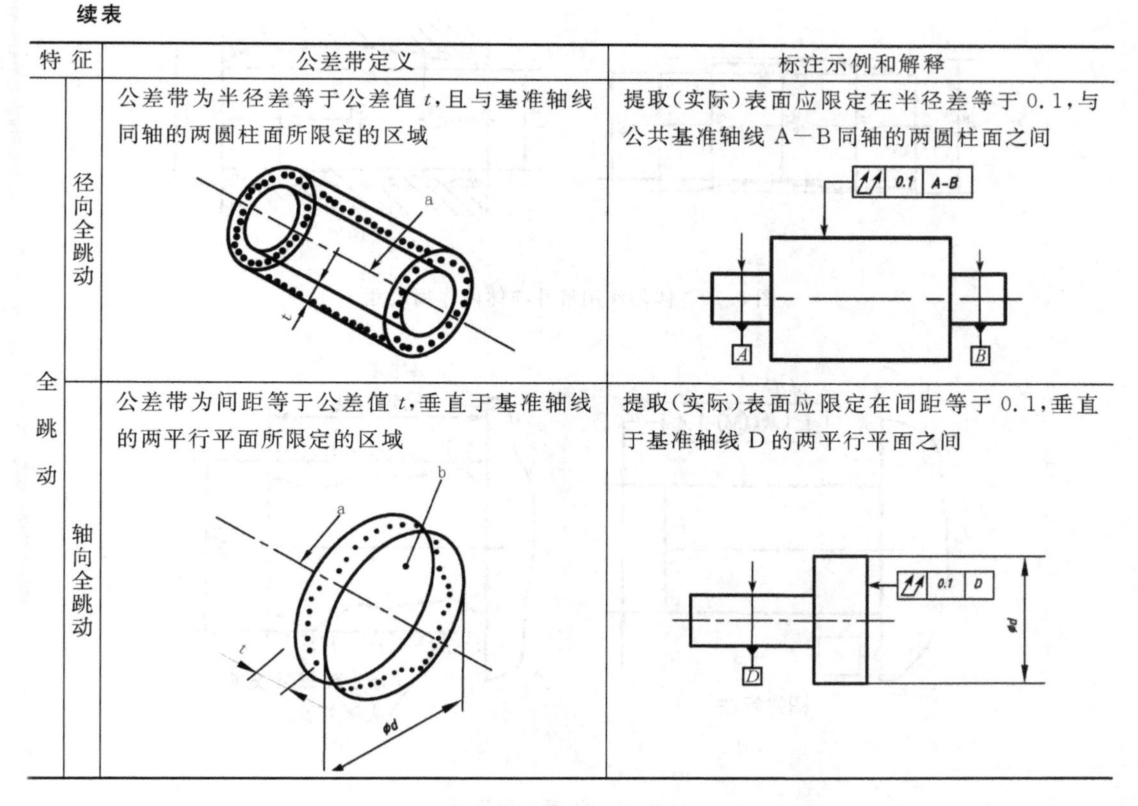

特征		公差带定义	标注示例和解释
全跳动	径向全跳动	公差带为半径差等于公差值 t，且与基准轴线同轴的两圆柱面所限定的区域	提取（实际）表面应限定在半径差等于 0.1，与公共基准轴线 A—B 同轴的两圆柱面之间
	轴向全跳动	公差带为间距等于公差值 t，垂直于基准轴线的两平行平面所限定的区域	提取（实际）表面应限定在间距等于 0.1，垂直于基准轴线 D 的两平行平面之间

3.4　公差原则

公差原则是确定零件的形状、方向、位置、跳动公差和尺寸公差之间相互关系的原则。它分为独立原则和相关要求。相关要求又分为包容要求、最大实体要求、最小实体要求、可逆要求。本节主要介绍独立原则、包容要求、最大实体要求。

3.4.1　有关术语定义

1. 作用尺寸

(1) 体外作用尺寸（D_{fe}、d_{fe}）　在被测要素的给定长度上，与实际内表面（孔）体外相接的最大理想面，或与实际外表面（轴）体外相接的最小理想面的直径或宽度。如图 3.10 所示。

对于关联要素（关联体外作用尺寸为 D_{fe}'、d_{fe}'），该理想面的轴线或中心平面必须与基准保持图样上给定的几何关系。如图 3.11 所示。

(2) 体内作用尺寸（D_{fi}、d_{fi}）在被测要素的给定长度上，与实际内表面体内相接的最小理想面，或与实际外表面体内相接的最大理想面的直径或宽度。如图 3.10 所示。

对于关联要素（关联体内作用尺寸为 D_{fi}'、d_{fi}'），该理想面的轴线或中心平面必须与基准保持图样上给定的几何关系。

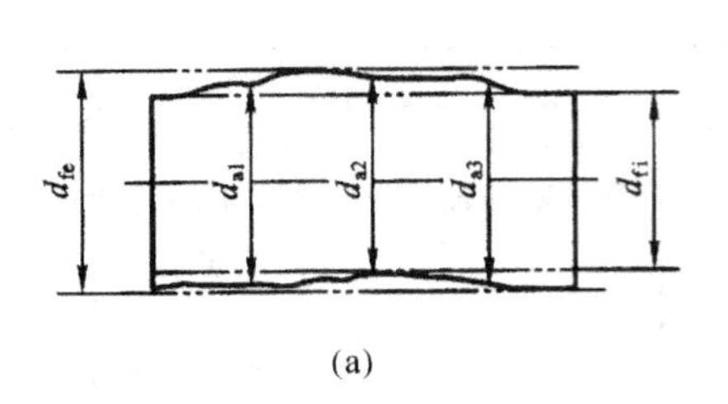

(a)

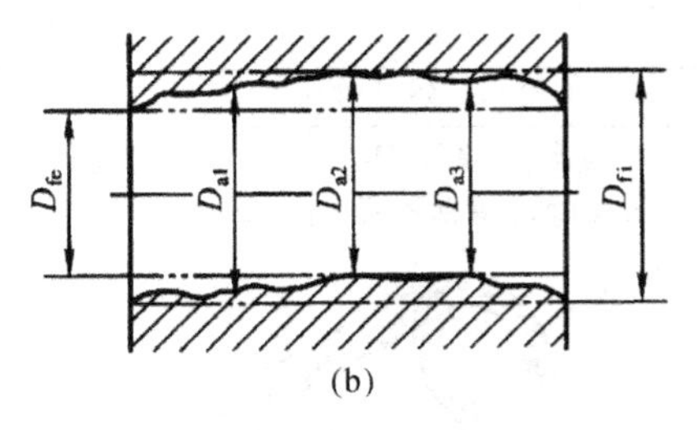

(b)

图 3.10　体外作用尺寸与体内作用尺寸

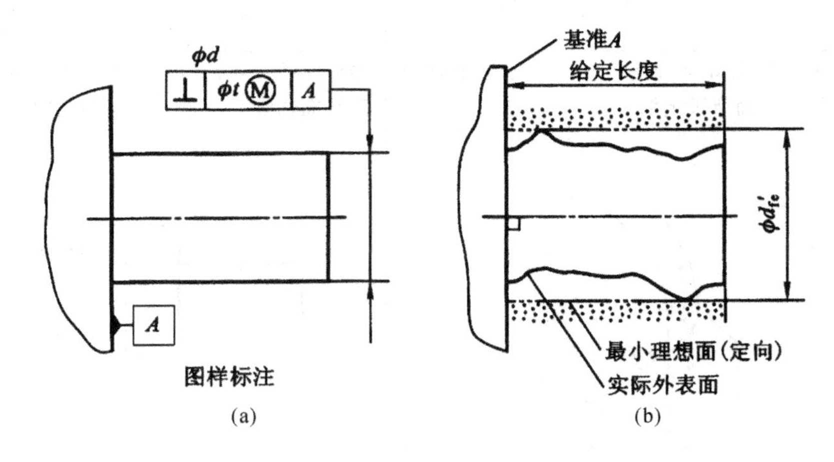

(a)　(b)

图 3.11　关联作用尺寸

2. 最大实体状态(MMC)、最大实体尺寸(MMS)和最大实体边界(MMB)

最大实体状态指孔和轴具有允许材料量为最多时的状态，此状态下的极限尺寸称为最大实体尺寸，也是孔的下极限尺寸和轴的上极限尺寸的统称。

最大实体边界指尺寸为最大实体尺寸的边界。由设计给定的具有理想形状的极限包容面称为边界。边界尺寸为极限包容面的直径或距离。

3. 最小实体状态(LMC)、最小实体尺寸(LMS)和最小实体边界(LMB)

最小实体状态指孔和轴具有允许材料量为最少时的状态，此状态下的极限尺寸称为最小实体尺寸，也是孔的上极限尺寸和轴的下极限尺寸的统称。

最小实体边界指尺寸为最小实体尺寸的边界。

4. 最大实体实效状态、最大实体实效尺寸和最大实体实效边界

(1) 最大实体实效状态(MMVC)　在给定长度上，实际要素处于最大实体状态，且导出要素的形状或位置误差等于给出公差值时的综合极限状态。

(2) 最大实体实效尺寸(MMVS)　最大实体实效状态下的体外作用尺寸。对内表面用 D_{MV} 表示；对外表面用 d_{MV} 表示；关联最大实体实效尺寸用 D'_{MV} 或 d'_{MV} 表示。如图 3.12(a)所示。

即：$D_{MV}(D'_{MV})=D_M-t=D_{\min}-t$　　$d_{MV}(d'_{MV})=d_M+t=d_{\max}+t$

(3) 最大实体实效边界(MMVB)　尺寸为最大实体实效尺寸的边界。如图 3.12(a)所示。

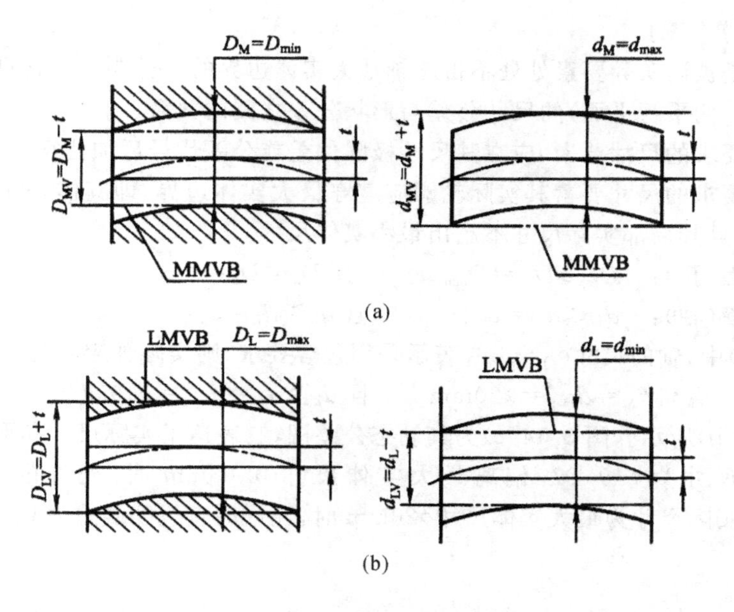

图 3.12　最大、最小实体实效尺寸及边界

5. 最小实体实效状态、最小实体实效尺寸和最小实体实效边界

(1) 最小实体实效状态(LMVC)　在给定长度上,实际要素处于最小实体状态,且导出要素的形状或位置误差等于给出公差值时的综合极限状态。

(2) 最小实体实效尺寸(LMVS)　最小实体实效状态下的体内作用尺寸。对内表面用 D_{LV} 表示;对外表面用 d_{LV} 表示;关联最小实体实效尺寸用 D'_{LV} 或 d'_{LV} 表示。如图 3.12(b) 所示。即:

$$D_{LV}(D'_{LV})=D_L+t=D_{\max}+t$$

$$d_{LV}(d'_{LV})=d_L-t=d_{\min}-t$$

(3) 最小实体实效边界(LMVB)　尺寸为最小实体实效尺寸的边界。如图 3.12(b) 所示。

3.4.2　独立原则

独立原则是指图样上给定的各个尺寸和形状、位置要求都是独立的,应该分别满足各自的要求。独立原则是尺寸公差和几何公差相互关系遵循的基本原则,它的应用最广。

图 3.13 为独立原则的应用示例,不需标注任何相关符号。图示轴的局部实际尺寸应在 ϕ19.97mm～ϕ20mm 之间,且轴线的直线度误差不允许大于 ϕ0.02mm。

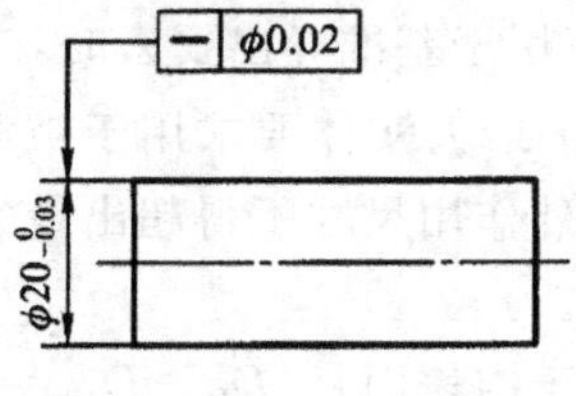

$\phi 0.02$　$\phi 20^{\ 0}_{-0.03}$

图 3.13　独立原则应用示例

3.4.3　相关要求

图样上给定的尺寸公差与几何公差相互有关的设计要求称为相关要求。它分为包容要求、最大实体要求和最小实体要求。最大实体要求和最小实体要求还可用于可逆要求。

1. 包容要求(ER)

包容要求是被测实际要素处处不得超越最大实体边界的一种要求。它只适用于单一尺寸要素(圆柱面、两平行平面)的尺寸公差与形状公差之间的关系。

采用包容要求的尺寸要素，应在其尺寸极限偏差或公差代号后加注符号Ⓔ。

采用包容要求的尺寸要素其实际轮廓应遵守最大实体边界，即其体外作用尺寸不超出最大实体尺寸，且其局部实际尺寸不超出最小实体尺寸。

对于内表面(孔)： $D_{fe} \geq D_M = D_{min}$　　且 $D_a \leq D_L = D_{max}$

对于外表面(轴)： $d_{fe} \leq d_M = d_{max}$　　且 $d_a \geq d_L = d_{min}$

图 3.14(a)中，轴的尺寸$\phi_{20}{}^{0}_{-0.03}$Ⓔ表示采用包容要求，则实际轴应满足下列要求：

$$d_{fe} \leq d_M = d_{max} = \phi 20\text{mm} \qquad 且\ d_a \geq d_L = d_{min} = \phi 19.97\text{mm}$$

如图 3.14(b)所示。图 3.14(c)为其动态公差图，它表达了实际尺寸和形状公差变化的关系。当实际尺寸为ϕ19.97，偏离最大实体尺寸 0.03mm 时，允许的直线度误差为0.03mm；而当实际尺寸为最大实体尺寸ϕ20mm 时，允许的直线度误差为 0。

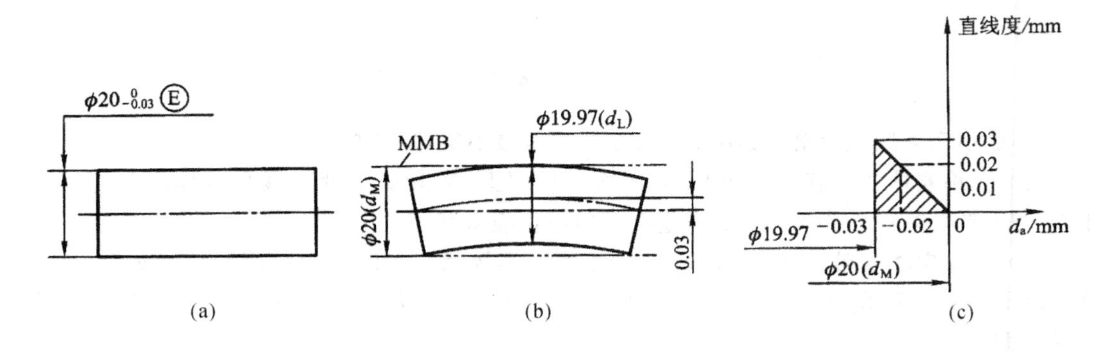

图 3.14　包容要求应用示例

包容要求是将尺寸误差和几何误差同时控制在尺寸公差范围内的一种公差要求，主要用于必须保证配合性质的要素。

2. 最大实体要求(MMR)

最大实体要求是被测要素的轮廓处处不超越最大实体实效边界的一种要求。它既可应用于被测中心要素，也可用于基准中心要素。

最大实体要求应用于被测导出要素时，应在被测要素几何公差框格中的公差值后标注符号Ⓜ;用于基准导出要素时，应在公差框格中相应的基准字母代号后标注符号Ⓜ。

(1) 最大实体要求用于被测要素　被测要素的实际轮廓应遵守其最大实体实效边界，即其体外作用尺寸不得超出最大实体实效尺寸；而且其局部实际尺寸在最大与最小实体尺寸之间。

对于内表面： $D_{fe} \geq D_{MV} = D_{min} - t$　　且 $D_M = D_{min} \leq D_a \geq D_L = D_{max}$

对于外表面： $D_{fe} \leq d_{MV} = d_{max} + t$　　且 $d_M = d_{max} \geq d_a \geq d_{min}$

最大实体要求用于被测要素时，其几何公差值是在该要素处于最大实体状态时给出的。当被测要素的实际轮廓偏离其最大实体状态时，几何误差值可以超出在最大实体状态下给出的几何公差值，即此时的几何公差值可以增大。

若被测要素采用最大实体要求时，其给出的几何公差值为零，则称为最大实体要求的零几何公差，并以Ⓜ表示。

图 3.15(a)表示$\phi 20_{-0.3}^{\ 0}$轴的轴线直线度公差采用最大实体要求。当该轴处于最大实体状态时，其轴线的直线度公差为ϕ0.1mm，如图 3.15(b)所示；若轴的实际尺寸向最小实体尺寸方向偏离最大实体尺寸，则其轴线直线度误差可以超出图样给出的公差值ϕ0.1mm，但必须保证其体外作用尺寸不超出轴的最大实体实效尺寸ϕ20.1mm；当轴的实际尺寸处处为最小实体尺寸 19.7mm，其轴线的直线度公差可达最大值，$t=0.3+0.1=\phi 0.4$mm，如图 3.15(c)所示；图 3.15(d)为其动态公差图。

图 3.15(a)所示轴的尺寸与轴线直线度的合格条件是：

$$d_{\min}=19.7\text{mm}\leqslant d_a\leqslant d_{\max}=20\text{mm}$$

$$d_{fe}\leqslant d_{MV}=20.1\text{mm}$$

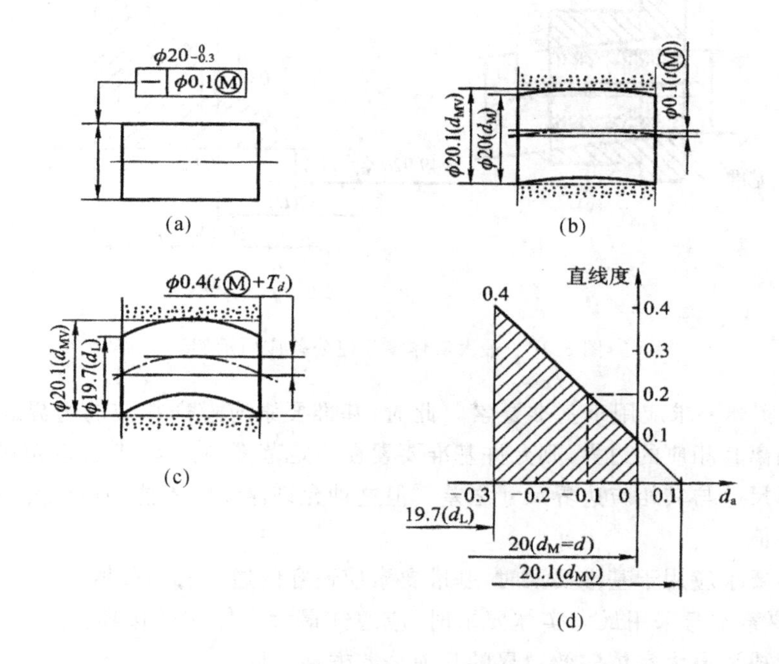

图 3.15　最大实体要求应用示例

图 3.16(a)表示$\phi 50_{-0.08}^{+0.13}$孔的轴线对基准平面在任意方向的垂直度公差采用最大实体的零几何公差。当该孔处于最大实体状态时，其轴线对基准平面的垂直度公差为零，即不允许有垂直度误差，如图 3.16(b)所示；只有当孔的实际尺寸向最小实体尺寸方向偏离最大实体尺寸，才允许其轴线对基准平面有垂直度误差，但必须保证其定向体外作用尺寸不超出其最大实体实效尺寸 $D_{MV}=D_M-t=49.92-0=49.92$mm；当孔的实际尺寸处处为最小实体尺寸 50.13mm，其轴线对基准平面的垂直度公差可达最大值，即孔的尺寸公差ϕ0.21mm 如图 3.16(c)所示；图 3.16(d)是该孔的动态公差图。

图 3.16 所示零件的合格条件是：$D_a\leqslant D_L=D_{\max}=50.13$mm

$$D_{fe}\geqslant D_{MV}=D_M=D_{\min}=49.92\text{mm}$$

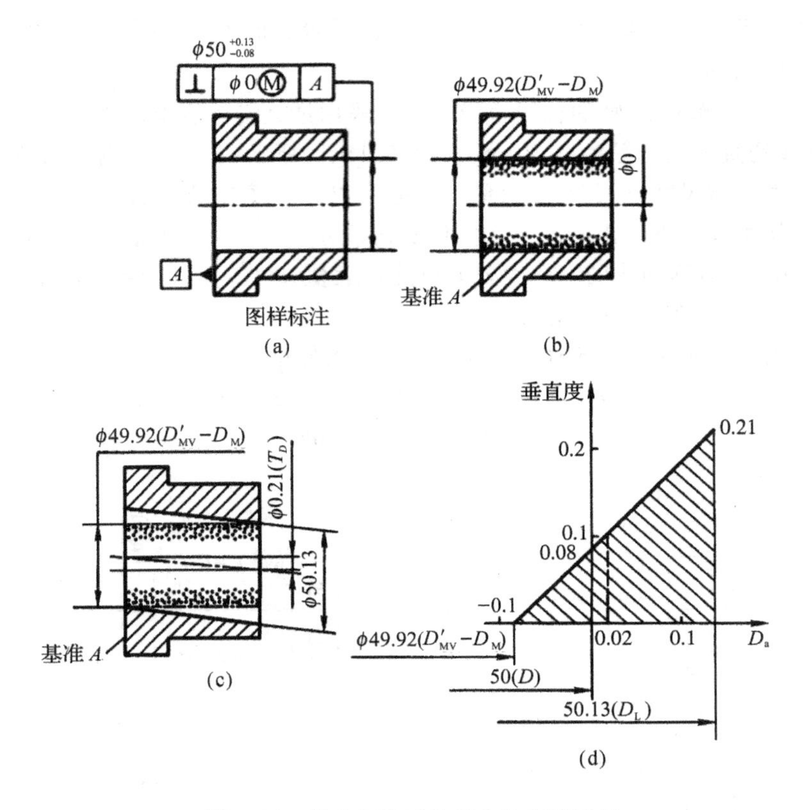

图 3.16 最大实体零几何公差应用示例

(2) 最大实体要求应用于基准要素 此时,基准要素应遵守相应的边界。若基准要素的实际轮廓偏离其相应的边界,则允许基准要素在一定范围内浮动,其浮动范围等于基准要素的体外作用尺寸与其相应边界尺寸之差。但这种允许浮动并不能相应地允许增大被测要素的位置公差值。

最大实体要求应用于基准要素时,基准要素应遵守的边界有两种情况:

1) 基准要素本身采用最大实体要求时,应遵守最大实体实效边界。此时,基准代号应直接标注在形成该最大实体实效边界的几何公差框格下面。

图 3.17 表示最大实体要求应用于 $4\times\phi 8^{+0.1}_{0}$ 均布四孔的轴线对基准轴线的任意方向位

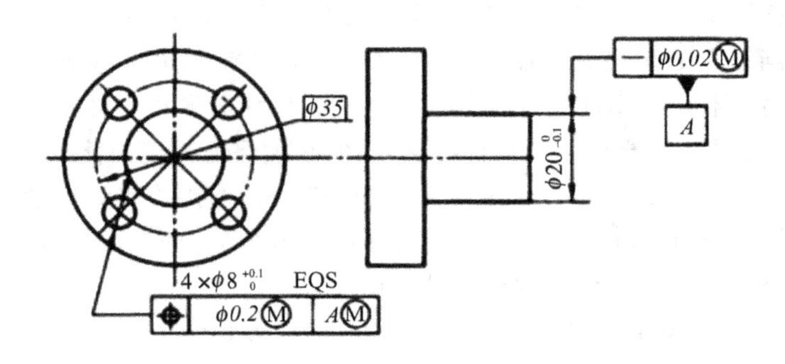

图 3.17 最大实体要求应用于基准要素且基准本身采用最大实体要求

置度公差，且最大实体要求也应用于基准要素，基准本身的轴线直线度公差采用最大实体要求。因此对于均布四孔的位置度公差，基准要素应遵守由直线度公差确定的最大实体实效边界，其边界尺寸为 $d_{MV}=d_M+t=(20+0.02)\text{mm}=20.02\text{mm}$。

2）基准本身不采用最大实体要求时，应遵守最大实体边界。此时，基准代号应标注在基准的尺寸线处，其连线与尺寸线对齐。

基准要素不采用最大实体要求可能有两种情况：遵循独立原则或采用包容要求。

图 3.18(a)表示最大实体要求应用于 $4\times\phi8^{+0.1}_{0}$ 均布四孔的轴线对基准轴线的任意方向位置度公差，且最大实体要求也应用于基准要素，基准本身遵循独立原则（未注几何公差）。因此基准要素应遵守其最大实体边界，其边界尺寸为基准要素的最大实体尺寸 $D_M=\phi20\text{mm}$。

图 3.18(b)表示最大实体要求应用于 $4\times\phi8^{+0.1}_{0}$ 均布四孔的轴线对基准轴线的任意方向位置度公差，且最大实体要求也应用于基准要素，基准本身采用包容要求。因此基准要素也应遵守其最大实体边界，其边界尺寸为基准要素的最大实体尺寸 $D_M=\phi20\text{mm}$。

最大实体要求适用于中心要素，主要用于仅需保证零件的可装配性时。

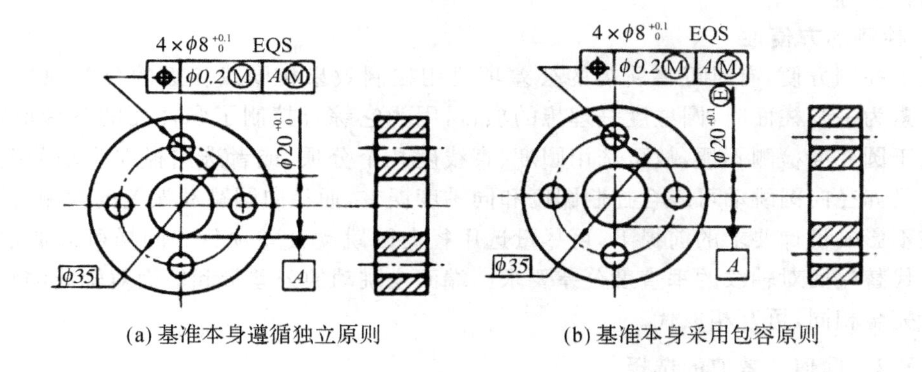

(a) 基准本身遵循独立原则　　(b) 基准本身采用包容原则

图 3.18　最大实体要求应用于基准要素，基准本身不采用最大实体要求

3.5　几何公差的选用

几何公差的设计选用对保证产品质量和降低制造成本具有十分重要的意义。它对保证轴类零件的旋转精度；保证结合件的联接强度和密封性；保证齿轮传动零件的承载均匀性等都有很重要的影响。

几何公差的选用主要包括几何公差项目的选择；公差等级与公差值的选择；公差原则的选择和基准要素的选择。

3.5.1　几何公差项目的选择

几何公差项目的选择，取决于零件的几何特征与功能要求，同时也要考虑检测的方便性。

1. 零件的几何特征

形状公差项目主要是按要素的几何形状特征制定的，因此要素的几何特征自然是选择单一要素公差项目的基本依据。例如：控制平面的形状误差应选择平面度；控制导轨导向面的形状误差应选择直线度；控制圆柱面的形状误差应选择圆度或圆柱度等。

方向、位置及跳动公差项目是按要素间几何方位关系制定的，所以关联要素的公差项目应以它与基准间的几何方位关系为基本依据。对线(轴线)、面可规定定向和定位公差，对点只能规定位置度公差，只有回转零件才规定同轴度公差和跳动公差。

2. 零件的使用要求

零件的功能要求不同，对几何公差应提出不同的要求，所以应分析几何误差对零件使用性能的影响。一般说来，平面的形状误差将影响支承面安置的平稳和定位可靠性，影响贴合面的密封性和滑动面的磨损；导轨面的形状误差将影响导向精度；圆柱面的形状误差将影响定位配合的连接强度和可靠性，影响转动配合的间隙均匀性和运动平稳性；轮廓表面或中心要素的位置误差将直接决定机器的装配精度和运动精度，如齿轮箱体上两孔轴线不平行将影响齿轮副的接触精度，降低承载能力，滚动轴承的定位轴肩与轴线不垂直，将影响轴承旋转时的精度等。

3. 检测的方便性

为了检测方便，有时可将所需的公差项目用控制效果相同或相近的公差项目来代替。例如要素为一圆柱面时，圆柱度是理想的项目，因为它综合控制了圆柱面的各种形状误差，但是由于圆柱度检测不便，故可选用圆度、直线度几个分项，或者选用径向跳动公差等进行控制。又如径向圆跳动可综合控制圆度和同轴度误差，而径向圆跳动误差的检测简单易行，所以在不影响设计要求的前提下，可尽量选用径向圆跳动公差项目。同样可近似地用端面圆跳动代替端面对轴线的垂直度公差要求。端面全跳动的公差带和端面对轴线的垂直度的公差带完全相同，可互相取代。

3.5.2 几何公差值的选择

GB/T 1184-1996 规定图样中标注的几何公差有两种形式：未注公差值和注出公差值。

未注公差值是各类工厂中常用设备能保证的精度。零件大部分要素的几何公差值均应遵循未注公差值的要求，不必注出。只有当要求要素的公差值小于未注公差值时，或者要求要素的公差值大于未注公差值而给出大的公差值后，能给工厂的加工带来经济效益时，才需要在图样中用框格给出几何公差要求。

注出几何公差要求的几何精度高低是用公差等级数字的大小来表示的。按国家标准的规定，对 14 项几何公差特征，除线面轮廓度及位置度未规定公差等级外，其余项目均有规定。一般划分为 12 级，即 1～12 级，1 级精度最高，12 级精度最低；圆度圆柱度则最高级为 0 级，划分为 13 级。各项目的各级公差值如表 3.8～表 3.11 所示。

对位置度，国家标准只规定了公差值数系，而未规定公差等级，如表 3.12 所示。

表3.8 直线度和平面度的公差值 (μm)

主参数 L(D)/min	公差等级											
	1	2	3	4	5	6	7	8	9	10	11	12
	公差值											
≤10	0.2	0.4	0.8	1.2	2	3	5	8	12	20	30	60
>10～16	0.25	0.5	1	1.5	2.5	4	6	10	15	25	40	80
>16～25	0.3	0.6	1.2	2	3	5	8	12	20	30	50	100
>25～40	0.4	0.8	1.5	2.5	4	6	10	15	25	40	60	120
>40～63	0.5	1	2	3	5	8	12	20	30	50	80	150
>63～100	0.6	1.2	2.5	4	6	10	15	25	40	60	100	200
>100～160	0.8	1.5	3	5	8	12	20	30	50	80	120	250
>160～250	1	2	4	6	10	15	25	40	60	100	150	300
>250～400	1.2	2.5	5	8	12	20	30	50	80	120	200	400
>400～630	1.5	3	6	10	15	25	40	60	100	150	250	500
>630～1000	2	4	8	12	20	30	50	80	120	200	300	600

注:主参数 L 系轴、直线、平面的长度

表3.9 圆度和圆柱度的公差值 (μm)

主参数 d(D)/min	公差等级												
	0	1	2	3	4	5	6	7	8	9	10	11	12
	公差值												
≤3	0.1	0.2	0.3	0.5	0.8	1.2	2	3	4	6	10	14	25
>3～6	0.1	0.2	0.4	0.6	1	1.5	2.5	4	5	8	12	18	30
>6～10	0.12	0.25	0.4	0.6	1	1.5	2.5	4	6	9	15	22	36
>10～18	0.15	0.25	0.5	0.8	1.2	2	3	5	8	11	18	27	43
>18～30	0.2	0.3	0.6	1	1.5	2.5	4	6	9	13	21	33	52
>30～50	0.25	0.4	0.6	1	1.5	2.5	4	7	11	16	25	39	62
>50～80	0.3	0.5	0.8	1.2	2	3	5	8	13	19	30	46	74
>80～120	0.4	0.6	1	1.5	2.5	4	6	10	15	22	35	54	87
>120～180	0.6	1	1.2	2	3.5	5	8	12	18	25	40	63	100
>180～250	0.8	1.2	2	3	4.5	7	10	14	20	29	46	72	115
>250～315	1.0	1.6	2.5	4	6	8	12	16	23	32	52	81	130
>315～400	1.2	2	3	5	7	9	13	18	25	36	57	89	140
>400～500	1.5	2.5	4	6	8	10	15	20	27	40	63	97	155

注:主参数 d(D)系轴(孔)的直径。

表3.10 平行度、垂直度和倾斜度公差值 (μm)

主参数 L、d(D)/min	公差等级											
	1	2	3	4	5	6	7	8	9	10	11	12
	公差值											
≤10	0.4	0.8	1.5	3	5	8	12	20	30	50	80	120
>10～16	0.5	1	2	4	6	10	15	25	40	60	100	150
>16～25	0.6	1.2	2.5	5	8	12	20	30	50	80	120	200
>25～40	0.8	1.5	3	6	10	20	25	40	60	100	150	250
>40～63	1	2	4	8	12	25	30	50	80	120	200	300

续表

主参数 L、$d(D)$/min	公差等级											
	1	2	3	4	5	6	7	8	9	10	11	12
	公差值											
>63～100	1.2	2.5	5	10	15	25	40	60	100	150	250	400
>100～160	1.5	3	6	12	20	30	50	80	120	200	300	500
>160～250	2	4	8	15	25	40	60	100	150	250	400	600
>250～400	2.5	5	10	20	30	50	80	120	200	300	500	800
>400～630	3	6	12	25	40	60	100	150	250	400	600	1000
>630～1000	4	8	15	30	50	80	120	200	300	500	800	1200

注：1. 主参数 L 为给定平行度时轴线或平面的长度，或给定垂直度、倾斜度时被测要素的长度；

2. 主参数 $d(D)$ 为给定面对线垂直度时，被测要素的轴（孔）直径。

表 3.11 同轴度、对称度、圆跳动和全跳动公差值 (μm)

主参数 $d(D)$、B、L/min	公差等级											
	1	2	3	4	5	6	7	8	9	10	11	12
	公差值											
≤1	0.4	0.6	1.0	1.5	2.5	4	6	10	15	25	40	60
>1～3	0.4	0.6	1.0	1.5	2.5	4	6	10	20	40	60	120
>3～6	0.5	0.8	1.2	2	3	5	8	12	25	50	80	150
>6～10	0.6	1.0	1.5	2.5	4	6	10	15	30	60	100	200
>10～18	0.8	1.2	2	3	5	8	12	20	40	80	120	250
>18～30	1	1.5	2.5	4	6	10	15	25	50	100	150	300
>30～50	1.2	2	3	5	8	12	20	30	60	120	200	400
>50～120	1.5	2.5	4	6	10	15	25	40	80	150	250	500
>120～250	2	3	5	8	12	20	30	50	100	200	300	600
>250～500	2.5	4	6	10	15	25	40	60	120	250	400	800
>500～800	3	5	8	12	20	30	50	80	150	300	500	1000
>800～1250	4	6	10	15	25	40	60	100	200	400	600	1200

注：1. 主参数 $d(D)$ 为给定同轴度，或给定圆跳动、全跳动时的轴（孔）直径；

2. 圆锥体斜向圆跳动公差的主参数为平均直径；

3. 主参数 B 为给定对称度时槽的宽度；

4. 主参数 L 为给定两孔对称度时的孔心距。

表 3.12 位置度公差值数系

1	1.2	1.5	2	2.5	3	4	5	6	8
1×10^n	1.2×10^n	1.5×10^n	2×10^n	2.5×10^n	3×10^n	4×10^n	5×10^n	6×10^n	8×10^n

注：n 为正整数。

几何公差值的选择原则，是在满足零件功能要求的前提下，兼顾工艺的经济性的检测条件，尽量选取较大的公差值。选择的方法有计算法和类比法。

1. 计算法

用计算法确定几何公差值，目前还没有成熟系统的计算步骤和方法，一般是根据产品的功能要求，在有条件的情况下计算求得几何公差值。

例题 图3.19所示孔和轴的配合，为保证轴能在孔中自由回转，要求最小功能间隙(配合孔轴尺寸考虑几何误差后所得到的间隙)X_{minf}不得小于0.02mm，试确定孔和轴的几何公差。

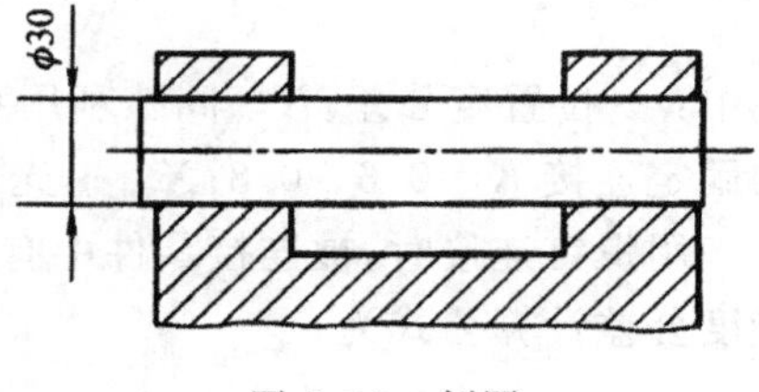

图3.19 例图

解：此部件主要要求保证配合性质，对轴孔的形状精度无特殊的要求，故采用包容要求给出尺寸公差。两孔同轴度误差对配合性质有影响，故以两孔轴线建立公共基准轴线，并给出两孔轴线对公共基准轴线的同轴度公差。

设孔的直径公差等级为IT7，轴的直径公差等级为IT6，则 $T_h=0.021$mm，$T_S=0.013$mm。选用基孔制配合，则孔为$\phi 30_0^{+0.021}$mm。由于是间隙配合，故轴的基本偏差必须为负值，且绝对值应大于轴、孔的几何公差之和。

因 $X_{minf}=EI-es-(t_{孔}+t_{轴})$

取轴的基本偏差为e，则其es＝－0.04mm，故有：

$$0.02=0-(-0.04)-(t_{孔}+t_{轴})$$

$$t_{孔}+t_{轴}=0.04-0.02=0.02\text{mm}$$

因轴为光轴，采用包容要求后，轴在最大实体状态下的$t_{轴}=0$，故孔的同轴度公差为0.02mm。其标注如图3.20所示。

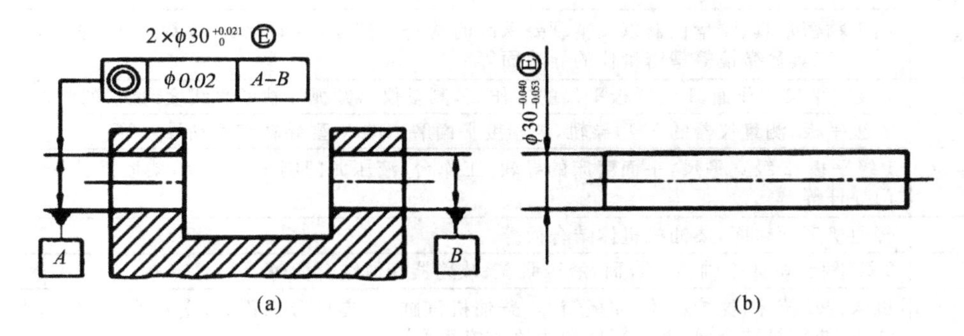

图3.20 例图标注

2. 类比法

几何公差值常用类比法确定，主要考虑零件的使用性能、加工的可能性和经济性等因素，还应考虑：

(1) 形状公差与位置公差的关系 同一要素上给定的形状公差值应小于位置公差值，定向公差值应小于定位公差值($t_{形状}<t_{定向}<t_{定位}$)。如同一平面上，平面度公差值应小于该平面对基准平面的平行度公差值。

(2) 几何公差和尺寸公差的关系 圆柱形零件的形状公差一般情况下应小于其尺寸公差值；线对线或面对面的平行度公差值应小于其相应距离的尺寸公差值。

圆度、圆柱度公差值约为同级的尺寸公差的50%，因而一般可按同级选取。例如：尺寸公差为IT6，则圆度、圆柱度公差通常也选6级，必要时也可比尺寸公差等级高1级到2级。

位置度公差通常需要经过计算确定，对用螺栓连接两个或两个以上零件时，若被连接零件均为光孔，则光孔的位置度公差的计算公式为：

$$t \leqslant KX_{min}$$

式中：t—位置度公差；K—间隙利用系数，其推荐值为，不需调整的固定连接 $K=1$，需调整的固定连接 $K=0.6\sim0.8$；X_{min}—光孔与螺栓间的最小间隙。

用螺钉连接时，被连接零件中有一个是螺孔，而其余零件均是光孔，则光孔和螺孔的位置度公差计算公式为：

$$t \leqslant 0.6KX_{min}$$

式中：X_{min}——光孔与螺钉间的最小间隙。

按以上公式计算确定的位置度公差，经圆整并按表 3.12 选择标准的位置度公差值。

(3) 几何公差与表面粗糙度的关系　通常表面粗糙度的 Ra 值可约占形状公差值的(20～25)%。

(4) 考虑零件的结构特点　对于刚性较差的零件(如细长轴)和结构特殊的要素(如跨距较大的轴和孔、宽度较大的零件表面等)，在满足零件的功能要求下，可适当降低 1～2 级选用。此外，孔相对于轴、线对线和线对面相对于面对面的平行度、垂直度公差可适当降低 1～2 级。

表 3.13 至表 3.16 列出了各种几何公差等级的应用举例，可供类比时参考。

表 3.13　直线度、平面度公差等级应用

公差等级	应用举例
1,2	用于精密量具、测量仪器以及精度要求高的精密机械零件，如量块、零级样板、平尺、零级宽平尺、工具显微镜等精密量仪的导轨面等
3	1 级宽平尺工作面，1 级样板平尺的工作面，测量仪器圆弧导轨的直线度，量仪的测杆等
4	零级平板，测量仪器的 V 型导轨，高精度平面磨床的 V 型导轨和滚动导轨等
5	1 级平板，2 级宽平尺，平面磨床的导轨、工作台，液压龙门刨床导轨面，柴油机进气、排气阀门导杆等
6	普通机床导轨面，柴油机机体结合面等
7	2 级平板，机床主轴箱结合面，液压泵盖、减速器壳体结合面等
8	机床传动箱体、挂轮箱体、溜板箱体，柴油机汽缸体，连杆分离面，缸盖结合面，汽车发动机缸盖，曲轴箱结合面，液压管件和法兰连接面等
9	自动车床床身底面，摩托车曲轴箱体，汽车变速箱壳体，手动机械的支承面等

表 3.14　圆度、圆柱度公差等级应用

公差等级	应用举例
0,1	高精度量仪主轴，高精度机床主轴，滚动轴承的滚珠和滚柱等
2	精密量仪主轴、外套、阀套高压油泵柱塞及套，纺锭轴承，高速柴油机进、排气门，精密机床主轴轴颈，针阀圆柱表面，喷油泵柱塞及柱塞套等
3	高精度外圆磨床轴承，磨床砂轮主轴套筒，喷油嘴针，阀体，高精度轴承内外圈等
4	较精密机床主轴、主轴箱孔，高压阀门，活塞，活塞销，阀体孔，高压油泵柱塞，较高精度滚动轴承配合轴，铣削动力头箱体孔等
5	一般计量仪器主轴、测杆外圆柱面，陀螺仪轴颈，一般机床主轴轴颈及轴承孔，柴油机、汽油机的活塞、活塞销，与 P6 级滚动轴承配合的轴颈等
6	一般机床主轴及前轴承孔，泵、压缩机的活塞、汽缸，汽油发动机凸轮轴，纺机锭子，减速传动轴轴颈，高速船用发动机曲轴、拖拉机曲轴主轴颈，与 P6 级滚动轴承配合的外壳孔，与 P0 级滚动轴承配合的轴颈等

续表

公差等级	应用举例
7	大功率低速柴油机曲轴轴颈、活塞、活塞销、连杆、汽缸，高速柴油机箱体轴承孔，千斤顶或压力油缸活塞，机车传动轴，水泵及通用减速器转轴轴颈，与 P0 级滚动轴承配合的外壳孔等
8	低速发动机、大功率曲柄轴轴颈，压气机连杆盖、体，拖拉机汽缸、活塞，炼胶机冷铸轴辊，印刷机传墨辊，内燃机曲轴轴颈，柴油机凸轮轴承孔，凸轮轴，拖拉机、小型船用柴油机汽缸套等
9	空气压缩机缸体，液压传动筒，通用机械杠杆与拉杆用套筒销子，拖拉机活塞环、套筒孔

表 3.15　平行度、垂直度、倾斜度公差等级应用

公差等级	应用举例
1	高精度机床、测量仪器、量具等主要工作面和基准面等
2,3	精密机床、测量仪器、量具、模具的工作面和基准面，精密机床的导轨，重要箱体主轴孔对基准面的要求，精密机床主轴轴肩端面，滚动轴承座圈端面，普通机床的主要导轨，精密刀具的工作面和基准面等
4,5	普通机床导轨，重要支承面，机床主轴孔对基准的平行度，精密机床重要零件，计量仪器、量具、模具的工作面和基准面，床头箱体重要孔，通用减速器壳体孔，齿轮泵的油孔端面，发动机轴和离合器的凸缘，汽缸支承端面，安装精密滚动轴承壳体孔的凸肩等
6,7,8	一般机床的工作面和基准面，压力机和锻锤的工作面，中等精度钻模的工作面，机床一般轴承孔对基准的平行度，变速器箱体孔，主轴花键对定心直径部位轴线的平行度，重型机械轴承盖端面，卷扬机、手动传动装置中的传动轴，一般导轨、主轴箱体孔，刀架，砂轮架，汽缸配合面对基准轴线，活塞销孔对活塞中心线的垂直度，滚动轴承内、外圈端面对轴线的垂直度等
9,10	低精度零件，重型机械滚动轴承端盖，柴油机、煤气发动机箱体曲轴孔、曲轴颈、花键轴和轴肩端面，皮带运输机法兰盘等端面对轴线的垂直度，手动卷扬机及传动装置中的轴承端面，减速器壳体平面等

表 3.16　同轴度、对称度、跳动公差等级应用

公差等级	应用举例
1,2	精密测量仪器的主轴和顶尖。柴油机喷油嘴针阀等
3,4	机床主轴轴颈，砂轮轴轴颈，汽轮机主轴，测量仪器的小齿轮轴，安装高精度齿轮的轴颈等
5	机床轴颈，机床主轴箱孔，套筒，测量仪器的测量杆，轴承座孔，汽轮机主轴，柱塞油泵转子，高精度轴承外圈，一般精度轴承内圈等
6,7	内燃机曲轴，凸轮轴轴颈，柴油机机体主轴承孔，水泵轴，油泵柱塞，汽车后桥输出轴，安装一般精度齿轮的轴颈，涡轮盘，测量仪器杠杆轴，电机转子，普通滚动轴承内圈，印刷机传墨辊的轴颈，键槽等
8,9	内燃机凸轮轴孔，连杆小端铜套，齿轮轴，水泵叶轮，离心泵体，汽缸套外径配合面对内径工作面，运输机械滚筒表面，压缩机十字头，安装低精度齿轮用轴颈，棉花精梳机前后滚子，自行车中轴等

3.5.3　公差原则和公差要求的选择

选择公差原则和公差要求时，应根据被测要素的功能要求，各公差原则的应用场合、可行性和经济性等方面来考虑，表 3.17 列出了几种公差原则和要求的应用场合和示例，可供选择时参考。

表 3.17 公差原则和公差要求选择示例

公差原则	应用场合	示　　例
独立原则	尺寸精度与几何精度需要分别满足要求	齿轮箱体孔的尺寸精度与两孔轴线的平行度；连杆活塞销孔的尺寸精度与圆柱度；滚动轴承内、外圈滚道的尺寸精度与形状精度
	尺寸精度与几何精度要求相差较大	滚筒类零件尺寸精度要求很低，形状精度要求较高；平板的尺寸精度要求不高，形状精度要求很高；通油孔的尺寸有一定精度要求，形状精度无要求。
	尺寸精度与几何精度无联系	滚子链条的套筒或滚子内、外圆柱面的轴线同轴度与尺寸精度；发动机连杆上的尺寸精度与孔轴线间的位置精度。
	保证运动精度	导轨的形状精度要求严格，尺寸精度一般。
	保证密封性	汽缸的形状精度要求严格，尺寸精度一般。
	未注公差	凡未注尺寸公差与未注几何公差都采用独立原则，如退刀槽、倒角、圆角等非功能要素。
包容要求	保证国标规定的配合性质	如φ30H7Ⓔ孔与φ30h6Ⓔ轴的配合，可以保证配合的最小间隙等于零。
	尺寸公差与几何公差间无严格比例关系要求	一般的孔与轴配合，只要求作用尺寸不超越最大实体尺寸，局部实际尺寸不超越最小实体尺寸。
最大实体要求	保证关联作用尺寸不超越最大实体尺寸	关联要素的孔与轴有配合性质要求，在公差框格的第二格标注Ⓜ。
	保证可装配性	如轴承盖上用于穿过螺钉的通孔；法兰盘上用于穿过螺栓的通孔。
最小实体要求	保证零件强度和最小壁厚	如孔组轴线的任意方向位置度公差，采用最小实体要求可保证孔组间的最小壁厚。
可逆要求	与最大（最小）实体要求联用	能充分利用公差带，扩大被测要素实际尺寸的变动范围，在不影响使用性能要求的前提下可以选用。

3.5.4 几何公差设计实例

图 3.21 所示为减速器的输出轴，两轴颈φ55j6 与 P0 级滚动轴承内圈相配合，为保证配合性质，采用了包容要求，为保证轴承的旋转精度，在遵循包容要求的前提下，又进一步提出圆柱度公差的要求，其公差值由 GB/T275-93 查得为 0.005mm。该两轴颈上安装滚动轴承后，将分别与减速器箱体的两孔配合，因此需限制两轴颈的同轴度误差，以保证轴承外圈和箱体孔的安装精度，为检测方便，实际给出了两轴颈的径向圆跳动公差 0.025mm（跳动公差 7 级）。φ62mm 处的两轴肩都是止推面，起一定的定位作用，为保证定位精度，提出了两轴肩相对于基准轴线的端面圆跳动公差 0.015mm（由 GB/T275-93 查得）。

φ56r6 和φ45m6 分别与齿轮和带轮配合，为保证配合性质，也采用了包容要求，为保证齿轮的运动精度，对与齿轮配合的φ56r6 圆柱又进一步提出了对基准轴线的径向圆跳动公差 0.025mm（跳动公差 7 级）。对φ56r6 和φ45m6 轴颈上的键槽 16N9 和 12N9 都提出了对称度公差 0.02mm（对称度公差 8 级），以保证键槽的安装精度和安装后的受力状态。

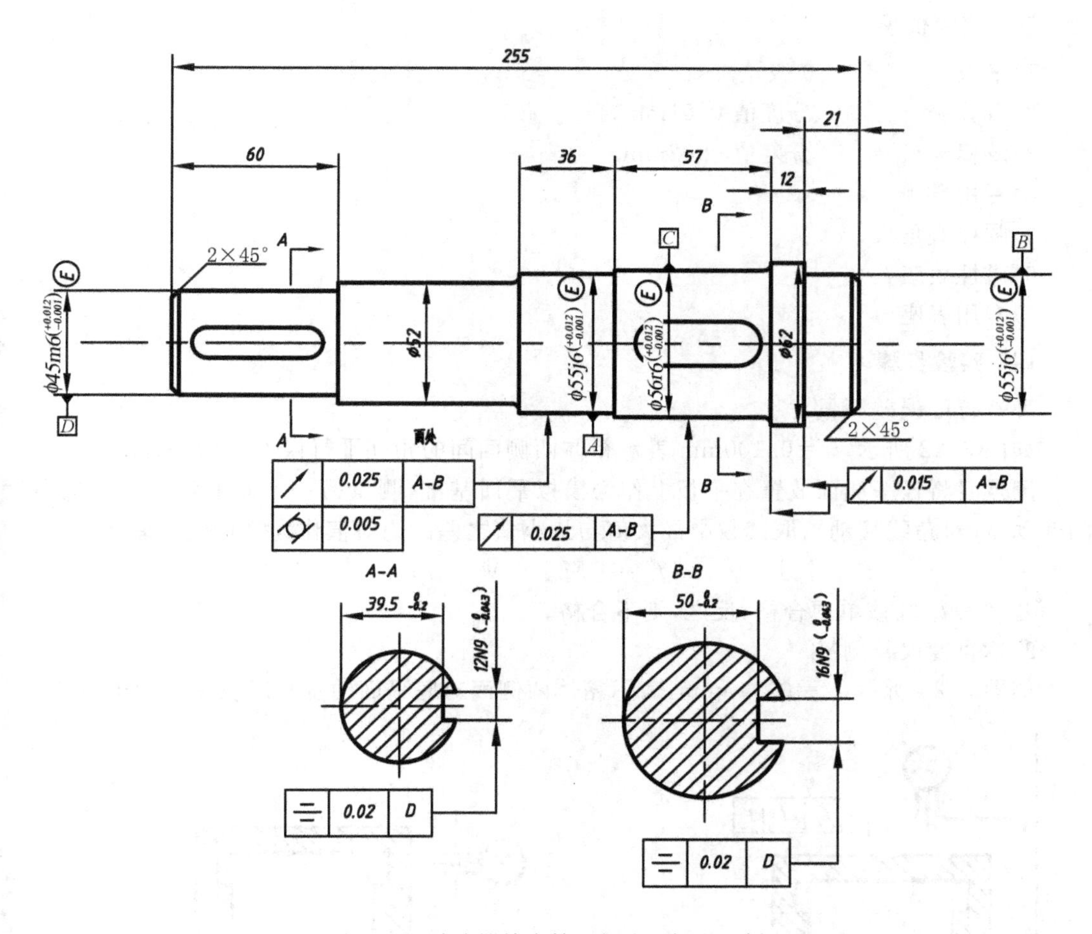

图 3.21 减速器输出轴几何公差标注示例

3.6 实验:箱体位置误差测量

一、实验内容

用普通计量器具和检验工具测量箱体的各项位置误差:

1)平行度误差测量

2)垂直度误差测量

3)对称度误差测量

4)同轴度误差测量

5)孔组位置度误差测量

二、实验目的

1)学会用普通计量器具和检验工具测量位置误差的方法;

2)理解各项位置公差的含义。

三、实验仪器

1)平板　　　　0 级
2)百分表　　　分度值 0.01mm
3)游标卡尺　　分度值 0.02mm
4)专用量规
5)圆柱直角尺
6)磁性表座
7)专用表座

四、实验步骤

1)平行度误差测量

如图 3.22 所示，$t_1=0.100$mm 表示箱体两侧面间的相互平行误差不大于 t_1。

测量时将任一侧面放置在平板上作为模拟平面基准，测量另一侧面上各点到平板高度的变动量(对角线移动)，取读数中最大值与最小值之差的绝对值作为平行度误差 f''。

$$f''=|M_{max}-M_{min}|$$

若 $f''\leqslant t_1$ 则该单项合格；反之，则不合格。

2)垂直度误差测量

如图 3.23 所示，$t_2=0.040$mm，表示箱体两侧面对底平面的垂直度误差不大于 t_2。

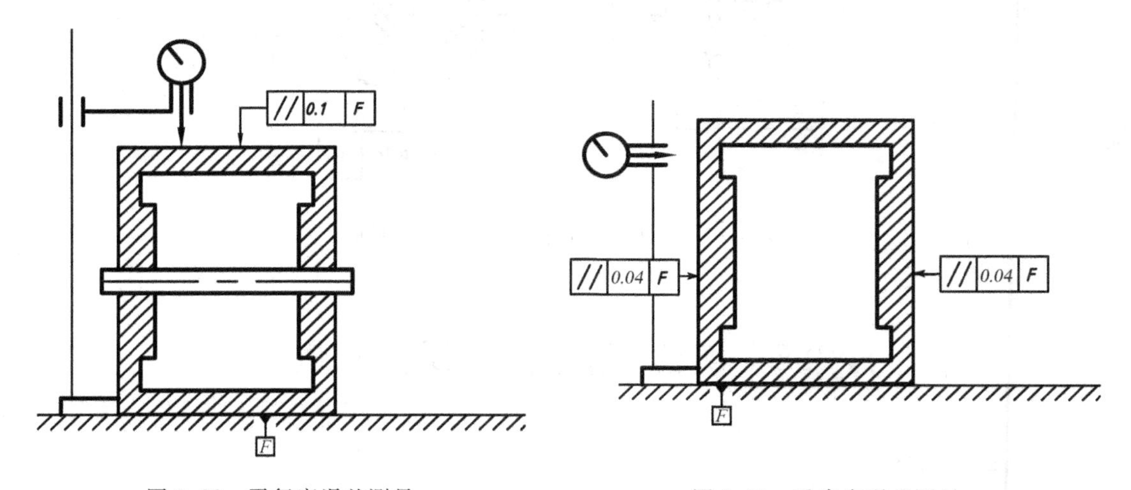

图 3.22　平行度误差测量　　　　图 3.23　垂直度误差测量

测量是通过专用装置分别将两侧面与圆柱直角尺比较求出：首先将百分表装夹在专用表座上，百分表的测头高度调节在距被测件上表面向下 2mm 左右的位置上，而后在圆柱直角尺上校正百分表零位，零位校正好后，将表座左端分别平行紧贴到箱体左、右两侧面，并分别在前、中、后三个位置上记取读数，取两侧面读数中的绝对值最大值作为两侧面垂直度误差 $f_{\perp}$。

$$f_{\perp}=|f_{\perp}|_{max}$$

若 $f_{\perp}\leqslant t_2$ 则该单项合格；反之，则不合格。

3)对称度误差测量

$t_3=0.20$mm，表示箱体底平面槽宽的中心平面对箱体两侧面的中心对称平面的对称度误差不大于 t_3。用游标卡尺分别测量(图 3.24) $a_1\ b_1\ c_1$；$a_2\ b_2\ c_2$；值

$$F_a=|Ma_2-Ma_1|$$
$$F_b=|Mb_2-Mb_1|$$
$$F_c=|Mc_2-Mc_1|$$

取最大值作为对称度误差 $f_{\div}$

若 $f_{\div}\leqslant t_3$　则该单项指标合格；反之，则不合格。

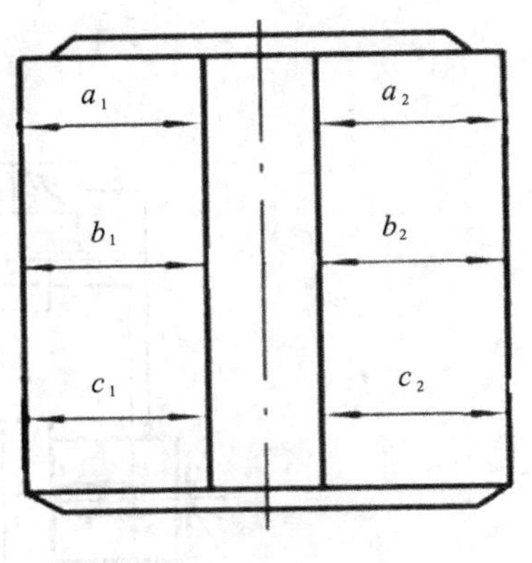

图 3.24　对称度误差测量

4)同轴度误差测量

5)孔组位置度误差测量

它们都属于相关公差(包容原则)，故用同轴度综合量规和孔组位置度综合量规来检验；若同轴度综合量规能自由通过两孔，则同轴度合格，反之，不合格；若孔组位置度综合量规各测销均能同时插入相应的孔中，则四个孔的位置度合格，反之，不合格。

小　结

本章主要介绍了几何公差的研究对象，几何公差的标注，几何公差及几何公差带，公差原则与公差要求，几何公差的选择。要求学生掌握几何公差特征项目及其标注，理解几何公差的含义及其公差带形状，正确理解图样中标注的几何公差，了解公差要求和公差原则，熟悉几何公差的选用。

思考与习题

3-1　几何公差的研究对象是什么？

3-2　几何公差项目是如何分类的？各用什么符号表示？

3-3　标注几何公差时，指引线如何指引？如何区分被测要实现和基准要素？

3-4　几何公差的选择原则是什么？具体选择时应考虑哪些情况？

3-5　说明图 3.25 中各项形位公差的含义(公差项、公差带大小、公差带形状、基准要素、被测要素等)。

3-6　将下列技术要求标注在图 3.26 上。

(1)ϕ100h6 圆柱表面的圆度公差为 0.005mm。

(2)ϕ100h6 轴线对ϕ40P7 孔轴线的同轴度公差为ϕ0.015mm。

(3)ϕ40P7 孔的圆柱度公差为 0.005mm。

(4)左端的凸台面对ϕ40P7 孔轴线的垂直度公差为 0.01mm。

(5)右凸台面对左凸台面的平行度公差为 0.02mm。

3-7　如图 3.27 所示销轴的三种几何公差标注，它们的公差带有何不同？

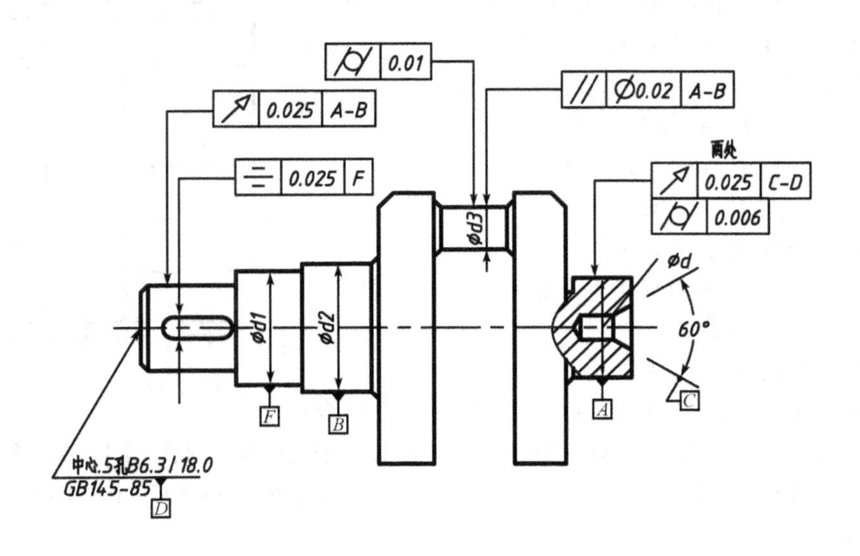

图 3.25

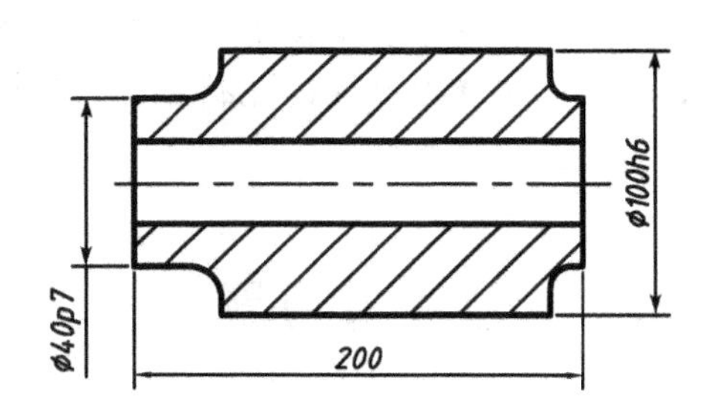

图 3.26

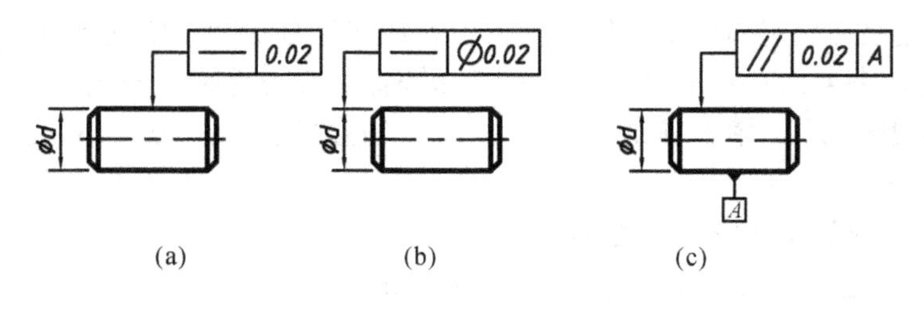

图 3.27

第 4 章　表面结构要求

4.1　概　述

4.1.1　表面结构的基本概念

表面结构指零件表面的几何特征，包括表面粗糙度、表面波纹度、纹理方向、表面几何形状及表面缺陷等。在机械加工过程中，由于刀具或砂轮切削后遗留的刀痕、切削过程中切屑分离时的塑性变形，以及机床的振动等原因，会使被加工零件的表面存在一定的几何形状误差。其中造成零件表面的凹凸不平，形成微观几何形状误差的较小间距（通常波距小于1mm）的峰谷，称为表面粗糙度。它与表面形状误差（宏观几何形状误差）和表面波度的区别，大致可按波距划分。通常波距在 1～10mm 的属于表面波纹度，波距大于 10mm 的属于形状误差，见图 4.1。本章主要介绍表面粗糙度。

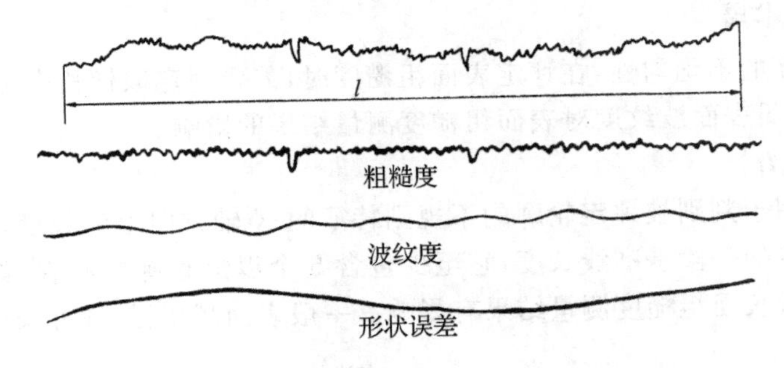

图 4.1　表面几何形状误差分析

4.1.2　表面粗糙度对机械零件使用性能的影响

表面粗糙度对机械零件使用性能及其寿命影响较大，尤其对在高温、高速和高压条件下工作的机械零件影响更大，其影响主要表现在以下几个方面：

1. 对耐磨性的影响

具有表面粗糙度的两个零件，当它们接触并产生相对运动时只是一些峰顶间的接触，从而减少了接触面积，比压增大，使磨损加剧。零件越粗糙，阻力就越大，零件磨损也越快。

2. 对配合性质的影响

对于间隙配合，相对运动的表面因其粗糙不平而迅速磨损，致使间隙增大；对于过盈配合，表面轮廓峰顶在装配时易被挤平，实际有效过盈减小，致使连接强度降低。因此，表面粗糙度影响配合性质的可靠性和稳定性。

3. 对抗疲劳强度的影响

零件表面越粗糙，凹痕越深，波谷的曲率半径也越小，对应力集中越敏感。特别是当零件承受交变载荷时，由于应力集中的影响，使疲劳强度降低，导致零件表面产生裂纹而损坏。

4. 对接触刚度的影响

由于两表面接触时，实际接触面仅为理想接触面积的一部分。零件表面越粗糙，实际接触面积就愈小，单位面积压力增大，零件表面局部变形必然增大，接触刚度降低，影响零件的工作精度和抗震性。

5. 对抗腐蚀性的影响

粗糙的表面，易使腐蚀性物质存积在表面的微观凹谷处，并渗入到金属内部，致使腐蚀加剧。因此，提高零件表面粗糙度的质量，可以增强其抗腐蚀的能力。

此外，表面粗糙度大小还对零件结合的密封性；对流体流动的阻力；对机器、仪器的外观质量及测量精度等都有很大影响。

为提高产品质量，促进互换性生产，适应国际交流和对外贸易，保证机械零件的使用性能，必须正确贯彻实施新的表面粗糙度标准。到目前为止，等。我国常用的表面粗糙度国家标准为 GB/T 3505—2000、GB/T 1031—1995、GB/T 131—93 和 GB/T l0610—1998 等。

4.2 表面粗糙度的主要参数

4.2.1 基本术语

由于加工表面的不均匀性，在评定表面粗糙度时，需要规定取样长度和评定长度等技术参数，以限制和减弱表面波纹度对表面粗糙度测量结果的影响。

1. 取样长度(lr)

取样长度是用于判别被评定轮廓的不规则特征的 X 轴方向上的长度，即测量或评定表面粗糙度时所规定的一段基准线长度，它至少包含 5 个以上轮廓峰和谷，如图 4.2 所示，取样长度值的大小对表面粗糙度测量结果有影响。一般表面越粗糙，取样长度就越大。

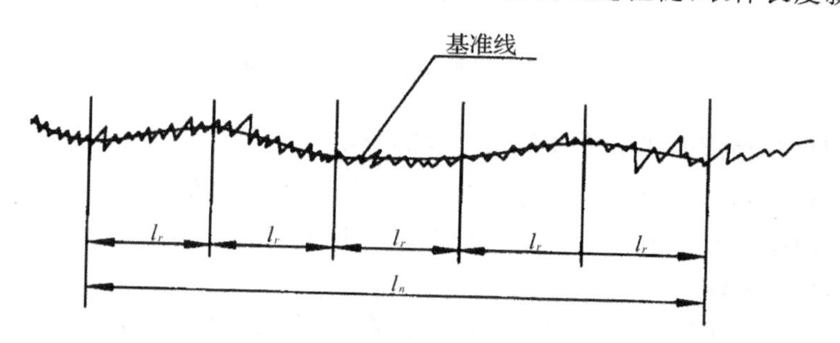

图 4.2 取样长度 lr 和评定长度 ln

2. 评定长度(ln)

评定长度是用于判别被评定轮廓的 X 轴方向上的长度。由于零件表面粗糙度不均匀，为了合理地反映其特征，在测量和评定时所规定的一段最小长度称为评定长度(ln)。

一般情况下，取 $ln=5lr$，称为“标准长度”，如图 4.2 所示。如果评定长度取为标准长度，则评定长度不需在表面粗糙度代号中注明。当然，根据情况，也可取非标准长度。如果被测表面均匀性较好，测量时，可选 $ln<5lr$；若均匀性差，可选 $ln>5lr$。

3. 轮廓中线

轮廓中线是具有几何轮廓形状并划分轮廓的基准线，基准线有下列两种：

(1) 轮廓最小二乘中线(m)　轮廓最小二乘中线是指在取样长度内，使轮廓线上各点轮廓偏距 Z_i 的平方和为最小的线，即 $\int_0^{dr} Z_i^2 \mathrm{d}x$ 为最小，轮廓偏距的测量方向 Z 如图 4.3 所示。

(2) 轮廓算术平均中线　轮廓算术平均中线是指在取样长度内，划分实际轮廓为上、下两部分，且使上下两部分面积相等的线，即 $F_1+F_2+\cdots+F_n=F'_1+F'_2+\cdots+F'_n$，见图 4.3。

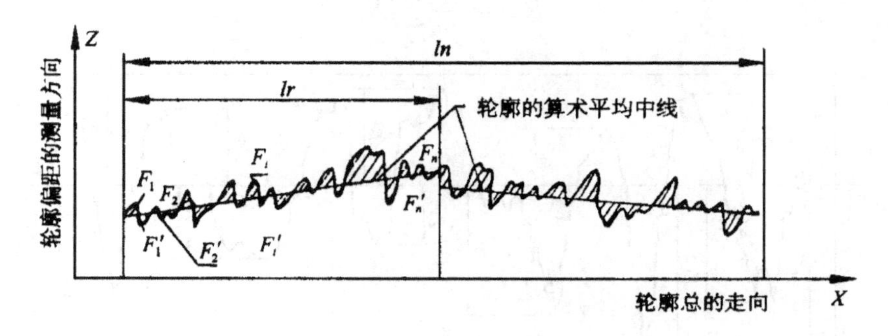

图 4.3　轮廓中线

在轮廓图形上确定最小二乘中线的位置比较困难，可用轮廓算术平均中线代替，通常用目测估计确定算术平均中线。

4.2.2　评定参数

为了满足对零件表面不同的功能要求，国标 GB/T 3505—2009 从表面微观几何形状幅度、间距和形状等三个方面的特征，规定了相应的评定参数。

1. 幅度参数(高度参数)

(1) 评定轮廓的算术平均偏差 Ra：在一个取样长度内纵坐标值 $Z(x)$ 绝对值的算术平均值，如图 4.4 所示，用 Ra 表示。即

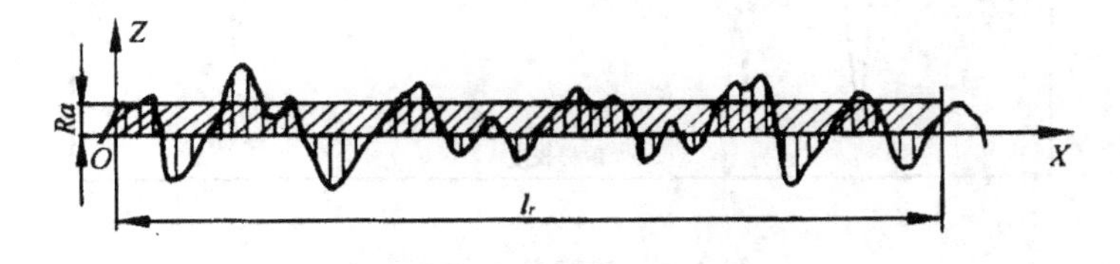

图 4.4　轮廓的算术平均偏差

$$Ra=\frac{1}{lr}\int_0^{l_r}|Z(x)|\,\mathrm{d}x \tag{4.1}$$

或近似为

$$Ra = \frac{1}{n}\sum_{i=1}^{n} |Z_i| \tag{4.2}$$

测得的 Ra 值越大，则表面越粗糙。Ra 能客观地反映表面微观几何形状误差。

(2) 轮廓的最大高度 Rz：在一个取样长度内，最大轮廓峰高 Zp 和最大轮廓谷深 Zv 之和的高度，如图 4.5 所示，用 Rz 表示。即

$$Rz = Zp + Zv \tag{4.3}$$

式中，Zp、Zv 都取正值。

幅度参数（Ra、Rz）是标准规定必须标注的参数（二者只需取其一），故又称为基本参数。

2. 间距参数

轮廓单元的平均宽度 R_{Sm}：在一个取样长度内轮廓单元宽度 Xs 的平均值，如图 4.5 所示，用 R_{Sm} 表示。即

$$R_{sm} = \frac{1}{m}\sum_{i=1}^{m} X_{si} \tag{4.4}$$

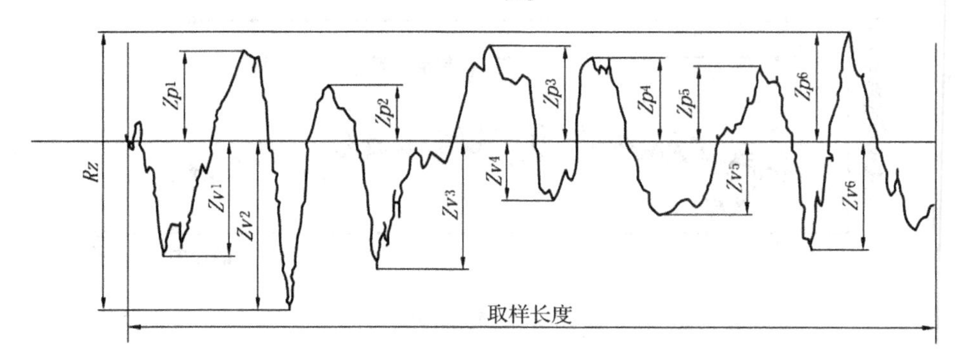

图 4.5　轮廓的最大高度

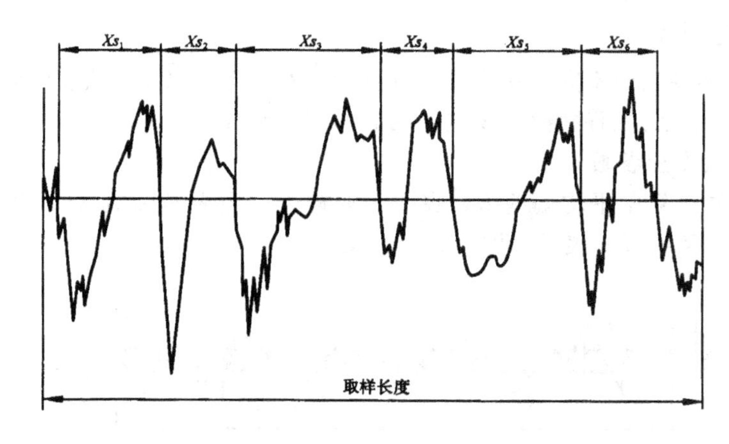

图 4.6　轮廓单元的宽度

4.2.3　评定参数的数值规定

表面粗糙度的参数值已经标准化，设计时应按国家标准 GB/T1031—1995《表面粗糙度

参数及其数值》规定的参数值系列选取。

幅度参数值列于表 4.1 和表 4.2，间距参数值列于表 4.3。

在一般情况下测量 Ra 和 Rz 时，推荐按表 44 选用对应的取样长度及评定长度值，此时在图样上可省略标注取样长度值。当有特殊要求不能选用表 4.4 中数值时，应在图样上标注出取样长度值。

表 4.1 *Ra* 的数值（摘自 GB/T1031—1995） μm

0.012 0.025	0.050 0.100	0.20 0.40	0.80 1.60	3.2 6.3	12.5 25	50 100

表 4.2 *Rz* 的数值 （摘自 GB/T1031—1995） μm

0.025 0.050 0.100	0.20 0.40 0.80	1.60 3.2 6.3	12.5 25 50	100 200 400	800 1600

表 4.3 R_{Sm} 的数值 （摘自 GB/T1031—1995） μm

0.006 0.0125	0.025 0.050	0.100 0.20	0.40 0.80	1.60 3.2	6.3 12.5

表 4.4 *lr* 和 *ln* 的数值 （摘自 GB/T1031—1995）

Ra/μm	Rz/μm	lr/mm	ln/mm($ln = 5lr$)
≥0.008～0.02	≥0.025～0.10	0.08	0.4
>0.02～0.10	>0.10～0.50	0.25	1.25
>0.10～2.0	>0.50～10.0	0.8	4.0
>2.0～10.0	>10.0～50.0	2.5	12.5
>10.0～80.0	>50.0～320	8.0	40.0

4.3 表面结构的标注方法

图样上所标注的表面结构符号、代号，是该表面完工后的要求。表面结构的标注应符合国家标准 GB/T131—2006 的规定。

4.3.1 表面结构的图形符号

1. 图样上表示的零件表面结构符号及其说明，见表 4.5。

表 4.5 表面结构符号、意义及说明

符　　号	意义及说明
√	基本符号，表示表面可用任何方法获得。当不加注表面结构参数值或有关说明时，仅适用于简化代号标注
▽√	基本符号加一短划，表示表面是用去除材料的方法获得。例如：车、铣、钻、磨、电加工等

续表

符　　号	意义及说明
	基本符号加一小圆，表示表面是用不去除材料的方法获得。例如：铸、锻、冲压变形、热轧、粉末冶金等 或用于保持原供应状况的表面(包括保持上道工序的状况)
	在上述三个符号的长边上均可加一横线，用于标注有关参数和说明
	在上述三个符号上均可加一小圆，表示所有表面具有相同的表面结构要求

2. 表面结构完整图形符号的组成

在完整符号中，对表面结构的单一要求和补充要求就注在图 4.7 所示的指定位置。

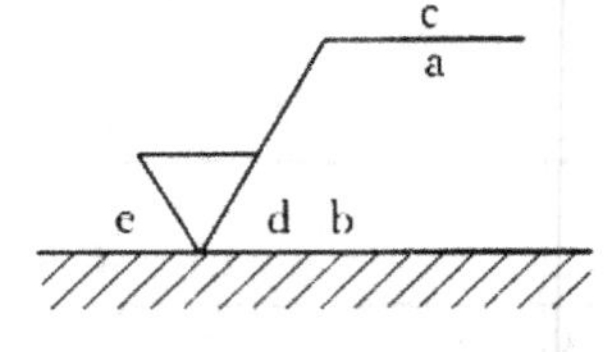

图 4.7　表面结构代号注法

"16％规则"：当允许在表面粗糙度参数的所有实测值中超过规定值的个数少于总数的 16％时，应在图样上标注表面粗糙度参数的上限值或下限值。

"最大规则"：当要求在表面粗糙度参数的所有实测值中不得超过规定值时，应在图样上标注表面粗糙度参数的最大值或最小值。

表面粗糙度幅度参数的各种标注方法及其意义见表 4.6。

表 4.6　表面粗糙度幅度(高度)参数的标注　(摘自 GB/T131—2006)

代　号	意　　义	代　号	意　　义
Ra 3.2	用去除材料方法获得的表面粗糙度，*Ra* 的上限值为 3.2μm	*Ra* max1.6	用去除材料方法获得的表面粗糙度，*Ra* 的最大值为 1.6μm
URa 3.2 *LRa* 1.6	用去除材料方法获得的表面粗糙度，*Ra* 的上限值为 3.2μm，*Ra* 的下限值为 1.6μm	*Ra* 3.2 *Rz* 12.5	用去除材料方法获得的表面粗糙度，*Ra* 的上限值为 3.2μm，*Rz* 的上限值为 12.5μm

4.3.2　表面结构在图样上的标注方法

表面结构符号一般注在可见轮廓线、尺寸线、尺寸界线、引出线或它们的延长线上。符号的尖端必须从材料外指向表面，在同一图样上，每一表面一般只标注一次符号。表面结构的注写和读取方向与尺寸的注写和读取方向一致。如图 4.8(a)所示。对于不同方位的表面可选用图 4.8(b)所示方式标注。

新标准规定，在不致引起误解时，允许将表面结构要求标注在给定的尺寸线上，如图 4.9(a)所示；也可以标注在几何公差的上方，如图 4.9(b)所示。

新标准规定圆柱和棱柱表面的表面结构要求只标注一次，可以标注在圆柱特征的延长线上，如图 4.10(a)所示。如果在工件的多数(包括全部)表面有相同的表面结构要求，则其表面结构要求可统一标注在图样的标题栏附近，如图 4.10(b)所示。

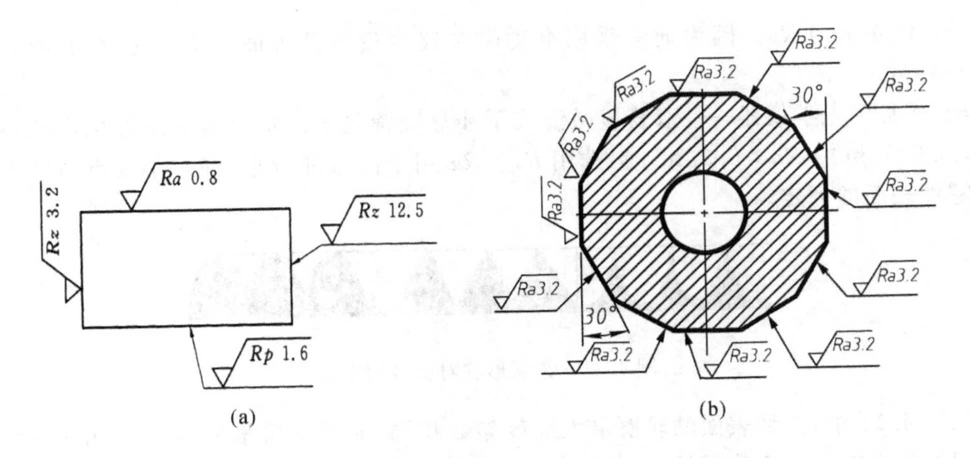

图 4.8 表面结构要求标注典型图例

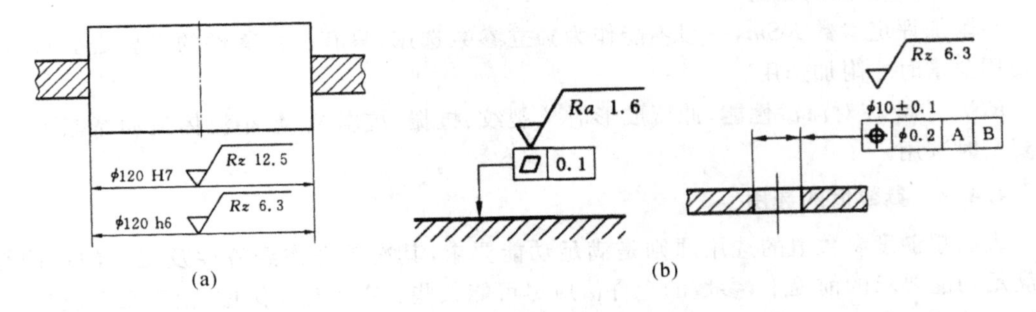

图 4.9 表面结构要求在尺寸线和几何公差上的标注

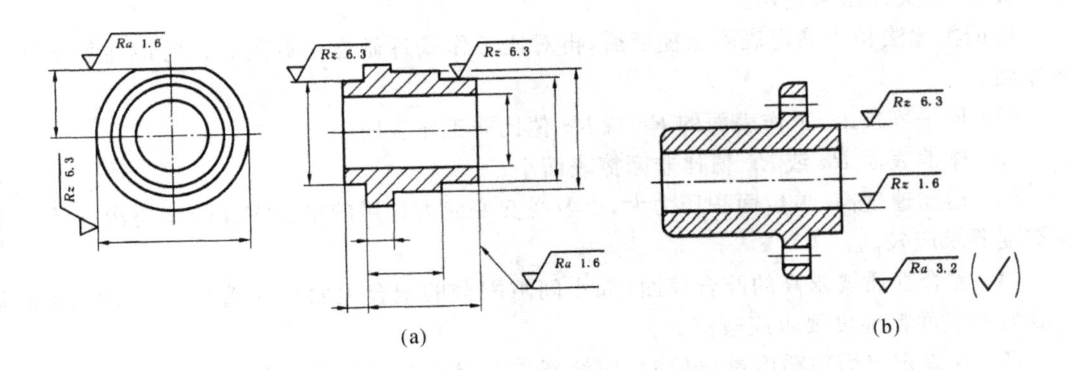

图 4.10 表面结构的标注图例

4.4 表面粗糙度参数的选用

4.4.1 评定参数的选用

1. 对幅度参数的选用

一般情况下可以从幅度参数 *Ra* 和 *Rz* 中任选一个，但在常用值范围内（*Ra* 为 0.025～

6.3μm)，优先选用 Ra。因为通常采用电动轮廓仪测量零件表面的 Ra 值，其测量范围为 0.02～8μm。

Rz 通常用光学仪器——双管显微镜或干涉显微镜测量。粗糙度要求特别高或特别低(Ra<0.025μm 或 Ra>6.3μm)时，选用 Rz。Rz 用于测量部位小、峰谷小或有疲劳强度要求的零件表面的评定。

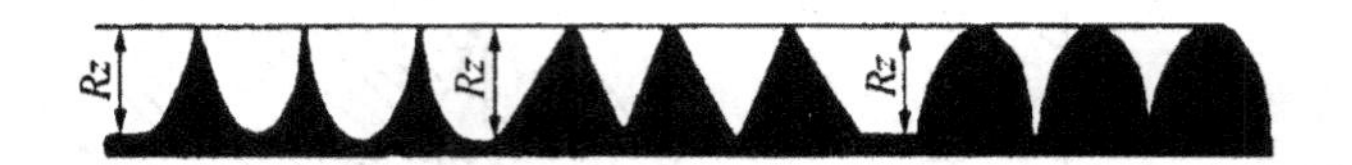

图 4.11　微观形状对质量的影响

如图 4.11 中，三种表面的轮廓最大高度参数相同，而使用质量显然不同，由此可见，只用幅度参数不能全面反映零件表面微观几何形状误差。

2. 对间距参数的选用

对附加评定参数 RSm，一般不能作为独立参数选用，只有少数零件的重要表面且有特殊使用要求时才附加选用。

RSm 主要在对涂漆性能，冲压成形时抗裂纹、抗振、抗腐蚀、减小流体流动摩擦阻力等有要求时选用。

4.4.2　参数值的选用

表面粗糙度参数值的选用原则是满足功能要求，其次是考虑经济性及工艺的可能性。在满足功能要求的前提下，参数的允许值应尽可能大些。在工程实际中，由于表面粗糙度和功能的关系十分复杂，因而很难准确地确定参数的允许值，在具体设计时，一般多采用经验统计资料，用类比法来选用。

根据类比法初步确定表面粗糙度后，再对比工作条件做适当调整。这时应注意下述一些原则：

(1) 同一零件上，工作表面的 Ra 或 Rz 值比非工作表面小。

(2) 摩擦表面 Ra 或 Rz 值比非摩擦表面小。

(3) 运动速度高、单位面积压力大，以及受交变应力作用的重要零件的圆角沟槽的表面粗糙度要求应较高。

(4) 配合性质要求高的配合表面(如小间隙配合的配合表面)、受重载荷作用的过盈配合表面的表面粗糙度要求应较高。

(5) 在确定表面粗糙度参数值时，应注意它与尺寸公差和几何公差协调。尺寸公差值和几何公差值越小，表面粗糙度的 Ra 或 Rz 值应越小，同一公差等级时，轴的粗糙度 Ra 或 Rz 值应比孔小。

(6) 要求防腐蚀、密封性能好或外表美观的表面粗糙度要求应较高。

(7) 凡有关标准已对表面粗糙度要求作出规定(如与滚动轴承配合的轴颈和外壳孔的表面粗糙度)，则应按该标准确定表面粗糙度参数值。

小　结

本章主要介绍表面粗糙度对零件使用性能的影响，表面粗糙度的评定参数，表面粗糙度的图样标注和参数值的选用。要求学生掌握表面粗糙度参数的选用标注方法。

思考与习题

4-1　什么是表面粗糙度？其评定参数主要有哪些？

4-2　表面粗糙度对零件的使用性能有何影响？

4-3　表面粗糙度是不是越小越好？为什么？

4-4　简述表面粗糙度符号的含义。

4-5　选择表面粗糙度参数值的一般原则是什么？选择时应考虑什么问题？

4-6　将表面粗糙度符号标注在图 4.12 上，要求

(1) 用任何方法加工圆柱面 ϕd_3，Ra 上限值为 3.2μm。

(2) 用去除材料的方法获得孔 ϕd_1，要求 Ra 上限值为 3.2μm。

(3) 用去除材料的方法获得表面 a，要求 Rz 上限值为 3.2μm。

(4) 其余用去除材料的方法获得表面，要求 Ra 上限值均为 25μm。

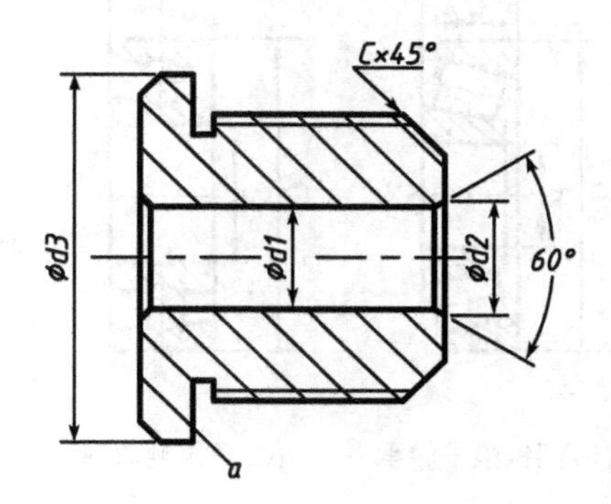

图 4.12

第5章　常用结合件的公差与配合

5.1　滚动轴承的公差与配合

5.1.1　滚动轴承的组成和型式

滚动轴承是一种标准部件，它由专业工厂生产，供各种机械选用。滚动轴承一般由内圈、外圈、滚动体（钢球或滚子）和保持架（又称隔离圈）等组成（图5.1(a)）。

滚动轴承的型式很多。按滚动体的形状不同，可分为球轴承和滚子轴承；按受负荷的作用方向，则可分为向心轴承、推力轴承、向心推力轴承，如图5.1所示。

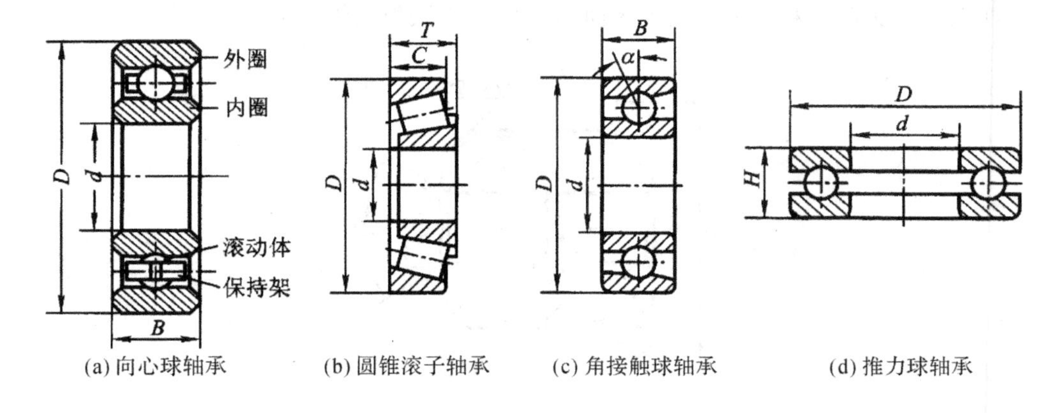

图5.1　滚动轴承的类型

通常，滚动轴承内圈装在传动轴的轴颈上，随轴一起旋转，以传递扭矩；外圈固定于机体孔中，起支撑作用。因此，内圈的内径(d)和外圈的外径(D)，是滚动轴承与结合件配合的公称尺寸。

设计机械需采用滚动轴承时，除了确定滚动轴承的型号外，还必须选择滚动轴承的精度等级、滚动轴承与轴和外壳孔的配合、轴和外壳孔的几何公差及表面粗糙度参数。

5.1.2　滚动轴承的精度等级及其应用

根据GB/T307.3—1996规定，滚动轴承按其公称尺寸精度和旋转精度，向心轴承分为0、6、5、4和2五个精度等级（相当于用GB307.3-84中的G、E、D、C和B级）；圆锥滚子轴承分为0、6x、5和4级四个精度等级；推力轴承分为0、6、5、4四个精度等级。

滚动轴承的公称尺寸精度是：轴承内径(d)外径(D)的制造精度；轴承内圈宽度(B)和外

圈宽度(C)的制造精度;圆锥滚柱轴承装配高(T)的精度等。

滚动轴承的旋转精度是:成套轴承内、外圈的径向跳动(K_{ia},K_{ea});成套轴承内、外圈端面对滚道的跳动(S_{ia},S_{ea});内圈基准端面对内孔的跳动(S_d);外径表面母线对基准端面的倾斜度的变动量(S_D)等。

滚动轴承各级精度的应用情况如下:

0 级(普通精度级)轴承应用在中等负荷、中等转速和旋转精度要求不高的一般机构中。如普通机床。汽车和拖拉机的变速机构和普通电机、水泵、压缩机的旋转机构的轴承。

6 级(中等精度级)轴承应用于旋转精度和转速较高的旋转机构中,如普通机床的主轴轴承,精密机床传动轴使用的轴承。

5、4 级(高、精精度级)轴承应用于旋转精度高和转速高的旋转机构中,如精密机床的主轴轴承,精密仪器和机械使用的轴承。

2 级轴承应用于旋转精度和转速很高的旋转机构中,如精密坐标镗床的主轴轴承、高精度仪器和高转速机构中使用的轴承。

表 5.1　0、6 级内圈平均直径的极限偏差(摘自 GB/T307.1-1994)

d(mm)			>10~18	>18~30	>30~50	>50~80	>80~120	>120~180
Δd_{mp} (μm)	0 级	上极限偏差	0	0	0	0	0	0
		下极限偏差	−8	−10	−12	−15	−20	−25
	6 级	上极限偏差	0	0	0	0	0	0
		下极限偏差	−7	−8	−10	−12	−15	−18

表 5.2　0、6 级外圈平均直径的极限偏差(摘自 GB/T307.1-1994)

D(mm)			>30~50	>50~80	>80~120	>120~150	>150~180	>180~250
ΔD_{mp} (μm)	0 级	上极限偏差	0	0	0	0	0	0
		下极限偏差	−11	−13	−15	−18	−25	−30
	6 级	上极限偏差	0	0	0	0	0	0
		下极限偏差	−9	−11	−13	−15	−18	−20

5.1.3　滚动轴承与轴、外壳孔的配合特点

滚动轴承的内、外圈,都是宽度较小的薄壁件。在其加工和未与轴、外壳孔装配的自由状态下,容易变形(如变成椭圆形),但在装入外壳孔和轴上之后,这种变形又容易得到矫正。因此,滚动轴承国家标准(GB/T307.1—1994)规定了轴承内、外径的平均直径 d_{MP}、D_{MP} 的公差,用以确定内、外圈结合直径的公差带。平均直径的数值是轴承内、外径局部实际尺寸的最大值与最小值的平均值。

0、6 级向心轴承和向心推力球轮承的内、外圈平均直径的极限偏差见表 5.1、表 5.2。

由于滚动轴承是精密的标准部件,使用时不能再进行附加加工。因此,轴承内圈与轴采用基孔制配合,外圈与外壳孔采用基轴制配合。见图 5.2。

由图 5.2 可见,在轴承内圈与轴的基孔制配合中,轴的各种公差带,与一般圆柱结合基孔制配合中的轴公差带相同;但作为基准孔的轴承内圈孔,其公差带位置和大小,都与一般基准孔不同。

一般基准孔的公差带布置在零线之上,而轴承内圈孔的公差带则是布置在零线之下,并

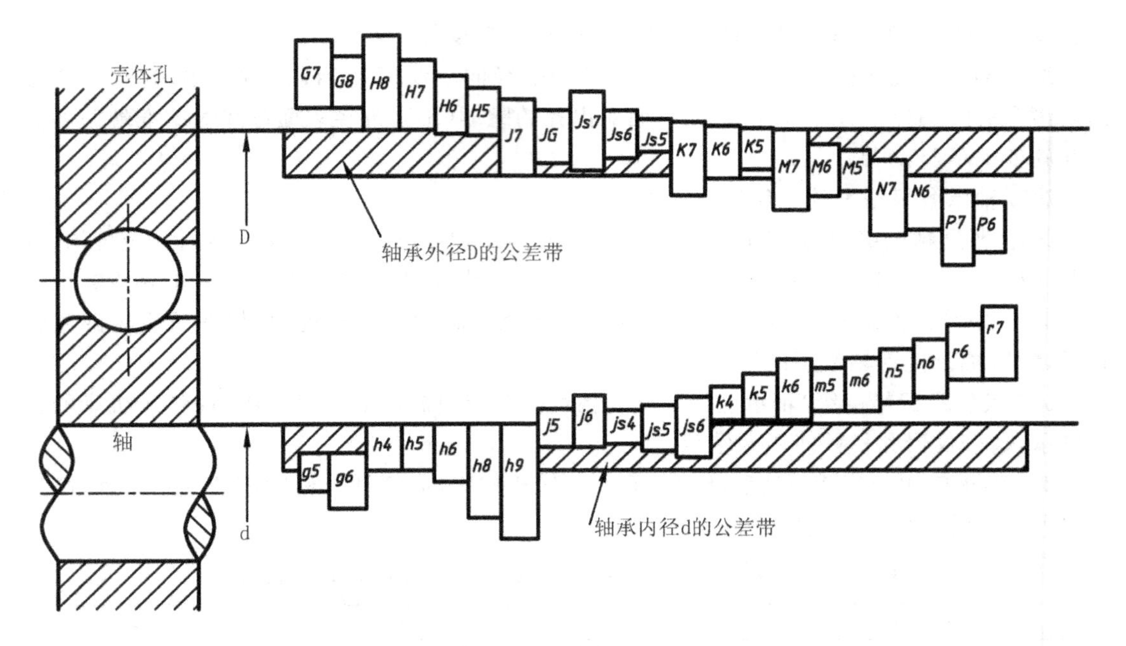

图 5.2　滚动轴承与轴、外壳孔配合的公差带图

且公差带的大小不是采用《极限与配合》标准中的标准公差，而是用轴承内圈平均内径(d_{mp})的公差。这种特殊的布置，给配合带来一个特点，即在采用相同的轴公差带的前提下，其所得到配合比一般基孔制的相应配合要紧些，这是为了适应滚动轴承配合的特殊需要，因为在多数情况下，轴承内圈是随传动轴一起转动，传递扭矩，并且不允许轴孔之间有相对运动，所以两者的配合应具有一定的过盈。但由于内圈是薄壁零件，又常需维修拆换，故过盈量又不宜过大。而一般基准孔，其公差带是布置在零线上侧，若选用过盈配合，则其过盈量太大，如果改用过渡配合，又可能出现间隙，使内圈与轴在工作时发生相对滑动，导致结合面被磨损。为此国家标准规定，所有精度级轴承内圈 d_{mp} 的公差带布置于零线的下侧。这样当其与过渡配合中的 k_6、m_6、n_6 等轴构成配合时，将获得比一般基孔制过渡配合规定的过盈量稍大的过盈配合；当与 g_6、h_6 等轴构成配合时，不再是间隙配合，而成为过渡配合。

在轴承外圈与外壳孔的基轴制配合中，外壳孔的各种公差带，与一般圆柱结合基轴制配合中的孔公差带相同；作为基准轴的轴承外圈圆柱面，其公差带位置虽与一般基准轴相同，但其公差带的大小不采用《极限与配合》标准中的标准公差，而是用轴承外圈平均外径(D_{mp})的公差，所以其公差带也是特殊的。由于多数情况下，轴承内圈和传动轴一起转动，外圈安装在壳体孔中不动，故外圈与壳体孔的配合不要求太紧。因此，所有精度级轴承外圈 D_{mp} 的公差带位置，仍按一般基轴制规定，将其布置在零线的下侧。

应当指出，由于滚动轴承结合面的公差带是特别规定的，因此，在装配图上对轴承的配合，仅标注公称尺寸及轴、外壳孔的公差带代号。

5.1.4　滚动轴承配合的选择

选择滚动轴承配合之前，必须首先确定轴承的精度等级。精度等级确定后，轴承内、外圈基准结合面的公差带也就随之确定。因此，选择配合其实就是选择与内圈结合的轴的公差带及与外圈结合的孔的公差带。

1. 轴和外壳孔的公差带

滚动轴承基准结合面的公差带单向布置在零线下侧，既可满足各种旋转机构不同配合性质的需要，又可以按照标准公差来制造与之相配合的零件。轴和外壳孔的公差带，就是从《极限与配合》标准中选取的。

国家标准《滚动轴承与轴和外壳孔的配合》(GB/T275—1993)规定的公差带见表 5.3，其公差带图见图 5.2。

2. 轴和外壳孔公差带的选用

正确地选用轴和外壳孔的公差带，对于充分发挥轴承的技术性能和保证机构的运转质量、使用寿命有着重要的意义。

影响公差带选用的因素较多，如轴承的工作条件(负荷类型、负荷大小、工作温度、旋转精度、轴向游隙)，配合零件的结构、材料及安装与拆卸的要求等。一般根据轴承所承受的负荷类型和大小来决定。

表 5.3 轴和外壳孔的公差带(摘自 GB/T275-1993)

轴承精度	轴公差带		外壳孔公差带		
	过渡配合	过盈配合	间隙配合	过渡配合	过盈配合
0	h9 h8 g6、h6、j6、js6 g5、h5、j5	r7 k6、m6、n6、p6、r6 k5、m5	H8 G7、H7 H6	J7、Js7、K7、M7、N7 J6、Js6、K6、M6、N6	P7 P6
6	g6、h6、j6、js6 g5、h5、j5	r7 k6、m6、n6、p6、r6 k5、m5	H8 G7、H7 H6	J7、Js7、K7、M7、N7 J6、Js6、K6、M6、N6	P7 P6
5	h5、j5、js5	k6、m6 k5、m5	G6、H6	Js6、K6、M6 Js5、K5、M5	
4	h5、js5 h4、js4	k5、m5 k4	H5	K6 Js5、K5、M5	

注：①孔 N6 与 0 级精度轴承(外径 D<150mm=和 6 级精度轴承(外径 D<315mm=的配合为过盈配合。

②轴 r6 用于内径 d>120～500mm；轴 r7 用于内径 d>180～500mm。

(1)负荷的类型

作用在轴承上的合成径向负荷，是由定向负荷和旋转负荷合成的。若合成径向负荷的作用方向是固定不变的，称为定向负荷(如皮带的拉力、齿轮的传递力)；若合成径向负荷的作用方向是随套圈(内圈或外圈)一起旋转的，则称为旋转负荷(如镗孔时的切削力)。根据套圈工作时相对于合成径向负荷的方向，可将负荷分为三种类型：局部负荷、循环负荷和摆动负荷。

局部负荷：作用在轴承上的合成径向负荷与套圈相对静止，即作用方向始终不变地作用在套圈滚道的局部区域上，该套圈所承受的这种负荷，称为局部负荷(图 5.3(a)的外圈和(b)的内圈)。

循环负荷：作用于轴承上的合成径向负荷与套圈相对旋转，即合成径向负荷顺次地作用在套圈滚道的整个圆周上，该套圈所承受的这种负荷，称为循环负荷。例如轴承承受一个方向不变的径向负荷 Rg，旋转套圈所承受的负荷性质即为循环负荷(图 5.3(a)的内圈和(b)的外圈)。

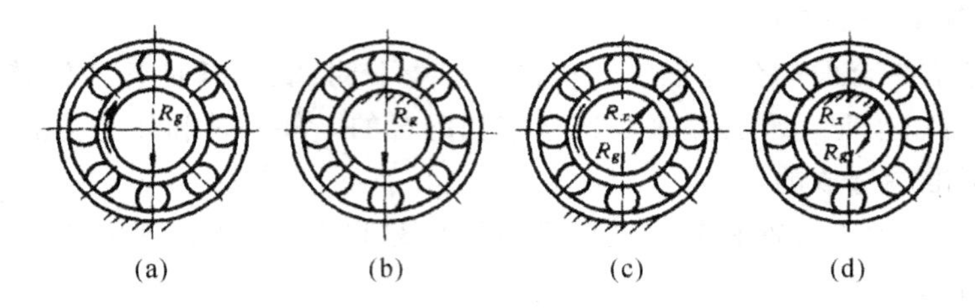

图 5.3　轴承承受的负荷类型

摆动负荷：作用于轴承上的合成径向负荷与所承受的套圈在一定区域内相对摆动，即合成径向负荷经常变动地作用在套圈滚道的局部圆周上，该套圈所承受的负荷，称为摆动负荷。

例如轴承承受一个方向不变的径向负荷 R_g，和一个较小的旋转径向负荷 R_x，两者的合成径向负荷 R，其大小与方向都在变动。但合成径向负荷 R 仅在非旋转套圈一段滚道内摆动(图 5.4)，该套圈所承受的负荷性质，即为摆动负荷(如图 5.3(c)的外圈和(d)的内圈)。

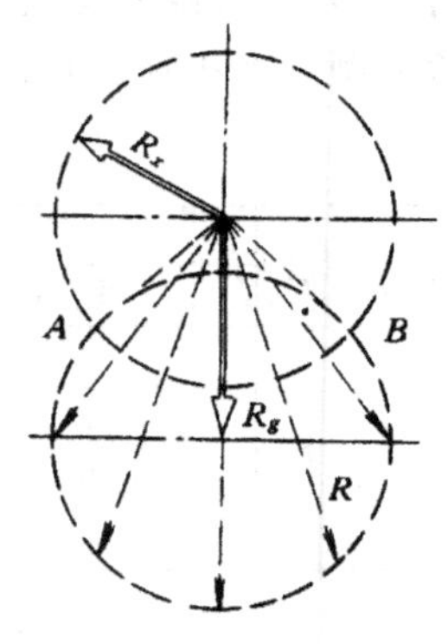

图 5.4　摆动负荷

轴承套圈承受的负荷类型不同，选择轴承配合的松紧程度也应不同。承受局部负荷的套圈，局部滚道始终受力，磨损集中，其配合应选松些(选较松的过渡配合或具有极小间隙的间隙配合)。这是为了让套圈在振动、冲击和摩擦力矩的带动下缓慢转位，以充分利用全部滚道并使磨损均匀，从而延长轴承的寿命。但配合也不能过松，否则会引起套圈在相配件上滑动而使结合面磨损。对于旋转精度及速度有要求的场合(如机床主轴和电机轴上的轴承)，则不允许套圈转位，以免影响支承精度。

承受循环负荷的套圈，滚道各点循环受力，磨损均匀，其配合应选紧些(选较紧的过渡配合或过盈量较小的过盈配合)。因为套圈与轴颈或外壳孔之间，工作时不允许产生相对滑动以免结合面磨损，并且要求在全圆周上具有稳固的支承，以保证负荷能最佳分布，从而充分发挥轴承的承载力。但配合的过盈量也不能太大，否则会使轴承内部的游隙减少以至完全消失，产生过大的接触应力，影响轴承的工作性能。承受摆动负荷的套圈，其配合松紧介于循环负荷与局部负荷之间。

(2)负荷的大小

滚动轴承套圈与轴颈或壳体孔配合的最小过盈，取决于负荷的大小。国家标准将当量径向负荷 P 分为三类：径向负荷 $P<0.07C$ 的称为轻负荷；$0.07C<P<0.15C$ 称为正常负荷，$P>0.15C$ 的称为重负荷(C 为轴承的额定负荷)。

承受较重的负荷或冲击负荷时，将引起轴承较大的变形，使结合面间实际过盈减小和轴承内部的实际间隙增大，这时为了使轴承运转正常，应选较大的过盈配合。同理，承受较轻的负荷，可选较小的过盈配合。

当轴承内圈承受循环负荷时，它与轴颈配合所需的最小过盈($Y_{\min计算}$)可按下式计算：

$$Y_{\min计算}=-\frac{13Rk}{b10^{6}}$$

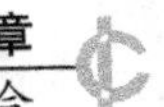

式中：R——轴承承受的最大径向负荷，单位为 kN；

k——与轴承系列有关的系数，轻系列 $k=2.8$，中系列 $k=2.3$，重系列 $k=2$；

b——轴承内圈的配合宽度（$b=B-2r$，B—轴承宽度，r—内圈倒角）单位为 m。

为避免套圈破裂，必须按不超出套圈允许的强度计算其最大过盈（$Y_{max计算}$）

$$Y_{max计算}=-\frac{11.4kd[\sigma_P]}{(2k-2)10^3}(\text{mm})$$

式中：$[\sigma_P]$——允许的拉应力，单位为 10^5 Pa，轴承钢的拉应力 $[\sigma_P]\approx 400(10^5\text{ Pa})$；

d——轴承内圈内径，单位为 m；

k——同前述含义。

当已选定轴承的精度等级和型号，即可根据计算得到的 Y_{min} 计算，从国标中查出轴承内径平均直径 d_{mp} 的公差带，选取轴的公差带代号以及最接近计算结果的配合。

在设计工作中，选择轴承的配合通常采用类比法，有时为了安全起见，才用计算法校核。用类比法确定轴和外壳孔的公差带时，可应用滚动轴承标准推荐的资料进行选取。见表 5.4、5.5、5.6 和表 5.7。

表 5.4　安装向心轴承和角接触轴承的壳体孔公差带（摘自 GB/T275-1993）

外圈工作条件				应用举例	公差带
旋转状态	负荷类型	轴向位移限度	其他情况		
外圈相对于负荷方向静止	轻、正常和重负荷	轴向容易移动	轴处于高温场合	烘干筒、有调心滚子轴承的大电机	G7
			剖分式壳体	一般机械、铁路机械轴箱	H7*
	轻、正常负荷	轴向能移动	整体式	磨床主轴用球轴承，小型电动机	J6、H6
	冲击负荷		整体式或剖分式壳体	铁路车辆轴箱轴承	J7*
外圈相对于负荷方向摆动	轻、正常负荷			电动机、泵、曲轴主轴承	
	正常、重负荷	轴向不能移动	整体式壳体	电动机、泵、曲轴主轴承	K7*
	重冲击负荷			牵引电动机	M7*
外圈相对于负荷方向旋转	轻负荷			张紧滑轮	M7*
	正常、重负荷			装有球轴承的轮毂	P7*
	重冲击负荷		薄壁、整体式壳体	装有滚子轴承的轮毂	

注：①对精度有较高要求的场合，应选用 IT6 代替 IT7，并应同时选用整体式壳体；

②对于轻合金外壳应选择比钢或铸铁外壳较紧的配合。

表 5.5　安装向心轴承和角接触轴承的轴颈公差带(摘自 GB/T275-1993)

内圈工作条件		应用举例	向心球轴承和角接触球轴承	圆柱滚子轴承和圆锥滚子轴承	调心滚子轴承	公差带
旋转状态	负荷		轴承公称内径(mm)			
圆柱孔轴承						
内圈相对于负荷方向旋转或摆动	轻负荷	电器仪表、机床主轴、精密机械、泵、通风机传送带	≤18 >18—100 >100—200 —	— ≤40 >40—140 >140—200	— ≤40 >40—100 >100—200	h5 j6① k6① m6①
	正常负荷	一般通用机械、电动机、涡轮机、泵、内燃机、变速箱、木工机械	≤18 >18—100 >100—140 >140—200 >200—280 — — —	— ≤40 >40—100 >100—140 >140—200 >200—400 — —	— ≤40 >40—65 >65—100 >100—140 >140—280 >280—500 >500	j5 k5② m5② m6 n6 p6 r6 r7
	重负荷	铁路车辆和电车的轴箱、牵引电动机、轧机、破碎机等重型机械	— — —	>50—140 >140—200 >200 —	>50—100 >100—140 >140—200 >200	n6③ p6③ r6③ r7③
内圈相对于负荷方向静止	各类负荷	静止轴上的各种轮子内圈必须在轴向容易移动	所有尺寸			g6①
		张紧滑轮、绳索轮内圈不必要在轴向移动	所有尺寸			h6①
纯轴向负荷		所有应用场合	所有尺寸			j6 或 js6
圆锥孔轴承(带锥形套)						
所有负荷		火车和电车的轴箱	装在退卸套上的所有尺寸			h8(IT6)④
		一般机械和传动轴	装在紧定套上的所有尺寸			h9(IT7)⑤

注:① 对精度较高要求场合,应选用 j5、k5、…代替 j6、k6…;

② 单列圆锥滚子轴承和单列角接触球轴承,因内部游隙的影响不重要,可用 k6 和 m6 代替 k5 和 m5;

③ 应选用轴承径向游隙大于基本组的滚子轴承;

④ 凡有较高精度或转速要求的场合,应选用 h7 及轴径形状公差 IT5 代替 h8(IT6);

⑤ 尺寸≥500mm,轴径形状公差为 IT7。

表 5.6　安装推力轴承的外壳孔公差带(摘自 GB/T275-1993)

座圈工作条件		轴承类型	外壳孔公差带
纯轴向负荷		推力球轴承	H8
		推力圆柱滚子轴承	H7
		推力调心滚子轴承	注①
径向和轴向联合负荷	座圈相对于负荷方向静止或摆动	推力调心滚子轴承	H7
	座圈相对于负荷方向旋转		M7

注:①外壳孔与座圈间的配合间隙 0.0001D(D 为轴承公称外径)。

表 5.7 安装推力轴承的轴径公差带(摘自 GB/T275-1993)

轴圈工作条件		推力球和圆柱滚子轴承	推力调心滚子轴承	轴径公差带
		轴承公称内径(mm)		
纯轴向负荷		所有尺寸	所有尺寸	j6 或 js6
径向和轴向联合负荷	轴圈相对于负荷方向静止	—	≤250 ＞250	j6 js6
	轴圈相对于负荷方向旋转或摆动	— — —	≤200 ＞200～400 ＞400	k6 m6 n6

为了保证轴承的工作质量及使用寿命,除选定轴和外壳孔的公差带之外,还应规定相应的几何公差及表面粗糙度值,国家标准推荐的几何公差及表面粗糙度值列于表 5.8 和表5.9 中,供设计时选取。

表 5.8 轴径和外壳孔的几何公差(摘自 GB/T275-1993)

轴承公称内、外径(mm)	圆柱度				端面圆跳动			
	轴径		外壳孔		轴肩		外壳孔肩	
	轴承精度等级							
	0	6	0	6	0	6	0	6
	公差值(um)							
＞18～30	4	2.5	6	4	10	6	15	10
＞30～50	4	2.5	7	4	12	8	20	12
＞50～80	5	3	8	5	15	10	25	15
＞80～120	6	4	10	6	15	10	25	15
＞120～180	8	5	12	8	20	12	30	20
＞180～250	10	7	14	10	20	12	30	20

表 5.9 轴径和外壳孔的表面粗糙度(摘自 GB/T275-1993)

配合表面	轴承精度等级	配合面的尺寸公差等级	轴承公称内、外径(mm)	
			≤80	＞80～500
			表面粗糙度参数 *Ra* 值(um)	
轴　径	0	IT6	≤1	≤1.6
外壳孔		IT7	≤1.6	≤2.5
轴　径	6	IT5	≤0.63	≤1
外壳孔		IT6	≤1	≤1.6
轴和外壳孔肩端面	0		≤2	≤2.5
	6		≤1.25	≤2

注:轴承装在紧定套或退卸套上时,轴颈表面的粗糙度参数 *Ra* 值不大于 2.5μm

5.2 平键联接的公差与配合

5.2.1 概述

键主要用于轴和带毂零件(如齿轮、蜗轮等),实现周向固定以传递转矩的轴毂联接。其中,有些还能实现轴向固定以传递轴向力;也可用做导向联接。

键是标准零件,分为平键、半圆键、楔键和切向健。

按用途,平键分为普通平键、导向平键和滑键三种,导向平健简称导键。普通平键用于静联接,接结构分为圆头的、方头的和一端圆头一端方头的;导键和滑键联结都是动联结,导键按结构分为圆头的和方头的,一般用螺钉紧固在轴上。

半圆键用于静联结,主要用于载荷较轻的联接,也常用作锥形轴联接的辅助装置。

楔键和切向健联接只能用于静联接。

平键和半圆键联接制造简易,装拆方便,在一般情况下不影响被联接件的定心,因而应用相当广泛。本节主要讨论平键的公差。

键联结的尺寸系列及其选择,强度计算等可参考有关设计手册。键的结构见下表(表5.10)

表 5.10 键的型式及结构

类型		图形	类型		图形
平键	普通平键	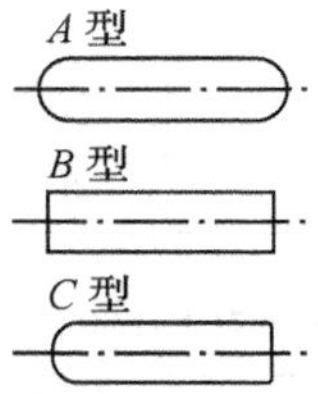 A 型 B 型 C 型	半圆键		
			楔键	普通楔键	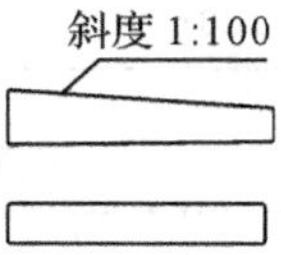 斜度 1:100
	导向平键	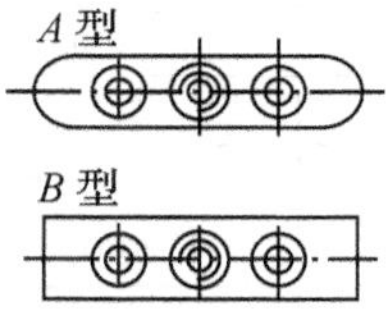 A 型 B 型		钩头楔键	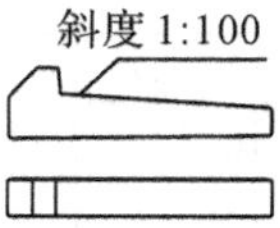 斜度 1:100
	滑键	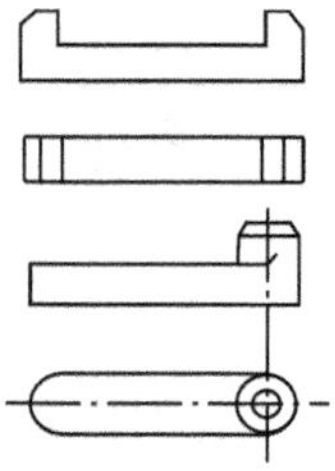	切向键		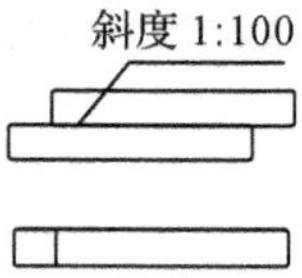 斜度 1:100

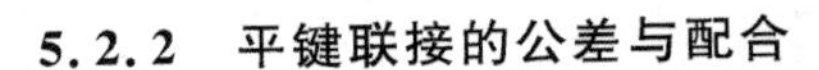

5.2.2 平键联接的公差与配合

键联接的配合尺寸是键和键槽宽，其配合性质也是以键与键槽宽的配合性质来体现的，其他为非配合尺寸。

键联接由于键侧面同时与轴和轮毂键槽侧面联接，且键是标准件，可用标准的精拔钢制造，因此是采用基轴制配合，键宽相当于"轴"，键槽宽相当于"孔"。其公差带见图 5.5。

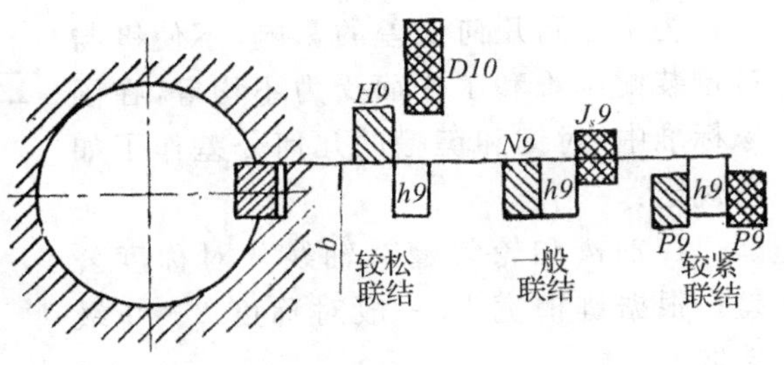

□—键公差带 ▨—轴槽公差带
▩—轮毂槽公差带

图 5.5 键宽与键槽宽 b 的公差带

为了保证键与键槽侧面接触良好而又便于拆装，键与键槽宽采用过渡配合或小间隙配合。其中，键与轴槽宽的配合应较紧，而键与轮毂槽宽的配合可较松。对于导向平键，要求健与轮毂槽之间作轴向相对移动，要有较好的导向性，因此宜采用具有适当间隙的间隙配合。

国家标准对键和键宽规定了三种基本联结，配合性质及其应用见表 5.11。键宽 b 和键高 h(公差带按 h11)的公差值按其公称尺寸从 GB/T1800.3-1998 中查取；键槽宽 B 及其他非配合尺寸公差规定见表 5.12。

表 5.11 平键联结的三种配合性质及其应用

配合种类	尺寸 b 的公差			应用场合
	键	轴槽	毂槽	
较松联结	h9	H9	D10	主要用于导向平键
一般联结		N9	Js9	单件和成批生产且载荷不大时
较紧联结		P9	P9	传递重载、冲击载荷或双向扭矩时

表 5.12 平键、键及键槽剖面尺寸及键槽公差(摘自 GB/T1095-1979)

轴	键	键槽											
公称直径 d	公称尺寸 b×h	宽度 b						深度				半径 r	
		公称尺寸 b	偏差					轴 t		毂 t_1			
			较松联结		一般联结		较紧联结	公称尺寸	极限偏差	公称尺寸	极限偏差		
			轴 H9	毂 D10	轴 N9	毂 JS9	轴和毂 P9					最大	最小
>22～30	8×7	8	+0.036 0	+0.098 +0.040	0 −0.036	±0.018	−0.015 −0.051	4.0	+0.20	3.3	+0.20	0.16	0.25
>30～38	10×8	10						5.0		3.3		0.25	0.40
>38～44	12×8	12	+0.043 0	+0.012 +0.050	0 −0.043	±0.0215	−0.018 −0.061	5.0		3.3			
>44～50	14×9	14						5.5		3.8			
>50～58	16×10	16						6.0		4.3			
>58～65	18×11	18						7.0		4.4			
>65～75	20×12	20	+0.052 0	+0.149 +0.065	0 −0.052	±0.026	−0.022 −0.074	7.5		4.9		0.40	0.60
>75～85	22×14	22						9.0		5.4			
>85～95	25×14	25						9.0		5.4			
>95～110	28×16	28						10.0		6.4			

注：①$(d-t)$和$(d+t_1)$两个组合尺寸的偏差按相应的 t 和 t_1 的偏差选取，但$(d-t)$偏差值应取负号；

②导向平键的轴槽与轮毂槽用较松键联结的公差。

5.2.3 平键联接的几何公差与表面结构要求

为了限制几何误差的影响，不使键与键槽装配困难和工作面受力不均等，在国家标准中，对键和键糟的几何公差作了如下规定：

1）轴槽和轮毂槽对轴线的对称度公差。根据键槽宽 b，一般对称度 7～9 级选取。

2）当健长 L 与健宽 b 之比大于或等于 8 时，b 的两侧面在长度方向的平行度公差也按 GB/T1184—2008 选取，当 $b \leqslant 6$mm 时取 7 级；$b \geqslant 8$ 至 36mm 时取 6 级；当 $b \geqslant 40$mm 时取 5 级。

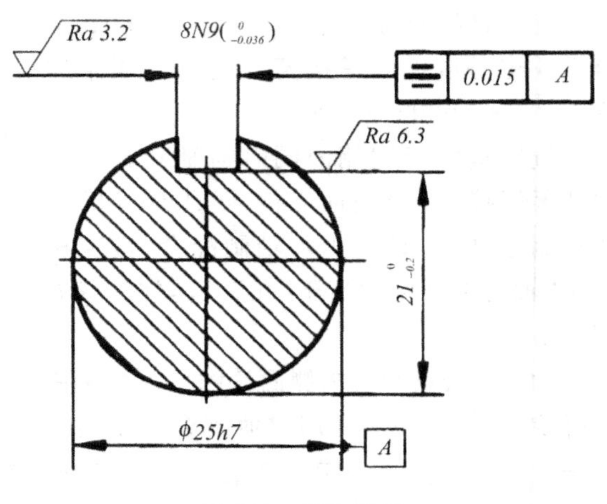

图 5.6 标注示例

其表面粗糙度值要求为：键槽两侧面取 Ra 为 1.6～6.3μm；其他非配合面取 Ra 为 6.3～12.5μm。图样标注如图 5.6 所示。

5.3 普通螺纹的公差与配合

5.3.1 普通螺纹的种类及使用要求

螺纹件在机电产品和仪器中应用甚广。按其用途可分为联结螺纹和传动螺纹。虽然两类螺纹的使用要求及牙型不同，但各参数对互换性的影响是一致的。本节主要介绍使用最广泛的普通螺纹的公差、配合及其应用。

普通螺纹有粗牙和细牙两种，用于固定或夹紧零件，构成可拆联结，如螺栓、螺母。其主要使用要求是可旋合性和联结可靠性。所谓旋合性，即同规格的内外螺纹易于旋入拧出，以便装配和拆换；所谓联结可靠性，是指用于联接时具有一定的联结强度，确保机器的使用性能。

5.3.2 普通螺纹基本牙型和几何参数

基本牙型是指在螺纹的轴剖面内，截去原始三角形的顶部和底部，所形成的螺纹牙型。如图 5.7 所示（小写字母为外螺纹的几何参数，大写字母为内螺纹的几何参数）。从图中可以看出螺纹的主要几何参数有：

1. 大径（d 或 D） 与外螺纹牙顶或内螺纹牙底相重合的假想圆柱体的直径，称为大径。国家标准规定，普通螺纹大径的公称尺寸为螺纹的公称尺寸。

2. 小径（d_1 或 D_1） 与外螺纹牙底或内螺纹牙顶相重合的假想圆柱体的直径，称为小径。

3. 中径（d_2 或 D_2） 中径是一个假想圆柱的直径，该圆柱的母线通过牙型上沟槽和凸起宽度相等且等于 $P/2$ 的地方。

4. 单一中径 一个假想圆柱的直径，该圆柱的母线通过牙型上沟槽宽度等于螺距公称

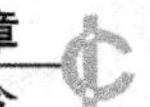

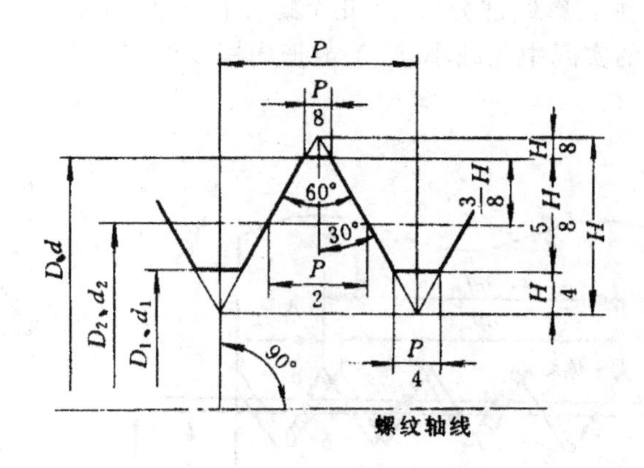

图5.7　螺纹的公称尺寸和基本牙型

尺寸一半的地方。当螺距无误差时，螺纹的中径就是螺纹的单一中径。当螺距有误差时，单一中径与中径是不相等的，如图5.8所示。

5. 牙型角 α 和牙型半角($\alpha/2$)　在螺纹牙型上，两相邻牙侧间的夹角称谓牙型角，对于公制普通螺纹，牙型角 $\alpha=60°$。牙侧与螺纹轴线的垂线间的夹角为牙型半角，如图5.7所示，牙型半角 $\alpha/2=30°$。

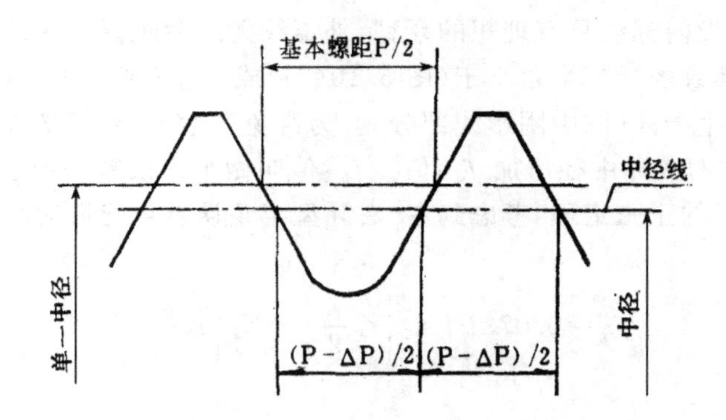

图5.8　螺纹的中径和单一中径

6. 螺距(P)与导程(P_n)

螺距是指相邻两牙在中径线上对应两点间的轴向距离；导程是指在同一条螺旋线上相邻两牙在中径线上对应两点间的轴向距离。对单线螺纹，导程等于螺距；对多头(线)螺纹，导程等于螺距与线数(n)的乘积：$P_n=nP$。

7. 螺纹旋合长度(L)　它是指两相旋合螺纹，沿螺纹轴线方向相互旋合部分的长度。

5.3.3　普通螺纹主要几何参数对互换性的影响

影响螺纹结合互换性的主要几何参数有螺距误差，牙型半角误差和中径误差。

1. 螺距误差的影响

对于普通螺纹，螺距误差会影响螺纹的旋合性与联结强度。为便于分析，假设内螺纹具有理想的牙型，外螺纹无半角误差仅螺距有误差，且螺距大于内螺纹的螺距，这时在牙侧处将产生干涉(如图 5.9 中阴影线部分)。在几个螺牙长度上,螺距累积误差为$\triangle P\Sigma$,为避免产生干涉,可把外螺纹的实际中径减小 f_p 值或把内螺纹的实际中径增加 f_p 值。f_p 值叫做螺距误差的中径当量。

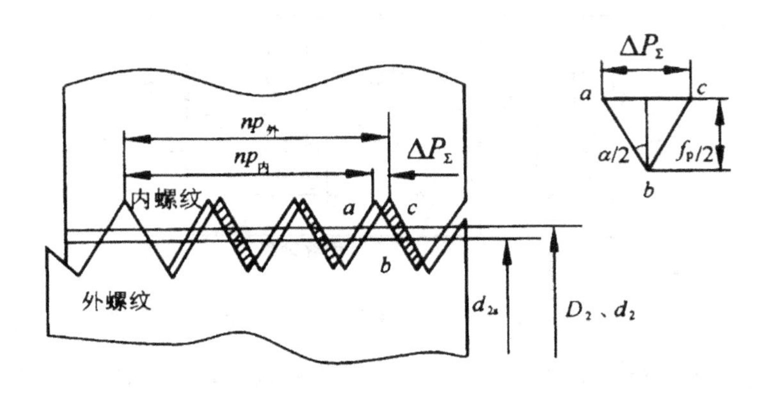

图 5.9　螺距误差的影响

由图 5.9 中$\triangle abc$ 可知：　$f_p=1.732|\Delta P_\Sigma|$

2. 牙型半角误差的影响

牙型半角误差同样会影响螺纹的旋合性与联结强度。

为便于分析,假设内螺纹具有理想的牙型,外螺纹无螺距距误差仅牙型半角有误差。如图 5.10 所示,当外螺纹的牙型半角小于(图 5.10(a))或大于(图 5.10(b))内螺纹的牙型半角时,在牙侧处将产生干涉(图中阴影线部分)。为避免产生干涉,可把外螺纹的实际中径减小 $f_{\alpha/2}$值或把内螺纹的实际中径增加 $f_{\alpha/2}$值。$f_{\alpha/2}$值叫做半角误差的中径当量。

根据任意三角形的正弦定理,考虑到左、右牙型半角误差可能同时出现的各种情况及必要的单位换算,得出

$$f_{\frac{\alpha}{2}}=0.073P\left(K_1\left|\Delta\frac{\alpha_1}{2}\right|+K_2\left|\Delta\frac{\alpha_2}{2}\right|\right)$$

式中:P—螺距(mm)

$\Delta\frac{\alpha_1}{2}$、$\Delta\frac{\alpha_2}{2}$——左右牙型半角误差(单位为分);

K_1、K_2——左右牙型半角误差系数。对外螺纹,当牙型半角误差为正时,K_1 和 K_2 取为 2;为负时取为 3;内螺纹左、右牙型半角误差系数的取值正好与此相反。

3. 中径误差的影响

中径误差同样影响螺纹的旋合性与联结强度,若外螺纹的中径小于内螺纹的中径,就能保证内、外螺纹的旋合性;反之,就会产生干涉而难以旋合。但是。如果外螺纹的中径过小,又会使螺纹结合过松,削弱其联结强度。为此,加工螺纹时应当对中径误差加以控制。为了保证螺纹的互换性,普通螺纹公差标准中对中径规定了公差。

4. 螺纹中径合格性的判断原则

实际螺纹往往同时存在中径、螺距和牙型半角误差,而三者对旋合性均有影响。螺距和牙型半角误差对旋合性的影响,如前所述,对于外螺纹来说,其效果相当于中径增大了;对于内螺纹来说,其效果相当于中径减小了。这个增大了或减小了的假想螺纹中径叫做螺纹的

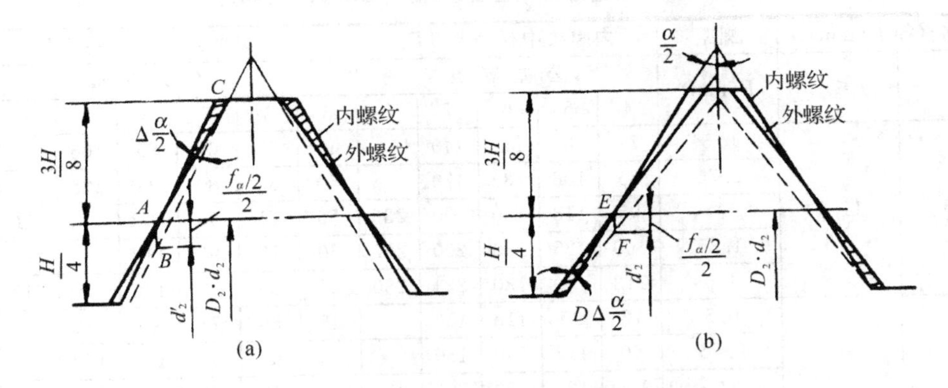

图 5.10　牙型半角误差的影响

作用中径,其值为:

$$d_{2作用}=d_{2单一}+(f_{\frac{\alpha}{2}}+f_p)$$

$$D_{2作用}=D_{2单一}-(f_{\frac{\alpha}{2}}+f_p)$$

国家标准规定螺纹中径合格性的判断仍然遵守泰勒原则,即:实际螺纹的作用中径不能超出最大实体牙型的中径,而实际螺纹上任何部位的单一中径不能超出最小实体牙型的中径。

根据中径合格性判断原则,合格的螺纹应满足下列不等式:

对于外螺纹:$d_{2作用}\leqslant d_{2\max}$　　$d_{2单一}\geqslant d_{2\min}$

对于内螺纹:$D_{2作用}\geqslant D_{2\min}$　　$D_{2单一}\leqslant D_{2\max}$

5.3.3　普通螺纹的公差与配合

从互换性的角度来看,螺纹的基本几何要素有大径、小径、中径、螺距和牙型半角。但普通螺纹配合时,在大径之间和小径之间实际上都是有间隙的。而国家标准中对螺距和牙型半角没有规定公差,所以螺纹的互换性和配合性质主要取决于中径。

1. 普通螺纹公差的公差带

(1) 公差等级　螺纹公差带的大小由标准公差确定。内螺纹中径 D_2 和顶径 D_1 的公差等级分为 4、5、6、7、8 级;外螺纹中径 d_2 分为 3、4、5、6、7、8、9 级,顶径 d 分为 4、6、8 级。

各直径和各公差等级的标准公差系列规定列于表 5.13 及表 5.14。

螺纹底径没有规定公差,仅规定内螺纹底径的下极限尺寸 $D_{\min}$ 应大于外螺纹大径的上极限尺寸;外螺纹底径的上极限尺寸 $d_{1\max}$ 应小于内螺纹小径的下极限尺寸。

(2)基本偏差　螺纹公差带相对于基本牙型的位置由基本偏差确定。国家标准中,对内螺纹规定了两种基本偏差,代号为 G、H;对外螺纹规定了四种基本偏差,代号为 e、f、g、h,其偏差值见表 5.14。

表 5.13 普通螺纹中径公差(摘自 GB/T197-1981)

公称直径 D(mm)		螺距	内螺纹中径公差 TD_2					外螺纹中径公差 Td_2						
>	≤	P(mm)	公差等级					公差等级						
			4	5	6	7	8	3	4	5	6	7	8	9
5.6	11.2	0.5	71	90	112	140		42	53	67	85	106	—	—
		0.75	85	106	132	170		50	63	80	100	125	—	—
		1	95	118	150	190	236	56	71	90	112	140	180	224
		1.25	100	125	160	200	250	60	75	95	118	150	190	236
		1.5	112	140	180	224	280	67	85	106	132	170	212	295
11.2	22.4	0.5	75	95	118	150		45	56	71	90	112	—	—
		0.75	90	112	140	180		53	67	85	106	132	—	—
		1	100	125	160	200	250	60	75	95	118	150	190	236
		1.25	112	140	180	224	280	67	85	106	132	170	212	265
		1.5	118	150	190	236	300	71	90	112	140	180	224	280
		1.75	125	160	200	250	315	75	95	118	150	190	236	300
		2	132	170	212	265	335	80	100	125	160	200	250	315
		2.5	140	180	224	280	355	85	106	132	170	212	265	335
22.4	45	0.75	95	118	150	190	—	56	71	90	112	140	—	—
		1	106	132	170	212	—	63	80	100	125	160	200	250
		1.5	125	160	200	250	315	75	95	118	150	190	236	300
		2	140	180	224	280	355	85	106	132	170	212	265	335
		3	170	212	265	335	425	100	125	160	200	250	315	400
		3.5	180	224	280	355	450	106	132	170	212	265	335	425
		4	190	236	300	375	415	112	140	180	224	280	355	450
		4.5	200	250	315	400	500	118	150	190	236	300	375	475

表 5.14 普通螺纹的基本偏差和顶径公差(摘自 GB/T197-1981)

螺距 P (mm)	内螺纹的基本偏差 EI		外螺纹的基本偏差 es				内螺纹小径公差 TD_1					外螺纹大径公差 T_d		
	G	H	e	f	g	h	4	5	6	7	8	4	6	8
1	+26	0	−60	−40	−26	0	150	190	236	300	375	112	180	280
1.25	+28		−63	−42	−28		170	212	265	335	425	132	212	335
1.5	+32		−67	−45	−32		190	236	300	375	475	150	236	375
1.75	+34		−71	−48	−34		212	265	335	425	530	170	265	425
2	+38		−71	−52	−38		236	300	375	475	600	180	280	450
2.5	+42		−80	−58	−42		280	355	450	560	710	212	335	530
3	+48		85	−63	−48		315	400	500	630	800	236	375	600
3.5	+53		90	−70	−53		355	450	560	710	900	265	425	670
4	+60		95	−75	−60		375	475	600	750	950	300	475	750

(3)旋合长度　国家标准规定:螺纹的旋合长度分为三组,分别为短旋合长度、中旋合长度和长旋合长度,并分别用代号 S、N、L 表示。一般使用的旋合长度是螺纹公称直径的 0.5～1.5 倍,故将此范围内的旋合长度作为中等旋合长度。

螺纹公差带和旋合长度构成螺纹的精度等级。GB/T197-1981 将普通螺纹精度分为精密级、中等级和粗糙级三个等级，如表5.15所示。

表5.15 普通螺纹的选用公差带(摘自GB/T197-1981)

旋合长度		内螺纹选用公差带			外螺纹选用公差带		
		S	N	L	S	N	L
配合精度	精密	4H	4H、5H	5H、6H	(3h4h)	4h*	(5h4h)
	中等	5H* (5G)	6H (6G)	7H* (7G)	(5h6h) (5g6g)	6h* 6g 6f* 6e*	(7h6h) (7g6g)
	粗糙	—	7H (7G)	—	—	(8h) 8g	—

注：大量生产的精制紧固螺纹，推荐采用带下划线的公差带；带*号的公差带优先选用，加()的公差带尽量不用。

2. 普通螺纹公差与配合选用

由基本偏差和公差等级可以组成多种公差带。在实际生产中为了减少刀具及量具的规格和数量，便于组织生产，对公差带的种类予以了限制，国标推荐按表5.15选用。

1）螺纹精度等级与旋合长度的选用

精度等级的选用，对于间隙较小，要求配合性质稳定，需保证一定的定心精度的精密螺纹，

采用精密级；对于一般用途的螺纹，采用中等级；不重要的以及制造较困难的螺纹采用粗糙级。

旋合长度的选用，通常采用中等旋合长度，仅当结构和强度上有特殊要求时方可采用短旋合长度和长旋合长度。

2)配合的选用

螺纹配合的选用主要根据使用要求，一般规定如下：

(1) 为了保证螺母、螺栓旋合后的同轴度及强度，一般选用间隙为零的配合(H/h)；

(2) 为了装拆方便及改善螺纹的疲劳强度，可选用小间隙配合(H/g和G/h)；

(3) 需要涂镀保护层的螺纹，其间隙大小决定于镀层的厚度。镀层厚度为5μm左右，一般选6H/6g，镀层厚度为10μm左右，则选6H/6e；若内外螺纹均涂镀，则选6G/6e；

(4) 在高温下工作的螺纹，可根据装配和工作时的温度差别来选定适宜的间隙配合。

5.3.5 普通螺纹的标记

螺纹的完整标记，由螺纹代号、公称直径、螺距、螺纹公差带代号和螺纹旋合长度代号(或数值)组成。公差带代号由公差等级级别和基本偏差代号组成。在零件图上的标记如下：

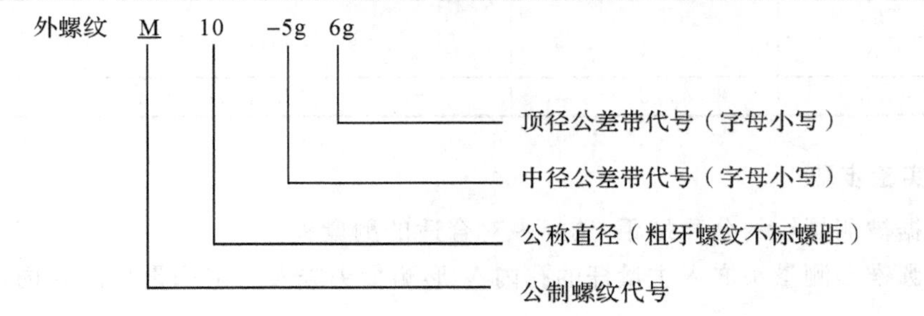

5.4 实验:用螺纹千分尺测量外螺纹中径

一、实验内容

用螺纹千分尺测量外螺纹中径。

二、实验目的

1)了解螺纹千分尺的测量原理;

2)掌握用螺纹千分尺测量外螺纹中径的方法。

三、实验仪器

1)螺纹千分尺

2)被测外螺纹

图 5.11 为螺纹千分尺的外形图。它的构造与外径千分尺基本相同,只是在测量砧和测量头上装有按理论牙形角做成的特殊测量头 1 和 2,测量头 1 为 V 形测量头,与螺纹牙型凸起部分相吻合;测量头 2 为圆锥形测量头,与螺纹牙型沟槽相吻合,用它来直接测量外螺纹的中径。

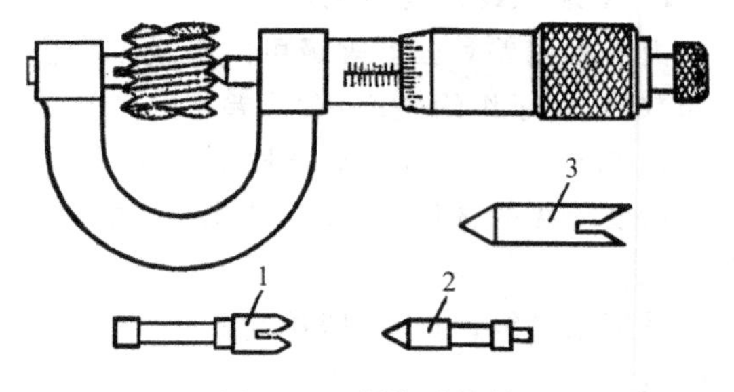

图 5.11 螺纹千分尺

四、实验原理

因测量头的角度是按理论的牙形角制造,所以测量中被测螺纹的半角误差对中径将产生较大影响,使测得值误差较大,误差值达 0.1~0.15mm;因此,它只能用于低精度的螺纹测量。螺纹千分尺的分度值为 0.01 毫米。测量前,用尺寸样板 3 来调整零位。每对测量头只能测量一定螺距范围内的螺纹,使用时根据被测螺纹的螺距大小来选择(参照表 5.16),测量时由螺纹千分尺直接读出螺纹中径的实际尺寸。

表 5.16 普通螺纹中径测量范围

测量范围(mm)	测头数量(副)	测头测量螺距的范围(mm)
0~25	5	0.4~0.5;0.6~0.8;1~1.25;1.5~2;2.5~3.5
25~50	5	0.6~0.8;1~1.25;1.5~2;2.5~3.5;4~6
50~75	4	1~1.25;1.5~2;2.5~3.5;4~6
75~100		
100~125	3	1.5~2;2.5~3.5;4~6

五、实验步骤

1)根据被测螺纹的公称螺距,选择一对合适的测量头。

2)将圆锥形测量头嵌入主量杆的孔内 V 形测量头嵌入固定测量贴的孔内,然后进行零位调整。

3)选取三个截面,在每个截面相互垂直的两个方向进行测量,记下读数。

4)根据被测螺纹的公称直径、螺距和公差代号,从有关表格中查出中径的极限偏差,并计算被测螺纹中径的极限尺寸。

六、合格性判定

在同一截面相互垂直的两个方向上测量螺纹中径。取它们的平均值作为螺纹的实际中径,若螺纹的实际中径都在公差范围内,则被测螺纹合格;反之,不合格。

小　结

本章主要介绍了滚动轴承的组成、精度等级及其应用,滚动轴承与轴和外壳孔的公差配合的选择;普通平键的公差配合的特点、几何公差和表面粗糙度的选择;普通螺纹的基本牙型和主要几何参数,螺距误差和牙型半角偏差对螺纹互换性的影响,螺纹公差带的特点和螺纹的标记。要求学生掌握滚动轴承与孔、轴结合公差带的特点;掌握平键结合的种类和公差配合;掌握螺纹公差带特点及其选用。

思考与习题

5-1　根据国家标准的规定,向心滚动轴承按其尺寸公差和旋转精度分为哪几个公差等级?

5-2　滚动轴承与轴和外壳孔配合采用哪种基准制?

5-3　滚动轴承国家标准将内圈内径的公差带规定在零线的什么位置?多数情况下轴承内圈随轴一起转动,两者之间配合必须有一定的间隙还是过盈?

5-4　平键联接中,键宽与轴槽宽的配合采用的是什么基准制?为什么?

5-5　平键联接有哪些配合种类?分别用于什么场合?

5-6　键连接中为什么对键宽规定了较严格的公差?

5-7　某减速器中输出轴地伸出端与相配件孔的配合为 Φ45H7/m6,采用一般联结平键。试确定轴槽与轮毂槽的尺寸公差及其极限偏差、键槽对称度公差和表面粗糙度参数值。

5-8　普通螺纹的基本几何参数有哪些?

5-9　影响螺纹互换性的主要因素有哪些?

5-10　普通螺纹中径公差分几级?内外螺纹有何不同?常用的是多少级?

5-11　解释 M20×1.5-5g6g-S 的含义

第6章　渐开线圆柱齿轮的传动精度

在机械产品中，齿轮是使用最多的传动元件，齿轮传动是机器和仪器中最常用的传动形式之一，齿轮传动的质量将影响到机器或仪器的工作性能、承载能力、使用寿命和工作精度。目前，随着科技水平的迅猛发展，对机械产品的自身质量，传递的功率和工作精度都提出了更高的要求，从而对齿轮传递的精度也提出了更高的要求。因此研究齿轮偏差、精度标准及检测方法，对提高齿轮加工质量具有重要的意义。目前我国推荐使用的渐开线圆柱齿轮标准为：《渐开线圆柱齿轮精度》GB/T10095-2001；《圆柱齿轮检验实施规范》GB/Z18620-2002。

6.1　概　述

6.1.1　齿轮传动的使用要求

各类齿轮都是用来传递运动或动力的，其使用要求因用途不同而异，但归纳起来主要为以下四个方面：

1. 传递运动的准确性

齿轮传动理论上应按设计规定的传动比来传递运动，由于齿轮存在加工误差和安装误差，实际上要保持恒定传动比是不可能的。传递运动的准确性是指齿轮在一转范围内，最大转角误差不超过一定的限度。齿轮一转过程中产生的最大转角误差用 $\Delta\Phi_{\Sigma}$ 来表示，如图6.1所示的一对齿轮，若主动轮的齿距没有误差，而从动齿轮存在如图所示的齿距不均匀时，则从动齿轮一转过程中将形成最大转角误差 $\Delta\Phi_{\Sigma}=7°$，从而使速比相应产生最大变动量，传递运动不准确。

2. 传递运动的平稳性

要求齿轮在转一齿范围内，瞬时传动比变化不超过一定的范围。因为瞬时传动比的变化会使从动轮转速在不断变化，从而会引起冲击、振动和噪声。它可以用转一齿过程中的最大转角误差 $\Delta\Phi$ 表示。如图 6.1(b)，与运动精度相比，它等于转角误差曲线上多次重复的小波纹的最大幅度值。

3. 载荷分布的均匀性

要求一对齿轮啮合时，工作齿面要保证接触良好，避免应力集中，减少齿面磨损，提高齿面强度和寿命。这项要求可用沿轮齿齿长和齿高方向上保证一定的接触区域来表示，如图6.2 所示，对齿轮的此项精度要求又称为接触精度。

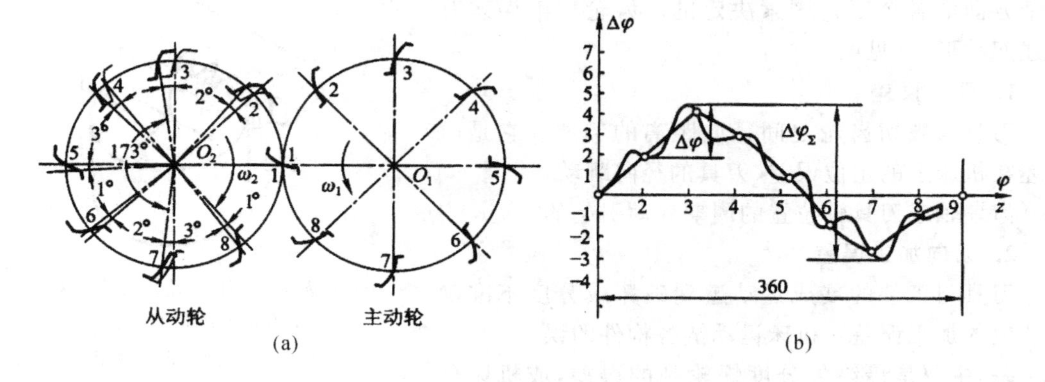

图 6.1　转角误差示意图

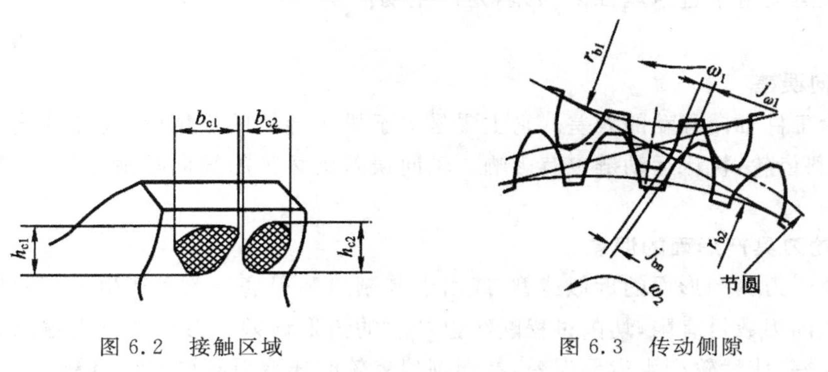

图 6.2　接触区域

图 6.3　传动侧隙

4. 传动侧隙

要求一对齿轮啮合时，在非工作齿面间应存在的间隙，如图 6.3 所示的法向侧隙 j_{bn}，是为了使齿轮传动灵活，用以贮存润滑油、补偿齿轮的制造与安装误差以及热变形等所需的侧隙。否则齿轮传动过程中会出现卡死或烧伤。在圆周方向测得的间隙为圆周侧隙 j_{wt}。

上述前 3 项要求为对齿轮本身的精度要求，而第 4 项是对齿轮副的要求，而且对不同用途的齿轮，提出的要求也不一样。对于机械制造业中常用的齿轮，如机床、通用减速器、汽车、拖拉机、内燃机车等行业用的齿轮，通常对上述 3 项精度要求的高低程度都是差不多的，对齿轮精度评定各项目可要求同样精度等级，这种情况在工程实践中是占大多数的。而有的齿轮，可能对上述 3 项精度中的某一项有特殊功能要求，因此可对某项提出更高的要求。例如对分度、读数机构中的齿轮，可对控制运动精度的项目提出更高的要求；对航空发动机、汽轮机中的齿轮，因其转速高，传递动力也大，特别要求振动和噪音小，因此应对控制平稳性精度的项目提出高要求，对轧钢机、起重机、矿山机的齿轮，属于低速动力齿轮，因而可对控制接触精度的项目要求高些。而对于齿侧间隙，无论何种齿轮，为了保证齿轮正常运转都必须规定合理的间隙大小，尤其是仪器仪表齿轮传动，保证合适的间隙尤为重要。

另外，为了降低齿轮的加工，检测成本，如果齿轮总是用一侧齿面工作，则可以对非工作齿面提出较低的精度要求。

6.1.2　齿轮的加工误差

齿轮的各项偏差都是在加工过程中形成的，是由于工艺系统中齿轮坯、齿轮机床、刀具

三个方面的各个工艺因素决定的。齿轮加工误差有下述四种形式(见图 6.4):

1. 径向误差

刀具与被切齿轮之间径向距离的偏差。它是由齿坯在机床上的定位误差、刀具的径向跳动、齿坯轴或刀具轴位置的周期变动引起的。

2. 切向加工误差

刀具与工件的展成运动遭到破坏或分度不准确而产生的加工误差。机床运动链各构件的误差,主要是最终的分度蜗轮副的误差,或机床分度盘和展成运动链中进给丝杠的误差,是产生切向误差的根源。

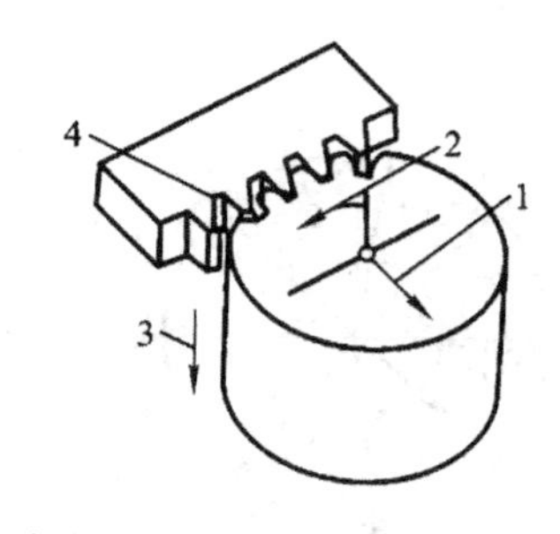

1-径向误差;2-切向误差;3-轴向误差;4-刀具产形面的误差

图 6.4 齿轮加工误差

3. 轴向误差

刀具沿工件轴向移动的误差。它主要是由于机床导轨的不精确、齿坯轴线的歪斜所造成的,对于斜齿轮,机床运动链也有影响。轴向误差破坏齿的纵向接触,对斜齿轮还破坏齿高接触。

4. 齿轮刀具产形面的误差

它是由于刀具产形面的近似造型,或由于其制造和刃磨误差而产生的。此外由于进给量和刀具切削刃数目有限,切削过程断续也产生的齿形误差。刀具产形面偏离精确表面的所有形状误差,使齿轮产生齿形误差,在切削斜齿轮时还会引起接触线误差。刀具产形面和齿形角误差,使工件产生基节偏差和接触线方向误差,从而影响直齿轮的工作平稳性,并破坏直齿轮和斜齿轮的全齿高接触。

6.2 齿轮精度的评定指标

图样上设计的齿轮都是理想的齿轮,但由于齿轮加工误差,使制得的齿轮齿形和几何参数都存在误差。因此必须了解和掌握控制这些误差的评定项目。在齿轮新标准中,齿轮误差、偏差统称为齿轮偏差,将偏差与公差共用一个符号表示,例如 F_{α} 既表示齿廓总偏差,又表示齿廓总公差。单项要素测量所用的偏差符号用小写字母(如 f)加上相应的下标组成;而表示若干单项要素偏差组成的“累积”或“总”偏差所用的符号,采用大写字母(如 F)加上相应的下标表示。

6.2.1 影响齿轮传动准确性的偏差

1. 齿距累积偏差(ΔF_p)及 K 个齿距累积偏差(ΔF_{pk})

齿距累积偏差(ΔF_{pk})

任意 k 个齿距的实际弧长与理论弧长的代数差(图 6.4),理论上它等于 k 个齿距的各单个齿距偏差的代数和。一般 $\pm F_{pk}$ 适用于齿距数 k 为 2 到 $z/8$ 范围,通常 k 取 $z/8$ 就足够了。

齿距累积偏差实际上是控制在圆周上的齿距累积偏差，如果此项偏差过大，将产生振动和噪声，影响平稳性精度。

齿距累积总偏差(ΔF_p)

齿距同侧齿面任意弧段($k=1$ 到 $k=z$)内的最大齿距累积偏差。

它表现为齿距累积偏差曲线的总幅值(见图 6.5)。齿距累积总偏差可反映齿轮转一转过程中传动比的变化，因此它影响齿轮的运动精度。

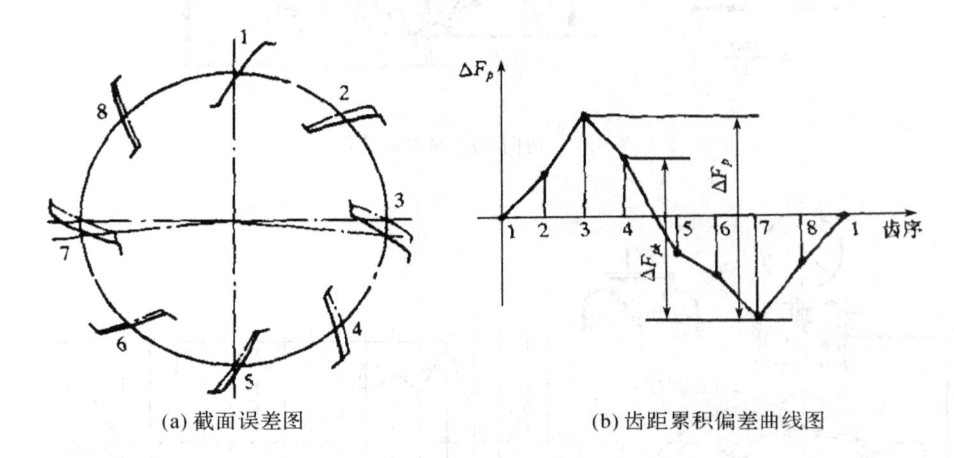

(a) 截面误差图　　(b) 齿距累积偏差曲线图

图 6.5　齿距累计总偏差

齿距偏差的检验一般在齿距比较仪上进行，属相对测量法。如图 6.6 所示。齿距仪的测头 3 为固定测头，活动测头 2 与指示表 7 相连，测量时将齿距仪与被测齿轮平放在检验平板上，用两个定位杆 4 前端顶在齿轮顶圆上，调整测头 2 和 3 使其大致在分度圆附近接触，以任一齿距作为基准齿距并将指示表对零，然后逐个齿距进行测量，得到各齿距相对于基准齿距的偏差，然后求出平均齿距偏差。

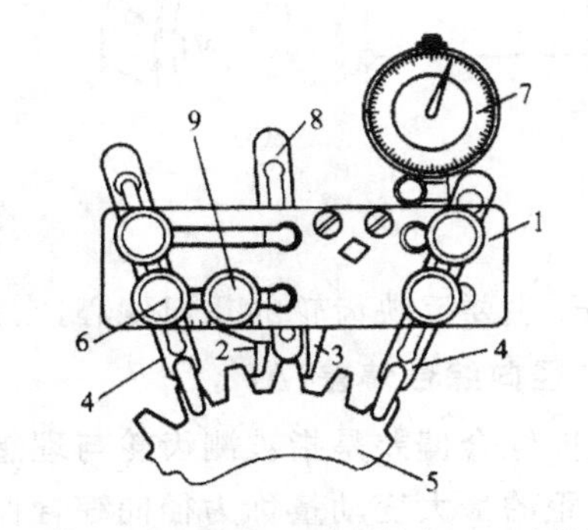

1-基体；2-活动测头；3-固定测头；4、8-定位杆；
5-被测齿轮；6、9-锁紧螺钉；7-指示表

图 6.6　齿距比较仪测齿距偏差

2. 切向综合偏差($\Delta F'_i$)

被测齿轮与测量齿轮单面啮合检验时，被测齿轮一转内，齿轮分度圆上实际圆周位移与理论圆周位移的最大差值(图 6.7)。$\Delta F'_i$是反映齿轮运动精度的检查项目，但不是必检项目。

图 6.7 为在单面啮合测量仪上画出的切向综合偏差曲线图。横坐标表示被测齿轮转角，纵坐标表示偏差。如果齿轮没有偏差，偏差曲线应是与横坐标平行的直线。在齿轮一转范围内，过曲线最高、最低点作与横坐标平行的两条直线，则此平行线间的距离即为 $\Delta F'_i$值。

3. 径向跳动(ΔF_r)

齿轮径向跳动为测头(球形、圆柱形、锥形)相继置于每个齿槽内时，相对于齿轮基准轴线的最大和最小径向距离之差。如图 6.7(a)所示。检查时测头在近似齿高中部与左右齿面接触，根据测量数值可画出如图 6.8(b)所示的径向跳动曲线图。

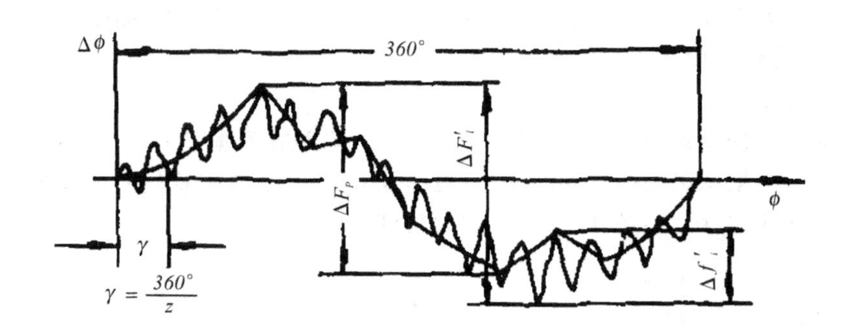

图 6.7　切向综合偏差曲线图

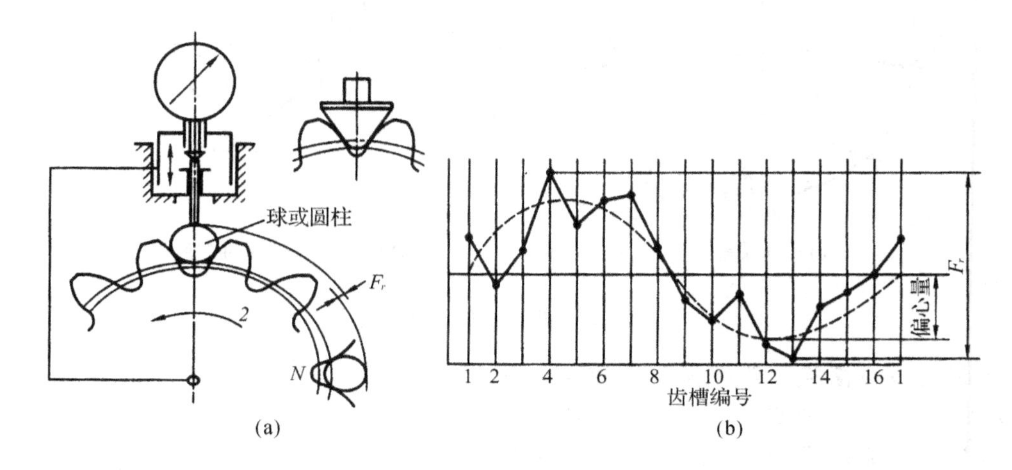

图 6.8　径向跳动

ΔF_r 主要反映齿轮的几何偏心，它是检测齿轮运动精度的项目，但不是必检项目。

4. 径向综合偏差($\Delta F''_i$)

径向综合偏差是指被测齿轮与理想精确的测量齿轮双面啮合时，在被测齿轮一转内，双啮中心距的最大变动量称为径向综合偏差 $\Delta F''_i$。

图 6.9 为在双啮仪上测量画出的 Δ''_i 偏差曲线，横坐标表示齿轮转角，纵坐标表示偏差，过曲线最高、最低点作平行于横轴的两条直线，该二平行线距离即为 $\Delta F''_i$ 值。$\Delta F''_i$ 是反映齿轮运动精度的项目，但不是必检项目。

5. 公法线长度变动(ΔF_w)

公法线长度变动是指在被测齿轮一周范围内，实际公法线长度的最大值与最小值之差(图 6.10)，即：$\Delta F_w = W_{\max} - W_{\min}$。

齿轮有切向误差时，实际齿廓沿分度圆切线方向相对于其理论位置将会产生位移，使得公法线长度发生变动。因此，公法线长度变动可以揭示齿轮的切向误差。但是因为测量公法线长度时没有径向测量基准，故它不能反映出齿轮的径向误差。因此在齿轮传递运动准确性的评定指标中，它是属于切向性质的单项性指标。

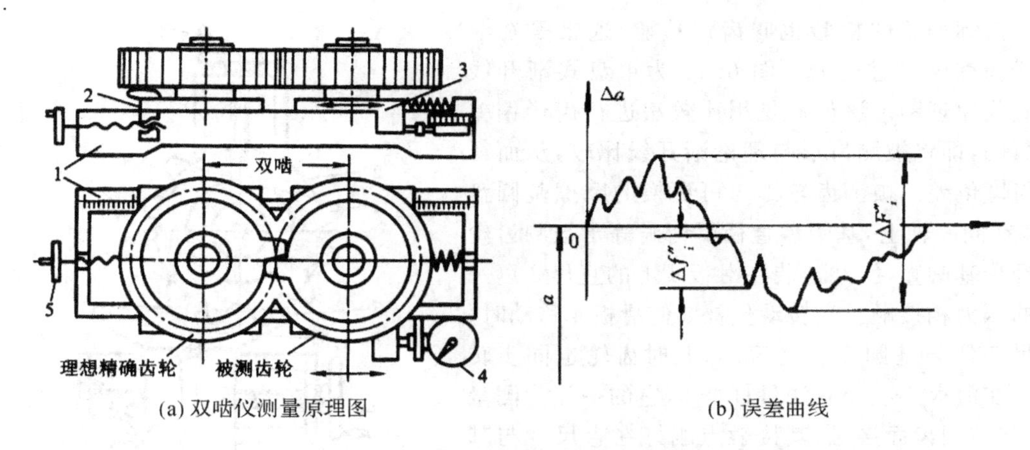

(a) 双啮仪测量原理图　　(b) 误差曲线

1-基体;2-固定滑座;3-可动滑座;4-指示表;5-手轮

图 6.9　双面啮合测量

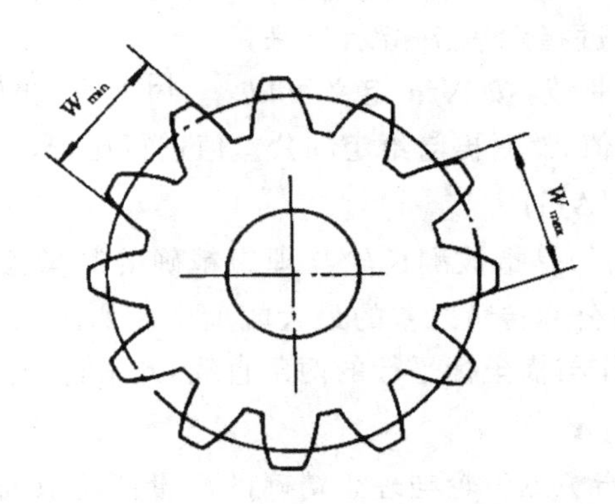

图 6.10　齿轮公法线长度变动

6.2.2　影响齿轮传动平稳性的偏差

1. 单个齿距偏差(Δfpt)

单个齿距偏差是指在分度圆上,实际齿距与公称齿距之差(图 6.11)。

2. 齿廓总偏差(Δfa)

齿廓总偏差:是在端截面上,齿形工作部分内(齿顶部分除外),包容实际齿形且距离为最小的两条设计齿形间的法向距离。

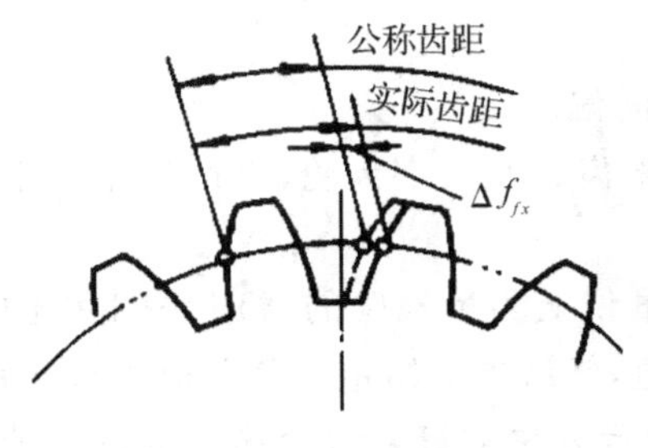

图 6.11　齿距偏差

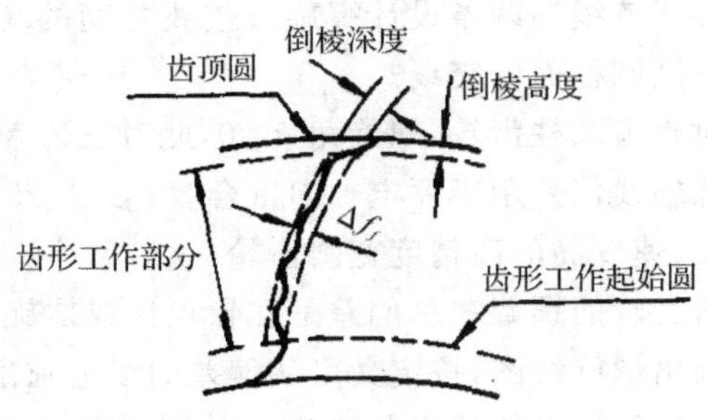

图 6.12　齿形误差

齿廓偏差的检验也叫齿形检验，通常是在渐开线检查仪上进行的。图 6.13 为单盘式渐开线检查仪原理图。该仪器是用比较法进行齿形偏差测量的，即将被测齿形与理论渐开线比较，从而得出齿廓偏差。被测齿轮 1 与可更换的摩擦基圆盘 2 装在同一轴上，基圆盘直径要精确等于被测齿轮的理论基圆直径，并与装在滑板 4 上的直尺 3 以一定的压力相接触。当转动丝杠 5 使滑板 4 移动时，直尺 3 便与基圆 2 作纯滚动，此时齿轮也同步转动。在滑板 4 上装有测量杠杆 6，它的一端为测量头，与被测齿面接触，其接触点刚好在直尺 3 与基圆盘 2 相切的平面上，它走出的轨迹应为理论渐开线，但由于齿面存在齿形偏差，因此在测量过程中测头就产生了偏移并通过指示表 7 指示出来，或由记录器画出齿廓偏差曲线，按 Δfa 定义可以从记录曲线上求出 Δfa 数值，然后再与给定的公差值进行比较。

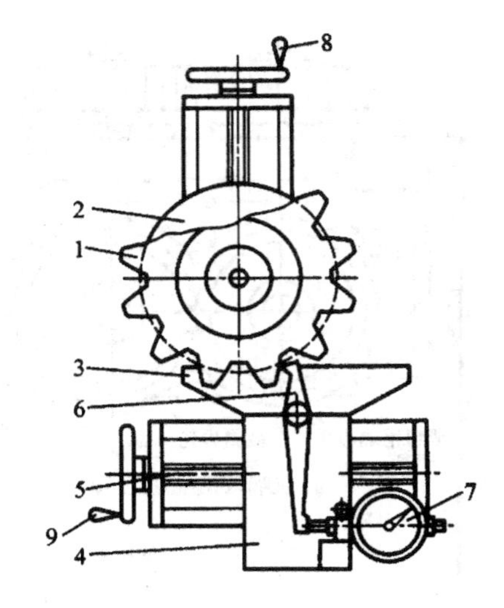

1-齿轮；2-基圆盘；3-直尺；4-滑板；5-丝杠；6-杠杆；7-指示表；8、9-手轮

图 6.13　单盘式渐开线检查仪原理图

3. 一齿切向综合偏差($\Delta f_i'$)

一齿切向综合偏差($\Delta f_i'$)是指被测齿轮与理想精确的测量齿轮单面啮合时，在被测齿轮一齿距角内，实际转角与公称转角之差的最大幅度值。如图 6.7 所示，在一个齿距角内，过偏差曲线的最高最低点作与横坐标平行的两条直线，此平行线间的距离即为 $\Delta f_i'$。

4. 一齿径向综合偏差($\Delta f_i''$)

一齿径向综合偏差是指被测齿轮与理想精确的测量齿轮双面啮合时，在被测齿轮一齿角内，双啮中心距的最大变动量。

用双啮合仪测量径向综合偏差 $\Delta f_i''$的同时可测得 $\Delta f_i''$，在径向综合偏差曲线(图 6.9)上，波长为一个齿距角的范围内，小波纹的最大幅度值即为一齿径向综合偏差。

6.2.3　影响齿轮载荷分布均匀性的偏差

影响齿轮载荷分布均匀性的主要是相啮合轮齿齿面接触性的均匀性。对圆柱齿轮载荷分布均匀性的评定指标只有齿长方向的指标，即螺旋线总偏差(ΔF_β)

螺旋线总偏差是指在分度圆柱面上，齿宽有效部分范围内(端部倒角部分除外)，包容实际螺旋线迹线的两条设计螺旋线迹线之间的端面距离。(图 6.14)。定义中的齿线就是齿面与分度圆柱面的交线。

对直齿圆柱齿轮，螺旋角 $\beta=0$，此时 ΔF_β 称为齿向偏差。

螺旋线偏差用于评定轴向重合度 $\varepsilon_\beta>1.25$ 的宽斜齿轮及人字齿轮，它适用于评定传递功率大、速度高的高精度宽斜齿轮。

斜齿轮的螺旋线总偏差是在导程仪或螺旋角测量仪上测量检验的，检验中由检测设备直接画出螺旋线图，按定义可从偏差曲线上求出 F_β 值，然后再与给定的公差值进行比较。

直齿圆柱齿轮的齿向偏差 ΔF_β 可用如图 6.15 所示方法测量。齿轮连同测量心轴安装在具有前后顶尖的仪器上，将直径大致等于 $1.68m_n$ 的测量棒分别放入齿轮相隔 90 度的 1、

2 位置的齿槽间，在测量棒两端打表，测得的两次读数的差就可近似作为齿向误差 ΔF_{β}。

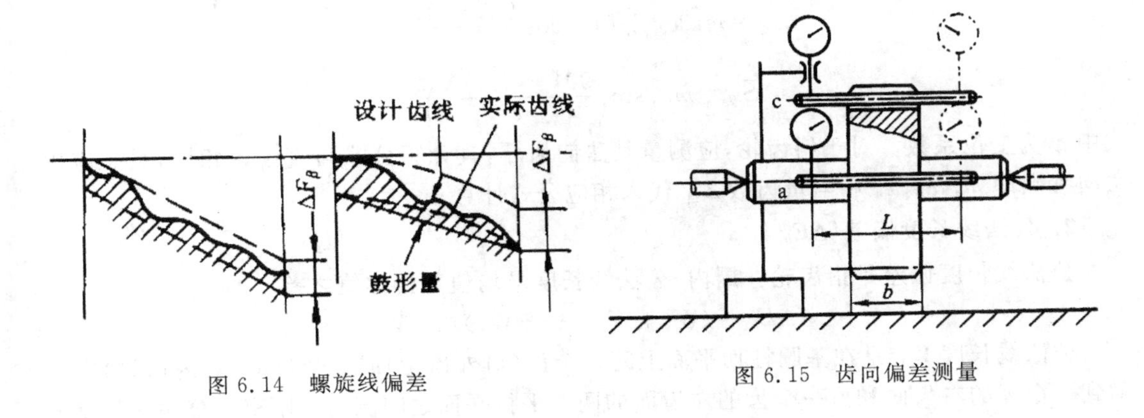

图 6.14 螺旋线偏差

图 6.15 齿向偏差测量

6.2.4 传动侧隙合理性的评定指标

1. 齿厚偏差(ΔE_{Sn})

齿厚偏差是指在分度圆柱面上齿厚的实际值与公称值之差。如图 6.16(a)所示。齿厚测量可用齿厚游标卡尺(图 6.16(b))，也可用精度更高些的光学测齿仪测量。

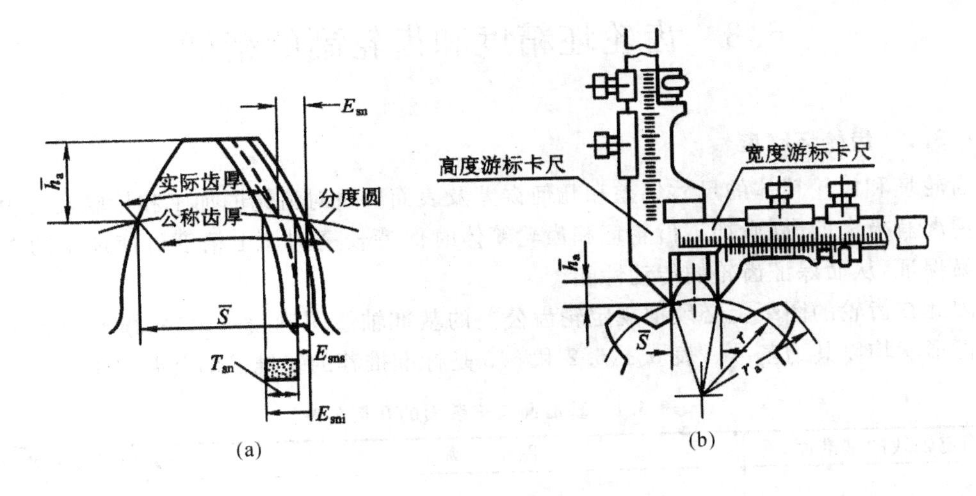

图 6.16 齿厚测量

齿厚极限偏差(E_{SS}、E_{Si}是对齿厚偏差的限制。为了保证一定的齿侧间隙，齿厚的上偏差(E_{SS})、下偏差(E_{Si})一般都为负值。合格件为：$E_{Si} \leqslant \Delta E_{Sn} \leqslant E_{SS}$

用齿厚卡尺测齿厚时，首先将齿厚卡尺的高度游标卡尺调至相应于分度圆弦齿高 $\bar{h}_a$ 位置，然后用宽度游标卡尺测出分度圆弦齿厚 $\bar{S}$ 值，将其与理论值比较即可得到齿厚偏差 E_{sn}。

对于非变位直齿轮 $\bar{h}_a$ 与 $\bar{S}$ 按下式计算

$$\bar{h}_a = m[1 + z/2(1-\cos(90°/z))]$$

$$\bar{S} = mz\sin(90°/z)$$

对于变位直齿轮，$\bar{h}_a$ 与 $\bar{S}$ 按下式计算

$$\bar{h}_{a变}=m\left[1+\frac{z}{2}(1-\cos\frac{90°+41.7°}{z}\right]$$

$$\bar{S}_{变}=mz.\sin\left(\frac{90°+41.7°X}{z}\right).$$

式中 x 为变位系数。对于斜齿轮，应测量其法向齿厚，其计算公式与直齿轮相同，只是应以法向参数即 m_n，α_n、x_n 和当量齿数 $Z_{当}$ 代入相应公式计算。

2. 公法线长度偏差(ΔE_{bn})

公法线长度偏差是指齿轮一周内，公法线长度平均值与公称值之差。即

$$\Delta E_{bn}=(W_1+W_2+\cdots+W_n)/z-W$$

公法线长度 W_n 是在基圆柱切平面上跨 n 个齿(对外齿轮)或 n 个齿槽(对内齿轮)在接触到一个齿的右齿面和另一个齿的左齿面的两个平行平面之间测得的距离。公法线长度的公称值由下式给出：

$$W_n=m\cos\alpha[\pi(n-05)+z\cdot inv\alpha]+2xm\sin\alpha$$

对标准齿轮：$W_n=m[1.476(2n-1)+0.014\times z]$ $(n=Z/9+0.5)$

式中：x—径向变位系数；inv_α—α 角的渐开线函数；n—测量时的跨齿数；m—模数；z—齿数

6.3 齿轮坯精度和齿轮副的精度

6.3.1 齿轮坯精度

齿轮坯和齿轮箱体的尺寸偏差和几何误差及表面质量对齿轮的加工和检验及齿轮副的转动情况有极大的影响，加工齿轮坯和齿轮箱体时保持较高的加工精度可使加工的轮齿精度较易保证，从而保证齿轮的传动性能。

因此在齿轮的图纸上必须把规定轮齿公差的基准轴线明确表示出来，事实上整个齿轮的几何形状均以其为基准。表 6.1、6.2 和 6.3 是标准推荐的基准面的公差要求。

表 6.1 基准面与安装面的几何公差

确定轴线的基准面	图　例	公差项目及公差值
用两个“短的”圆柱或圆锥形基准面上设定的两个圆的圆心来确定轴线上的两点	A　B　○ t1　○ t1	圆度公差 t 取 $0.04(L/b)F$ 或 $0.1F$ 的较小值(L 为该齿轮较大的轴承跨距；b 为齿轮宽度)

续表

确定轴线的基准面	图例	公差项目及公差值
用一个“长的”圆柱或圆锥形基准面来同时确定轴线的位置和方向。孔的轴线可以用与之相匹配正确地装配的工作芯轴的轴线来代表		圆柱度公差 t 取 0.04(L/b)F 或 0.1F 的较小值
轴线位置用一个“短的”圆柱形基准面上一个圆的圆心来确定，其方向则用垂直于此轴线的一个基准端面来确定		端面的平面度公差 t 按 0.06(D/b)F 选取，圆柱面圆度公差 t_2 按 0.06F 选取

表 6.2　齿坯径向和端面圆跳动公差　　μm

分度圆直径 d/mm	齿轮精度等级			
	3、4	5、6	7、8	9～12
125	7	11	18	28
＞125～400	9	14	22	36
＞400～800	12	20	32	50
＞800～1600	18	28	45	71

表 6.3　齿坯尺寸公差　　μm

齿轮精度等级		5	6	7	8	9	10	11	12
孔	尺寸公差	IT5	IT6	IT7	IT8	IT9			
轴	尺寸公差	IT5	IT6	IT7	IT8				
顶圆直径偏差		0.05m							

孔轴的形位公差按包容要求确定。

齿面粗糙度影响齿轮的传动精度、表面承载能力和弯曲强度，也必须加以控制。表 6.4 是标准推荐的齿轮齿面轮廓的算术平均偏差 Ra 参数值。

表 6.4　齿面表面粗糙度允许值　摘自(GB/Z18620.4-2002)　μm

齿轮精度等级	Ra		R_z	
	$M<6$	$6\leqslant m\leqslant 25$	$M<6$	$6\leqslant m\leqslant 25$
5	0.5	0.63	3.2	4.0
6	0.8	1.00	5.0	6.3
7	1.25	1.60	8.0	10
8	2.0	2.5	12.5	16
9	3.2	4.0	20	25
10	5.0	6.3	32	40
11	10.0	12.5	63	80
12	20	25	125	160

6.3.2　齿轮副的精度

1. 中心距允许偏差($\pm f_a$)

在齿轮只是单向承载运转而不经常反转的情况下，中心距允许偏差主要考虑重合度的影响。对传递运动的齿轮，其侧隙需控制，此时中心距允许偏差应较小；当轮齿上的负载常常反转时要考虑下列因素：

①轴、箱体和轴承的偏斜；②安装误差；③轴承跳动；④温度的影响。

一般 5、6 级精度齿轮 f_a=IT7/2，7、8 级精度齿轮 f_a=IT9/2(推荐值)。

2. 轴线平行度偏差($f_{\Sigma\delta}$、$f_{\Sigma\beta}$)

轴线平行度偏差影响螺旋线啮合偏差，也就是影响齿轮的接触精度，如图 6.17 所示。

$f_{\Sigma\delta}$为轴线平面内的平行度偏差，是在两轴线的公共平面上测量的。$f_{\Sigma\beta}$为轴线垂直平面内的平行度偏差，是在两轴线公共平面的垂直平面上测量的。

$f_{\Sigma\beta}$和 $f_{\Sigma\delta}$的最大推荐值为

$$f_{\Sigma\beta}=0.5(L/b)F_\beta$$

$$f_{\Sigma\delta}=2f_{\Sigma\beta}$$

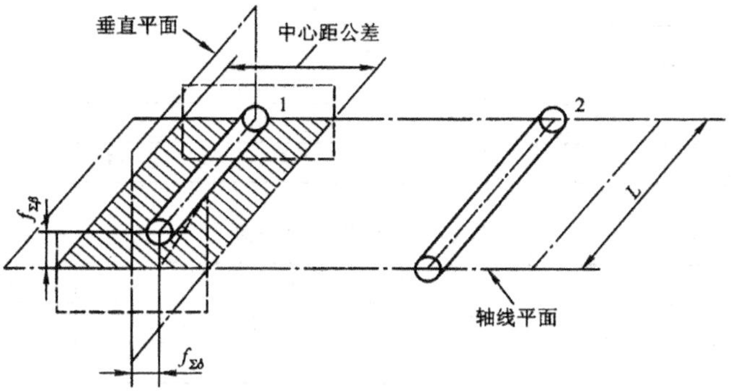

图 6.17　轴线平行度偏差

3. 轮齿接触斑点

接触斑点可衡量轮齿承受载荷的均匀分布程度，从定性和定量上可分析齿长方向配合

精度，采用这种检测方法，一般用于以下场合：不能装在检查仪上的大齿轮或现场没有检查仪可用，如：舰船用大型齿轮；高速齿轮；起重机、提升机的开式末级传动齿轮；圆锥齿轮等。其优点是：测试简易快捷，准确反映装配精度状况，能够综合反映轮齿的配合性。如前述图 6.2 为接触斑点示意图。表 6.5 给出了齿轮装配后接触斑点的最低要求。

表 6.5 齿轮装配后接触斑点

参数 / 精度等级	$b_{c1}/b\times100\%$		$H_{c1}/h\times100\%$		$b_{c2}/b\times100\%$		$h_{c2}/h\times100\%$	
齿轮	直齿轮	斜齿轮	直齿轮	斜齿轮	直齿轮	斜齿轮	直齿轮	斜齿轮
4 级及更高	50	50	70	50	40	40	50	30
5 和 6	45	45	50	40	35	35	30	20
7 和 8	35	35	50	401	35	35	30	20
9 至 12	25	25	50	40	25	25	30	20

6.4 渐开线圆柱齿轮精度标准

6.4.1 精度标准

1. 精度等级及表示方法

标准对单个齿轮规定了 13 个精度等级，从高到低分别用阿拉伯数字 0,1,2,3,…,12 表示，其中 0～2 级齿轮要求非常高，属于未来发展级。3～5 级称为高精度等级，6～8 级称为中精度等级(最常用)，9 为较低精度等级，10～12 为低精度等级。

齿轮精度等级标注方法如：

7 GB/T 10095.1-2001　该标注含义为：齿轮各项偏差项目均为 7 级精度，且符合 GB/T10095.1-2001 要求。

7 F_p 6(F_α、F_β) GB/T10095.1-2001　该标注含义为：齿轮各项偏差项目均应符合 GB/T10095.1-2001 要求，F_p 为 7 级精度，F_α、F_β 均为 6 级精度。

2. 齿厚偏差标注

按照国标的规定，应将齿厚(或公法线长度)及其极限偏差数值注写在图样右上角的参数表中，如图 6.18 所示。

6.4.2 各项评定指标偏差允许值

为保证齿轮精度要求，标准对每个精度都规定了评定指标，并对每项评定指标规定了公差值或极限偏差值，用列表的方式给出以便设计时查用。

表 6.6、表 6.7、表 6.8 分别给出了以上各项偏差的数值。

6.4.3 齿轮偏差的检验组

齿轮精度标准 GB/T10095.1～2 及 GB/Z18620.2 等文件中给出了很多偏差项目，作为划分齿轮质量等级的标准一般只有下列几项，既齿距偏差 F_p、f_{pt}、F_{pk}、齿廓总偏差 F_α、螺旋线总偏差 F_β、齿厚偏差 E_{sn}。其他参数不是必检项目而是根据需方要求而确定，充分体现了

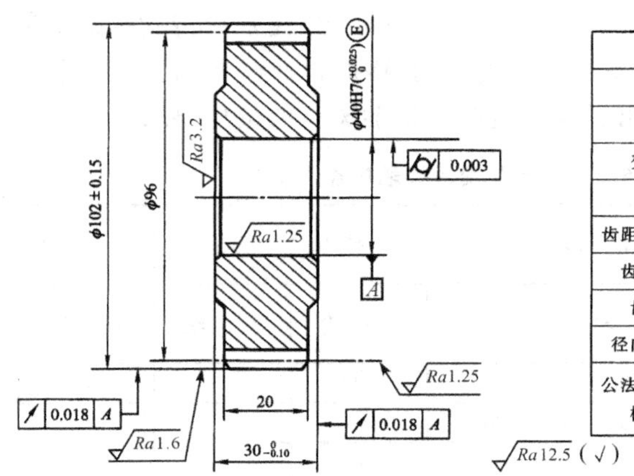

模数	m	3
齿数	z	32
齿形角	α	20°
变位系数	x	0
精度	7GB 10095—2001	
齿距累计总公差	F_P	0.038
齿廓总公差	F_α	0.016
齿向公差	F_β	0.015
径向跳动公差	F_r	0.030
公法线长度及其极限偏差	$W_n=32.341^{-0.082}_{-0.154}$	

图 6.18　齿轮工作零件图

用户第一的思想。按照我国的生产实践及现有生产和检测水平，特推荐五个检验组（见表6.9），以便于设计人员按齿轮使用要求、生产批量、和检验设备选取其中一个检验组，来评定齿轮的精度等级。

表 6.6　F_β、$f_{f\beta}$、$f_{H\beta}$偏差允许值（摘自 GB/T 10095.1-2001）　μm

分度圆直径 d/mm	偏差项目	螺旋线总公差 F_β				螺旋线形状总公差 $f_{f\beta}$和螺旋线倾斜极限偏差 $f_{H\beta}$			
	精度等级 / 齿宽 b/m	5	6	7	8	5	6	7	8
≥5～20	≥4～10	6.0	8.5	12	17	4.4	6.0	8.5	12
	<10～20	7.0	9.5	14	19	4.9	7.0	10	14
>20～50	≥4～10	6.5	9.0	13	18	4.5	6.5	9.0	13
	>10～20	7.0	10	14	20	5.0	7.0	10	14
	>20～40	8.0	11	16	23	6.0	8.0	12	16
>50～125	≥4～10	6.5	9.5	13	19	4.8	6.5	9.5	13
	>10～20	7.5	11	15	21	5.5	7.5	11	15
	>20～40	8.5	12	17	24	6.0	8.0	12	17
	>40～80	10	14	20	28	7.0	10	14	20
>125～280	≥4～10	7.0	10	14	20	5.0	7.0	10	14
	>10～20	8.0	11	16	22	5.5	8.0	11	16
	>20～40	9.0	13	18	25	6.5	9.0	13	18
	>40～80	10	15	21	29	7.5	10	15	21
	>80～160	12	17	25	35	8.5	12	17	25
>280～560	≥10～20	8.5	12	17	24	6.0	8.5	12	17
	>20～40	9.5	13	19	27	7.0	9.5	14	19
	>40～80	11	15	22	31	8.0	11	16	22
	>80～160	13	18	26	36	9.0	13	18	26
	>160～250	15	21	30	43	11	15	22	30

表 6.7　$\pm f_{pt}$、F_p、f_α、$f_{f\alpha}$、$\pm f_{H\alpha}$、F_r、f_i'/K 值偏差允许值

分度圆直径 d(mm)	偏差项目	单个齿侧极限偏差 $\pm f_{pt}$				齿距累计总公差 F_P				齿廓总公差 f_α				齿廓形状偏差 $\pm f_{f\alpha}$				齿廓倾斜极限偏差 $\pm_\alpha$				径向跳动公差 F_r				f'_i/K 值			
	精度等级 / m_n/mm	5	6	7	8	5	6	7	8	5	6	7	8	5	6	7	8	5	6	7	8	5	6	7	8	5	6	7	8
≥5～20	≥0.5～2	4.7	6.5	9.5	13	11	16	23	32	4.6	6.5	9.0	13	3.5	5.0	7.0	10	2.9	4.2	6.0	8.5	9.0	13	18	25	14	19	27	38
	>2～3.5	5.0	7.5	10	15	12	17	23	33	6.5	9.5	13	19	5.0	7.0	10	14	4.2	6.0	8.5	12	9.5	13	19	27	16	23	32	45
>20～50	>0.5～2	5.0	7.0	10	14	14	20	29	41	5.0	7.5	10	15	4.0	5.5	8.0	11	3.3	4.6	6.5	9.5	11	16	23	32	14	20	29	41
	>2～3.5	5.5	7.5	11	15	15	21	30	42	7.0	10	14	20	5.5	8.0	11	16	4.5	6.5	9.0	13	12	17	24	34	17	24	34	48
	>3.5～6	6.0	8.5	12	17	15	22	31	44	9.0	12	18	25	7.0	95	14	19	5.5	8.0	11	16	12	17	25	35	19	27	38	54
>50～125	≥0.5～2	5.5	7.5	11	15	18	26	37	52	6.0	8.5	12	17	4.5	6.5	9.0	13	3.7	5.5	7.5	11	15	21	29	42	16	22	31	44
	>2～3.5	6.0	8.5	12	17	19	27	38	53	8.0	11	16	22	6.0	8.5	12	17	5.0	7.0	10	14	15	21	30	43	18	25	36	51
	>3.5～6	6.5	9.0	13	18	19	28	39	55	9.0	13	19	27	7.5	10	15	21	6.0	8.5	12	17	16	22	31	44	20	29	40	57
>125～280	≥0.5～2	6.0	8.5	12	17	24	35	49	69	7.0	10	14	20	5.5	7.5	11	15	4.4	6.0	9.0	12	20	28	39	55	17	24	34	49
	>2～3.5	6.5	9.0	13	18	25	35	50	70	9.0	13	18	25	7.0	9.5	14	19	5.5	8.0	11	16	20	28	40	56	20	28	39	56
	>3.5～6	7.0	1.0	14	20	25	36	51	72	11	15	21	30	8.0	12	16	23	6.5	9.5	13	19	20	29	41	58	22	31	44	62
>280～560	≥0.5～2	6.5	9.5	13	19	32	46	64	91	8.5	12	17	23	6.5	9.0	13	18	5.5	7.5	11	15	26	36	51	73	19	27	39	54
	>2～3.5	7.0	10	14	20	33	46	65	92	10	15	21	29	8.0	11	16	22	6.5	9.0	13	18	26	37	52	74	22	31	44	62
	>3.5～6	8.0	11	16	22	33	47	66	94	12	17	24	34	9.0	13	18	26	7.5	11	15	21	27	38	53	75	24	34	48	68

表 6.8　F_i''、f_i'' 公差值（摘自 GB/T 10095.2-2001）　μm

分度圆直径 d/mm	公差项目 / 精度等级 / 模数 m_n/mm	径向综合总公差 F_i''				一齿径向综合公差 f_i''			
		5	6	7	8	5	6	7	8
≥5～20	0.2～0.5	11	15	21	30	2.0	2.5	3.5	5.0
	>0.5～0.8	12	16	23	33	2.5	4.0	5.5	7.5
	>0.8～1.0	12	18	25	35	3.5	5.0	7.0	10
	>1.0～1.5	14	19	27	38	4.5	6.5	9.0	13
>20～50	≥0.2～0.5	13	19	26	37	2.0	2.5	3.5	5.0
	>0.5～0.8	14	20	28	40	2.5	4.0	5.5	7.5
	>0.8～1.0	15	21	30	42	3.5	5.0	7.0	10
	>1.0～1.5	16	23	32	45	4.5	6.5	9.0	13
	>1.5～2.5	18	26	37	52	6.5	9.5	13	19
>50～125	≥1.0～1.5	19	27	39	55	4.5	6.5	9.0	13
	>1.5～2.5	22	31	43	61	6.5	9.5	13	19
	>2.5～4.0	25	36	51	72	10	14	20	29
	>4.0～6.0	31	44	62	88	15	22	31	44
	>6.0～10	40	57	80	114	24	34	48	67
>125～280	≥1.0～1.5	24	34	48	68	4.5	6.5	9.0	13
	>1.5～2.5	26	37	53	75	6.5	9.5	13	19
	>2.5～4.0	30	43	61	86	10	15	21	29
	>4.0～6.0	36	51	72	102	15	22	31	44
	>6.0～10	45	64	90	127	24	34	48	67
>280～560	≥1.0～1.5	30	43	61	86	4.5	6.5	9.0	13
	>1.5～2.5	33	46	65	92	6.5	9.5	13	19
	>2.5～4.0	37	52	73	104	10	15	21	29
	>4.0～6.0	42	60	84	119	15	22	31	44
	>6.0～10	51	73	103	145	24	34	48	68

表 6.9　齿轮的检验组

检验组	检验项目	精度等级	测量仪器
1	F_p、F_α、F_β、F_r、E_{sn}或E_{bn}	3～9	齿距仪、齿形仪、齿向仪、摆差测定仪、齿厚卡尺或公法线千分尺
2	F_p、F_{pk}、F_α、F_β、F_r、E_{sn}或E_{bn}	3～9	齿距仪、齿形仪、齿向仪、摆差测定仪、齿厚卡尺或公法线千分尺
3	F''_i、f''_i、E_{sn}或E_{bn}	6～9	双面啮合测量仪、齿厚卡尺或公法线千分尺
4	f_{pt}、F_r、E_{sn}或E_{bn}	10～12	齿距仪、摆差测定仪、齿厚卡尺或公法线千分尺
5	F'_i、f'_i、F_β、E_{sn}或E_{bn}	3～6	单啮仪、齿向仪、齿厚卡尺或公法线千分尺

6.5 实验:用齿厚卡尺测量齿厚偏差

一、实验内容

用齿厚卡尺测量齿轮齿厚偏差。

二、实验目的

1)了解齿厚卡尺的结构和测量原理；

2)掌握测量齿轮齿厚的方法。

三、实验仪器

1)齿厚卡尺

2)游标卡尺

3)被测齿轮

四、实验原理

齿厚偏差的测量用齿轮游标卡尺测量，其原理与读数方法与普通游标卡尺相同。图 6.19 是齿轮游标卡尺，它由两套互相垂直的游标卡尺组成。垂直游标卡尺用于控制测量部位；即弦齿高 h 实际值(在分度圆上的弦齿高)。水平游标卡尺用于测量分度圆弦齿厚 S 的实际值。其原理和读数方法与普通游标卡尺相同。

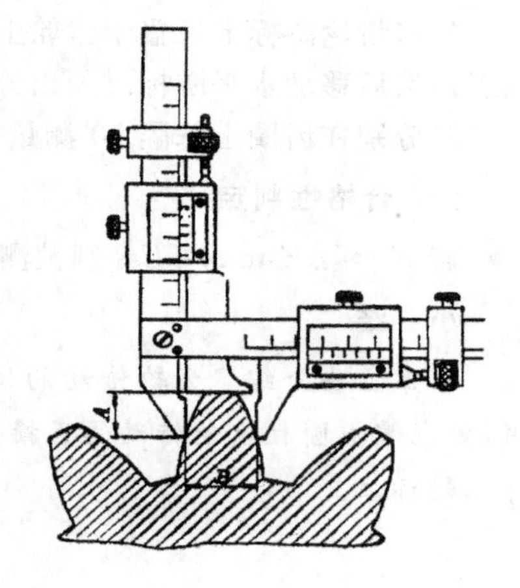
图 6.19 齿厚卡尺

仪器的测量范围为 m1～26mm(以齿轮模数表示)，分度值为 0.02mm。齿厚卡尺测量齿轮齿厚偏差 ΔEs 是以齿顶圆定位的，测量方便，但测量精度较低，故适用于较低精度的齿轮测量、或模数较大的齿轮测量。

齿厚偏差 ΔEs 指在分度圆柱面上，法向齿厚的实际值与公称值之差。按照定义，齿厚是分度圆弧齿厚，但是为了方便，一般测量分圆弦齿厚。

对于标准直齿圆柱齿轮分度圆处的弦齿高和弦齿厚应为；

分度圆弦齿高：$h_{公称}=m\left[1+\frac{Z}{2}\left(1-\cos\frac{90^\circ}{2}\right)\right]$

分度圆弦齿厚：$S_{公称}=m\sin\frac{90^\circ}{Z}$

齿厚游标卡尺测量齿厚是以齿顶圆作为测量基准的。因此测量结果受齿顶圆误差的影响，$\frac{r_{a公称}}{2}=\frac{m(z+2)}{2}$为了消除此影响，在调整垂直游标卡尺前应先测出齿顶圆半径的误差值 Δr_a。

$$\Delta r_a=r_{a公称}-r_{a实际}$$

式中：$r_{a实际}$——齿顶圆半径实际值(实际测量得出)

$r_{a公称}$——齿顶圆半径公称值 $\left(r_{a公称}=\dfrac{d_{a公称}}{2}=\dfrac{m(z+2)}{2}\right)$

垂直游标卡尺的调整高度应在公称弦齿高 $h_{公称}$ 数值上减一个齿顶圆半径的误差，

即

$$h_{实际}=h_{公称}-\Delta r_a$$

将垂直游标卡尺按 $h_{实际}$ 值调整定位，并锁紧。将齿轮游标尺置于被测齿轮上，使齿轮游标尺的垂直尺与齿顶圆正中相接触（用光隙法找正），然后用水平游标尺测出分度圆齿厚实际值 $s_{实际}$。

齿厚实际值与公称值之差即为齿厚偏差；

即

$$\Delta Es=S_{实际}-S_{公称}$$

测量时应在齿圈上每隔 90°测量一个齿，共测量 4 个齿，取其中最大的偏差值作为该齿轮齿厚的实际值。

五、实验步骤

1)用游标卡尺测量齿顶圆的实际半径。

2)计算分度圆处弦齿高 $h_{公称}$ 和弦齿厚 $S_{公称}$ 的公称值。

3)求出垂直游标卡尺的实际调整值 $h_{实际}$。并将垂直游标卡尺按此值调整好。

4)将齿轮游标卡尺置于齿轮上，使齿轮游标尺的垂直尺与齿顶圆正中相接触（用光隙法找正），然后移动水平游标尺测出分度圆弦齿厚实际值 $S_{实际}$。

5)分别在齿圈上每隔 90°测量一个齿，将结果填入报告中。

六、合格性判定

若 $Esi\leqslant\Delta Es\max\leqslant Ess$ 则被测齿轮合格；反之，则被测齿轮不合格。

小　结

本章主要介绍了齿轮传动的使用要求，齿轮精度的评定指标，齿轮的精度标准及其应用，要求掌握圆柱齿轮传动的互换性必须满足的 4 项要求和齿轮精度指标及技术要求在图样上的标注。

思考与习题

6-1　齿轮传动的使用要求包括哪几个方面？

6-2　圆柱齿轮的精度等级分为几个等级？

6-3　齿轮传动中的侧隙有什么作用？用什么评定指标来控制侧隙？

6-4　齿轮副精度的评定指标有哪些？

第 7 章 材料的性能

金属材料具有良好的使用性能和工艺性能，被广泛用来制造机械零件和工程结构。所谓使用性能是指金属材料在使用过程中表现出来的性能，包括力学性能、物理性能、化学性能。所谓工艺性能是指金属材料在各种加工过程中所表现出来的性能，包括铸造性能、锻造性能、焊接性能、热处理性能和切削加工性能等。

7.1 材料的力学性能

材料的力学性能是指材料在各种载荷(外力)作用下表现出来的抵抗能力，它是机械零件设计和选材的主要依据。常用的力学性能有：强度、塑性、硬度、冲击韧度和疲劳强度等。

7.1.1 强度

强度是指材料在外力作用下抵抗变形或断裂的能力。由于所受载荷的形式不同，金属材料的强度可分为抗拉强度、抗压强度、抗弯强度和抗剪强度等。各种强度间有一定的联系，而抗拉强度是最基本的强度指标。

材料受外力时，其内部产生了大小相等方向相反的内力，单位横截面积上的内力称为应力，用 σ 表示。通过拉伸试验(图 7.1)可以测出材料的强度指标。金属材料的强度是用应力值来表示的。从拉伸曲线(图 7.2)可以得出三个主要的强度指标：弹性极限、屈服强度和抗拉强度。

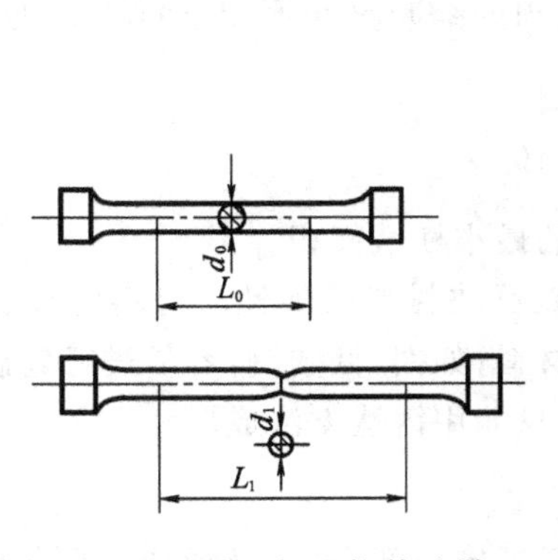

图 7.1 圆形标准拉伸试样

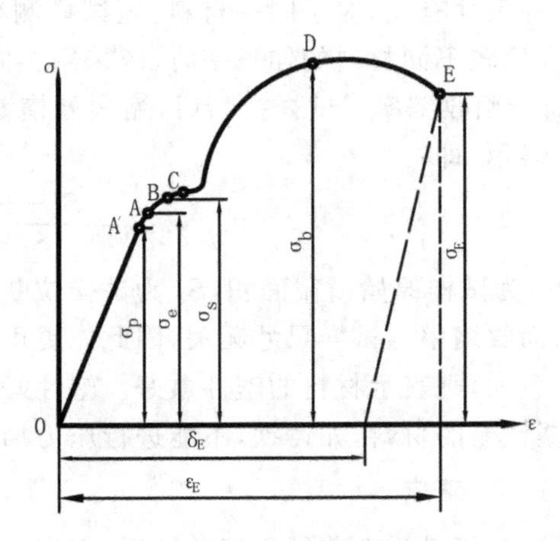

图 7.2 低碳钢的应力-应变曲线

1. 弹性极限

在应力-应变曲线中，OA 为弹性变形段，此时卸掉载荷，试样可恢复到原来的尺寸。A 点所对应的应力为材料承受最大弹性变形时应力值，称为弹性极限，用符号 σ_e 表示。

2. 屈服强度(屈服点)

在图 7.2 中，应力超过 B 点后，材料将发生塑性变形。B 点所对应的应力为材料产生屈服现象时的最小应力值，称为屈服强度，用符号 σs 表示。有些金属材料，如高碳钢、铸铁等，在拉伸试验中没有明显的屈服现象。所以国标中规定，以试样的塑性变形量为试样标距长度的 0.2%时的应力作为屈服强度，用 $\sigma_{0.2}$ 表示。

3. 抗拉强度

图 7.2 中，CD 段为均匀塑性变形阶段。在这一阶段，应力随应变增加而增加，产生应变强化。变形超过 D 点后，试样开始发生局部塑性交形，即出现颈缩，随应变增加，应力明显下降，并迅速在 E 点断裂。D 点所对应的应力为材料断裂前所承受的最大应力，称为抗拉强度，用 σ_b 表示。

弹性极限是弹性元件(如弹簧)设计和选材的主要依据。绝大多数机械零件(如紧固螺栓)，在工作中不允许产生明显的塑性变形，所以屈服强度是设计和选材的主要依据。抗拉强度表示材料抵抗断裂的能力，脆性材料没有屈服现象，则常用作为设计依据。

7.1.2 塑性

塑性是指金属材料在载荷作用下，产生塑性变形而不破坏的能力。金属材料的塑性也是通过拉伸试验测得的。常用的塑性指标有伸长率和断面收缩率。

1. 伸长率 试样拉断后标距长度的伸长量与原始标距长度的百分比，用符号 δ 表示，即：

$$\delta=\frac{l_k-l_0}{l_0}\times 100\%$$

式中，l_0 为试样原始标距长度；l_K 为试样拉断后的标距长度。

长试样和短试样的伸长率分别用 δ_{10} 和 δ_5 表示，习惯上 δ_{10} 也常写成 δ。伸长率的大小与试样的尺寸有关，对于同一材料，短试样测得的伸长率大于长试样的伸长率，即 $\delta_5>\delta_{10}$。因此，在比较不同材料的伸长率时，应采用相同尺寸规格的标准试样。

2. 断面收缩率 试样拉断后，缩颈处横截面积的缩减量与原始横截面积的百分比，用符号 ψ 表示，即：

$$\psi=\frac{S_0-S_k}{S_0}\times 100\%$$

式中，S_0 为试样原始横截面积，S_k 为试样拉断处的最小横截面积。

断面收缩率与试样尺寸无关，因此能更可靠地反映材料的塑性。材料的伸长率和断面收缩率愈大，则表示材料的塑性愈好。塑性好的材料，如铜、低碳钢，容易进行轧制、锻造、冲压等；塑性差的材料，如铸铁，不能进行压力加工，只能用铸造方法成形。

7.1.3 硬度

硬度是衡量材料软硬程度的指标，它表示材料抵抗局部变形或破裂的能力，是重要的力学性能指标。硬度是通过硬度试验测得的。测定硬度的方法很多，常用的有布氏硬度、洛氏硬度和维氏硬度试验方法。各种硬度间没有理论的换算关系，但可通过查 GB1072—74 几

种常用硬度换算表进行近似换算。

1. 布氏硬度

布氏硬度的测定是在布氏硬度机上进行的，其试验原理如图7.3所示。用直径为D的淬火钢球或硬质合金球做压头，在试验力F的作用下压入被测金属表面，保持规定的时间后卸除试验力，则在金属表面留下一压坑（压痕），用读数显微镜测量其压痕直径d，求出压痕表面积，用试验力F除以压痕表面积S所得的商作为被测金属的布氏硬度值，用符号HB表示，$HB=F/S$(MPa)。

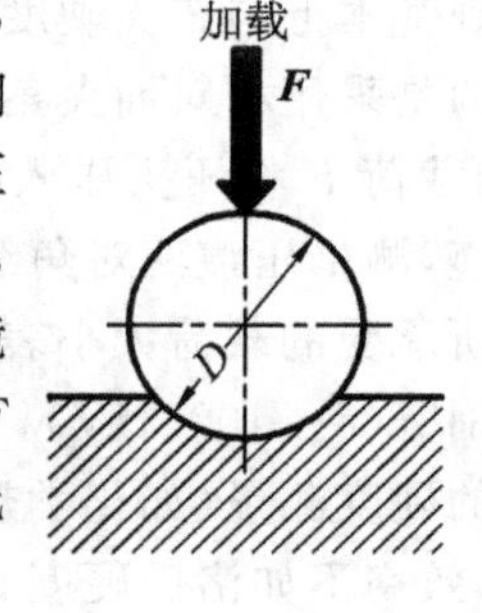

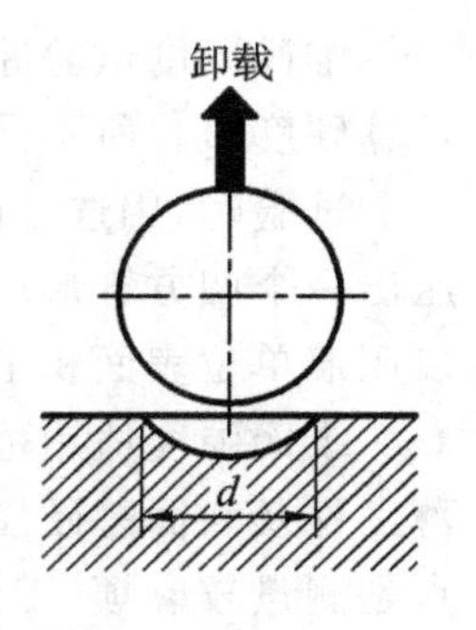

图7.3　布氏硬度试验原理示意图

式中：F——试验力，N；

S——压痕表面积，mm^2；

D——压头直径，mm；

d——压痕直径，mm。

布氏硬度值可通过上式计算求得。

但在实际应用中，常根据压痕直径d的大小直接查布氏硬度表得到硬度值。

用淬火钢球作压头测得的硬度用符号HBS表示，适合于测量布氏硬度值小于450的材料；用硬质合金球作压头测得的硬度用符号HBW表示，适合于测量布氏硬度值450～650的材料。在硬度标注时，硬度值写在硬度符号的前面，例如120HBS，表示用淬火钢球作压头测得材料的布氏硬度值为120。我国目前布氏硬度机的压头主要是淬火钢球，故主要用来测定灰铸铁、有色金属以及经退火、正火和调质处理的钢材等的硬度。

布氏硬度压痕大，试验结果比较准确。但较大压痕有损试样表面，不宜用于成品件与薄件的硬度测试，而且布氏硬度整个试验过程较麻烦。

2. 洛氏硬度

洛氏硬度的测定在洛氏硬度机上进行。与布氏硬度试验一样，洛氏硬度也是一种压入硬度试验，但它不是测量压痕面积，而是测量压痕的深度，以深度大小表示材料的硬度值。

用顶角为120°的金刚石圆锥或直径为1.588mm的淬火钢球作压头，先加初载荷，再加主载荷，将压头压入金属表面，保持一定时间后卸除主载荷，根据压痕的残余深度确定硬度值，用符号HR表示，

$$HR=K-\frac{h}{0.002}$$

式中：h为压痕的残余深度，mm；K为常数（用金刚石压头，$K=100$；淬火钢球作压头，$K=130$）。

为了能在同一洛氏硬度机上测定从软到硬的材料硬度，采用了由不同的压头和载荷组成的几种不同的洛氏硬度标尺，并用字母在HR后加以注明，常用的洛氏硬度是HRA、HRB和HRC三种。表示洛氏硬度时，硬度值写在硬度符号的前面。例如，50HRC表示用标尺C测得的洛氏硬度值为50。

洛氏硬度试验操作简便迅速，可直接从硬度机表盘上读出硬度值。压痕小，可直接测量成品或较薄工件的硬度。但由于压痕较小，测得的数据不够准确，通常应在试样不同部位测

定三点取其算术平均值。

3. 维氏硬度

维氏硬度试验原理基本上与布氏硬度相同，也是根据压痕单位表面积上的载荷大小来计算硬度值。所不同的是采用相对面夹角为136°的正四棱锥体金刚石作压头。

试验时，用选定的载荷 F 将压头压入试样表面，保持规定时间后卸除载荷，在试样表面压出一个四方锥形压痕，测量压痕两对角线长度，求其算术平均值，用以计算出压痕表面积，以压痕单位表面积上所承受的载荷大小表示维氏硬度值，用符号 HV 表示。

维氏硬度适用范围宽（5～1000HV），可以测从极软到极硬材料的硬度，尤其适用于极薄工件及表面薄硬层的硬度测量（如化学热处理的渗碳层、渗氮层等），其结果精确可靠。缺点是测量较麻烦，工作效率不如洛氏硬度高。

7.1.4 冲击韧性

强度、塑性、硬度都是在缓慢加载即静载荷下的力学性能指标。实际上，许多机械零件常在冲击载荷作用下工作，例如锻锤的锤杆、冲床的冲头等。所谓冲击载荷是指以很快的速度作用于零件上的载荷。对承受冲击载荷的零件，不但要求有较高的强度，而且要求有足够的抵抗冲击载荷的能力。

金属材料在冲击载荷作用下抵抗破坏的能力称为冲击韧度。材料的冲击韧度值通常采用摆锤式一次冲击试验进行测定。冲击试验是在摆锤式冲击试验机上进行的，其试验原理如图7.4所示。

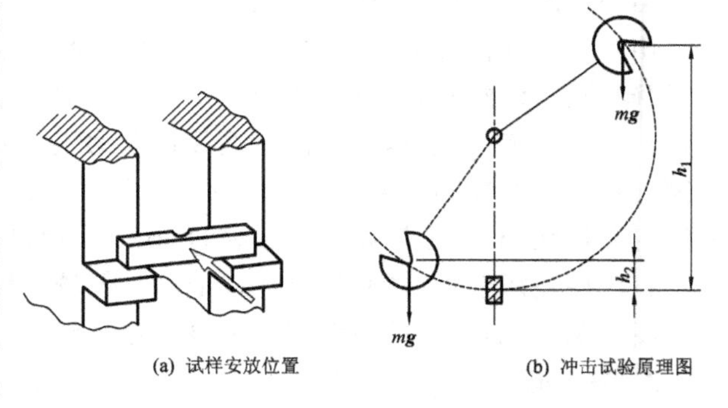

图7.4 摆锤式冲击试验原理示意图

将带有缺口的标准冲击试样安放在冲击试验机的支座上，试样缺口背向摆锤冲击方向。把质量为 m 的摆锤从一定高度 h_1 落下，将试样冲断，冲断试样后，摆锤继续升到 h_2 的高度。摆锤冲断试样所消耗的能量称为冲击吸收功，用符号 A_K 表示。

冲击吸收功可从冲击试验机刻度盘上直接读出。将冲击吸收功除以试样缺口底部横截面积，即得到冲击韧度值，冲击韧度用符号 a_K 表示。A_K 愈大，表明材料韧性愈好。冲击韧度值是在大能量一次冲断试样条件下测得的性能指标。但实际生产中许多机械零件很少是受到大能量一次冲击而断裂，多数是在工作时承受小能量多次冲击后才断裂。

7.1.5 疲劳强度

许多机械零件（如齿轮、弹簧、连杆、主轴等）都是在交变应力（即应力的大小、方向随时间作周期性变化）下工作。虽然应力通常低于材料的屈服强度，但零件在交变应力作用下长时间工作，也会发生断裂，这种现象称为疲劳断裂。疲劳断裂事先没有明显的塑性变形，断裂是突然发生的，很难事先觉察到，因此具有很大的危险性，常常造成严重的事故。

材料经受无数次应力循环而不破坏的最大应力称为疲劳强度。对称循环应力的疲劳强度用 σ_{-1} 表示。工程上规定，钢铁材料应力循环次数达到 10^7 次，有色金属应力循环次数达到 10^8 次时，不发生断裂的最大应力作为材料的疲劳强度。经测定，钢的 σ_{-1} 只有 σ_b 的50%左右。

7.1.6 断裂韧性

工程上有时会出现材料在远低于 σ_b 的情况下发生断裂的现象。如1943年1月美国一艘 T-2 油船停泊在装货码头时断成两半，美国北极星导弹固体燃料发动机壳体在实验时发生爆炸，经过研究，发现破坏的原因是材料中存在裂纹并扩展所致。

材料抵抗内部裂纹失稳扩展的能力称为断裂韧性。断裂力学认为，材料中存在缺陷是绝对的，常见的缺陷是裂纹。在应力作用下，这些裂纹将发生扩展，一旦扩展失稳，便会发生低应力脆性断裂。

7.2 材料的理化性能

7.2.1 物理性能

(1)密度　材料的密度是指单位体积中材料的质量，常用符号 ρ 表示。抗拉强度 σ_b 与密度 ρ 之比称为比强度；弹性模量 E 与密度 ρ 之比称为比弹性模量。在航空、航天领域使用的材料一般都要求具有高的比强度和比弹性模量。

(2)熔点　是指材料的熔化温度。金属及合金是晶体，都有固定的熔点；陶瓷也有固定的熔点，一般显著高于金属及合金的熔点；高分子材料一般不是完全晶体，没有固定的熔点。

(3)热膨胀性　材料随温度变化而出现膨胀和收缩的现象称为热膨胀性。一般来说，材料受热时膨胀，而冷却时收缩，材料的热膨胀性通常用线膨胀系数来表示。对精密仪器或机械零件来说，热膨胀系数是一个非常重要的性能指标；在异种金属材料的焊接过程中，会因为材料的热膨胀系数相差过大而使焊件产生焊接变形或破坏。

(4)导电性　材料传导电流的能力称为导电性，一般用电阻率表示。通常金属材料的电阻率随温度的升高而增加，非金属材料的随温度的升高而降低。

(5)导热性　材料传导热量的能力称为导热性，一般用热导率 λ 表示。材料的热导率越大，则导热性越好。一般来说，金属越纯，其导热性越好；金属及其合金的热导率远高于非金属材料。

(6)磁性　材料能导磁的性能称为磁性。磁性材料常分为软磁材料和硬磁材料(也称为永磁材料)，软磁材料(如电工纯铁、硅钢片等材料)容易磁化、导磁性良好，外磁场去除后磁性基本消除；硬磁材料(如淬火的钴钢、稀土钴等材料)经磁化后能保持磁场，磁性不易消失。

7.2.2 化学性能

(1)耐腐蚀性　是指材料抵抗空气、水蒸气及其他各种化学介质腐蚀的能力。材料在常温下与周围介质发生化学或电化学作用而遭到破坏的现象称为腐蚀，非金属材料的耐腐蚀能力远高于金属材料。提高材料的耐腐蚀性，可有效地节约材料和延长机械零件的使用寿命。

(2)抗氧化性　材料在加热时抵抗氧化作用的能力称为抗氧化性。金属及其合金的抗氧化机理是金属材料在高温下迅速氧化后，可在金属表面形成一层连续而致密并与母体结合牢固的氧化薄膜，阻止金属材料的进一步氧化；而高分子材料的抗氧化机理则不同。

(3)化学稳定性　是材料的耐腐蚀性和抗氧化性的总称，高温下的化学稳定性又称为热稳定性。在高温条件下工作的设备，如工业锅炉、加热设备、汽轮机、火箭等设备上的许多零件均在高温下工作，应尽量选用热稳定性好的材料制造。

7.3 材料的工艺性能

工艺性能是指材料在成形过程中，对某种加工工艺的适应能力。材料的工艺性能主要包括铸造性能、锻造性能、焊接性能、热处理性能、切削加工性能等。

(1)铸造性能　指材料易于铸造成型并获得优质铸件的能力，衡量材料铸造性能的指标主要有流动性、收缩性和偏析倾向等。

(2)锻造性能　是指材料是否容易进行压力加工的性能。它取决于材料的塑性和变形抗力的大小，材料的塑性越好，变形抗力越小，材料的锻造性能越好。如纯铜在室温下有良好的锻造性能；碳钢的锻造性能优于合金钢；铸铁则不能锻造。

(3)焊接性能　是指材料是否易于焊接并能获得优质焊缝的能力。碳钢的焊接性能主要取决于钢的化学成分，特别是钢的碳含量影响最大。低碳钢具有良好的焊接性能，而高碳钢、铸铁等材料的焊接性能较差。

(4)热处理性能　是指材料进行热处理的难易程度。热处理可以提高材料的力学性能，充分发挥材料的潜力。

(5)切削加工性能　是指材料接受切削加工的难易程度，主要包括切削速度、表面粗糙度、刀具的使用寿命等。一般来说，材料的硬度适中(180～220HBS)其切削加工性能良好，所以灰铸铁的切削加工性比钢好，碳钢的切削加工性比合金钢好。改变钢的成分和显微组织可改善钢的切削加工性能。

小　结

本章主要介绍了工程材料的使用性能和工艺性能，要求掌握工程材料的力学性能主要指标的符号、单位、物理意义和试验方法，为工程材料的选择提供依据。

思考与习题

7-1　什么是金属材料的力学性能？力学性能主要包括哪些指标？

7-2　什么叫强度、硬度和塑性？衡量这些性能的指标有哪些？各用什么符号表示？

7-3　下列情况分别是因为哪一个力学性能指标达不到要求？

1）紧固螺栓使用后发生塑性变形。

2）齿轮正常负荷条件下工作中发生断裂。

3）汽车紧急刹车时，发动机曲轴发生断裂。

4）不锈钢圆板冲压加工成圆柱杯的过程中发生裂纹。

5）齿轮工作在寿命期内发生严重磨损。

7-4　什么是材料的工艺性能，主要包括哪些方面？

第 8 章　金属材料的晶体结构与结晶

8.1　金属的晶体结构

8.1.1　晶体结构的基本概念

固态物质按其原子排列规律的不同可分为晶体与非晶体两大类。原子呈规则排列的物质称为晶体，如金刚石、石墨和固态金属及合金等，晶体具有固定的熔点，呈现规则的外形，并具有各向异性特征；原子呈不规则排列的物质称为非晶体，如玻璃、松香、沥青、石蜡等，非晶体没有固定的熔点。

为了便于研究，人们把金属晶体中的原子近似地设想为刚性小球，这样就可将金属看成是由刚性小球按一定的几何规则紧密堆积而成的晶体，如图 8.1(a)所示。

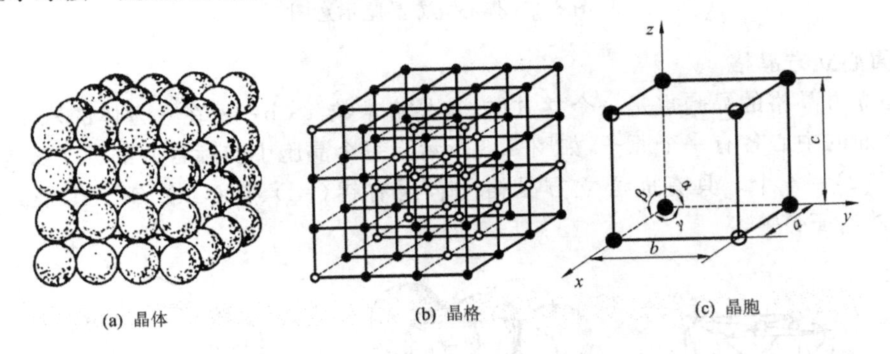

图 8.1　晶体、晶格与晶胞示意图

1. 晶格

为了研究晶体中原子的排列规律，假定理想晶体中的原子都是固定不动的刚性球体，并用假想的线条将晶体中各原子中心连接起来，便形成了一个空间格子，这种抽象的、用于描述原子在晶体中规则排列方式的空间格子称为晶格，如图 8.1(b)所示。晶体中的每个点叫做结点。

2. 晶胞

晶体中原子的排列具有周期性的特点，因此，通常只从晶格中选取一个能够完全反映晶格特征的、最小的几何单元来分析晶体中原子的排列规律，这个最小的几何单元称为晶胞，如图 8.1(c)所示。

3. 晶格常数

晶胞的大小和形状常以晶胞的棱边长度 a、b、c 及棱边夹角 α、β、γ 来表示，如图 8.1(c) 所示。晶胞的棱边长度称为晶格常数。

8.1.2 常见的金属晶格类型

由于金属键有很强的结合力，所以金属晶体中的原子都趋向于紧密排列，但不同的金属具有不同的晶体结构，大多数金属的晶体结构都比较简单，其中常见的有以下三种：

1. 体心立方晶格

体心立方晶格的晶胞是一个立方体，其晶格常数 a＝b＝c，在立方体的八个角上和立方体的中心各有一个原子，如图 8.2 所示。每个晶胞中实际含有的原子数为(1/8)×8＋1＝2 个。具有体心立方晶格的金属有铬(Cr)、钨(W)、钼(Mo)、钒(V)、α 铁(α-Fe)等。

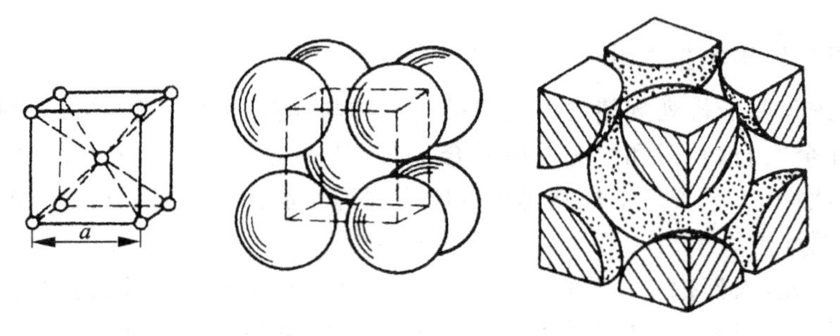

图 8.2 体心立方晶胞示意图

2. 面心立方晶格

面心立方晶格的晶胞也是一个立方体，其晶格常数 a＝b＝c，在立方体的八个角和立方体的六个面的中心各有一个原子，如图 8.3 所示。每个晶胞中实际含有的原子数为(1/8)×8＋6×(1/2)＝4 个。具有面心立方晶格的金属有铝(Al)、铜(Cu)、镍(Ni)、金(Au)、银(Ag)、γ 铁(γ-Fe)等。

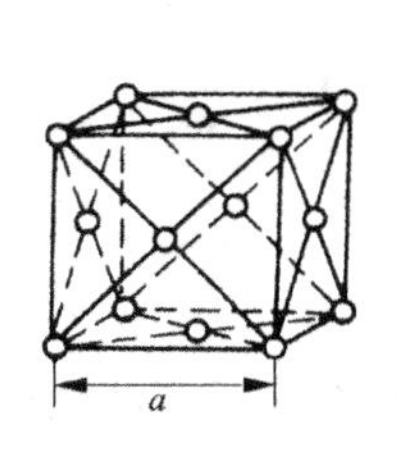

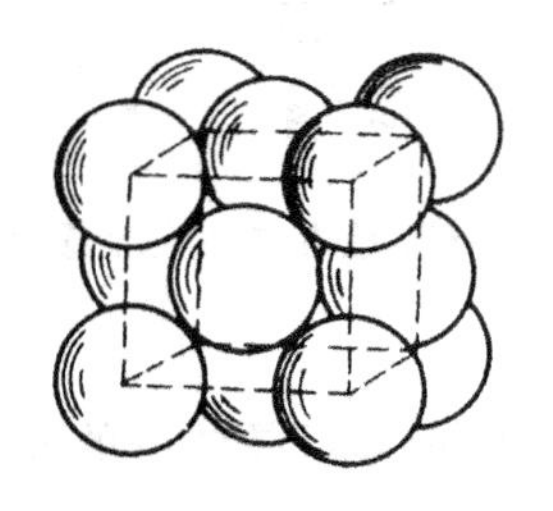
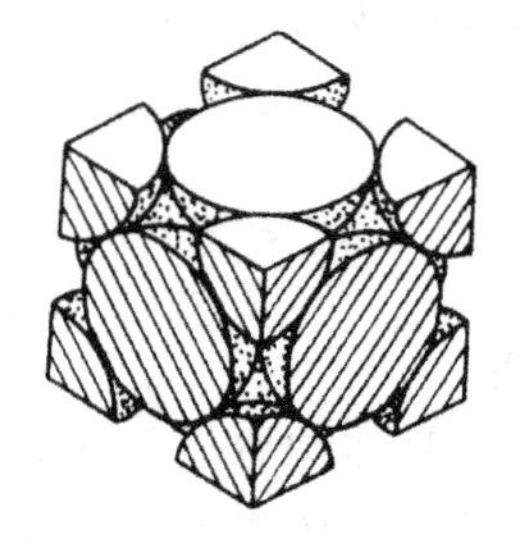

图 8.3 面心立方晶胞示意图

3. 密排六方晶格

密排六方晶格的晶胞是个正六方柱体，它是由六个呈长方形的侧面和两个呈正六边形的底面所组成。该晶胞要用两个晶格常数表示，一个是六边形的边长 a，另一个是柱体高度 c。在密排六方晶胞的十二个角上和上、下底面中心各有一个原子，另外在晶胞中间还有三个原子，如图 8.4 所示。每个晶胞中实际含有的原子数为(1/6)×12＋(1/2)×2＋3＝6 个。具有密排六方晶格的金属有镁(Mg)、锌(Zn)、铍(Be)等。

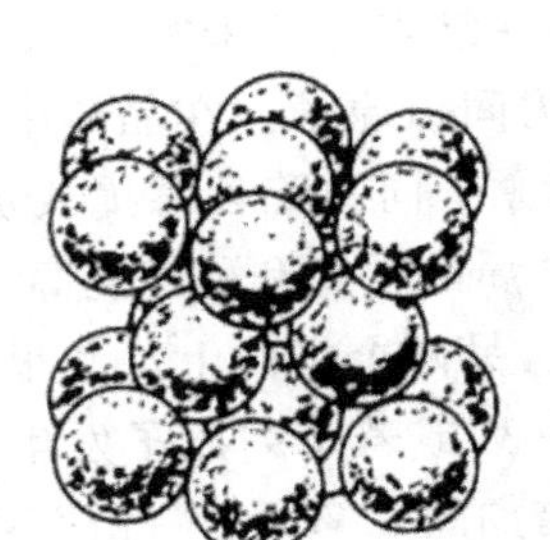
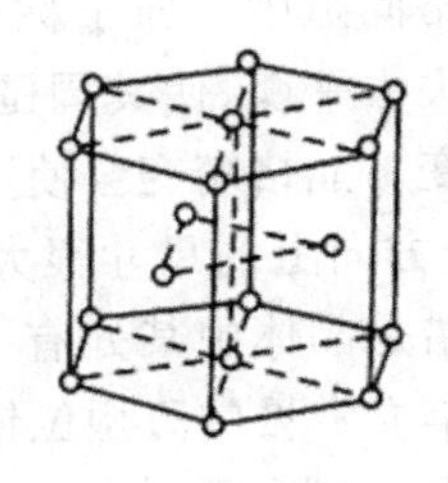
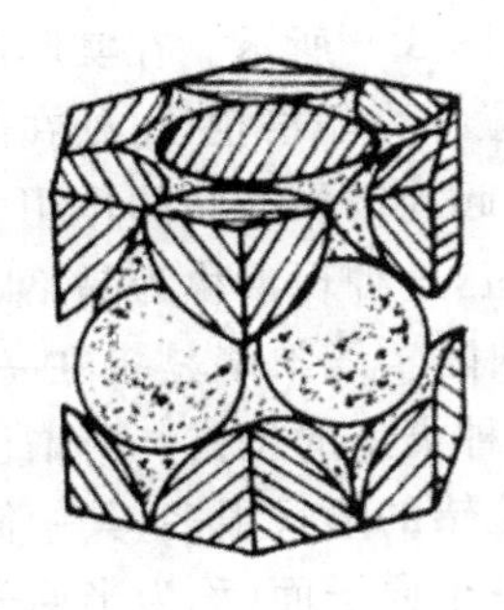

图 8.4　密排六方晶胞示意图

4. 晶格的致密度

晶体中原子排列的紧密程度与晶体结构的类型有关，通常用晶格的致密度表示。晶格的致密度是指晶胞中所含原子的体积与该晶胞的体积之比。表 8-1 列出了三种常见金属晶格的常用数据。可以看出，在三种常见的晶体结构中，原子排列最致密的是面心立方晶格和密排六方晶格，其次是体心立方晶格。

在不同类型晶格的晶体中，原子排列的紧密程度不同，因而具有不同的比容（即单位质量物质所占的容积），当金属的晶格类型发生转变时，会引起金属体积的变化。若体积的变化受到约束，则会在金属内部产生内应力，而引起工件的变形或开裂。

表 8-1　三种常见金属晶格的常用数据

晶格类型	晶胞中的原子数	原子半径	致密度
体心立方晶格	2	$\sqrt{3}a/4$	0.68
面心立方晶格	4	$\sqrt{2}a/4$	0.74
密排六方晶格	6	$a/2$	0.74

8.1.3　金属的实际晶体结构

1. 多晶体结构

如果一块晶体，其内部的晶格位向完全一致，则这块晶体称为单晶体。单晶体在自然界几乎不存在，现在可用人工方法制成某些单晶体（如单晶硅）。实际工程上用的金属材料都是由许多颗粒状的小晶体组成，每个小晶体内部的晶格位向是一致的，而各小晶体之间位向却不相同，如图 8.5 所示。这种不规则的、颗粒状的小晶体称为晶粒，晶粒与晶粒之间的界面称为晶界，由许多晶粒组成的晶体称为多晶体。一般金属材料都是多晶体结构。

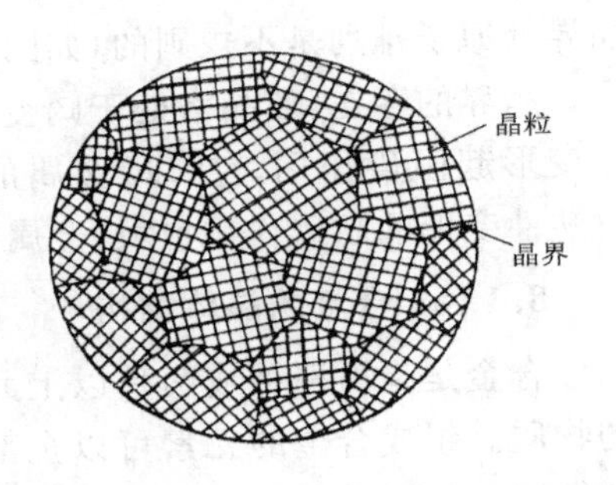

图 8.5　金属的多晶体结构示意图

2. 晶体缺陷

实际金属具有多晶体结构，由于结晶条件等原因，会使晶体内部出现某些原子排列不规则的区域，这种区域被称为晶体缺陷。根据晶体缺陷的几何特点，可将其分为以下三种类型：

（1）点缺陷　点缺陷是指长、宽、高尺寸都很小的缺陷。最常见的点缺陷是晶格空位和间隙原子,如图 8.6 所示。在实际晶体结构中,晶格的某些结点往往未被原子占有,这种空着的结点位置称为晶格空位;处在晶格间隙中的原子称为间隙原子。在晶体中由于点缺陷的存在,将引起周围原子间的作用力失去平衡,使其周围原子向缺陷处靠拢或被撑开,从而晶格发生歪扭,这种现象称为晶格畸变。晶格畸变会使金属的强度和硬度提高。

(2) 线缺陷　线缺陷是指在一个方向上的尺寸很大,另两个方向上尺寸很小的一种缺陷,主要是各种类型的位错。所谓位错是晶体中某处有一列或若干列原子发生了有规律的错排现象。位错的形式很多,其中简单而常见的刃型位错如图 8.7 所示。由图可见,晶体的上半部多出一个原子面(称为半原子面),它像刀刃一样切入晶体中,使上、下两部分晶体间产生了错排现象,因而称为刃型位错。*EF* 线称为位错线,在位错线附近晶格发生了畸变。

位错的存在对金属的力学性能有很大的影响。例如冷变形加工后的金属,由于位错密度的增加,强度明显提高。

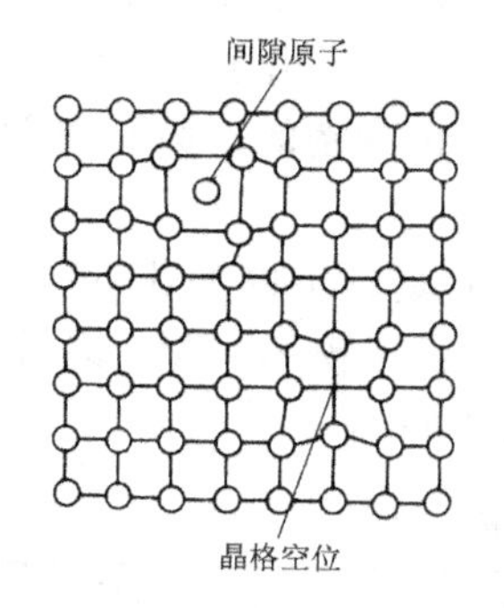

图 8.6　晶格空位和间隙原子示意图

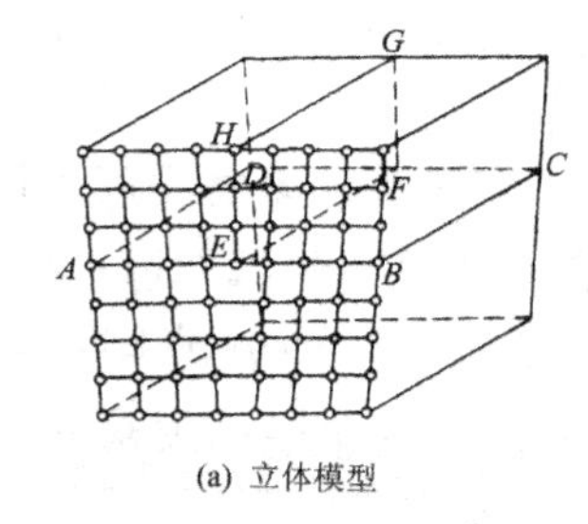

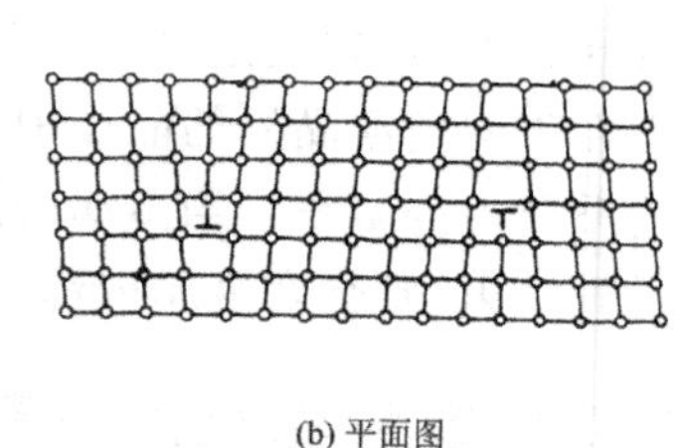

图 8.7　刃型位错示意图

(3)面缺陷　面缺陷是指在两个方向上的尺寸很大,第三个方向上的尺寸很小而呈面状的缺陷。面缺陷的主要形式是各种类型的晶界,它是多晶体中晶粒之间的界面。由于各晶粒之间的位向不同,所以晶界实际上是原子排列从一种位向过渡到另一个位向的过渡层,在晶界处原子排列是不规则的,如图 8.8 所示。

晶界的存在,使晶格处于畸变状态,在常温下对金属塑性变形起阻碍作用。所以,金属的晶粒愈细,则晶界愈多,对塑性变形的阻碍作用愈大,金属的强度、硬度愈高。

8.1.4　合金的晶体结构

合金是指由两种或两种以上元素组成的具有金属特性的物质。组成合金的元素可以全部是金属元素,如黄铜(铜和锌),也可以是金属元素与非金属元素,如碳钢(铁和碳)。纯金属的品种少,力学性能低,获得困难,工业上使用的金属材料大多数是合金。碳钢、合金钢、铸铁、黄铜、硬铝等都是常用的合金材料。

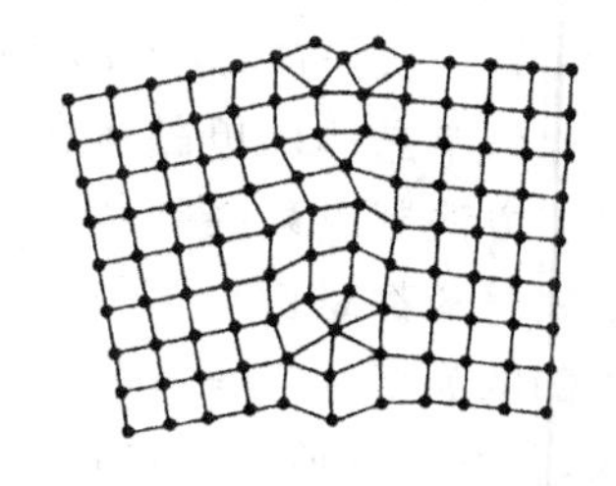

图 8.8　晶界的结构示意图

合金中具有同一化学成分且结构相同的均匀组成部分叫做相。合金中相与相之间有明显的界面。若合金是由成分、结构都相同的同一种晶粒构成的,各晶粒虽有界面分开,但它们仍属于同一种相;若合金是由成分、结构都不相同的几种晶粒构成的,则它们将属于不同的几种相。

如果把合金加热到熔化状态，则组成合金的各组元即相互溶解成均匀的溶液。但合金溶液经冷却结晶后，由于各组元之间相互作用不同，固态合金中将形成不同的相结构，合金的相结构可分为固溶体和金属化合物两大类。

1. 固溶体

当合金由液态结晶为固态时，组元间仍能互相溶解而形成的均匀相，称为固溶体。固溶体的晶格类型与其中某一组元的晶格类型相同，而其他组元的晶格结构将消失能保留住晶格结构的组元称为溶剂，另外的组元称为溶质。因此，固溶体的晶格类型与溶剂的晶格相同，而溶质以原子状态分布在溶剂的晶格中。在固溶体中，一般溶剂含量较多，溶质含量较少。

1）固溶体的分类

按照溶质原子在溶剂晶格中分布情况的不同，固溶体可分为以下两类：

(1)间隙固溶体　若溶质原子在溶剂晶格中并不占据晶格结点的位置，而是处于各结点间的空隙中，则这种形式的固溶体称为间隙固溶体，如图 8.9(a)所示。由于溶剂格的空隙有一定的限度，随着溶质原子的溶入，溶剂晶格将发生畸变，溶入的溶质原子越多，所引起的畸变就越大。

(2)置换固溶体　若溶质原子代替一部分溶剂原子而占据着溶剂晶格中的某些结点位置，则这种类型的固溶体称为置换固溶体，如图 8.9(b)所示。

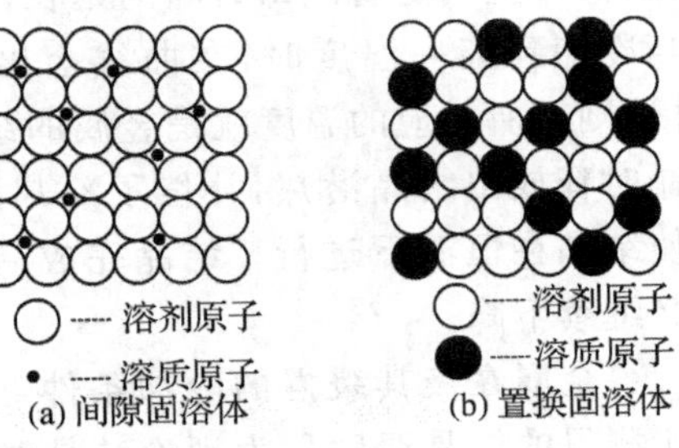

图 8.9　固溶体的两种类型

2）固溶体的性能

由于固溶体的晶格发生畸变，使位错移动时所受到的阻力增大，结果使金属材料的强度、硬度增高。这种通过溶入溶质元素形成的固溶体，从而使金属材料的强度、硬度升高的现象，称为固溶强化。固溶强化是提高金属材料机械性能的一种重要途径。例如，南京长江大桥的建筑中，大量采用的含锰为 $w_{Mn}=1.30\%\sim1.60\%$ 的低合金结构钢，就是由于锰的固溶强化作用提高了该材料的强度，从而大大节约了钢材，减轻了大桥结构的自重。

实践表明，适当掌握固溶体的中溶质含量，可以在显著提高金属材料的强度、硬度的同时，使其仍能保持相当好的塑性和韧性。例如，往铜中加入 19%的镍，可使合金材料的强度极限 σ_b 由 220MPa 提高到 380～400MPa，硬度由 44HBS 提高到 70HBS，而延伸率仍然能保持 50%左右。若用加工硬化的办法使纯铜达到同样的强化效果，其延伸率将低于 10%。这就说明，固溶体的强度、韧性和塑性之间能有较好的配合，所以对综合机械性能要求较高的结构材料，几乎都是以固溶体作为最基本的组成相。可是，通过单纯的固溶强化所达到的最高强度指标仍然有限，仍不能满足人们对结构材料的要求，因而在固溶强化的基础上须再补充进行其他的强化处理。

2. 金属化合物

凡是由相当程度的金属键结合，并具有明显金属特性的化合物，称为金属化合物，它可以成为金属材料的组成相。金属化合物的熔点较高，性能硬而脆。当合金中出现金属化合物时，通常能提高合金的强度、硬度和耐磨性，但会降低塑性和韧性。金属化合物是各类合金钢、硬质合金和许多有色金属的重要组成相。如碳钢中的 Fe_3C 也可以提高钢的强度和硬度；工具钢中 VC 可以提高钢的耐磨性；高速钢中的 WC、VC 等可使钢在高温下保持高硬度；而 WC 和 TiC 则是硬质合金的主要组成物。

8.2 纯金属及合金的结晶

8.2.1 纯金属的结晶

1. 金属结晶的条件

如图 8.10 所示是通过实验测定的液体金属冷却时温度和时间的关系曲线，称为冷却曲线。由图可见，液态金属随着冷却时间的延长，温度不断下降，但当冷却到某一温度时，在曲线上出现了一个水平线段，则其所对应的温度就是金属的结晶温度。金属结晶时释放出结晶潜热，补偿了冷却散失的热量，从而使结晶在恒温下进行。结晶完成后，由于散热，温度又继续下降。

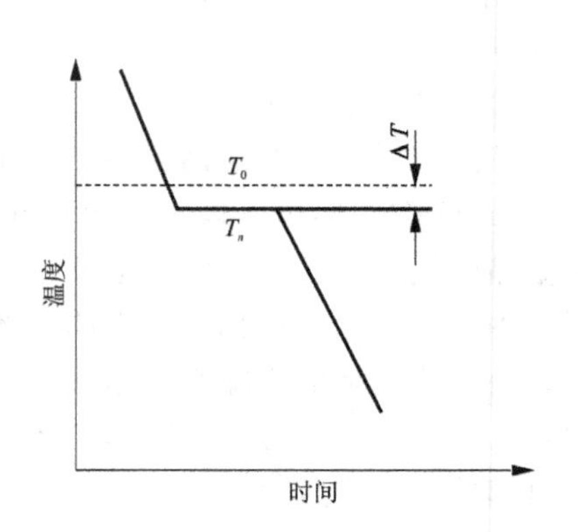

图 8.10 纯金属的冷却曲线示意图

金属在极其缓慢的冷却条件下（即平衡条件下）所测得的结晶温度称为理论结晶温度（T_0）。但在实际生产中，液态金属结晶时，冷却速度都较大，金属总是在理论结晶温度以下某一温度开始进行结晶，这一温度称为实际结晶温度（T_n）。金属实际结晶温度低于理论结晶温度的现象称为过冷现象。理论结晶温度与实际结晶温度之差称为过冷度，用 ΔT 表示，即 $\Delta T = T_0 - T_n$。

金属结晶时的过冷度与冷却速度有关，冷却速度愈大，过冷度就愈大，金属的实际结晶温度就愈低。实际上金属总是在过冷的情况下结晶的，所以，过冷度是金属结晶的必要条件。

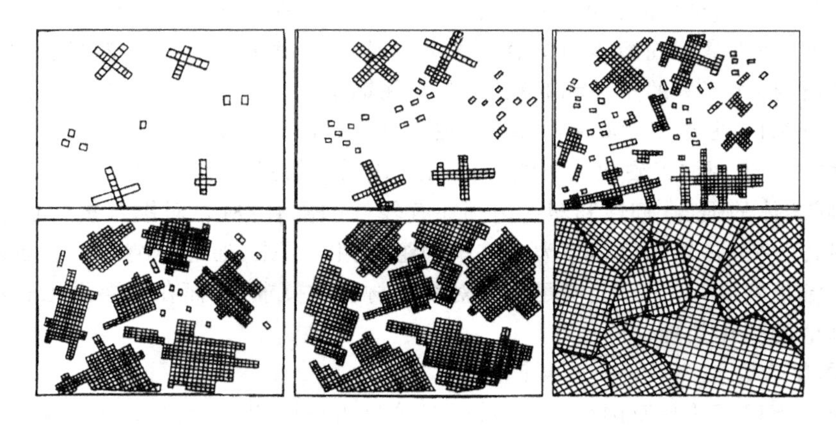

图 8.11 金属结晶过程示意图

2. 金属的结晶过程

纯金属的结晶过程是在冷却曲线上的水平线段所经历的时间内发生的。它是不断形成晶核和晶核不断长大的过程。

液态金属的结晶，不可能一瞬间完成，它必须经过一个由小到大，由局部到整体的发展过程。大量的实验证明，纯金属结晶时，首先是在液态金属中形成一些极微小的晶体，然后以这些微小晶体为核心不断吸收周围液体中的原子而不断长大，这些小晶体称为晶核。在晶核不断长大的同时，又会在液体中产生新的晶核并开始不断长大，直到液态金属全部消失，形成的晶体彼此接触为止。每个晶核长成一个晶粒，这样，结晶后的金属便是由许多晶粒所组成的多晶体结构，如图8.11所示。

3. 结晶后的晶粒大小

金属结晶后的晶粒大小对金属的力学性能影响很大。一般情况下，晶粒愈细小，金属的强度和硬度愈高，塑性和韧性也愈好。因此，细化晶粒是使金属材料强韧化的有效途径。因此，工业生产中，为了获得细晶粒组织，常采用以下方法：

1）增大过冷度

金属结晶时的冷却速度愈大，则过冷度愈大。实践证明，增加过冷度，使金属结晶时形成的晶核数目增多，则结晶后获得细晶粒组织。如在铸造生产中，常用金属型代替砂型来加快冷却速度，以达到细化晶粒的目的。

2）进行变质处理

在实际生产中，提高冷却速度来细化晶粒的方法只适用小件或薄壁件的生产，对于大件或厚壁铸件，冷却速度过大往往导致铸件变形或开裂。这时，为了得到细晶粒组织，可采用变质处理。变质处理是在浇注前向液态金属中人为地加入少量被称为变质剂的物质，以起到晶核的作用，使结晶时晶核数目增多，从而使晶粒细化。例如，向铸铁中加入硅铁或硅钙合金，向铝硅合金中加入钠或钠盐等都是变质处理的典型实例。

3）采用振动处理

在金属结晶过程中，采用机械振动、超声波振动、电磁振动等方法，使正在长大的晶体折断、破碎，也能增加晶核数目，从而细化晶粒。

4. 金属的同素异构转变

大多数金属在结晶完成后，其晶格类型不再发生变化。但也有少数金属，如铁、钴、钛等，在结晶之后继续冷却时，还会发生晶体结构的变化，即从一种晶格转变为另一种晶格，这种转变称为金属的同素异构转变。现以纯铁为例来说明金属的同素异构转变过程。纯铁的冷却曲线如图8.12所示，液态纯铁在1538℃时结晶成具有体心立方晶格的δ-Fe；冷却到1394℃时发生同素异晶转变，由体心立方晶格的δ-Fe转变为面心立方晶格的γ-Fe；继续冷却到912℃时又发生同素异构转变，由面心立方晶格的γ-Fe转变为体心立方晶格的α-Fe。再继续冷却，晶格类型不再发生变化。纯铁的同素异构转变过程可概括如下：

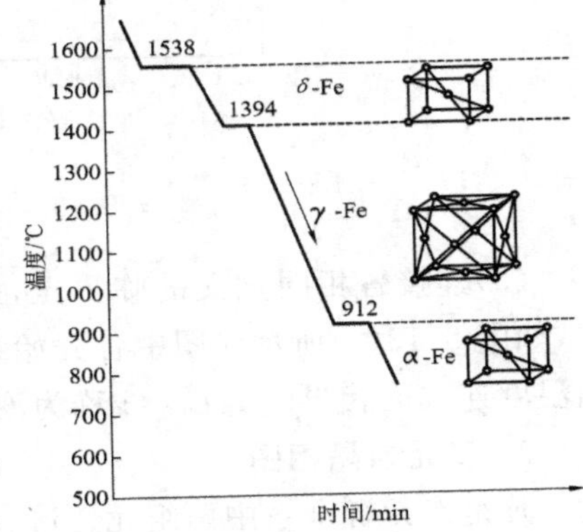

图8.12　纯铁的冷却曲线

$$\delta\text{-Fe} \underset{}{\overset{1394℃}{\rightleftharpoons}} \gamma\text{-Fe} \underset{}{\overset{912℃}{\rightleftharpoons}} \alpha\text{-Fe}$$

金属发生同素异构转变时，必然伴随着原子的重新排列，这种原子的重新排列过程，实际上就是一个结晶过程，与液态金属结晶过程的不同点在于其是在固态下进行的，但它同样遵循结晶过程中的形核与长大规律。为了和液态金属的结晶过程相区别，一般称其为重结晶。

8.2.2　合金的结晶

1. 二元相图的建立

合金相图又称为合金平衡图或合金状态图，它表示平衡状态下合金系中不同成分合金在不同温度下由哪些平衡相(或组织)组成，以及合金相之间平衡关系的图形。在生产实践中，合金相图是正确制订冶炼、铸造、锻压、焊接、热处理工艺的重要依据。

合金相图都是用实验方法测定出来的。下面以 Cu—Ni 二元合金系为例，说明应用热分析法测定其临界点及绘制相图的过程。

(1)配制一系列成分不同的 Cu—Ni 合金：

①100%Cu；　②80%Cu+20%Ni；　③60%Cu+40%Ni；
④40%Cu+60%Ni；　⑤20%Cu+80%Ni；　⑥100%Ni。

(2)用热分析法测出所配制的各合金的冷却曲线，如图 8.13(*a*)所示。

(3)找出各冷却曲线上的临界点，如图 8.13(*a*)所示。

(4)将各个合金的临界点分别标注在温度—成分坐标图中相应的合金线上。

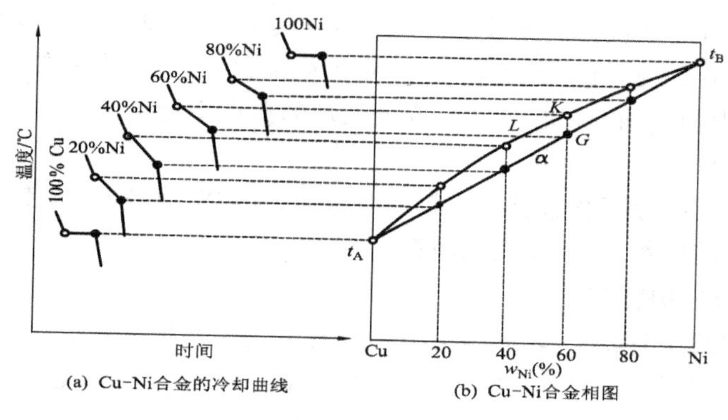

(a) Cu-Ni合金的冷却曲线　　(b) Cu-Ni合金相图

图 8.13　用热分析法测定 Cu—Ni 合金相图

(5)连接各相同意义的临界点，所得的线称为相界线。这样就获得了 Cu—Ni 合金相图，如图 8.13(*b*)所示。图中各开始结晶温度连成的相界线 $t_A\alpha t_B$ 线称为固相线，各终了结晶温度连成的相界线 t_ALt_B 线称为液相线。

2. 二元匀晶相图

凡是二元合金系中两组元在液态和固态下以任何比例均匀可相互溶解，即在固态下能形成无限固溶体时，其相图属于二元匀晶相图。例如 Cu—Ni、Fe—Cr、Au—Ag 等合金都属于这类相图。下面就以 Cu—Ni 合金相图为例，对匀晶相图进行分析。

1)相图分析

图 8.14(a)所示为 Cu—Ni 合金相图,图中 t_A＝1083℃为纯铜的熔点;t_B＝1455℃为纯镍的熔点。$t_A Lt_B$ 为液相线,代表各种成分的 Cu—Ni 合金在冷却过程中开始结晶、或在加热过程中熔化终了的温度;$t_A Lt_B$ 为固相线,代表各种成分的合金冷却过程中结晶终了、或在加热过程中开始熔化的温度。

液相线与固相线把整个相图分为三个不同相区。在液相线以上是单相的液相区,合金处于液体状态,以“L”表示;固相线以下是单相的固溶体区,合金处于固体状态,为 Cu 与 Ni 组成的无限固液体,以“α”表示;在液相线与固相线之间是液相＋固相的两相共存区,即结晶区,以“$L+\alpha$”表示。

2)合金结晶过程分析

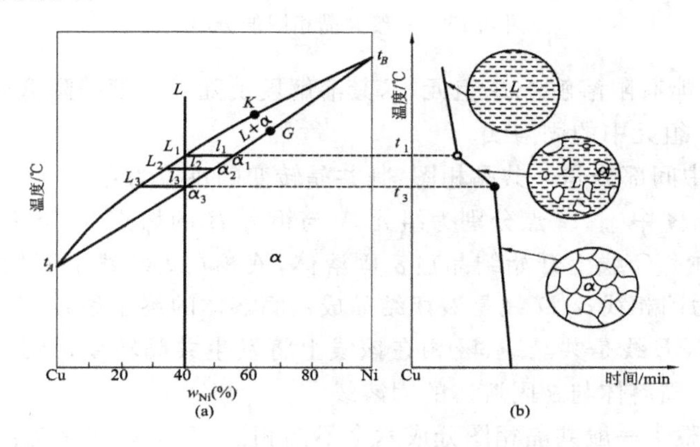

图 8.14　Cu—Ni 合金相图结晶过程分析

现以含 40％Ni 的 Cu—Ni 合金为例,分析其结晶过程,如图 8.14 所示。

由图 8.14(a)可见,该合金的合金线与相图上液相线、固相线分别在 t_1、t_3 温度时相交,这就是说,该合金是在 t_1 温度时开始结晶,t_3 温度时结晶结束。因此,当合金自高温液态缓慢冷却到 t_1 温度时,开始从液相中结晶出 α_1 固溶体。这种从液相中结晶出单一固相的转变称为匀晶转变或匀晶反应。随着温度的下降,α_1 固溶体量不断增多,剩余液相量不断减少。直到温度降到 t_3 温度时,合金结晶终了,获得了 Cu 与 Ni 组成的 α 固溶体。

其他成分合金的结晶过程均与上述合金相似。可见,固溶体合金的结晶过程与纯金属不同,其特点是,合金在一定温度范围内进行结晶,已结晶的固溶体成分不断沿固相线变化,剩余液相成分不断沿液相线变化。

3. 二元共晶相图

两组元在液态下能完全互溶,在固态下互相有限溶解,并发生共晶反应时所构成的相图称为共晶相图。图 8.15(a)是由 A、B 两组元组成的一般共晶相图。图 8.15(b)中左右两图部分就是部分的匀晶相图,中间部分就是一个共晶相图。

图 8.15(b)的左边部分就是溶质 B 溶于溶剂 A 中形成 α 固溶体的匀晶相图,由于在固态下 B 组元只能有限有溶解于 A 组元中,且其溶解度随着温度的降低而逐渐减小,故 DF 线就是 B 组元在 A 组元中的固相溶解度曲线,简称为固溶线。

同理,图 8.15(b)的右边部分就是溶质 A 溶于溶剂 B 中形成 β 固溶体的匀晶相图,由于

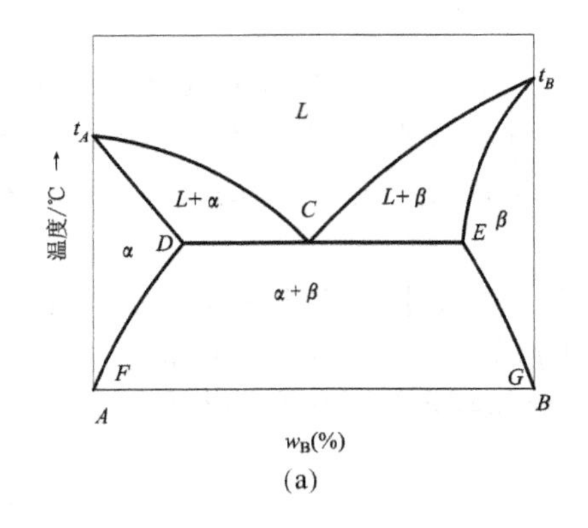

(a)

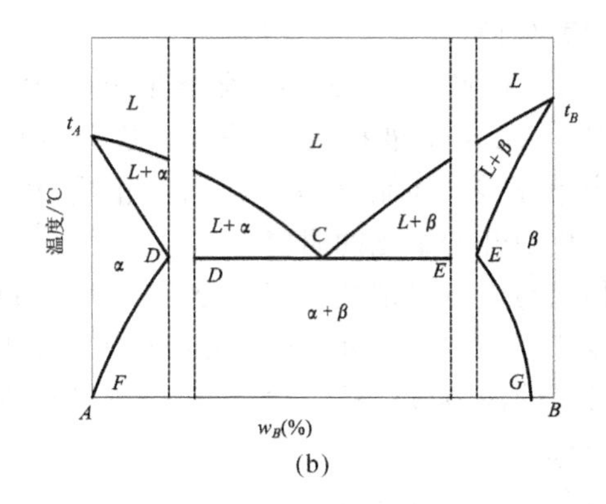

(b)

图 8.15　一般共晶相图的分析

在固态下 A 组元只能有限溶解于 B 组元中，其溶解度也随着温度的降低而逐渐减小，故 EG 线就是 A 组元在 B 组元中的固溶线。

图 8.15(b)的中间部分是一共晶相图，其共晶转变的反应为：

根据上述分析，图中 t_A、t_B 点分别为组元 A 与组元 B 的熔点；C 点为共晶点。t_AC、t_BC 线为液相线，液相在 t_AC 线上开始结晶也 α 固溶体，液相在 t_BC 线上开始结晶出 β 固溶体。t_AD、t_BE、DCE 线为固相线；t_AD 线是液相结晶成 α 固溶体的终了线；t_BE 线是液相结晶成 β 固溶体的终了线；DCE 线是共晶线，液相在该线上将发生共晶转变，结晶出($\alpha+\beta$)共晶体。DF、EG 线分别为 α 固溶体与 β 固溶体的固溶线。

上述相界线把整个一般共晶相图分成六个不同相区：三个单相区为液相 L、α 固溶体相区、β 固溶体相区；三个两相区为 $L+\alpha$ 相区、$L+\beta$ 相区和 $\alpha+\beta$ 相区。DCE 共晶线 $L+\alpha+\beta$ 三相平衡的共存线。各相区相的组成如图 8.15(a)所示。属于一般共晶相图的有 Pb—Sn、Pb—Sb、Al—Si、Ag—Cu 等二元合金。

4. 二元共析相图

图 8.16 是一个包括共析反应的相图，相图中与共晶相图相似的部分为共析相图部分。水平线 dce 称为共析线，c 点称为共析点，与 c 点对应的成分和温度分别称为共析成分和共析温度。与共析线成分对应的合金冷却到共析温度时将发生共析反应：

$$\alpha_c \rightleftharpoons \beta_d + \beta_e$$

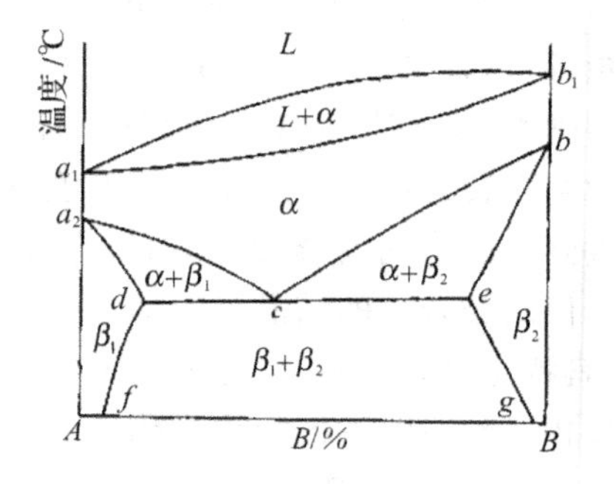

图 8.16　有共析反应的二元合金相图

所谓共析反应(或共析转变)是指在一定温度下，由一定成分的固相同时析出两个成分和结构完全不同的新固相的反应。共析反应的产物也是两相机械混合物，称为共析组织或共析体。与共晶反应不同的是，共析反应的母相是固相，而不是液相，因而共析转变也是固态相变。由于固态转变过冷度大，因而其组织比共晶组织细。

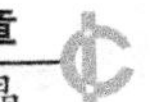

8.3 铁碳合金相图

钢铁是现代工业中应用最广泛的金属材料。其基本组元是铁和碳，故统称为铁碳合金。由于碳的质量分数大于6.69%时，铁碳合金的脆性很大，已无实用价值。所以，实际生产中应用的铁碳合金其碳的质量分数均在6.69%以下。

8.3.1 铁碳合金的基本组织

铁碳合金的基本组织有铁素体、奥氏体、渗碳体、珠光体和莱氏体。

1. 铁素体

碳溶入α-Fe中形成的间隙固溶体称为铁素体，用符号*F*表示。铁素体具有体心立方晶格，这种晶格的间隙分布较分散，所以间隙尺寸很小，溶碳能力较差，在727℃时碳的溶解度最大为0.0218%，室温时几乎为零。铁素体的塑性、韧性很好，但强度、硬度较低。铁素体的显微组织如图8.17所示。

2. 奥氏体

碳溶入γ-Fe中形成的间隙固溶体称为奥氏体，用符号*A*表示。奥氏体具有面心立方晶格，其致密度较大，晶格间隙的总体积虽较铁素体小，但其分布相对集中，单个间隙的体积较大，所以γ-Fe的溶碳能力比α-Fe大，727℃时溶解度为0.77%，随着温度的升高，溶碳量增多，1148℃时其溶解度最大为2.11%。

奥氏体常存在于727℃以上，是铁碳合金中重要的高温相，强度和硬度不高，但塑性和韧性很好，易锻压成形。奥氏体的显微组织示意图如图8.18所示。

3. 渗碳体

渗碳体是铁和碳相互作用而形成的一种具有复杂晶体结构的金属化合物，常用化学分子式Fe_3C表示。渗碳体中碳的质量分数为6.69%，熔点为1227℃，硬度很高(800HBW)，塑性和韧性极低，脆性大。渗碳体是钢中的主要强化相，其数量、形状、大小及分布状况对钢的性能影响很大。

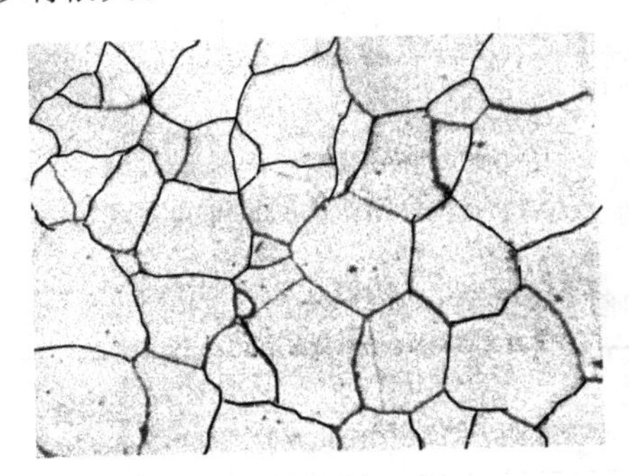

图8.17 铁素体的显微组织(200×)

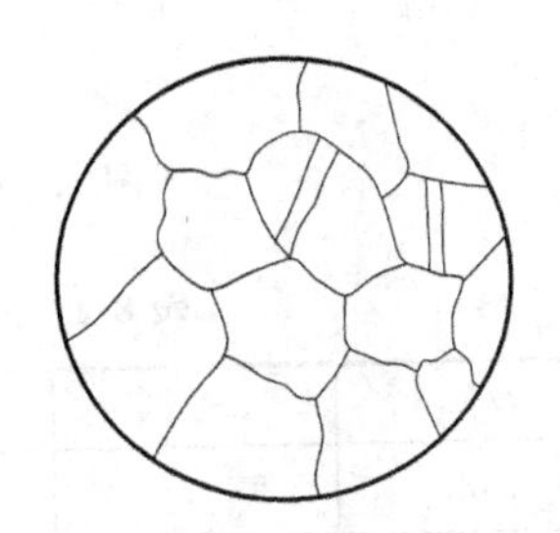

图8.18 奥氏体的显微组织示意图

4. 珠光体

珠光体是由铁素体和渗碳体组成的多相组织，用符号*P*表示。珠光体中碳的质量分数平均为0.77%，由于珠光体组织是由软的铁素体和硬的渗碳体组成，因此，它的性能介于铁素体和渗碳体之间，即具有较高的强度和塑性，硬度适中。

5. 莱氏体

碳的质量分数为4.3%的液态铁碳合金冷却到1148℃时，同时结晶出奥氏体和渗碳体的多相组织称为莱氏体，用符号 Ld 表示。在727℃以下莱氏体由珠光体和渗碳体组成，称为低温莱氏体，用符号 Ld' 表示。莱氏体的性能与渗碳体相似，硬度很高，塑性很差。

8.3.2 Fe-Fe_3C 合金相图分析

Fe-Fe_3C 相图是指在极其缓慢的加热或冷却的条件下，不同成分的铁碳合金，在不同温度下所具有的状态或组织的图形。它是研究铁碳合金成分、组织和性能之间关系的理论基础，也是选材、制定热加工及热处理工艺的重要依据。简化后的 Fe-Fe_3C 相图，如图8.19所示。Fe-Fe_3C 相图纵坐标表示温度，横坐标表示成分，碳的质量分数由0%～6.69%，左端为纯铁的成分，右端为 Fe_3C 的成分。

1. 相图中的主要特性点

Fe-Fe_3C 相图中主要特性点的温度、成分及其含义如表8-2所示。

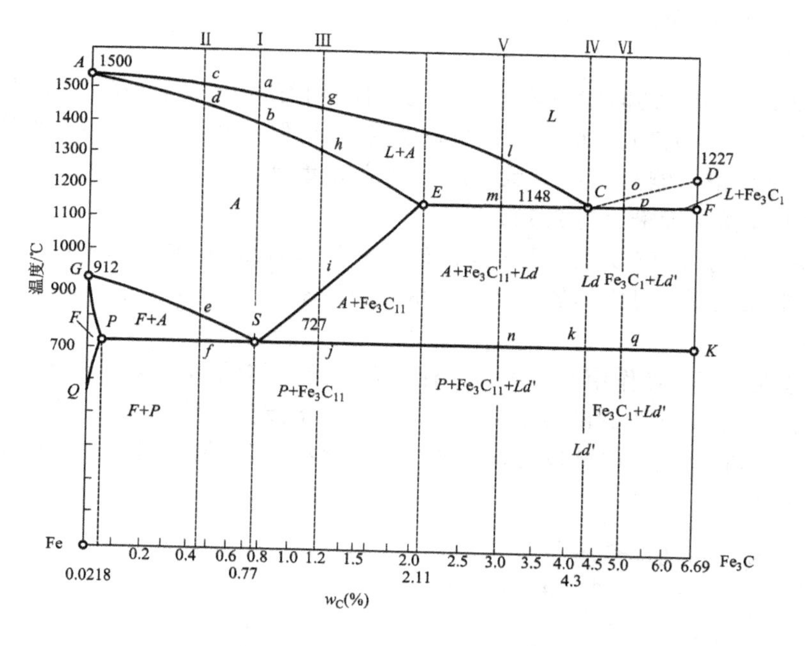

图8.19 简化的 Fe-Fe_3C 相图

表8-2 Fe-Fe_3C 相图主要的特征点

特性点	t/℃	w_c/%	含 义
A	1538	0	纯铁的熔点
C	1148	4.3	共晶点，$L_e \xrightleftharpoons{1148℃} L_d(A_g+Fe_3C)$
D	1227	6.69	渗碳体的熔点
E	1148	2.11	碳在 γ-Fe 中最大溶解度
G	912	0	α-Fe $\xrightleftharpoons{912℃}$ γ-Fe，纯铁的同素异晶转变点

续表

特性点	t/℃	w_c/%	含　义
P	727	0.0218	碳在 α-Fe 中的最大溶解度
S	727	0.77	共折点，$A_s \xrightleftharpoons{727℃} P(F_P + Fe_3C)$
Q	600	0.008	碳在 α-Fe 中的溶解度

2. 相图中的主要特性线

ACD 线为液相线，在 ACD 线以上合金为液态，用符号 L 表示。液态合金冷却到此线时开始结晶，在 AC 线以下结晶出奥氏体，在 CD 线以下结晶出渗碳体，称为一次渗碳体，用符号 Fe_3C_{I} 表示。

$AECF$ 线为固相线，在此线以下合金为固态。液相线与固相线之间为合金的结晶区域，这个区域内液体和固体共存。

ECF 线为共晶线，温度为 1148℃。液态合金冷却到该线温度时发生共晶转变：

$$L_{4.3} \xrightleftharpoons{1148℃} A_{2.11} + Fe_3C_{6.69}$$

即 C 点成分的液态合金缓慢冷却到共晶温度（1148℃）时，从液体中同时结晶出 E 点成分的奥氏体和渗碳体。共晶转变后的产物称为莱氏体，C 点称为共晶点。凡是碳的质量分数为 2.11%～6.69%的铁碳合金均会发生共晶转变。

PSK 线为共析线，又称 A_1 线，温度为 727℃。铁碳合金冷却到该温度时发生共析转变：

$$A_{0.77} \xrightleftharpoons{727℃} F_{0.0218} + Fe_3C_{6.69}$$

即 S 点成分的奥氏体缓慢冷却到共析温度（727℃）时，同时析出 P 点成分的铁素体和渗碳体。共析转变后的产物称为珠光体，S 点称为共析点。凡是碳的质量分数为 0.0218%～6.69%的铁碳合金均会发生共析转变。

ES 线是碳在 γ-Fe 中的溶解度曲线，又称 Acm 线。凡 w_c＞0.77%的铁碳合金由 1148℃冷却到 727℃的过程中，都有渗碳体从奥氏体中析出，这种渗碳体称为二次渗碳体，用符号 Fe_3C_{II} 表示。

GS 线，又称 A_3 线。是冷却时由奥氏体中析出铁素体的开始线。PQ 线是碳在 α-Fe 中的固态溶解度曲线。

8.3.3　Fe-Fe$_3$C 合金的分类

根据碳的质量分数和室温组织的不同，可将铁碳合金分为以下三类：

（1）工业纯铁　$w_c \leqslant 0.0218\%$。

（2）钢　$0.0218\% < w_c \leqslant 2.11\%$。根据室温组织的不同，钢又可分为三种：共析钢（$w_c$＝0.77%）；亚共析钢（$w_c$＝0.0218%～0.77%）；过共析钢（$w_c$＝0.77%～2.11%）。

（3）白口铸铁　$2.11\% < w_c < 6.69\%$。根据室温组织的不同，白口铁又可分为三种：共晶白口铸铁（w_c＝4.3%）；亚共晶白口铸铁（w_c＝2.11%～4.3%）；过共晶白口铸铁（w_c＝4.3%～6.69%）。

8.3.4 典型铁碳合金的结晶过程及组织

1. 共析钢的结晶过程及组织

图 8.19 中合金Ⅰ为 w_c=0.77%的共析钢。共析钢在 *a* 点温度以上为液体状态(L)。当缓冷到 a 点温度时,开始从液态合金中结晶出奥氏体(A),并随着温度的下降,奥氏体量不断增加,剩余液体的量逐渐减少,直到 b 点以下温度时,液体全部结晶为奥氏体。*b*～*s* 点温度间为单一奥氏体的冷却,没有组织变化。继续冷却到 s 点温度(727℃)时,奥氏体发生共析转变形成珠光体(P)。在 *s* 点以下直至室温,组织基本不再发生变化,故共析钢的室温组织为珠光体(P)。共析钢的结晶过程如图 8.20 所示。

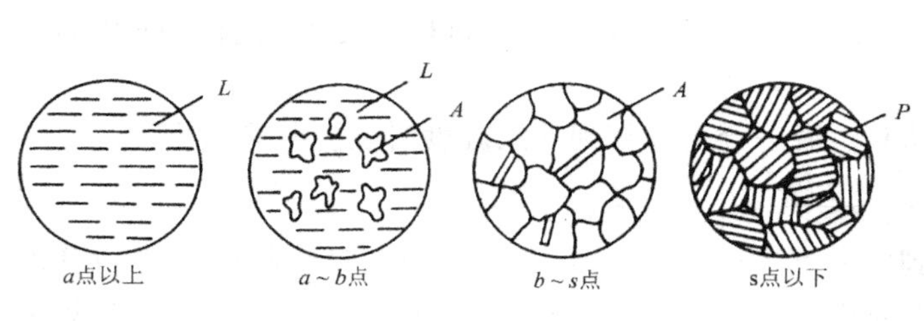

图 8.20 共析钢结晶过程示意图

图 8.21 珠光体的显微组织(500×)

珠光体的显微组织如图 8.21 所示。在显微镜放大倍数较高时,能清楚地看到铁素体和渗碳体呈片层状交替排列的情况。由于珠光体中渗碳体量较铁素体少,因此渗碳体层片较铁素体层片薄。

2. 亚共析钢的结晶过程及组织

图 8.19 中合金Ⅱ为 w_c=0.45%的亚共析钢。合金Ⅱ在 *e* 点温度以上的结晶过程与共析钢相同。当降到 *e* 点温度时,开始从奥氏体中析出铁素体。随着温度的下降,铁素铁量不断增多,奥氏体量逐渐减少,铁素体成分沿 GP 线变化,奥氏体成分沿 GS 线变化。当温度降到 *f* 点(727℃)时,剩余奥氏体碳的质量分数达到 0.77%,此时奥氏体发生共析转变,形成珠光体,而先析出铁素体保持不变。这样,共析转变后的组织为铁素体和珠光体组成。温度继续下降,组织基本不变。室温组织仍然是铁素体和珠光体(F+P)。其结晶过程如图 8.22所示。

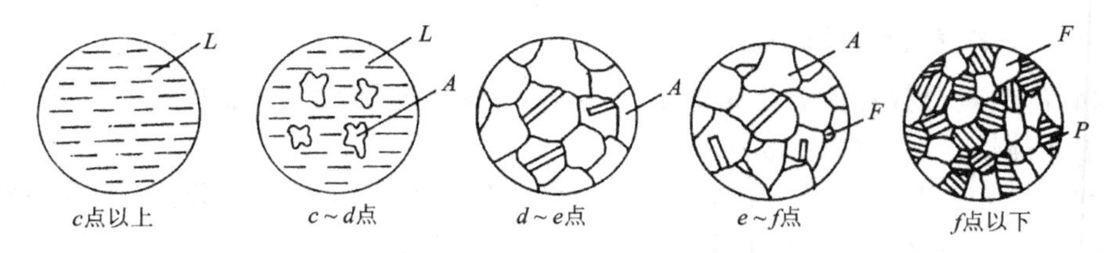

图 8.22 亚共析钢结晶过程示意图

所有亚共析钢的室温组织都是由铁素体和珠光体组成,只是铁素体和珠光体的相对量不同。随着含碳量的增加,珠光体量增多,而铁素体量减少。其显微组织如图 8.23 所示。图中白色部分为铁素体,黑色部分为珠光体,这是因为放大倍数较低,无法分辨出珠光体中

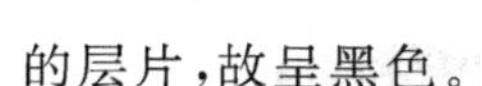
的层片，故呈黑色。

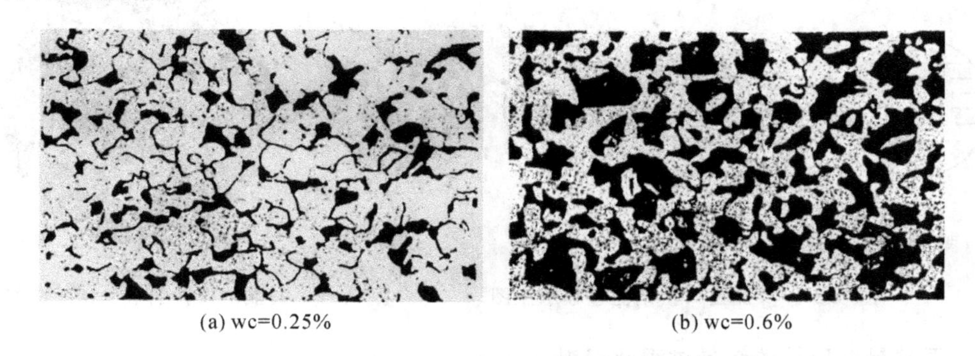

图 8.23　亚共析钢的显微组织(200×)

3. 过共析钢的结晶过程及组织

图 8.19 中合金Ⅲ为 w_c＝1.2％的过共析钢。合金Ⅲ在 i 点温度以上的结晶过程与共析钢相同。当冷却到 i 点温度时，开始从奥氏体中析出二次渗碳体。随着温度的下降，析出的二次渗碳体量不断增加，并沿奥氏体晶界呈网状分布，而剩余奥氏体碳含量沿 ES 线逐渐减少。当温度降到 j 点(727℃)时，剩余的奥氏体碳的质量分数降为 0.77％，此时奥氏体发生共析转变，形成珠光体，而先析出的二次渗碳体保持不变。温度继续下降，组织基本不变。所以，过共析钢的室温组织为珠光体和网状二次渗碳体($P+Fe_3C_{Ⅲ}$)。其结晶过程如图8.24 所示。

所有过共析钢的室温组织都是由珠光体和二次渗碳体组成。只是随着合金中含碳量的增加，组织中网状二次渗碳体的量增多。过共析钢的显微组织如图 8.25 所示。图中层片状黑白相间的组织为珠光体，白色网状组织为二次渗碳体。

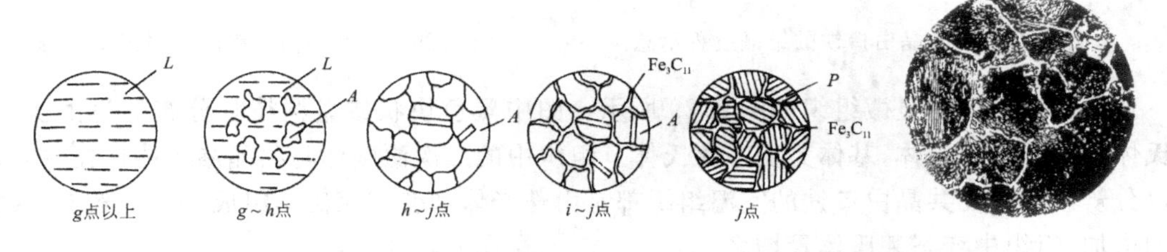

图 8.24　过共析钢结晶过程示意图　　图 8.25　过共析钢的显微组织(500×)

4. 共晶白口铁的结晶过程及组织

图 8.19 中合金Ⅳ为 w_c＝4.3％的共晶白口铁。合金Ⅳ在 C 点温度以上为液态，当温度降到 C 点(1148℃)时，液态合金发生共晶转变形成莱氏体，由共晶转变形成的奥氏体和渗碳体又称为共晶奥氏体、共晶渗碳体。随着温度的下降，莱氏体中的奥氏体将不断析出二次渗碳体，奥氏体的含碳量沿着 ES 线逐渐减少。当温度降到 k 点时，奥氏体中碳的质量分数降为 0.77％，奥氏体发生共析转变，形成珠光体。温度继续下降，组织基本不变。由于二次渗碳体与莱氏体中的渗碳体连在一起，难以分辨，故共晶白口铁的室温组织由珠光体和渗碳体组成，称为低温莱氏体(Ld′)。其结晶过程如图 8.26 所示。共晶白口铁的显微组织如图 8.27 所示。图中黑色部分为珠光体，白色基体为渗碳体。

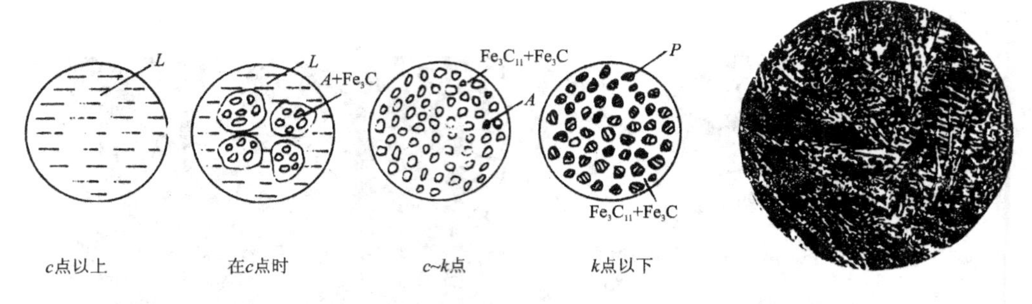

图 8.26　共晶白口铁结晶过程示意图　　　图 8.27　共晶白口铁的显微组织(125×)

5. 亚共晶白口铁的结晶过程及组织

图 8.19 中合金Ⅴ为 w_c=3.0%的亚共晶白口铁。合金在 l 点温度以上为液态，缓冷到 l 点温度时，开始从液体中结晶出奥氏体。随着温度的下降，奥氏体量不断增多，其成分沿 AE 线变化；液体量不断减少，其成分沿 AC 线变化。当温度降到 m 点(1148℃)时，剩余液体碳的质量分数达到 4.3%，发生共晶转变，形成莱氏体。温度继续下降，奥氏体中不断析出二次渗碳体，并在 n 点温度(727℃)时，奥氏体转变成珠光体。同时，莱氏体在冷却过程中转变成变态莱氏体。所以亚共晶白口铁的室温组织为珠光体、二次渗碳体和变态莱氏体(P＋Fe_3C_{II}＋Ld′)。其结晶过程如图 8.28 所示。

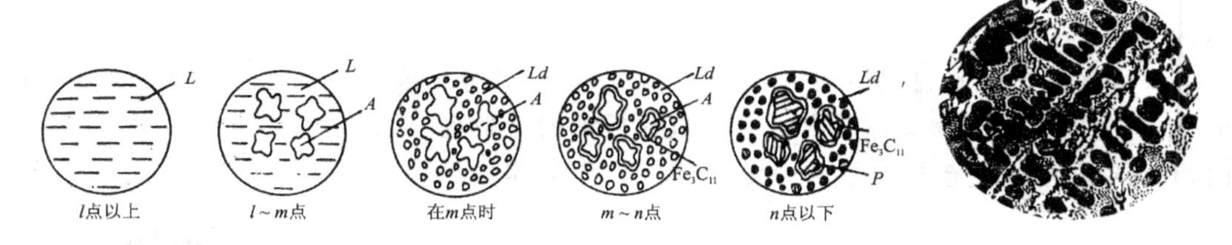

图 8.28　亚共晶白口铁的结晶过程示意图　　　图 8.29　亚共晶白口铁的显微组织(125×)

亚共晶白口铁的显微组织如图 8.29 所示。图中黑色块状或呈树枝状分布的为由初生奥氏体转变成的珠光体，基体为变态莱氏体。组织中的二次渗碳体与共晶渗碳体连在一起，难以分辨。所有亚共晶白口铁的室温组织都是由珠光体和变态莱氏体组成。只是随着含碳量的增加，组织中变态莱氏体量增多。

6. 过共晶白口铁的结晶过程及组织

图 8.19 中合金Ⅵ为 w_c=5.0%的过共晶白口铁。合金在 o 点温度以上为液体，冷却到 o 点温度时，开始从液体中结晶出板条状一次渗碳体。随着温度的下降，一次渗碳体量不断增多，液体量逐渐减小，其成分沿 DC 线变化。当冷却到 p 点温度时，剩余液体的碳的质量分数达到 4.3%，发生共晶转变，形成莱氏体。在随后的冷却中，莱氏体变成变态莱氏体，一次渗碳体不再发生变化，仍为板条状。所以，过共晶白口铁的室温组织为一次渗碳体和低温莱氏体(Ld'＋Fe_3C_I)。其结晶过程如图 8.30 所示。

所有过共晶白口铁室温组织都是由一次渗碳体和低温莱氏体组成。只是随着含碳量的增加，组织中一次渗碳体量增多。过共晶白口铁的显微组织如图 8.31 所示。图中白色板条状为一次渗碳体，基体为低温莱氏体。

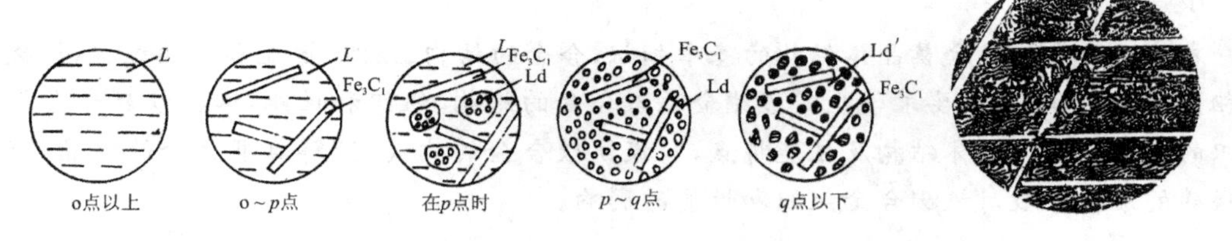

图 8.30　过共晶白口铁的结晶过程示意图　　图 8.31　过共晶白口铁的显微组织(125×)

8.3.5　碳含量对铁碳合金组织和性能的影响

1. 碳含量对平衡组织的影响

从上面分析可知，不同成分的铁碳合金在共析温度以下都是由铁素体和渗碳体两相组成。随着含碳量的增加，渗碳体量增加，铁素体量减小，而且渗碳体的形态和分布情况也发生变化，所以，不同成分的铁碳合金室温下具有不同的组织和性能。其室温组织变化情况如下：$F+P \rightarrow P \rightarrow P+Fe_3C_{II} \rightarrow P+Fe_3C_{II}+Ld' \rightarrow Ld' \rightarrow Ld'+Fe_3C_I$

2. 含碳量对力学性能的影响

钢中铁素体为基体，渗碳体为强化相，而且主要以珠光体的形式出现，使钢的强度和硬度提高，故钢中珠光体量愈多，其强度、硬度愈高，而塑性、韧性相应降低。但过共析钢中当渗碳体明显地以网状分布在晶界上，特别在白口铁中渗碳体成为基体或以板条状分布在莱氏体基体上，将使铁碳合金的塑性和韧性大大下降，以致合金的强度也随之降低，这就是高碳钢和白口铁脆性高的主要原因。图 8.32 为钢的力学性能随含碳量变化的规律。

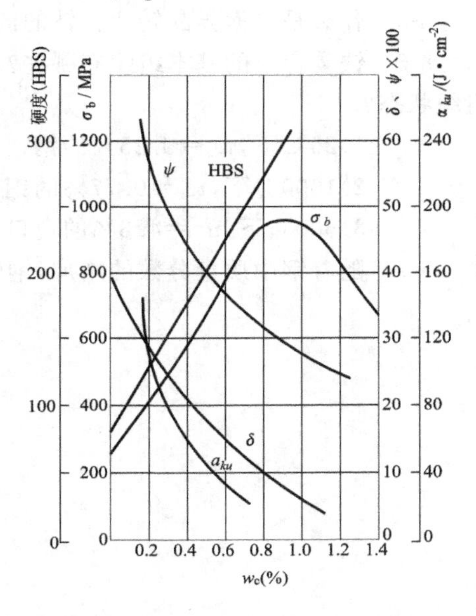

图 8.32　含碳量对钢力学性能的影响

由图可见，当钢中碳的质量分数小于 0.9%时，随着含碳量的增加，钢的强度、硬度直线上升，而塑性、韧性不断下降；当钢中碳的质量分数大于 0.9%时，因网状渗碳体的存在，不仅使钢的塑性、韧性进一步降低，而且强度也明显下降。为了保证工业上使用的钢具有足够的强度，并具有一定的塑性和韧性，钢中碳的质量分数一般都不超过 1.4%。碳的质量分数 2.11%的白口铁，由于组织中出现大量的渗碳体，使性能硬而脆，难以切削加工，因此在一般机械制造中应用很少。

$Fe-Fe_3C$ 相图揭示了铁碳合金的组织随成分变化的规律，根据组织可以大致判断出力学性能，便于合理地选择材料。例如，建筑结构和型钢需要塑性、韧性好的材料，应选用低碳钢($w_c \leqslant 0.25\%$)；机械零件需要强度、塑性及韧性都较好的材料，应选用中碳钢；工具需要硬度高、耐磨性好的材料，应选用高碳钢。而白口铁可用于需要耐磨、不受冲击、形状复杂的铸件，如拔丝模、冷轧辊、犁铧等。

小　结

本章主要介绍了金属晶体结构的基本知识，合金的结构、组织、性能和结晶过程，铁碳合金相图的分析和使用，要求学生掌握纯金属与合金的结构、组织和性能，掌握铁碳合金基本组织的定义、符号、晶体结构及性能特点，掌握铁碳合金的构成，了解典型合金的结晶过程，掌握碳的质量分数对铁碳合金组织和性能的影响。

思考与习题

8-1　常见的金属晶体结构有哪几种？原子排列各有什么特点？α-Fe、Al、Cu、Ni、V、Mg、Zn各属何种晶体结构？

8-2　什么是合金？合金的相结构有哪些？

8-3　实际金属晶体中存在有哪些晶体缺陷？它们对性能有什么影响？

8-4　金属结晶的条件和过程是什么？细化晶粒的措施有哪些？

8-5　什么是同素异晶转变？铁的同素异构体有哪几种？

8-6　铁碳合金的基本组织有哪些？根据Fe-Fe_3C合金相图，指出下列情况钢所具有的组织状态？

1)25℃下，w_c＝0.25％的钢；

2)1000℃下，w_c＝0.77％的钢；

3)600℃下，w_c＝4.3％的白口铸铁。

8-7　随着钢中质量分数的增加，钢的力学性能有何变化？为什么？

第 9 章　钢的热处理

9.1　热处理的基本概念

钢的热处理是指将钢在固态下采用适当的方式进行加热、保温和冷却，通过改变钢的内部组织结构而获得所需性能的工艺方法。钢的热处理工艺都包括加热、保温和冷却三个阶段，温度和时间是决定热处理工艺的主要因素，因此热处理工艺可以用温度——时间曲线来表示，如图 9.1 所示，该曲线称为钢的热处理工艺曲线。通过适当的热处理，不仅可以提高钢的使用性能，改善钢的工艺性能，而且能够充分发挥钢的性能潜力，提高机械产品的产量、质量和经济效益。据统计，在机床制造中有 60%～70%的零部件要经过热处理；在汽车、拖拉机制造中有 70%～90%的零部件要经过热处理；各种工具和滚动轴承等则 100%的要进行热处理。

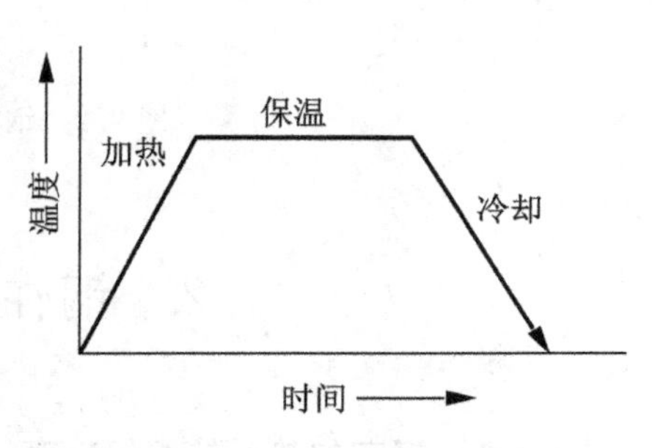

图 9.1　热处理工艺曲线

热处理工艺区别于其他加工工艺（如铸造、锻造、焊接等）的特征是不改变工件的形状，只改变材料的组织结构和性能。热处理工艺只适用于固态下能发生组织转变的材料，无固态相变的材料则不能用热处理来进行强化。

根据加热、冷却方式的不同以及钢的组织和性能的变化特征不同，可将热处理工艺进行如下分类：

(1) 普通热处理。退火、正火、淬火、回火。

(2) 表面热处理。表面淬火、化学热处理。

(3) 其他热处理。真空热处理、形变热处理、控制气氛热处理、激光热处理等。

按照热处理工艺在零件生产过程中的位置和作用不同，又可以将热处理工艺分为预备热处理和最终热处理两类。预备热处理是指为后续加工（如切削加工、冲压加工、冷拔加工等）或热处理作准备的热处理工艺；最终热处理是指使工件获得所需性能的热处理工艺。

实际热处理时，加热和冷却相变都是在不完全平衡的条件下进行的，相变温度与 Fe-Fe_3C 相图中的相变点之间存在一定差异。由 Fe-Fe_3C 相图可知，钢在平衡条件下的固态相变点分别为 A_1、A_3 和 A_{cm}。在实际加热和冷却条件下，钢发生固态相变时都有不同程度的过热度或过冷度。因此，为与平衡条件下的相变点相区别，而将在加热时实际的相变点分别称为 A_{c1}、A_{c3}、A_{ccm}，在冷却时实际的相变点分别称为 A_{r1}、A_{r3}、A_{rcm}。如图 9.2 所示。

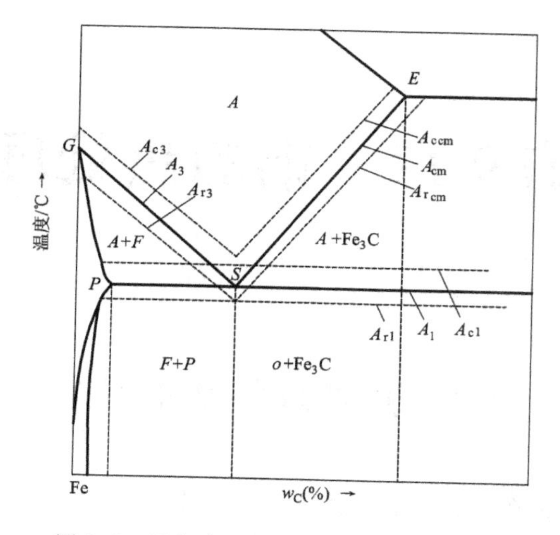

图 9.2　钢在实际加热和冷却时的相变点

9.2　钢在热处理时的组织转变

9.2.1　钢在加热时的组织转变

加热是热处理过程中的一个重要阶段，其目的主要是使钢奥氏体化。下面以共析钢为例，研究钢在加热时的组织转变规律。

1. 奥氏体的形成过程

将共析钢加热至 Ac_1 温度时，便会发生珠光体向奥氏体的转变，其转变过程也是一个形核和和长大的过程，一般可分为四个阶段，如图 9.3 所示。

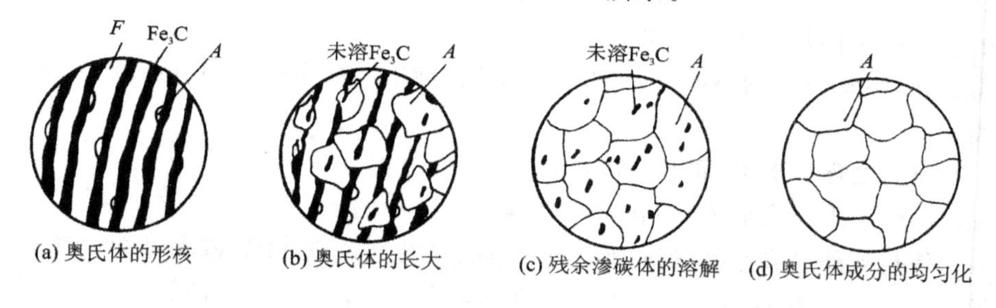

图 9.3　共析钢中奥氏体的形成过程示意图

1)奥氏体晶核的形成

奥氏体晶核优先在铁素体和渗碳体的两相界面上形成，这是因为相界面处成分不均匀，原子排列不规则，晶格畸变大，能为产生奥氏体晶核提供成分和结构两方面的有利条件。

2)奥氏体晶核的长大

奥氏体晶核形成后，依靠铁素体的晶格改组和渗碳体的不断溶解，奥氏体晶核不断向铁素体和渗碳体两个方向长大。与此同时，新的奥氏体晶核也不断形成并随之长大，直至铁素

体全部转变为奥氏体为止。

3)残余渗碳体的溶解

在奥氏体的形成过程中,当铁素体全部转变为奥氏体后,仍有部分渗碳体尚未溶解(称为残余渗碳体),随着保温时间的延长,残余渗碳体将不断溶入奥氏体中,直至完全消失。

4)奥氏体成分均匀化

当残余渗碳体溶解后,奥氏体中的碳成分仍是不均匀的,在原渗碳体处的碳浓度比原铁素体处的要高。只有经过一定时间的保温,通过碳原子的扩散,才能使奥氏体中的碳成分均匀一致。

亚共析钢和过共析钢的奥氏体形成过程与共析钢基本相同,不同的是亚共析钢的平衡组织中除了珠光体外还有先析出的铁素体,过共析钢中除了珠光体外还有先析出的渗碳体。若加热至 *Ac*1 温度,只能使珠光体转变为奥氏体,得到奥氏体+铁素体或奥氏体+二次渗碳体组织,称为不完全奥氏体化。只有继续加热至 *Ac*3 或 *Accm* 温度以上,才能得到单相奥氏体组织,即完全奥氏体化。

2. 奥氏体晶粒的大小及其影响因素

奥氏体晶粒的大小对钢冷却后的组织和性能有很大影响。钢在加热时获得的奥氏体晶粒大小,直接影响到冷却后转变产物的晶粒大小(如图 9.4 所示)和力学性能。加热时获得的奥氏体晶粒细小,则冷却后转变产物的晶粒也细小,其强度、塑性和韧性较好;反之,粗大的奥氏体晶粒冷却后转变产物也粗大,其强度、塑性较差,特别是冲击韧度显著降低。

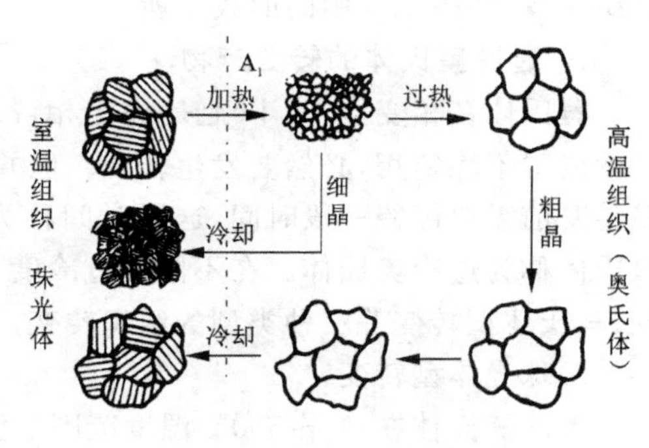

图 9.4 钢在加热和冷却时晶粒大小的变化

1) 奥氏体的晶粒度

晶粒度是表示晶粒大小的一种尺度。奥氏体晶粒的大小用奥氏体晶粒度来表示生产中常采用标准晶粒度等级图,由比较的方法来测定钢的奥氏体晶粒大小。

国家标准 GB6394-86《金属平均晶粒度测定法》将奥氏体标准晶粒度分为 00,0,1,2,……10 等十二个等级,其中常用的为 1~8 级。1~4 级为粗晶粒,5~8 级为细晶粒。

2) 影响奥氏体晶粒大小的因素

珠光体向奥氏体转变完成后,最初获得的奥氏体晶粒是很细小的。但随着加热的继续,奥氏体晶粒会自发地长大。

(1)加热温度和保温时间　奥氏体刚形成时晶粒是细小的,但随着温度的升高,奥氏体晶粒将逐渐长大,温度越高,晶粒长大越明显;在一定温度下,保温时间越长,奥氏体晶粒就越粗大。因此,热处理加热时要合理选择加热温度和保温时间,以保证获得细小均匀的奥氏体组织。

(2)钢的成分　随着奥氏体中碳含量的增加,晶粒的长大倾向也增加;若碳以未溶碳化物的形式存在时,则有阻碍晶粒长大的作用。

在钢中加入能形成稳定碳化物的元素(如钛、钒、铌、锆等)和能形成氧化物或氮化物的元素(如适量的铝等),有利于获得细晶粒,因为碳化物、氧化物、氮化物等弥散分布在奥氏体的晶界上,能阻碍晶粒长大;锰和磷是促进奥氏体晶粒长大的元素。

9.2.2 钢在冷却时的组织转变

$Fe-Fe_3C$ 相图中所表达的钢的组织转变规律是在极其缓慢的加热和冷却条件下测绘出来的，但在实际生产过程中，其加热速度、冷却方式、冷却速度等都有所不同，而且对钢的组织和性能都有很大影响。

钢经加热、保温后能获得细小的、成分均匀的奥氏体，然后以不同的方式和速度进行冷却，以得到不同的产物。在钢的热处理工艺中，奥氏体化后的冷却方式通常有等温冷却和连续冷却两种。等温冷却是将已奥氏体化的钢迅速冷却到临界点以下的给定温度进行保温，使其在该等温温度下发生组织转变，如图 9.5 中的曲线 1 所示；连续冷却是将已奥氏体化的钢以某种冷却速度连续冷却，使其在临界点以下的不同温度进行组织转变，如图 9.5 中的曲线 2 所示。

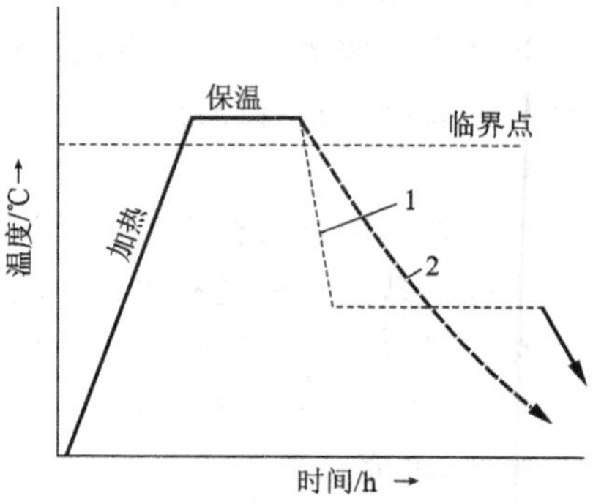

图 9.5　两种冷却方式示意图

1. 过冷奥氏体的转变产物

奥氏体在相变点 A_1 以上是稳定相，冷却至 A_1 以下就成了不稳定相，必然要发生转变。但并不是冷却至 A_1 温度以下就立即发生转变，而是在转变前需要停留一段时间，这段时间称为孕育期。在 A_1 温度以下暂时存在的不稳定的奥氏体称为过冷奥氏体。在不同的过冷度下，过冷奥氏体将发生珠光体型转变、贝氏体型转变、马氏体型转变等三种类型的组织转变。现以共析钢为例进行讨论。

1）珠光体型转变

过冷奥氏体在 A_1～550℃温度范围等温时，将发生珠光体型转变。由于转变温度较高，原子具有较强的扩散能力，转变产物为铁素体薄层和渗碳体薄层交替重叠的层状组织，即珠光体型组织。等温温度越低，铁素体层和渗碳体层越薄，层间距（一层铁素体和一层渗碳体的厚度之和）越小，硬度越高。为区别起见，这些层间距不同的珠光体型组织分别称为珠光体、索氏体和托氏体，用符号 P、S、T 表示，其显微组织如图 9.6 所示。

图 9.6　珠光体型组织（500×）

2）贝氏体型转变

过冷奥氏体在 550℃～Ms 温度范围等温时，将发生贝氏体型转变。由于转变温度较低，原子扩散能力较差，渗碳体已经很难聚集长大呈层状。因此，转变产物为由含碳过饱和的铁素体和弥散分布的渗碳体组成的组织，称为贝氏体，用符号 B 来表示。由于等温温度不同，贝氏体的形态也不同，分为上贝氏体（$B_{上}$）和下贝氏体（$B_{下}$）。上贝氏体组织形态呈羽毛状，强度较低，塑性和韧性较差。上贝氏体的显微组织如图 9.7 所示，在光学显微镜下，铁素体呈暗黑色，渗碳体呈亮白色。下贝氏体组织形态呈黑色针状，强度较高，塑性和韧性也较好，即具有良好的综合力学性能，其显微组织如图 9.8 所示。

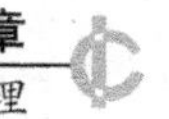

图 9.7 上贝氏体组织(500×)

图 9.8 下贝氏体组织(500×)

珠光体型组织和贝氏体型组织通常称为过冷奥氏体的等温转变产物，其组织特征及硬度如表 9-1 所示。

表 9-1 共析钢过冷奥氏体等温转变产物的组织及硬度

组织名称	符号	转变温度(℃)	组织形态	层间距(μm)	分辨所需放大倍数	硬度(HRC)
珠光体	P	A_1～650	粗片状	约 0.3	小于 500	小于 25
索氏体	S	650～600	细片状	0.3～0.1	1000～1500	25～35
托氏体	T	600～550	极细片状	约 0.1	10000～100000	35～40
上贝氏体	$B_{上}$	550～350	羽毛状	—	大于 400	40～45
下贝氏体	$B_{下}$	350～Ms	黑色针状	—	大于 400	45～55

3)马氏体型转变

过冷奥氏体在 M_s 温度以下将产生马氏体型转变。马氏体是碳在 α-Fe 中溶解而形成的过饱和固溶体，用符号 M 表示。马氏体具有体心正方晶格，当发生马氏体型转变时，过冷奥氏体中的碳全部保留在马氏体中，形成过饱和的固溶体，产生严重的晶格畸变。

(1)马氏体的组织形态　马氏体的组织形态因其成分和形成条件而异，通常分为板条马氏体和针片状马氏体两种基本类型。板条马氏体的显微组织如图 9.9 所示。它由一束束平行的长条状晶体组成，其单个晶体的立体形态为板条状。在光学显微镜下观察所看到的只是边缘不规则的块状，故亦称为块状马氏体。这种马氏体主要产生于低碳钢的淬火组织中。

针片状马氏体的显微组织如图 9.10 所示。它由互成一定角度的针状晶体组成，其单个晶体的立体形态呈双凸透镜状，因每个马氏体的厚度与径向尺寸相比很小，所以粗略地说是片状。因在金相磨面上观察到的通常都是与马氏体片成一定角度的截面，呈针状，故亦称为针状马氏体。这种马氏体主要产生于高碳钢的淬火组织中。

(2)马氏体的力学性能　马氏体具有高的硬度和强度，这是马氏体的主要性能特点。马氏体的硬度主要取决于含碳量，如图 9.11 所示，而塑性和韧性主要取决于组织。板条马氏体具有较高硬度、较高强度与较好塑性和韧性相配合的良好的综合力学性能。针片状马氏体具有比板条马氏体更高的硬度，但脆性较大，塑性和韧性较差。

图 9.9　板条马氏体组织(500×)

图 9.10　针片状马氏体组织(500×)

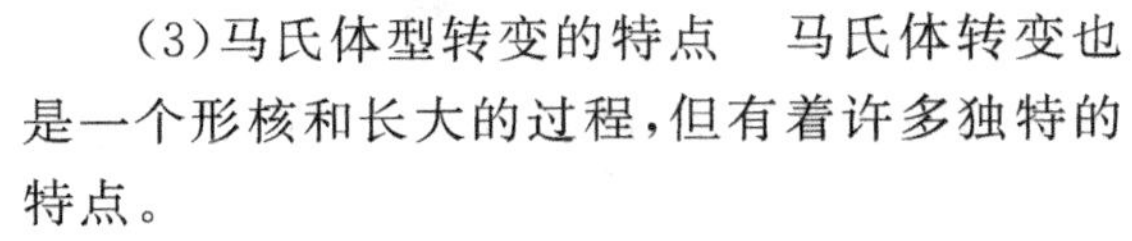

(3)马氏体型转变的特点　马氏体转变也是一个形核和长大的过程,但有着许多独特的特点。

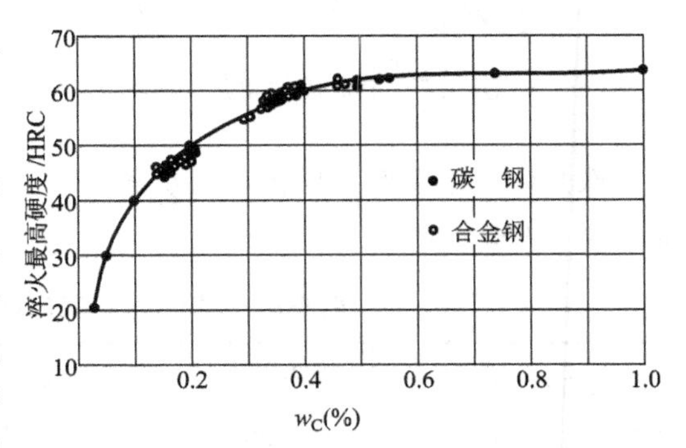

图 9.11　马氏体硬度与碳含量的关系

①马氏体转变是在一定温度范围内进行的。在奥氏体的连续冷却过程中,冷却至 M_s 点时,奥氏体开始向马氏体转变,M_s 点称为马氏体转变的开始点;在以后继续冷却时,马氏体的数量随温度的下降而不断增多,若中途停止冷却,则奥氏体也停止向马氏体转变;冷却至 M_f 点时,马氏体转变终止,M_f 点称为马氏体转变的终了点。

②马氏体转变是一个非扩散型转变。由于马氏体转变时的过冷度较大,铁、碳原子的扩散都极其困难,所以相变时只发生从 γ-Fe 到 α-Fe 的晶格改组,而没有原子的扩散,马氏体中的碳含量就是原奥氏体中的碳含量。

③马氏体转变的速度极快,瞬间形核,瞬间长大,其线长大速度接近于音速。由于马氏体的形成速度极快,新形成的马氏体可能因撞击作用而使已形成的马氏体产生微裂纹。

④马氏体转变具有不完全性。马氏体转变不能完全进行到底,即使过冷到 M_f 点以下,马氏体转变停止后,仍有少量的奥氏体存在。奥氏体在冷却过程中发生相变后,在环境温度下残存的奥氏体称为残余奥氏体,用符号“A'”表示。

2. 过冷奥氏体的转变曲线

过冷奥氏体的转变产物决定于过冷奥氏体的转变温度,而转变温度又与冷却方式和冷却速度有关。在热处理中通常有等温冷却和连续冷却两种冷却方式,为了了解过冷奥氏体的转变量与转变时间的关系,必须了解过冷奥氏体的等温转变曲线和连续冷却曲线。

(1) 过冷奥氏体的等温转变曲线

过冷奥氏体等温转变曲线是表示过冷奥氏体在不同过冷度下的等温过程中,转变温度、转变时间与转变产物量之间的关系曲线。因其形状与字母“C”的形状相似,所以又称为“C曲线”,也称为“TTT”曲线。过冷奥氏体等温转变曲线图是用实验方法建立的。

共析钢的过冷奥氏体等温转变曲线如图 9.12 所示。

在图 9.12 中,A_1 为奥氏体向珠光体转变的相变点,A_1 以上区域为稳定奥氏体区。两

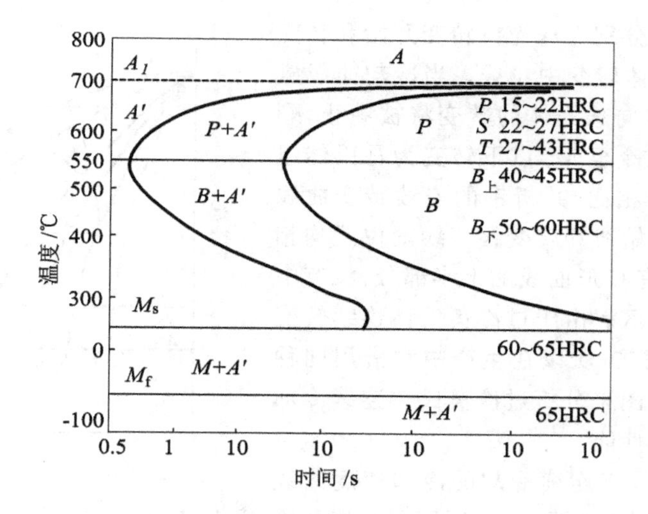

图 9.12　共析钢过冷奥氏体等温转变图

条 C 形曲线中，左边的曲线为转变开始线，该线以左区域为过冷奥氏体区；右边的曲线为转变终了线，该线以右区域为转变产物区；两条 C 形曲线之间的区域为过冷奥氏体与转变产物共存区。水平线 M_s 和 M_f 分别为马氏体型转变的开始线和终了线。

由共析钢过冷奥氏体的等温转变曲线可知，等温转变的温度不同，过冷奥氏体转变所需孕育期的长短不同，即过冷奥氏体的稳定性不同。在约 550℃处的孕育期最短，表明在此温度下的过冷奥氏体最不稳定，转变速度也最快。

亚共析钢和过共析钢的过冷奥氏体在转变为珠光体之前，分别有先析出铁素体和先析出渗碳体的结晶过程。因此，与共析钢相比，亚共析钢和过共析钢的过冷奥氏体等温转变曲线图多了一条先析相的析出线，如图 9.13 所示。同时 C 曲线的位置也相对左移，说明亚共析钢和过共析钢过冷奥氏体的稳定性比共析钢要差。

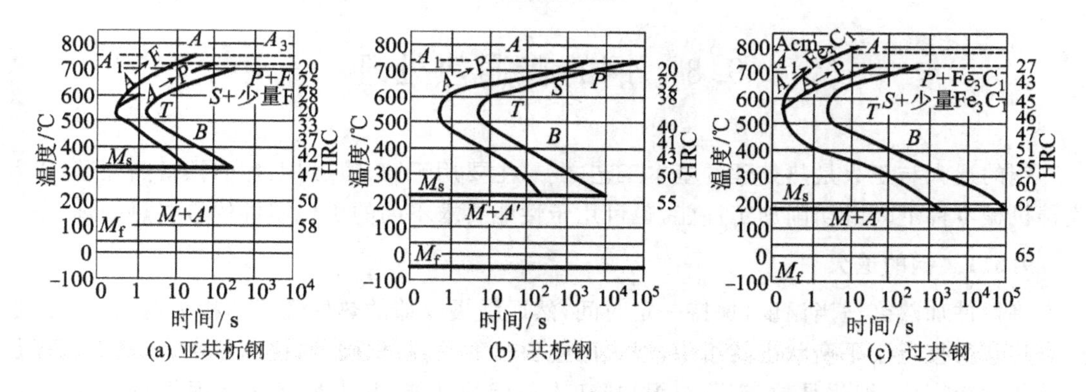

图 9.13　亚共析钢、共析钢和过共析钢过冷奥氏体等温转变曲线图的比较

(2) 过冷奥氏体的连续转变曲线

过冷奥氏体的连续转变曲线表示钢经奥氏体化后，在不同冷却速度的连续冷却条件下，过冷奥氏体的转变开始及转变终了时间与转变温度之间关系的曲线。共析钢的过冷奥氏体连续转变曲线图如图 9.14 所示。

图中 P_s、P_f 线分别为珠光体转变开始和转变终了线，P_k 为珠光体转变中止线。当冷却曲线碰到 P_k 线时，奥氏体向珠光体的转变将被中止，剩余奥氏体将一直过冷至 M_s 以下转变为马氏体组织。与等温转变图相比，共析钢的连续转变曲线图中珠光体转变开始线和转变终了线的位置均相对右下移，而且只有 C 形曲线的上半部分，没有中温的贝氏体型转变区。由于过冷奥氏体连续转变曲线的测定比较困难，所以在生产中常借用同种钢的等温转变曲线图来分析过冷奥氏体连续冷却转变产物的组织和性能。

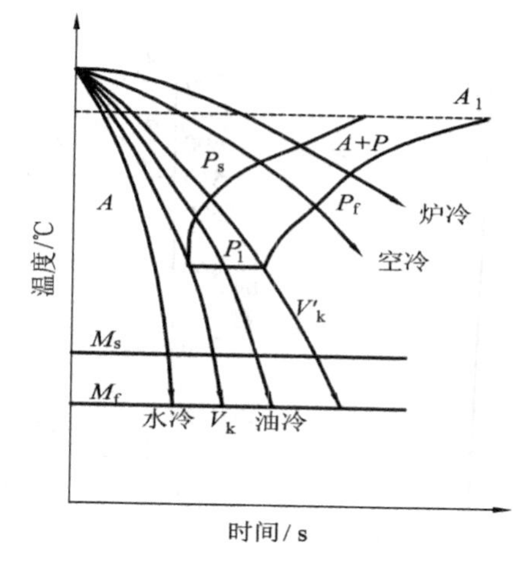

图 9.14　共析钢过冷奥氏体的连续转变曲线

以共析钢为例，将连续冷却的冷却速度曲线叠画在等温转变图上，如图 9.14 所示。根据各冷却曲线的相对位置，就可大致估计过冷奥氏体的转变情况，如表 9-2 所示。

表 9-2　共析钢过冷奥氏体连续冷却转变产物的组织和硬度

冷却速度	冷却方法	转变产物	符号	硬度
V_1	炉冷	珠光体	P	170～220HBS
V_2	空冷	索氏体	S	25～35HRC
V_3	油冷	托氏体＋马氏体	$T+M$	45～55HRC
V_4	水冷	马氏体＋残余奥氏体	$M+A'$	55～65HRC

值得注意的是，冷却速度 V_k 表示了使过冷奥氏体在连续冷却过程中不分解而全部冷至 M_s 温度以下转变为马氏体组织的最小冷却速度，即钢在淬火时为抑制非马氏体转变所需的最小冷却速度，称为临界冷却速度。

9.3　钢的普通热处理

钢的退火与正火是热处理的基本工艺之一，主要用于铸、锻、焊毛坯的预备热处理，以及改善机械零件毛坯的切削加工性能，也可用于性能要求不高的机械零件的最终热处理。

9.3.1　钢的退火

将钢件加热到适当温度，保持一定时间，然后缓慢冷却的热处理工艺称为退火。钢经退火后将获得接近于平衡状态的组织，退火的主要目的是：降低硬度，提高塑性，以利于切削加工或继续冷变形；细化晶粒，消除组织缺陷，改善钢的性能，并为最终热处理作组织准备；消除内应力，稳定工作尺寸，防止变形与开裂。

退火的方法很多，通常按退火目的不同，分为完全退火、球化退火、去应力退火等。

1. 完全退火

将钢加热到完全奥氏体化后，随之缓慢冷却，获得接近平衡状态组织的热处理工艺称为完全退火。完全退火的加热温度为 A_{c3} 以上 30～50℃，保温时间按钢件的有效厚度计算。

完全退火主要用于中碳钢和中碳合金钢的铸、焊、锻、轧制件等。对于过共析钢，因缓冷时沿晶界析出二次渗碳体，其显微形态为网状，空间形态为硬薄壳，会显著降低钢的塑性和韧性，并给以后的切削加工、淬火加热等带来不利影响。因此，过共析钢不宜采用完全退火。

2. 球化退火

使钢中碳化物球状化而进行的退火工艺称为球化退火。钢经球化退火后，将获得由大致呈球形的渗碳体颗粒弥散分布于铁素体基体上的球状组织，称为球状珠光体。球化退火的加热温度为A_{c1}以上20～30℃，保温后的冷却有两种方式。普通球化退火时采用随炉缓冷，至500～600℃出炉空冷；等温球化退火则先在A_{r1}以下20℃等温足够时间，然后再随炉缓冷至500～600出炉空冷。

球化退火主要用于共析钢和过共析钢的锻轧件。若原始组织中存在有较多的渗碳体网，则应先进行正火消除渗碳体网后，再进行球化退火。

3. 去应力退火

为了去除由于塑性变形加工、焊接等而造成的应力以及铸件内存在的残余应力而进行的退火称为去应力退火。去应力退火的加热温度一般为500～600℃，保温后随炉缓冷至室温。由于加热温度在A_1以下，退火过程中一般不发生相变。去应力退火广泛用于消除铸件、锻件、焊接件、冷冲压件以及机加工件中的残余应力，以稳定钢件的尺寸，减少变形，防止开裂。

9.3.2 钢的正火

将钢件加热到A_{c3}（或A_{ccm}）以上30～50℃，保温适当的时间后，在静止的空气中冷却的热处理工艺称为正火。

正火的目的与退火相似，如细化晶粒，均匀组织，调整硬度等。与退火相比，正火冷却速度较快，因此，正火组织的晶粒比较细小，强度、硬度比退火后要略高一些。正火的主要应用范围：

(1)消除过共析钢中的碳化物网，为球化退火作好组织准备；

(2)作为低、中碳钢和低合金结构钢消除应力，细化组织，改善切削加工性和淬火前的预备热处理；

(3)用于某些碳钢、低合金钢工件在淬火返修时，消除内应力和细化组织，以防止重新淬火时产生变形和裂纹；

(4)对于力学性能要求不太高的普通结构零件，正火也可代替调质处理作为最终热处理使用。常用退火和正火的加热温度范围和工艺曲线如图9.15所示。

退火与正火同属于钢的预备热处理，它们的工艺及其作用有许多相似之处，因此，在实际生产中有时两者可以相互替代，选用时主要从如下三个方面考虑。

1. 切削加工性考虑

一般地说钢的硬度在170～260HBS范围内时，切削加工性能较好。各种碳钢退火和正火后的硬度范围(图中影线部分为切削加工性能较好的硬度范围)，如图9.16所示。

由图可见，碳的质量分数小于0.50％的结构钢选用正火为宜；碳的质量分数大于0.50％的结构钢选用完全退火为宜；而高碳工具钢则应选用球化退火作为预备热处理。

2. 从零件的结构形状考虑

对于形状复杂的零件或尺寸较大的大型钢件，若采用正火冷却速度太快，可能产生较大

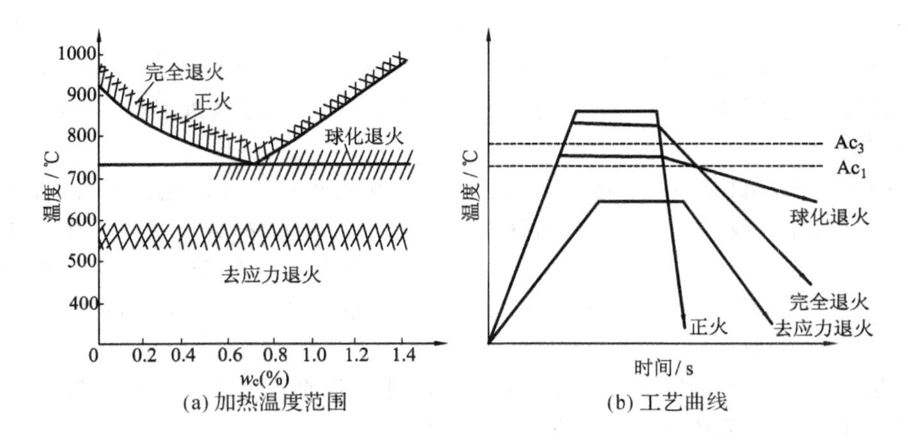

(a) 加热温度范围　　(b) 工艺曲线

图 9.15　常用退火和正火工艺示意图

内应力，导致变形和裂纹，因此宜采用退火。

3. 从经济性考虑

因正火比退火的生产周期短，成本低，操作简单，故在可能条件下应尽量采用正火，以降低生产成本。

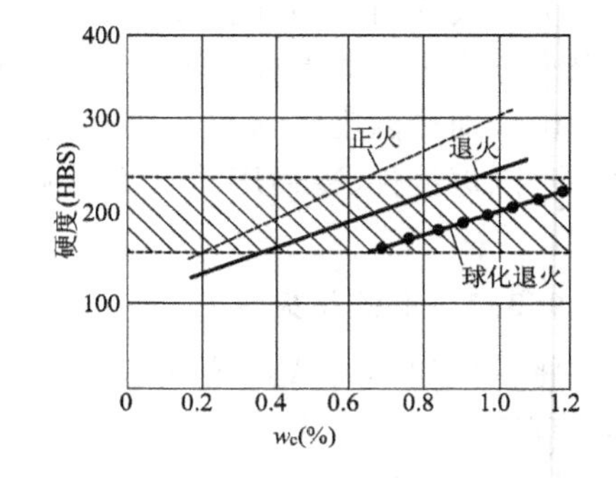

图 9.16　碳钢退火和正火后的硬度范围

9.3.4　钢的淬火

将钢件加热到 Ac_3 或 Ac_1 以上某一温度，保持一定时间，然后以适当的方式冷却获得马氏体或下贝氏体组织的热处理工艺称为淬火。

1. 钢的淬火工艺

1)淬火加热温度的选择

碳钢的淬火加热温度可根据 $Fe\text{-}Fe_3C$ 相图来确定，适宜的淬火温度是：亚共析钢为 Ac_3 +(30～100)℃，共析钢、过共析钢为 Ac_1 +(30～70)℃，如图 9.17 所示。合金钢的淬火加热温度，可根据其相变点来选择，但由于大多数合金元素在钢中都具有细化晶粒的作用，因此合金钢的淬火加热温度可以适当提高。

2)淬火介质

钢件进行淬火冷却时所使用的介质称为淬火介质。淬火介质应具有足够的冷却能力、良好的冷却性能和较宽的使用范围，同时还应具有不易老化、不腐蚀零件、不易燃、易清洗、无公害、价廉等特点。由碳钢的过冷奥氏体等温转变曲线图可知，为避免珠光体型转变，过冷奥氏体在 C 曲线的鼻尖处(550℃左右)需要快冷，而在 650℃以上或 400℃以下(特别是在 M_s 点附近发生马氏体转变时)并不需要快冷。钢在淬火时理想的冷却曲线如图 9.18 所示。能使工件达到这种理想的冷却曲线的淬火介质称为理想淬火介质。

目前生产中常用的淬火介质有水、水溶性的盐类和碱类、矿物油等，尤其是水和油最为常用。为保证钢件淬火后得到马氏体组织，淬火介质必须使钢件淬火冷却速度大于马氏体临界冷却速度)。但过快的冷却速度会产生很大的淬火应力，引起变形和开裂。因此，在选择冷却介质时，既要保证得到马氏体组织，又要尽量减少淬火应力。

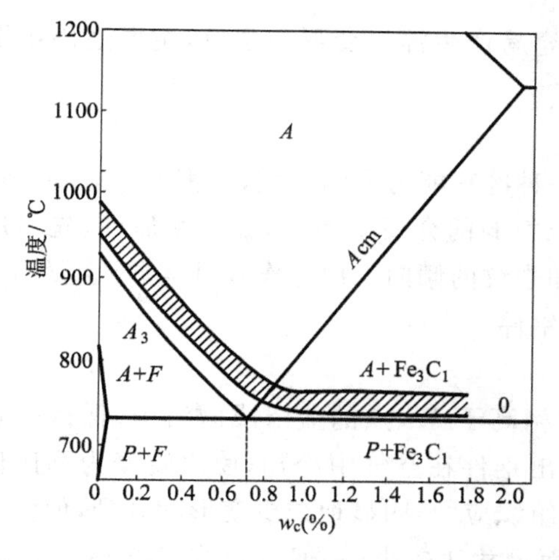

图 9.17　碳钢的淬火加热温度范围图

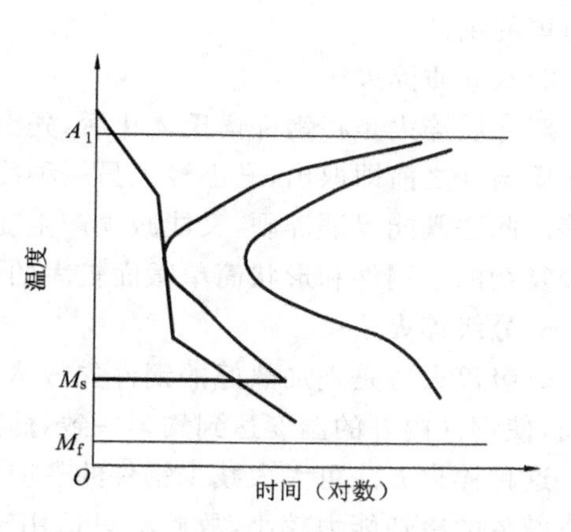

图 9.18　钢在淬火时理想的冷却曲线

水在 650～400℃范围内冷却速度较大，这对奥氏体稳定性较小的碳钢来说极为有利；但在 300～200℃的温度范围内，水的冷却速度仍然很大，易使工件产生大的组织应力，而产生变形或开裂。在水中加入少量的盐，只能增加其在 650～400℃范围内的冷却能力，基本上不改变其在 300～200℃时的冷却速度。

油在 300～200℃范围内的冷却速度远小于水，对减少淬火工件的变形与开裂很有利，但在 650～400℃范围内的冷却速度也远比水要小，所以不能用于碳钢，而只能用于过冷奥氏体稳定性较大的合金钢的淬火。

熔盐的冷却能力介于油和水之间，它在高温区的冷却能力比油高，比水低；在低温区则比油低。可见熔盐是最接近理想的淬火冷却介质，但其使用温度高，操作时工作条件差，通常只用于形状复杂和变形要求严格的小件的分级淬火和等温淬火。常用淬火介质的冷却能力如表 9-3 所示。

表 9-3　常用淬火介质的冷却能力

淬火冷却介质	冷却能力(℃/s)	
	650～550℃	300～200℃
水(18℃)	600	270
10%NaCl 水溶液(18℃)	1000	300
10%NaOH 水溶液(18℃)	1200	300
10%Na2CO2 水溶液(18℃)	800	270
矿物机油	150	30
菜子油	200	35
硝熔盐(200℃)	350	10

2. 淬火方法

为保证钢件淬火后得到马氏体，同时又防止产生变形和开裂，生产中应根据钢件的成分、形状、尺寸、技术要求以及选用的淬火介质的特性等，选择合适的淬火方法。

1)单介质淬火法

单介质淬火是将钢件奥氏体化后，浸入某一种淬火介质中连续冷却到室温的淬火，如碳钢件水冷、合金钢件油冷等。此法操作简单，但容易产生淬火变形与裂纹，主要适用于形状较简单的钢件。

2）双介质淬火法

双介质淬火是将钢件奥氏体化后，先浸入一种冷却能力强的介质，在钢件还未到达该淬火介质温度之前即取出，马上浸入另一种冷却能力弱的介质中冷却，如先水后油、先水后空气等。此法既能保证淬硬，又能减少产生变形和裂纹的倾向。但操作较难掌握，主要用于形状较复杂的碳钢件和形状简单截面较大的合金钢件。

3）分级淬火法

分级淬火法是把加热好的钢件先放入温度稍高于 Ms 点的盐浴或碱浴中，保持一定的时间，使钢件内外的温度达到均匀一致，然后取出钢件在空气中冷却，使之转变为马氏体组织。这种淬火方法可大大减少钢件的热应力和组织应力，明显地减少变形和开裂，但由于盐浴或碱浴的冷却能力较小，故此法只适用于截面尺寸比较小（一般直径或厚度小于 10mm）的工件。

4）等温淬火法

等温淬火法是将钢件加热奥氏体化后，随即快冷到贝氏体转变温度区间（260～400℃）等温，使奥氏体转变为贝氏体的淬火工艺。此法产生的内应力很小，所得到的下贝氏体组织具有较高的硬度和韧性，但生产周期较长，常用于形状复杂，强度、韧性要求较高的小型钢件，如各种模具、成型刀具等。

3. 钢的淬透性与淬硬性

1）淬透性的概念

钢件淬火时，其截面上各处的冷却速度是不同的。表面的冷却速度最大，越到中心冷却速度越小，如图 9.19(a)所示。如果钢件中心部分低于临界冷却速度，则心部将获得非马氏体组织，即钢件没有被淬透，如图 9.19(b)所示。

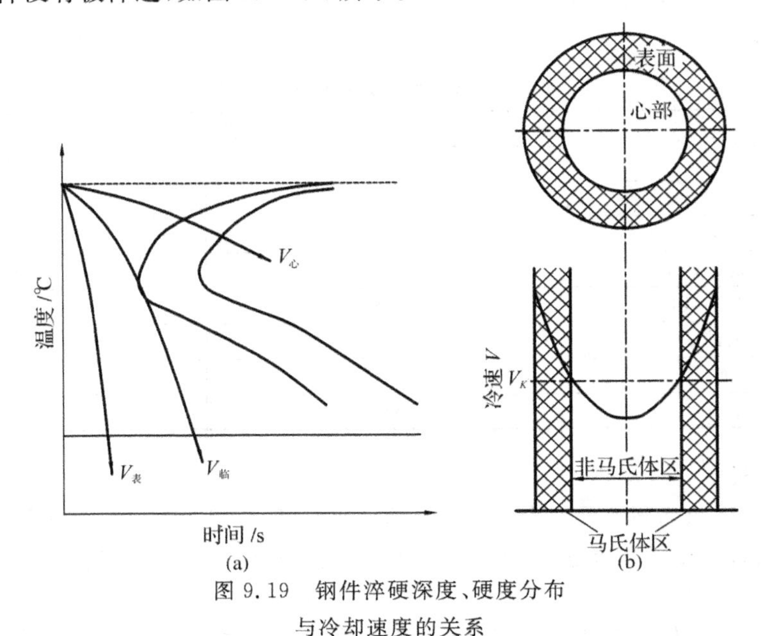

图 9.19　钢件淬硬深度、硬度分布与冷却速度的关系

在规定条件下，决定钢材淬硬深度和硬度分布的特性称为钢的淬透性，通常以钢在规定条件下淬火时获得淬硬深度的能力来衡量。所谓淬硬深度，就是从淬硬的工作表面量至规定硬度处的垂直距离。

2)影响淬透性的因素

钢的淬透性主要取决于过冷奥氏体的稳定性。因此，凡影响过冷奥氏体稳定性的诸因素，都会影响钢的淬透性。

(1)钢的化学成分　碳钢中含碳量越接近于共析成分，钢的淬透性越好。合金钢中绝大多数合金元素溶于奥氏体后，都能提高钢的淬透性。

(2)奥氏体化温度及保温时间　适当提高钢的奥氏体化温度或延长保温时间，可使奥氏体晶粒更粗大，成分更均匀，增加过冷奥氏体的稳定性，提高钢的淬透性。

3)淬透性的实用意义

淬透性对钢热处理后的力学性能有很大影响。若钢件被淬透，经回火后整个截面上的性能均匀一致；若淬透性差，钢件未被淬透，经回火后钢件表里性能不一，心部强度和韧性均较低。因此，钢的淬透性是一项重要的热处理工艺性能，对于合理选用钢材和正确制定热处理工艺均具有重要意义。

对于多数的重要结构件，如发动机的连杆和连杆螺钉等，为获得良好的使用性能和最轻的结构重量，调质处理时都希望能淬透，需要选用淬透性足够的钢材；对于形状复杂、截面变化较大的零件，为减少淬火应力和变形与裂纹，淬火时宜采用冷却较缓和的淬火介质，也需要选用淬透性较好的钢材；而对于焊接结构件，为避免在焊缝热影响区形成淬火组织，使焊接件产生变形和裂纹，增加焊接工艺的复杂性，则不应选用淬透性较好的钢材。

4)淬硬性的概念

淬硬性是钢在理想条件下进行淬火硬化所能达到的最高硬度的能力。钢的淬硬性主要取决于钢在淬火加热时固溶于奥氏体中的含碳量，奥氏体中含碳量愈高，则其淬硬性越好。淬硬性与淬透性是两个意义不同的概念，淬硬性好的钢，其淬透性并不一定好。

9.3.5　钢的回火

1. 回火的目的

将淬火钢件重新加热到 A_1 以下的某一温度，保温一定的时间，然后冷却到室温的热处理工艺称为回火。

钢件经淬火后虽然具有高的硬度和强度，但脆性较大，并存在较大的淬火应力，一般情况下必须经过适当的回火后才能使用。回火的目的主要有以下几个方面：

(1)降低脆性，减少或消除内应力，防止工件的变形和开裂。

(2)稳定组织，调整硬度，获得工艺所要求的力学性能。

(3)稳定工件尺寸，满足各种工件的使用性能要求。淬火马氏体和残余奥氏体都是非平衡组织，具有不稳定性，会自发地向稳定的平衡组织(铁素体和渗碳体)转变，从而引起工件的尺寸和形状改变。通过回火可使淬火马氏体和残余奥氏体转变为较稳定的组织，以保证工件在使用过程中不发生尺寸和形状的变化。

(4)对于某些高淬透性的合金钢，空冷时即可淬火成马氏体组织，通过回火可使碳化物聚集长大，降低钢的硬度，以利于切削加工。

对于未经过淬火处理的钢，回火一般是没有意义的。而淬火钢不经过回火是不能直接使用的，为了避免工件在放置和使用过程中发生变形与开裂，淬火后应及时进行回火。

2. 回火的分类与应用

淬火钢回火后的组织和性能主要取决于回火温度。根据回火温度的不同，可将回火分为以下三类：

1）低温回火

低温回火的温度为150～250℃，其目的是保持淬火钢的高硬度和高耐磨性，降低淬火应力，减少钢的脆性。低温回火后的组织为回火马氏体，其硬度一般为58～64HRC。低温回火主要用于刃具、量具、冷作模具、滚动轴承、渗碳淬火件等。

2）中温回火

中温回火的温度为350～500℃，其目的是获得高的弹性极限、高的屈服强度和较好的韧性。中温回火后的组织为回火托氏体，其硬度一般为35～50HRC。中温回火主要用于弹性零件及热锻模具等。

3）高温回火

高温回火的温度为500～650℃，其目的是获得良好的综合力学性能，即在保持较高强度和硬度的同时，具有良好的塑性和韧性。通常把钢件淬火及高温回火的复合热处理工艺称为“调质处理”，简称“调质”。高温回火后的组织为回火索氏体，硬度一般为220～330HBS。高温回火主要用于各种重要的结构零件，如螺栓、连杆、齿轮及轴类等。

3. 回火脆性

淬火钢在某些温度区间回火或从回火温度缓慢冷却通过该温度区间时产生的冲击韧度显著降低的现象称为回火脆性，如图9.20所示。

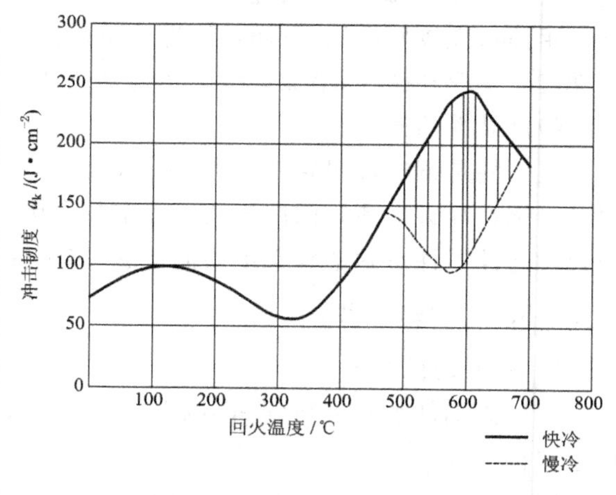

图9.20 冲击韧度值与回火温度的关系

淬火钢在250～350℃回火时所产生的回火脆性称为第一类回火脆性，也称为低温回火脆性，几乎所有的淬火钢在该温度范围内回火时，都产生不同程度的回火脆性。第一类回火脆性一旦产生就无法消除，因此生产中一般不在此温度范围内回火。

淬火钢在450～650℃温度范围内回火后出现的回火脆性称为第二类回火脆性，也称为高温回火脆性。这类回火脆性主要发生在含有Cr、Ni、Mn、Si等元素的合金钢中，当淬火后在上述温度范围内长时间保温或以缓慢的速度冷却时，便发生明显的回火脆性。但回火后采取快冷时，这种回火脆性的发生就会受到抑制或消失。

9.4 钢的表面热处理

某些在冲击载荷、交变载荷及摩擦条件下工作的机械零件，如主轴、齿轮、曲轴等，其某些工作表面要承受较高的应力，要求工件的这些表面层具有高的硬度、耐磨性及疲劳强度，而工件的心部要求具有足够的塑性和韧性。为此，生产中常常采用表面热处理的方法，以达到强化工件表面的目的。仅对工件表层进行热处理以改变其组织和性能的工艺称为表面热处理，常用的表面热处理方法包括表面淬火和化学热处理两类。

9.4.1 钢的表面淬火

将工件的表层迅速加热到淬火温度进行淬火的工艺方法称为表面淬火。工件经表面淬火后，表层得到马氏体组织，具有高的硬度和耐磨性，而心部仍为淬火前的组织，具有足够的强度和韧性。

根据加热方法的不同，常用的表面淬火有感应加热表面淬火、火焰加热表面淬火、激光加热表面淬火、电接触加热表面淬火等，其中以感应加热表面淬火和火焰加热表面淬火应用最广泛。

1. 感应加热表面淬火

利用感应电流通过工件所产生的热效应，使工件表面迅速加热并进行快速冷却的淬火工艺称为感应加热表面淬火。

碳的质量分数为0.4%～0.5%的碳素钢与合金钢是最适合于感应加热表面淬火的材料，如45钢、40Cr等。但也可以用于高碳工具钢、低合金工具钢以及铸铁等材料。为满足各种工件对淬硬层深度的不同要求，生产中可采用不同频率的电流进行加热。

2. 火焰加热表面淬火

火焰加热表面淬火是采用氧——乙炔(或其他可燃气体)火焰，喷射在工件的表面上，使其快速加热，当达到淬火温度时立即喷水冷却，从而获得预期的硬度和有效淬硬层深度的一种表面淬火方法。

火焰加热表面淬火工件的材料，常选用中碳钢(如35、40、45钢等)和中碳低合金钢(如40Cr、45Cr等)。若碳的质量分数太低，则淬火后硬度较低；若碳和合金元素的质量分数过高，则易淬裂。火焰加热表面淬火法还可用于对铸铁件(如灰铸铁、合金铸铁等)进行表面淬火。火焰加热表面淬火的有效淬硬深度一般为2～6mm，若要获得更深的淬硬层，往往会引起工件表面的严重过热，而且容易使工件产生变形或开裂现象。

火焰淬火操作简单，无需特殊设备，但质量不稳定，淬硬层深度不易控制，故只适用于单件或小批量生产的大型工件，以及需要局部淬火的工具或工件，如大型轴类、大模数齿轮、锤子等。

3. 激光加热表面淬火

激光加热表面淬火是将激光束照射到工件表面上，在激光束能量的作用下，使工件表面迅速加热到奥氏体化状态，当激光束移开后，由于基体金属的大量吸热而使工件表面获得急速冷却，以实现工件表面自冷淬火的工艺方法。

激光是一种高能量密度的光源，能有效地改善材料表面的性能。激光能量集中，加热点准确，热影响区小，热应力小；可对工件表面进行选择性处理，能量利用率高，尤其适合于大尺寸工件的局部表面加热淬火；可对形状复杂或深沟、孔槽的侧面等进行表面淬火，尤其适合于细长件或薄壁件的表面处理。

激光加热表面淬火的淬硬层一般为 0.2～0.8mm。激光淬火后，工件表层组织由极细的马氏体、超细的碳化物和已加工硬化的高位错密度的残余奥氏体组成，工件表层与基体之间为冶金结合，状态良好，能有效防止表层脱落。淬火后形成的表面硬化层，硬度高且耐磨性良好，热处理变形小，表面存在有高的残余压应力，疲劳强度高。

9.4.2　钢的化学热处理

化学热处理是将工件置于一定温度的活性介质中保温，使一种或几种元素渗入它的表层，以改变其化学成分、组织和性能的热处理工艺。化学热处理的方法很多，包括渗碳、渗氮、碳氮共渗以及渗金属等。

1. 钢的渗碳

渗碳是为了增加钢件表层的含碳量和一定的碳浓度梯度，将钢件在渗碳介质中加热并保温使碳原子渗入表层的化学热处理工艺。渗碳的目的是提高工件表面的硬度、耐磨性及疲劳强度，并使其心部保持良好的塑性和韧性。

(1)渗碳用钢　为保证工件渗碳后表层具有高的硬度和耐磨性，而心部具有良好的韧性，渗碳用钢一般为碳的质量分数为 0.1%～0.25%的低碳钢和低碳合金钢。

(2)渗碳方法　根据采用的渗碳剂不同，渗碳方法可分为固体渗碳、液体渗碳和气体渗碳三种。其中气体渗碳的生产率高，渗碳过程容易控制，在生产中应用最广泛。

(3)渗碳后的组织　工件经渗碳后，含碳量从表面到心部逐步减少，表面碳的质量分数可达 0.80%～1.05%，而心部仍为原来的低碳成分。若工件渗碳后缓慢冷却，从表面到心部的组织为珠光体＋网状二次渗碳体、珠光体、珠光体＋铁素体。

(4)渗碳后的热处理　工件渗碳后的热处理工艺通常为淬火及低温回火。根据工件材料和性能要求的不同，渗碳后的淬火可采用直接淬火或一次淬火，如图 9.21 所示。工件经渗碳淬火及低温回火后，表层组织为回火马氏体和细粒状碳化物，表面硬度可高达 58～64HRC；心部组织决定于钢的淬透性，常为为低碳马氏体或珠光体＋铁素体组织，硬度较低，体积膨胀较小，会在表层产生压应力，有利于提高工件的疲劳强度。因此，工件经渗碳淬火及低温回火后表面具有高的硬度和耐磨性，而心部具有良好的韧性。

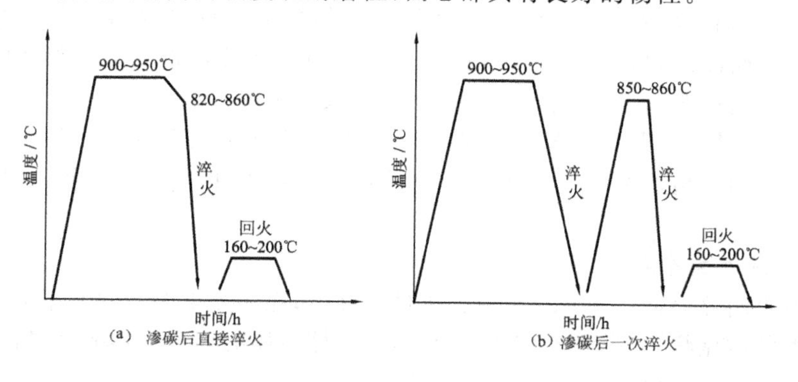

图 9.21　渗碳工件的热处理工艺

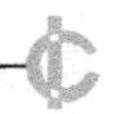

2. 钢的渗氮

渗氮也称氮化，是在一定温度下（一般在 A_{c1} 温度以下）使活性氮原子渗入工件表面的化学热处理工艺。渗氮的目的是提高工件的表面硬度、耐磨性以及疲劳强度和耐蚀性。

（1）渗氮用钢　对于以提高耐蚀性为主的渗氮，可选用优质碳素结构钢，如 20、30、40 钢等；对于以提高疲劳强度为主的渗氮，可选用一般合金结构钢，如 40Cr、42CrMo 等；而对于以提高耐磨性为主的渗氮，一般选用渗氮专用钢 38CrMoAlA。

渗氮用钢主要是合金钢，Al、Cr、Mo、V、Ti 等合金元素极易与氮形成颗粒细小、分布均匀、硬度很高而且稳定的氮化物，如 AlN、CrN、MoN、VN、TiN 等，这些氮化物的存在，对渗氮钢的性能起着重要的作用。

（2）渗氮方法　常用的渗氮方法有气体渗氮和离子渗氮等，其中在工业生产中应用最广泛的是气体渗氮法。

（3）渗氮的特点与应用　与渗碳相比，渗氮后工件无需淬火便具有高的硬度、耐磨性和热硬性，良好的抗蚀性和高的疲劳强度，同时由于渗氮温度低，工件的变形小。但渗氮的生产周期长，一般要得到 0.3～0.5mm 的渗氮层，气体渗氮时间约需 30～50 小时，成本较高；渗氮层薄而脆，不能承受冲击。因此，渗氮主要用于要求表面高硬度，耐磨、耐蚀、耐高温的精密零件，如精密机床主轴、丝杆、镗杆、阀门等。

3. 钢的碳氮共渗与氮碳共渗

碳氮共渗是在一定温度下同时将碳、氮渗入工件表层奥氏体中并以渗碳为主的化学热处理工艺。碳氮共渗有气体碳氮共渗和液体碳氮共渗两种，目前常用的是气体碳氮共渗。气体碳氮共渗工艺与渗碳基本相似，常用渗剂为煤油＋氨气等，加热温度为 820～860℃。与渗碳相比，碳氮共渗加热温度低，零件变形小，生产周期短，渗层具有较高的硬度、耐磨性和疲劳强度，常用于汽车变速箱齿轮和轴类零件。

氮碳共渗即低温碳氮共渗，是使工件表层渗入氮和碳并以渗氮为主的化学热处理工艺。它所用渗剂为尿素，加热温度为 560～570℃，时间仅为 1～4 小时。与一般渗氮相比，渗层硬度较低，脆性小，故也称为软氮化。氮碳共渗不仅适用于碳钢和合金钢，也可用于铸铁，常用于模具、高速钢刃具以及轴类零件。

小　结

本章主要介绍了钢的热处理的基本概念，钢在加热和冷却时的组织转变的基本规律，钢的普通热处理工艺和表面热处理工艺，要求学生在理解钢的热处理原理的基础上，掌握退火、正火、淬火、回火的目的和应用场合，了解钢的表面淬火和化学热处理。

思考与习题

9-1　什么是钢的热处理？常见的热处理方法有哪几种，其目的是什么？

9-2　指出共析钢加热时奥氏体形成所经历的阶段。

9-3　共析钢过冷奥氏体在各等温区间转变产物的组织形态和性能如何？

9-4 分析下列工件的使用性能要求，请选择淬火后所需要的回火方法：

1)45 钢的小尺寸轴；

2)60 钢的弹簧；

3)T12 钢的锉刀。

9-5 什么是退火、正火、淬火、回火和调质？说明各自的工序位置。

9-6 淬透性和淬硬性有什么不同？其主要影响因素是什么？

9-7 表面热处理的方法有哪几种？它们有何区别？

9-8 渗碳的目的是什么？渗碳后需要进行哪些热处理？

第10章 工业用钢

碳的质量分数小于2.11%的铁碳合金称为碳素钢，简称碳钢。碳钢容易冶炼，价格低廉，易于加工，性能上能满足一般机械零的使用要求，因此是工业中用量最大的金属材料。

10.1 钢的分类和牌号

10.1.1 钢的分类

钢的分类方法很多，常用的分类方法如下：

1. 按钢中碳的含量分类

根据钢中含碳量的不同，可分为：

(1)低碳钢 $w_c \leqslant 0.25\%$；

(2)中碳钢 $0.25\% < w_c \leqslant 0.6\%$；

(3)高碳钢 $w_c > 0.6\%$。

2. 按钢的质量分类

根据钢中有害杂质硫、磷含量的多少，可分为：

(1)普通质量钢 钢中硫、磷含量较高($w_s \leqslant 0.050\%$，$w_p = 0.045\%$)；

(2)优质钢 钢中硫、磷含量较低($w_s \leqslant 0.035\%$，$w_p = 0.035\%$)；

(3)高级优质钢 钢中硫、磷含量很低($w_s \leqslant 0.020\%$，$w_p \leqslant 0.030\%$)。

3. 按钢的用途分类

根据钢的用途不同，可分为：

(1)结构钢 主要用于制造各种机械零件和工程结构。这类钢一般属于低、中碳钢。

(2)工具钢 主要用于制造各种刃具、量具和模具。这类钢含碳量较高，一般属于高碳钢。

(3)特殊性能钢 包括不锈钢和耐热钢。

10.1.2 钢的牌号、性能和用途

1. 碳素结构钢

碳素结构钢的牌号由代表钢屈服点的字母、屈服点数值、质量等级符号、脱氧方法等符号四部分按顺序组成。其中质量等级共有四级，分别用A($w_s \leqslant 0.050\%$，$w_p \leqslant 0.045\%$)、B($w_s \leqslant 0.045\%$，$w_p \leqslant 0.045\%$)、C($w_s \leqslant 0.040\%$，$w_p \leqslant 0.040\%$)、D($w_s \leqslant 0.035\%$，$w_p \leqslant 0.035\%$)表示。脱氧方法符号用汉语拼音字母表示。“F”表示沸腾钢；“b”表示半镇静钢；“Z”表示镇静钢；“TZ”表示特殊镇静钢，在钢号中“Z”和“TZ”符号可省略。例如：Q235AF，

牌号中“Q”代表屈服点“屈”字汉语拼音首位字母，“235”表示屈服点 $\sigma_s \geqslant 235$MPa，“A”表示质量等级为 A 级，“F”表示沸腾钢(冶炼时脱氧不完全)。碳素结构钢的牌号、含碳量和力学性能如表 10-1 所示。

由表可见，Q195、Q215、Q235 属低碳钢，有良好的塑性和焊接性能，并具有一定的强度，通常轧制成型材、板材和焊接钢管等用于桥梁、建筑等工程结构，在机械制造中用作受力不大的零件，如螺钉、螺帽、垫圈、地脚螺钉、法兰以及不太重要的轴、拉杆等，其中以 Q235 应用最广。Q235C、Q235D 质量好，用作重要的焊接结构件。Q255、Q275 强度较高，可用作受力较大的机械零件。碳素结构钢一般不进行热处理，以供应状态直接使用，但也可根据需要进行热加工和热处理。

表 10-1　碳素结构钢的牌号、化学成分、力学性能及用途(摘自 GB700—88)

牌　号	等　级	w_c/(%)	力 学 性 质		
			σ_s/MPa	σ_b/MPa	δ_s(%)
Q195	—	0.06～0.12	195	315～390	33
Q215	A	0.09～0.15	215	335～410	31
	B				
Q235	A	0.14～0.22	235	375～460	26
	B	0.12～0.20			
	C	≤0.18			
	≤0.17				
Q255	A	0.18～0.28	255	410～510	24
	B				
Q275	—	0.28～0.38	275	490～610	20

2．优质碳素结构钢

这类钢中有害杂质元素硫、磷含量较低，主要用于制造重要的机械零件，一般都要经过热处理之后使用。优质碳素结构钢的牌号用两位数字表示，这两位数字表示钢中平均碳的质量分数的万倍数。例如 45 钢，表示钢中平均碳的质量分数为 0.45%。若钢中锰的含量较高，则在两位数字后面加锰元素的符号“Mn”。例如 65Mn 钢，表示钢中平均碳的质量分数为 0.65%，含锰量较高($w_{Mn}=0.9\%\sim1.2\%$)。若为沸腾钢，在两位数字后面加符号“F”，例如 08F 钢。优质碳素结构钢的牌号、化学成分和力学性能如表 10-2 所示。

由表可见，优质碳素结构钢随含碳量的增加，其强度、硬度提高，塑性、韧性降低。不同牌号的优质碳素结构钢具有不同的性能特点及用途。

08F 钢是一种含碳量很低的沸腾钢，强度很低，塑性很好。一般由钢厂轧成薄钢板或钢带供应，主要用于制造冷冲压件，如外壳、容器、罩子等。

10～25 钢属低碳钢，强度、硬度低，塑性、韧性好，并具有良好的冷冲压性能和焊接性能。常用于制造冷冲压件和焊接构件，以及受力不大、韧性要求高的机械零件，如螺栓、螺钉、螺母、轴套、法兰盘、焊接容器等。还可用作尺寸不大，形状简单的渗碳件。

30～55 钢属中碳钢，经调质处理后，具有良好的综合力学性能，主要用于制造齿轮、连杆、轴类零件等，其中以 45 钢应用最广。

60、65 钢属高碳钢，经适当热处理后，有较高的强度和弹性，主要用于制作弹性零件和

耐磨零件,如弹簧、弹簧垫圈、轧辊等。

表 10-2 优质碳素结构钢的牌号、化学成分和力学性能(GB699-88)

钢号	化学成分(%)					力学性能						
	C	Si	Mn	P	S	屈服点/MPa	抗拉强度/MPa	伸长率(%)	断面收缩率(%)	冲击韧度/(J·cm⁻³)	硬度(HBS≤)	
						不小于					热轧钢	退火钢
05F	≤0.06	≤0.03	≤0.04	≤0.035	≤0.040	—	—	—	—	—	—	—
08F	0.05~0.11	≤0.03	0.25~0.50	≤0.040	≤0.040	180	300	35	60	—	131	—
08	0.05~0.12	0.17~0.37	0.35~0.65	≤0.035	≤0.040	200	330	33	60	—	131	—
10F	0.07~0.14	≤0.07	0.25~0.50	≤0.040	≤0.040	190	320	33	55	—	137	—
10	0.07~0.14	0.17~0.37	0.35~0.65	≤0.035	≤0.040	210	340	31	55	—	137	—
15F	0.12~0.19	≤0.07	0.25~0.50	≤0.040	≤0.040	210	360	29	55	—	143	—
15	0.12~0.19	0.17~0.37	0.35~0.65	≤0.040	≤0.040	230	380	27	55	—	143	—
20F	0.17~0.24	≤0.07	0.25~0.50	≤0.040	≤0.040	230	390	27	55	—	156	—
20	0.17~0.24	0.17~0.37	0.35~0.65	≤0.040	≤0.040	250	420	25	55	—	156	—
25	0.22~0.30	0.17~0.37	0.50~0.80	≤0.040	≤0.040	280	460	23	50	90	170	—
30	0.27~0.35	0.17~0.37	0.50~0.80	≤0.040	≤0.040	300	500	21	50	80	179	—
35	0.32~0.40	0.17~0.37	0.50~0.80	≤0.040	≤0.040	320	540	20	45	70	187	—
40	0.37~0.45	0.17~0.37	0.50~0.80	≤0.040	≤0.040	340	580	19	45	60	217	187
45	0.42~0.50	0.17~0.37	0.50~0.80	≤0.040	≤0.040	360	610	16	40	50	241	197
50	0.47~0.55	0.17~0.37	0.50~0.80	≤0.040	≤0.040	380	640	14	40	40	241	207
55	0.52~0.60	0.17~0.37	0.50~0.80	≤0.040	≤0.040	390	660	13	35	—	255	217

3. 碳素工具钢

碳素工具钢碳的质量分数为 0.65%~1.35%。根据有害杂质硫、磷含量的不同又分为优质碳素工具钢(简称为碳素工具钢)和高级优质碳素工具钢两类。碳素工具钢的牌号冠以“碳”的汉语拼音字母“T”,后面加数字表示钢中平均碳的质量分数的千倍数,如为高级优质碳素工具钢,则在数字后面再加上“A”。例如 T8 钢表示平均碳的质量分数为 0.8%的优质碳素工具钢。T10A 钢表示平均碳的质量分数为 1.0%的高级优质碳素工具钢。

碳素工具钢的牌号、化学成分、性能和用途如表 10-3 所示。

表 10-3 碳素工具钢的牌号、化学成分、性能和用途(摘自 GB1298-86)

牌号	化学成分(%)			硬度			用途举例
				退火状态	试样淬火		
	C	Mn	Si	硬度(HBS≤)	淬火温度/℃和冷却剂	硬度(HRC≤)	
T7 T7A	0.65~0.74	≤0.40	≤0.35	187	800~820 水	62	淬火、回火后,常用于制造能承受振动、冲击,并且在硬度适中情况下有较好韧性的工具,如凿子、冲头、木工工具、大锤等
T8 T8A	0.75~0.84	≤0.40	≤0.35	≤187	780~800 水	62	淬火、回火后,常用于制造要求有较高硬度和耐磨性的工具,如冲头、木工工具、剪切金属用剪刀等
T8Mn T8MnA	0.80~0.90	0.40~0.60	≤0.35	187	780~800 水	62	性能和用途与 T8 相似,但由于加入锰,提高渗透性,故可用于制造截面较大的工具
T9 T9A	0.85~0.94	≤0.40	≤0.35	398	760~780 水	62	用于制造一定硬度和韧性的工具,如冲模、冲头、凿岩石用凿子等

4. 铸钢

某些形状复杂的零件，工艺上难以用锻压的方法进行生产，性能上用力学性能较低的铸铁材料又难以满足要求，此时常采用铸钢件。工程上常采用碳素铸钢制造，其碳的质量分数一般为 0.15%～0.60%。碳素铸钢的牌号用“铸钢”两字汉语拼音的第一个字母“ZG”加两组数字表示，第一组数字为最小屈服强度值，第二组数字为最小抗拉强度值。如 ZG310—570 表示最小屈服强度为 310MPa，最小抗拉强度为 570MPa 的碳素铸钢。工程用碳素铸钢的牌号、化学成分、力学性能和用途如表 10-4 所示。

表 10-4 工程用铸钢的牌号、化学成分、力学性能和用途

牌号	主要化学成分(%)					室温力学性能					用途举例
	C	Si	Mn	P	S	$\sigma_s(\sigma_{0.2})$/MPa	σ_b/MPa	δ(%)	ψ(%)	A_{gv}/J(σ_{KV})/J·cm^{-2})	
	不大于					不小于					
ZG200～400	0.20	0.50	0.80	0.04		200	400	25	40	30(60)	有良好的塑性、韧性和焊接性。用于受力不大、要求韧性好的各种机械零件，如机座、变速箱壳等
ZG230～450	0.30	0.50	0.90	0.04		230	450	22	32	25(45)	有一定的强度和较好的塑性、铸造性良好，焊接性尚好，切削性好。用作轧钢机机架、轴承座、连杆、箱体、曲轴、缸体等
ZG270～500	0.40	0.50	0.90	0.04		270	500	18	25	23(35)	有较高的强度和较好的塑性，铸造性良好，焊接性尚好，切削性好。用作轧钢机机架、轴承座、连杆、箱体、曲轴、缸体等
ZG310～570	0.50	0.60	0.90	0.04		310	570	15	21	15(30)	强度和切削性良好，塑性、韧性较低。用于载荷较高的零件，如大齿轮、缸体、制造轮、辊子等
ZG340～640	0.60	0.60	0.90	0.04		340	640	10	18	10(20)	有高的强度、硬度和耐磨性，切削性良好，焊接性较差、流动性好，裂纹敏感性较大，用作齿轮、棘轮

注：1. 牌号、成分和力学性能摘自 GB 10352—89《一般工程用铸造碳钢件》。
2. 表列性能适用于厚度为 100 mm 以下的铸件。

10.2 钢中杂质与合金元素

10.2.1 杂质元素对钢性能的影响

实际使用的碳钢并不是单纯的铁碳合金，其中还含有少量的锰、硅、硫、磷等杂质元素，

它们的存在对钢的性能有一定的影响。

1. 锰的影响

锰来自于生铁和脱氧剂，在钢中是一种有益的元素，其含量一般在 0.8%以下。锰能溶入铁素体中形成固溶体，产生固溶强化，提高钢的强度和硬度；少部分的锰则溶于 Fe_3C，形成合金渗碳体；锰能增加组织中珠光体的相对量，并使其变细；锰还能与硫形成 MnS，以减轻硫的有害作用。

2. 硅的影响

硅也是来自于生铁和脱氧剂，在钢中也是一种有益的元素，其含量一般在 0.4%以下。硅和锰一样能溶入铁素体中，产生固溶强化，使钢的强度、硬度提高，但使塑性和韧性降低。当硅含量不多，在碳钢中仅作为少量杂质存在时，对钢的性能影响亦不显著。

3. 硫的影响

硫是由生铁和燃料带入的杂质元素，在钢中是一种有害的元素。硫在钢中不溶于铁，而与铁化合形成化合物 FeS，FeS 与 Fe 能形成低熔点共晶体，熔点仅 985℃，且分布在奥氏体的晶界上。当钢材在 1000～1200℃进行压力加工时，共晶体已经熔化，并使晶粒脱开，钢材变脆，这种现象称为热脆性，为此，钢中硫的含量必须严格控制。在钢中增加锰含量，使之与硫形成 MnS(熔点 1620℃)，可消除硫的有害作用，避免热脆现象。

4. 磷的影响

磷是由生铁带入钢中的有害杂质元素。磷在钢中能全部溶入铁素体，使钢的强度、硬度有所提高，但却使室温下钢的塑性、韧性急剧降低，使钢变脆。这种情况在低温时更为严重，因此称为冷脆性。所以，钢中的磷含量也应严格控制。

10.2.2 合金元素在钢中的作用

1. 合金元素对钢中基本相的影响

在退火、正火及调质状态下，碳钢中的基本相均为铁素体和渗碳体。加入的少量合金元素一部分溶于铁素体内形成合金铁素体，而另一部分溶于渗碳体内形成合金渗碳体。

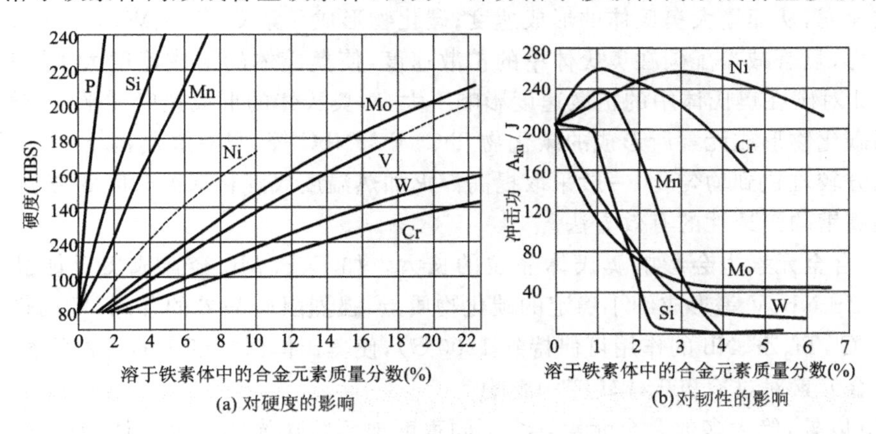

图 10.1 合金元素对铁素体力学性能的影响

凡是溶于铁素体的合金元素都使其力学性能发生变化，但各元素的影响程度不同，合金元素对铁素体力学性能的影响如图 10.1 所示。Mn、Si、Ni 等含金元素的原子半径与铁的原子半径相差较大，而且其晶体结构与铁素体不同，所以对铁素体的强化效果较 Cr、W、Mo 等元素显著。合金元素对铁素体韧性的影响较为复杂，当 Si 的质量分数在 0.6%以下、Mn 的质量分数在 1.5%以下时，其韧性并不低，当超过此值时则有下降趋势；Cr、Ni 在适当的质量分数范围内（$w_{Cr} \leqslant 2\%$，$w_{Ni} \leqslant 5\%$）可对铁素体的韧性有所提高。

2. 合金元素对铁碳相图的影响

合金元素对 $Fe\text{-}Fe_3C$ 相图的影响也大致区分为扩大 γ 区和缩小 γ 区两类。

凡是能扩大 γ 区的合金元素均使 A_4 点上升，A_3 点下降（钴例外，当其质量分数小于 45%时使 A_3 点上升，大于 45%时使 A_3 点下降），并使 $Fe\text{-}Fe_3C$ 相图中的奥氏体稳定存在的区域扩大。含有高镍或高锰的钢有可能在室温下获得稳定的奥氏体组织而被称为奥氏体钢，其原因即在于高含量的镍或锰与铁作用，扩大了 γ 区，使 A_3 降至室温以下所致。

凡是能缩小并封闭 γ 区的合金元素会使 A_4 点下降，A_3 上升（铬元素稍有例外，其质量分数小于 7%时 A_3 点下降，大于 7%时 A_3 点上升），并使 $Fe\text{-}Fe_3C$ 相图中的奥氏体稳定存在的区域缩小并封闭。含高铬或高硅的钢有可能在室温下获得稳定的铁素体组织而被称为铁素体钢，其原因在于高含量的铬或硅与铁作用，缩小并封闭了 γ 区，最后使 γ 区消失所致。

由于合金元素对 $Fe\text{-}Fe_3C$ 相图中 S 点和 E 点的影响，造成合金钢的平衡组织与其碳的质量分数之间的关系有所变化。例如，出现共析组织的合金钢碳的质量分数不再是0.77%，而是在 0.77%以下；出现共晶组织（莱氏体）的最低碳的质量分数也不再是 2.10%，而是在 2.10%以下。试验表明，当钢中加入 12%的铬时，该钢的共析点碳的质量分数约为 0.3%左右。此时含碳≥0.4%、含铬 12%的铬钢将属于过共析钢；而含碳 1.6%、含铬 12%的钢中，则出现共晶组织，称为莱氏体钢。

3. 合金元素对钢热处理的影响

1)合金元素对奥氏体形成速度的影响

合金钢的奥氏体形成过程基本上与碳钢相同，但由于合金元素的加入改变了碳在钢中的扩散速度，从而影响奥氏体的形成速度。非碳化物形成元素 Co 和 Ni 能提高碳在奥氏体中的扩散速度，从而增大奥氏体的形成速度；碳化物形成元素 Cr、Mo、W、To、V 等与碳有较强的亲和力，显著减慢了碳在奥氏体中的扩散速度，使奥氏体的形成速度大大降低；其他元素如 Si、Al 对碳在奥氏体中的扩散速度影响不大，对奥氏体的形成速度几乎没有影响。

由强碳化物形成元素所形成的碳化物 TiC、VC、NbC 等，只有在高温下才开始溶解，使奥氏体成分较难达到均匀化，一般采取提高淬火加热温度或延长保温时间的方法予以改善，这也是提高钢的淬透性的有效方法。

此外，合金元素也会影响奥氏体晶粒的长大。如 C、P、Mn 会造成奥氏体晶粒的粗大化，而 Al、Zr、Nb、V 等形成细小稳定的碳化物质点，强烈阻碍晶界的移动（V 的作用可以保持到 1050℃，Ti、Zr、Nb 的作用可保持到 1200℃），使奥氏体保持细小的晶粒状态。

2)合金元素对过冷奥氏体转变的影响

除 Co 以外，绝大多数合金元素均会不同程度地延缓珠光体和贝氏体相变，这是由于它们溶入奥氏体后，会增加其稳定性，使 C 曲线右移所致，其中以碳化物形成元素的影响较为显著。碳化物形成元素较多时，还会使钢的 C 曲线形状发生变化，甚至出现两组 C 曲线。如 Ti、V Nb 等强烈推迟珠光体转变，而对贝氏体转变影响较小，同时会升高珠光体最大转变速度的温度和降低贝氏体最大转变速度的温度，并使 C 曲线分离。此外，随着合金元素

种类的不同，C曲线还会呈现出其他形状，如图10.2所示。

Cr、Mn等元素强烈推迟贝氏体转变，而含Ni较多的低碳和中碳铬镍钼钢或铬镍钨钢只有贝氏体转变而不出现珠光体转变。稳定碳化物形成元素的含量与碳的质量分数比值较高的钢，如3Cr13、4Cr13等高铬不锈钢在过冷奥氏体转变曲线上只有珠光体转变。除Co和以Al外，大多数合金元素总是不同程度地降低马氏体转变温度，并增加残余奥氏体量。

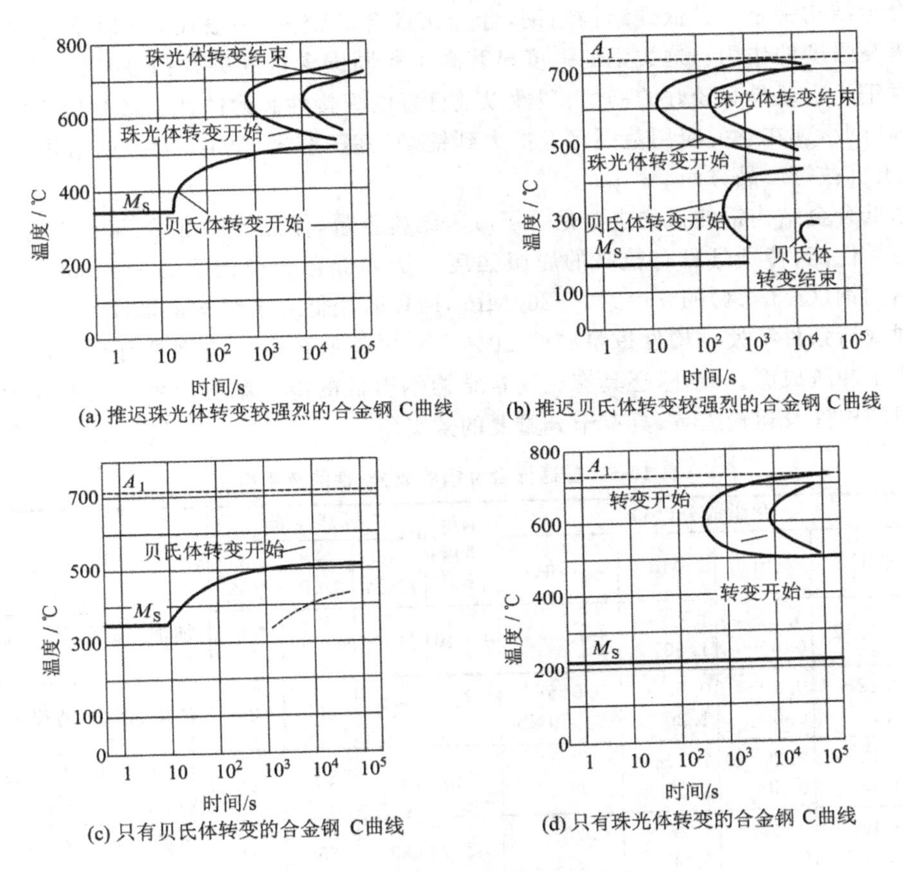

图10.2　其他常见类型的C曲线

3)合金元素对回火转变的影响

合金元素能使淬火钢在回火过程中的组织分解和转变速度减慢，增加回火抗力，提高回火稳定性，从而使钢的硬度随回火温度的升高而下降的程度减弱。

合金元素一般都能提高残余奥氏体转变的温度范围。在碳化物形成元素含量较高的高合金钢中，淬火后残余奥氏体十分稳定，甚至加热到500～600℃仍不分解，而是在冷却过程中部分地转变为马氏体，使钢的硬度反而增加，这种现象称为“二次硬化”。

合金元素对淬火后力学性能的不利影响是回火脆性。回火脆性一般是在250～450℃和450～650℃两个温度范围内回火时出现，它使钢的韧性显著降低，前者称为低温回火脆性或第一类回火脆性；后者称为高温回火脆性或第二类回火脆性。在钢中加入W、Mo可防止第二类回火脆性，这对于需要调质处理后的大型件有重要意义。

10.3 结构钢

10.3.1 低合金结构钢

低合金结构钢是一种低碳结构用钢，合金元素含量较少，一般在3%以下，主要起细化晶粒和提高强度的作用。这类钢的强度显著高于相同碳含量的碳素钢，所以常称其为低合金高强度钢。它还具有较好的韧性、塑性以及良好的焊接性和耐蚀性。最初用于桥梁、车辆和船舶等行业，现在它的应用范围已经扩大到锅炉、高压容器，油管、大型钢结构及汽车、拖拉机、挖土机械等产品方面。

采用低合金结构钢的目的主要是为了减轻结构重量，保证使用可靠、耐久。这类钢具有良好的力学性能，特别是具有较高的屈服强度。例如低合金结构钢的 $\sigma_s = 300 \sim 400\text{MPa}$。而碳素结构钢(Q235 钢)的 $\sigma_s = 240 \sim 260\text{MPa}$，所以若用低合金结构钢来代替碳素结构钢就可在相同载荷条件下使结构件重量减轻20%～30%。低合金结构钢具有良好的塑性($\delta > 20\%$)，便于冲压成型。此外，还具有比碳素结构钢更低的冷脆临界温度。这对在北方高寒地区使用的构件及运输工具，具有十分重要的意义。

表 10-5 普通低合金钢的成分、性能及用途

钢号	化学成分(%)				钢材厚度/mm	机械性能			用途
	C	Si	Mn	其他		σ_b/MPa	σ_s/MPa	δ/%	
09Mn2	≤0.12	0.20～0.60	1.40～1.80	—	4～10	450	300	21	油槽、油罐、机车车辆、梁柱等
14MnNb	0.12～0.20	0.20～0.60	0.80～1.20	0.015～0.050Nb	≤16	500	360	20	油罐、锅炉、桥梁等
16Mn	0.12～0.18	0.20～0.60	1.20～1.60	—	≤16	520	350	21	桥梁、船舶、车辆、压力容器、建筑构件等
16MnCu	0.12～0.20	0.20～0.60	1.25～1.50	0.20～0.35Cu	≤16	520	350	21	桥梁、船舶、车辆、压力容器、建筑构件等
15MnTi	0.12～0.18	0.20～0.60	1.25～1.50	0.12～0.20Ti	≤25	540	400	19	船舶、压力容器、电站设备等
15MnV	0.12～0.18	0.20～0.60	1.25～1.50	0.04～0.14V	≤25	540	400	18	压力容器、桥梁、船舶、车辆、启重机械等

低合金结构钢一般是在热轧退火(或正火)状态下使用。焊接后不再进行热处理，由于对加工性能和焊接性的要求，决定了它的碳含量不能超过0.2%。这类钢的使用性能主要依靠加入少量的Mn、Ti、V、Nb、Cu、P等合金元素来满足。Mn是强化基体元素，其含量一般在1.8%以下，含量过高将显著降低钢的塑性和韧性，也会影响其焊接性能。Ti、V、Nb等元素在钢中能形成微细碳化物，起细化晶粒和弥散强化作用，提高钢的屈服极限、强度极限以及低温冲击韧性。Cu、P可提高钢对大气的抗蚀能力，比碳素结构钢约高2～3倍。表10-5列出了我国生产的几种常用低合金结构钢的成分、性能及用途。

10.3.2 渗碳钢

1. 渗碳钢的化学成分

用于制造渗碳零件的钢称为渗碳钢，常用的渗碳钢如表10-6所示。渗碳钢的碳含量一般在0.10%～0.25%之间，属于低碳钢。低的碳含量可保证渗碳零件心部具有足够的韧性和塑性。合金渗碳钢中所含的主要合金元素有铬(＜2%)、镍(＜4%)、锰(＜2%)和硼(＜0.005%)等，其主要作用是提高钢的淬透性，改善渗碳零件心部组织和性能，同时还能提高渗碳层的性能(如强度、韧性及塑性)，其中镍的作用最为显著。除上述合金元素外，在合金渗碳钢中，还加入少量的钒(＜0.2%)、钨(＜1.2%)、钼(＜0.6%)、钛(0.1%)等碳化物形成元素，具有细化晶粒、抑制钢件在渗碳时产生过热的作用。

表10-6 常用渗碳钢的化学成分举例

钢 号	化学成分(%)								
	C	Si	Mn	P	S	Cr	Ni	Mo	其他
15	0.12～0.19	0.17～0.37	0.85～0.65	≤0.040	≤0.040	≤0.25	≤0.25		
20	0.17～0.24	0.17～0.37	0.35～0.65	≤0.040	≤0.040	≤0.25	≤0.25		
15Mn2	0.12～0.18	0.20～0.40	2.00～2.40	≤0.040	≤0.040	≤0.35	≤0.35		
20Mn2	0.17～0.24	0.20～0.40	1.40～1.80	≤0.040	≤0.040	≤0.35	≤0.35		V0.07～0.12
20MnV	0.17～0.24	0.20～0.40	1.30～1.60	≤0.040	≤0.040	≤0.35	≤0.35		V0.07～0.12
20MnVB	0.17～0.24	0.20～0.40	1.20～1.60	≤0.040	≤0.040	≤0.35	≤0.35		B0.001～0.004
15Cr	0.12～0.18	0.20～0.40	0.40～0.70	≤0.040	≤0.040	0.70～1.00	≤0.35		
20Cr	0.17～0.24	0.20～0.40	0.50～0.80	≤0.040	≤0.040	0.70～1.00	≤0.35		
20CrMn	0.17～0.24	0.20～0.40	0.90～1.20	≤0.040	≤0.040	0.90～1.20	≤0.35		
20CrMnTi	0.17～0.24	0.20～0.40	0.80～1.10	≤0.040	≤0.040	1.00～1.30	≤0.35		Ti0.06～0.12
30CrMnTi	0.24～0.32	0.20～0.40	0.80～1.10	≤0.040	≤0.040	1.00～1.30	≤0.35		Ti0.06～0.12
20CrMo	0.17～0.24	0.20～0.40	0.40～0.70	≤0.040	≤0.040	0.80～1.10	≤0.35	0.15～0.25	
15CrMnMo	0.12～0.18	0.20～0.40	0.90～1.20	≤0.040	≤0.040	0.90～1.20	≤0.35	0.20～0.30	
20CrMnMo	0.17～0.24	0.20～0.40	0.90～1.20	≤0.040	≤0.040	1.10～1.40	≤0.35	0.20～0.30	
20CrNi	0.17～0.24	0.20～0.40	0.40～0.70	≤0.040	≤0.040	0.45～0.75	1.00～1.40		
12CrNi3	0.10～0.17	0.20～0.40	0.30～0.60	≤0.040	≤0.040	0.60～0.90	2.75～3.25		
12Cr2Ni4	0.10～0.17	0.20～0.40	0.30～0.60	≤0.040	≤0.040	1.25～1.75	3.25～3.75		
20Cr2Ni4	0.17～0.24	0.20～0.40	0.30～0.60	≤0.040	≤0.040	1.25～1.75	3.25～3.75		
18Cr2Ni4W	0.13～0.19	0.20～0.40	0.30～0.60	≤0.040	≤0.040	1.35～1.65	4.00～4.50		W0.80～1.20

2. 渗碳钢的热处理特点

表10-7为常用渗碳钢的热处理工艺规范以及在出厂时钢材力学性能的检验指标。由表可见，渗碳钢的一般热处理工艺规范是在渗碳之后进行淬火和低温回火，以获得“表硬里韧”的性能。

表10-7 常用渗碳钢(900～950℃渗碳)的热处理工艺规范及机械性能指标

钢 号	毛坯尺寸/mm	热处理					机械性能				
		淬火温度/℃		冷却介质	回火温度/℃	冷却介质	σ_b/MPa	σ_s/MPa	δ_5/%	Ψ%	A_k/J
		第一次	第二次				不小于				
15	25	900		空气			380	230	27	55	
20	25	880		空气			420	250	25	55	
15Mn2	15	900		空气			600	350	17	40	
20Mn2	15	850		水，油	200	水，空气	800	600	10	40	48
20MnVB	15	860		油	200	水，空气	1000	900	10	45	56
15CrMn	15	880		油	200	水，空气	800	600	12	50	48

续表

钢号	毛坯尺寸/mm	热处理					机械性能				
		淬火温度/℃		冷却介质	回火温度/℃	冷却介质	σ_b/MPa	σ_s/MPa	δ_5/%	Ψ%	A_k/J
		第一次	第二次				不小于				
20CrMn	15	850		油	200	水,空气	950	750	10	45	48
20CrMnTi	15	880	870	油	200	水,空气	1000	850	10	45	56
30CrMnTi	15	880	850	油	200	水,空气	1500		9	40	48
20CrMo	15	880		水,油	500	水,油	900	700	12	50	80
15CrMnMo	15	860		油	200	水,空气	950	700	10	50	72
20CrMnMo	15	850		油	200	水,空气	1200	900	10	45	56
15Cr	15	880	800	水,油	200	水,空气	750	500	10	45	56
20Cr	15	880	800	水,油	200	水,空气	850	550	10	40	18
20CrNi	25	850		水,油	460	水,油	800	600	10	50	64
12CrNi3	15	860	780	油	200	水,空气	950	700	10	50	72
12Cr2Ni4	15	860	780	油	200	水,空气	1000	850	10	50	72
18Cr2Ni4W	15	950	850	空气	200	水,空气	1200	850	10	45	80

低淬透性合金渗碳钢，如15Cr、20Cr、15Mn2、20Mn2等，经渗碳、淬火与低温回火后心部强度较低，强度与韧性配合较差。一般可用作受力不太大，不需要高强度的耐磨零件，如柴油机的凸轮轴、活塞销、滑块、小齿轮等。低淬透性合金渗碳钢渗碳时，心部晶粒容易长大，特别是锰钢，如性能要求较高时，可在渗碳后进行两次淬火处理。

中淬透性合金渗碳钢，如20CrMnTi、12CrNi3A、20CrMnMo、20MnVB等，合金元素的总含量≤4%，其淬透性和力学性能均较高。常用作承受中等动载荷的受磨零件，如变速齿轮、齿轮轴、十字销头、花键轴套、气门座、凸轮盘等。由于含有Ti、V、Mo等合金元素，渗碳时奥氏体晶粒的长大倾向较小，渗碳后预冷到870℃左右直接淬火，经低温回火后具有较好的力学性能。

高淬透性合金渗碳钢，如12Cr2Ni4A，18Cr2Ni4W等，合金元素总含量约在4%～6%之间，淬透性很大，经渗碳、淬火与低温回火后心部强度高，强度与韧性配合好。常用作承受重载和强烈磨损的大型、重要零件，如内燃机车的主动牵引齿轮、柴油机曲轴、连杆及缸头精密螺栓等。

10.3.3 渗氮钢

渗氮是用氮饱和钢的表面，提高工件的耐磨和耐蚀，渗氮工艺一般是在600℃以下进行。结构钢的氮化目的在于提高其硬度、耐磨性、热稳定性和耐蚀性，在氮化前需经过调质处理。

渗氮钢扩散层的结构主要取决于氮化温度。当渗氮温度低于590℃时，扩散层的性能取决于钢的成分、加热温度和时间以及氮化后的冷却速度。渗氮钢的高硬度和高耐磨性主要由合金氮化物(MoN、AlN)来保证。合金元素对渗氮层深度和表面硬度有较大的影响，合金元素在降低C在铁素体中的扩散系数的同时，将减少渗氮层的深度。

各国广泛使用的渗氮钢主要有38Cr2MoAlA(相当我国的38CrMoAlA)，近年还开发了一系列渗氮用钢，如38Cr2WVAlA、30CrNi2WVA、30Cr3WA等。

有些渗氮工件并不需要过高的表面硬度，因为脆性的表层会给研磨造成困难。此时可选用低Al钢或无铝钢，如38Cr2WVAlA、40CrV、40Cr等。如果把渗氮层的表面硬度从900～1000HV降低到650～900HV，则可提高其耐磨性和脆性破断抗力，此工艺可用于机

床的主轴、滚动支架、丝杆等零件。对于在循环弯曲或接触载荷下工作的零件，可使用30Cr3WA 钢制造。

10.3.4 调质钢

1. 调质钢的一般特点

调质钢是指经过调质处理后使用的碳素结构钢和合金结构钢。多数调质钢属于中碳钢，调质处理后，其组织为回火索氏体。调质钢具有高的强度、良好的塑性与韧性，即具有良好的综合力学性能，常用于制造汽车、拖拉机、机床及其他要求具有良好综合力学性能的各种重要零件，如柴油机连杆螺栓、汽车底盘上的半轴以及机床主轴等。

2. 调质钢的化学成分特点

常用调质钢的化学成分如表 10-8 所示。调质钢的碳含量介于 0.27%～0.50%之间。碳含量过低时不易淬硬，回火后不能达到所要求的强度；碳含量过高时韧性不足。

合金调质钢中含有 Cr、Ni、Mn、Ti 等的合金元素，其主要作用是提高钢的淬透性，并使调质后的回火索氏体组织得到强化。Mo 所起的主要作用是防止合金调质钢在高温回火时产生第二类向火脆性；V 的作用是阻碍高温奥氏体晶粒长大；Al 的主要作用是能加速合金调质钢的氮化过程；微量的 B 能强烈地使等温转变曲线向右移，显著提高合金调质钢的淬透性。

3. 调质钢的热处理特点

调质钢热处理的第一步是淬火，即将钢件加热至约 850℃左右的温度然后进行淬火。具体的加热温度需由钢的成分来决定。处于淬火状态的钢，内应力大、很脆，不能直接使用，必须进行回火，以便消除应力，增加韧性，调整强度。回火是使调质钢的力学性能定型的重要工序，为了使调质钢具有最为良好的综合力学性能，调质钢零件一般采用 500～650℃高温回火，回火的具体温度则由钢的成分及对性能的要求而定。

调质钢在高温回火后，虽能获得优良的综合力学性能，但对于某些合金钢（如 Cr—Ni、Cr—Mn 等钢）来说，自高温回火温度缓慢冷却时，往往会出现第二类回火脆性。调质钢一般制成大截面的零件，采取快冷的方法抑制回火脆性是有困难的，在实际生产中常采用加入 Mo（w_{Mo}=0.15%～0.30%）、W（w_{w}=0.8%～1.2%）等合金元素的方法加以解决。

表 10-8 常用调质钢钢号及成分举例

钢号	化学成分（%）							
	C	Si	Mn	P	S	Cr	Ni	Mo	其他
40	0.37～0.45	0.17～0.37	0.50～0.80	≤0.040	≤0.040	≤0.25	≤0.25	—	—
45	0.42～0.50	0.17～0.37	0.50～0.80	≤0.040	≤0.040	≤0.25	≤0.25	—	—
42Mn2V	0.38～0.45	0.20～0.40	1.60～1.90	≤0.040	≤0.040	≤0.35	≤0.35	—	V0.07～0.12
40MnVB	0.37～0.44	0.20～0.40	1.10～1.40	≤0.040	≤0.040	≤0.35	0≤0.35	—	B0.001～0.004 V0.05～0.10
40Cr	0.37～0.45	0.20～0.40	0.50～0.80	≤0.040	≤0.040	0.80～1.10	≤0.35	—	—
40CrMn	0.37～0.45	0.20～0.40	0.90～1.20	≤0.040	≤0.040	0.90～1.20	≤0.35	—	—
40CrMo	0.38～0.45	0.20～0.40	0.50～0.80	≤0.040	≤0.040	0.90～1.20	≤0.35	0.15～0.25	—
40CrNi	0.37～0.44	0.20～0.40	0.50～0.80	≤0.040	≤0.040	0.45～0.75	1.00～1.40	—	—
30CrMnSi	0.27～0.34	0.90～1.20	0.80～1.10	≤0.040	≤0.040	0.80～1.10	≤0.35	—	—
35CrMo	0.32～0.40	0.20～0.40	0.40'0.70	≤0.040	≤0.040	0.80～1.10	≤0.35	0.15～0.25	—
37CrNi3	0.34～0.41	0.20～0.40	0.30～0.60	≤0.040	≤0.040	1.20～1.60	3.00～3.50	—	—
40CrNiMo	0.37～0.44	0.20～0.40	0.50～0.80	≤0.040	≤0.040	0.60～0.90	1.25～1.75	0.15～0.25	—
40CrMnMo	0.37～0.45	0.20～0.40	0.90～1.20	≤0.040	≤0.040	0.90～1.20	≤0.35	0.20～0.30	—

表 10-9 常用合金调质钢的调质处理及力学性能指标

钢号	热处理				机械性能				
	淬火温度/℃	冷却介质	回火温度/℃	冷却介质	σ_b/MPa	σ_s/MPa	δ_5(%)	ψ(%)	α_k(J)
					不小于				
42Mn2V	860	油	600	水	1000	850	10	45	48
40MnVB	850	油	500	水,油	1000	800	10	45	48
40Cr	850	油	500	水,油	1000	800	9	45	48
40CrMn	840	油	520	水,油	1000	850	9	45	48
42CrMo	850	油	580	水,油	1000	950	12	45	64
40CrNi	820	油	500	水,油	1000	800	10	45	56
30CrMnSi	880	油	520	水,油	1000	900	10	45	40
30CrMo	850	油	550	水,油	1000	850	12	45	64
37CrNi3	820	油	500	水,油	1050	1000	10	50	48
40CrNiMo	850	油	600	水,油	1000	850	12	55	80
40CrMnMo	850	油	600	水,油	1000	800	10	45	64

一般的调质钢零件,除了要求有良好的综合力学性能外,往往还要求表层具有良好的耐磨性能。所以经过调质处理的零件一般还要进行感应加热表面淬火,如果对耐磨性能的要求极高,则需要选用专门的调质钢进行特殊的化学热处理,如 38CrMoAlA 钢的渗氮处理等。

根据实际需要,调质钢也可在中、低温回火状态下使用,其组织为回火屈氏体、回火马氏体,比回火索氏钵组织具有更高的强度,但冲击韧度值较低。例如模锻锤杆、套轴等采用中温回火;凿岩机活塞、球头销等采用低温回火。为了保证必需的韧性和减少残余应力,一般仅使用碳含量≤0.30%的合金调质钢进行低温回火。

4. 常用调质钢的性能特点及用途

40、45 钢等中碳钢经调质热处理后,其力学性能大致为 $\sigma_b=620\sim700$MPa,$\sigma_s=450\sim500$MPa,$\delta=20\%\sim17\%$,$\psi=50\%\sim45\%$,$A_K=72\sim64$J。碳素调质钢的力学性能不高,只适用于尺寸较小、负荷较轻的零件;合金调质钢适用于尺寸较大、负荷较重的零件。表 10-9 所示为常用合金调质钢(加工成直径为 25mm 的毛坯,全部淬透),经调质处理后的力学性能数据。

由表可见,所列钢中以 42CrMo、37CrNi3 钢的综合力学性能较为良好,尤其是强度较高,比相同碳含量的碳素调质钢高出 30%左右,其原因主要是由于这两种钢中合金元素对铁素体的强化效果较为显著所致。

各种调质钢的性能特点和应用如表 10-10 所示。其中 40Cr 钢是合金调质钢中最常用的一种。

表 10-10 各种调质钢的性能特点和用途

钢号	淬透性		性能特点	用途举例
	淬透性值	油淬临界直径/mm		
45	$J\frac{43}{1.5\sim3.5}$	<5~20(水淬)	小截面零件调质后具有较高的综合机械性能.水淬有时开裂,形状复杂零件可水油淬	制造齿轮、轴,压缩机、泵的运动零件等

续表

钢号	淬透性		性能特点	用途举例
	淬透性值	油淬临界直径/mm		
42Mn2V	$J\frac{46}{9}$	约25	强度比40Mn2高，接近40CrNi	制造小截面的高负荷重要零件，蠕螺栓、轴、进气阀等。可用作表面淬火零件代40Cr或45Cr，表面淬火后硬度和耐磨性较好
40MnVB	$J\frac{44}{9\sim22}$	25～67	综合机械性能较40Cr好	可代40Cr或部分代42CrMo与40CrNi制重要的调质零件，蠕柴油机汽缸头螺柱、组合曲轴连接螺钉、机床齿轮花键轴等
40Cr	$J\frac{44}{7\sim77}$	18～48	强度比碳钢高约20%，疲劳强度较高	制造重要的调质零件，蠕齿轮、轴、套筒，连杆螺钉，螺栓，进气阀等，可进行表面淬火机碳氮共渗
40CrMn	$J\frac{44}{8\sim16}$	20～47	淬透性比40Cr好，强度高，在某些用途中可以和42CrMo，40CrNi互换，制较大调质件回火脆性倾向较大	制造在高速与高弯曲负荷下工作的轴，连杆，以及在高速高负荷(无强力冲击负荷)下的齿轮轴、齿轮、水泵转子，离合器，小轴等
40CrNi	$J\frac{44}{10\sim32}$	28～90	具有高强度，高韧性，淬透性好，油回火脆性倾向	制造截面较大，受载荷较重的零件，如曲轴、连杆、齿轮轴、螺栓等
42CrMo	$J\frac{46}{13\sim42}$	39～120	强度、淬透性比35CrMo更高	制造较35CrMo强度更高或截面更大的调质零件，如机车牵引用的大齿轮，增压器传动齿轮、后轴、受负荷很大的连杆
35CrMo	$J\frac{42}{11\sim32}$	31～90	强度高，韧性高，淬透性好，在500℃以下有高的高温强度	制造在高负荷下工作的重要结构零件，特别是受冲击、震动、弯曲、扭转负荷的零件，如车轴、发动机传动机件、汽轮发电机主轴、叶轮紧固零件、连杆、在480℃以下工作的螺栓
30CrMnSi	$J\frac{40}{16}$	约45	断面小于或等于25mm的零件最好采用等温淬火，得到下贝氏体组织，使强度与塑性得到良好配合，使韧性大大提高，而且变形最小. 一般在调质或低温回火后使用	制造重要用途零件，在震动负荷下工作的焊接件和铆接件，如高压鼓风机叶片、阀板、告诉负荷砂轮轴、齿轮、链轮、紧固件、轴套等，还用语制造温度不高而要求耐磨的零件
37CrNi3		约200	具有高的强度、冲击韧性及淬透性	制造重要零件，如轴、齿轮等
40CrNiMo	$J\frac{44}{7.5\sim29}$	21～85	一般情况回火脆性不敏感，大截面零件回火后应油冷，冲击韧性不致降低；具有良好的室温及低温冲击韧性(−70℃时Ak=48J)	制造要求塑性好，强度高，重要的和较大截面的零件，如中间轴、半轴、曲轴、联轴器等
40CrMnMo	$J\frac{44}{15\sim45}$	43～150	40CrNiMo的代用钢	制造重要负荷的轴、偏心轴、齿轮轴、齿轮、连杆及汽轮机零件等

10.3.5 弹簧钢

1. 弹簧钢的一般特点

弹簧是各种机械和仪表中的重要零件，主要利用弹性变形时所储存的能量来起到缓和机械上的震动和冲击作用。由于弹簧一般是在动负荷条件下使用，因此要求弹簧钢必须具有高的抗拉强度、高的屈强比，高的疲劳强度(尤其是缺口疲劳强度)，并有足够的塑性、韧性以及良好的表面质量，同时还要求有较好的淬透性和低的脱碳敏感性，在冷热状态下容易绕卷成型。弹簧大体上可分为热成型弹簧与冷成型弹簧两大类。

2. 弹簧钢的化学成分

为了获得弹簧所要求的性能，弹簧钢的碳含量比调质钢高，一般在0.6%～0.9%之间。由于碳素弹簧钢（如65、75钢等）的淬透性较差，其截面尺寸超过12～15mm在油中就不能淬透，若用水淬，则容易产生裂纹。因此，对于截面尺寸较大，承受较重负荷的弹簧都由合金弹簧钢制造。

合金弹簧钢的碳含量在0.45%～0.75%之间，所含的合金元素有Si、Mn、Cr、W、V等，主要作用是提高钢的淬透性和回火稳定性，强化铁素体和细化晶粒，有效地改善弹簧钢的力学性能，提高弹性极限、屈强比。

3. 弹簧钢及其热处理特点

弹簧钢按生产方法可分为热轧钢和冷拉（轧）钢两类。

（1）热轧弹簧钢及其热处理特点　热轧弹簧钢采取加热成型制造弹簧的工艺路线大致如下（以板簧为例）：扁钢剪断→加热压弯成型后淬火→中温回火→喷丸→装配。

弹簧钢的淬火温度一般为830～880℃，温度过高易发生晶粒粗大和脱碳，使其疲劳强度大为降低。因此在淬火加热时，炉气要严格控制，并尽量缩短弹簧在炉中停留的时间，也可在脱氧较好的盐浴炉中加热。淬火加热后在50～80℃油中冷却，冷至100～150℃时即可取出进行中温回火。回火温度根据弹簧的性能要求加以确定，一般为480～550℃。回火后的硬度约为39～52HRC。对剪切应力较大的弹簧回火后硬度应为48～52HRC，板簧回火后的硬度应为39～47HRC。

弹簧的表面质量对使用寿命影响很大，微小的表面缺陷可造成应力集中，使钢的疲劳强度降低。因此，弹簧在热处理后还要用喷丸处理以强化表面，使弹簧表面层产生残余压应力，以提高其疲劳强度。试验表明，采用60Si2Mn钢制作的汽车板簧经喷丸处理后，使用寿命可提高5～6倍。

（2）冷拉（轧）弹簧钢及其热处理特点　直径较细或厚度较薄的弹簧一般用冷拉弹簧钢丝或冷轧弹簧钢带制成。冷拉弹簧钢丝按制造工艺不同可分为三类：

①铅浴等温处理冷拉钢丝　这种钢丝生产工艺的主要特点是钢丝在冷拉过程中，经过一道快速等温冷却的工序，然后冷拉成所要求的尺寸。这类钢丝主要是65、65Mn等碳素弹簧钢丝，冷卷后进行去应力退火。

②油淬回火钢丝　冷拔到规定尺寸后连续进行淬火回火处理的钢丝，抗拉强度虽然不及铅浴等温处理冷拉钢丝，但性能比较均匀，抗拉强度波动范围小，广泛用于制造各种动力机械阀门弹簧，冷卷成型后，只进行去应力退火。

③退火状态供应的合金弹簧钢丝　这类钢丝制成弹簧后，需经淬火、回火处理，才能达到所需要的力学性能，主要有50CrVA、60Si2MnA、55Si2Mn钢丝等。

10.3.6　滚动轴承钢

1. 工作条件及性能要求

用于制造滚动轴承的钢称为滚动轴承钢。根据滚动轴承的工作条件，要求滚动轴承钢具有高而均匀的硬度和耐磨性，高的弹性极限和接触疲劳强度，足够的韧性和淬透性，同时在大气或润滑剂中具有一定的抗蚀能力。

2. 滚动轴承钢的化学成分

通常所说的滚动轴承钢都是指高碳铬钢，其碳含量约为0.95%～1.10%，铬含量为

0.50%～1.60%，尺寸较大的轴承则可采用铬锰硅钢。表10-11为常用铬轴承钢的化学成分。

表10-11 常用铬轴承钢的化学成分

钢号	化学成分(%)								
	C	Si	Mn	P	S	Cr	Ni	Mo	Cu
GCr6	1.05～1.15	0.15～0.35	0.20～0.40	≤0.027	≤0.020	0.40～0.70	≤0.30	—	≤0.25
GCr9	1.00～1.10	0.15～0.35	0.20～0.40	≤0.027	≤0.020	0.90～1.20	≤0.30	—	≤0.25
GCr9SiMn	1.00～1.10	0.40～0.70	0.90～1.20	≤0.027	≤0.020	0.90～1.20	≤0.30	—	≤0.25
GCr15	0.95～1.05	0.15～0.35	0.20～0.40	≤0.027	≤0.020	1.30～1.65	≤0.30	—	≤0.25
GCr15SiMn	0.95～1.05	0.40～0.65	0.90～1.20	≤0.027	≤0.020	1.30～1.65	≤0.30	—	≤0.25

为了保证滚动轴承钢的高硬度、高耐磨性和高强度，碳含量应较高。加入0.40%～1.66%的铬是为了提高钢的淬透性。含铬1.50%时，厚度为25mm以下零件在油中可淬透。铬与碳所形成的$(Fe,Cr)_3C$合金渗碳体比一般Fe_3C稳定，能阻碍奥氏体晶粒长大，减小钢的过热敏感性，使淬水后能获得细针状或隐晶马氏体组织，而增加钢的韧性。Cr还有利于提高低温回火时的回火稳定性。含Cr量过高(如>1.65%)时，会增加淬火钢中残余奥氏体量和碳化物分布不均匀性，其结果影响了轴承的使用寿命和尺寸稳定性。因此，铬轴承钢中含铬量以0.40%～1.65%范围为宜。

对于大型轴承(如直径>30～50mm的钢珠)，在GCr15基础上，还可加入适量的Si(0.40%～0.65%)和Mn(0.90%～1.20%)，以便进一步改善淬透性，提高钢的强度和弹性极限，而不降低韧性。

此外，在滚动轴承钢中，对杂质含量要求很严，一般规定硫的含量应小于0.02%，磷的含量应小于0.027%，非金属夹杂物(氧化物、硫化物、硅酸盐等)的含量必须很低，而且要分布在一定的级别范围之内。

从化学成分看，滚动轴承钢属于工具钢范畴，有时也用它制造各种精密量具、冷变形模具、丝杆和高精度轴类零件。

3. 滚动轴承钢的热处理工艺特点

滚动轴承钢的热处理工艺主要为球化退火、淬火和低温回火。

球化退火是预备热处理，其目的是获得粒状珠光体，使钢锻造后的硬度降低，以利于切削加工，并为零件的最后热处理作组织准备。

淬火和低温回火是最后决定轴承钢性能的重要热处理工序，GCr15钢的淬火温度要求十分严格，如果淬火加热温度过高(≥850℃)，将会使残余奥氏体量增多，并会因过热而淬得粗片状马氏体，使钢的冲击韧度和疲劳强度急剧降。淬火后应立即回火，回火温度为150～160℃，保温2～3小时，经热处理后的金相组织为极细的回火马氏体、分布均匀的细粒状碳化物及少量的残余奥氏体，回火后硬度为61～65HRC。低温回火以后磨削加工，而后进行一次消除磨削应力退火，称为稳定化处理或时效处理。

10.4 工具钢

用于制造刃具、模具、量具等工具的钢称为工具钢。主要讨论工具钢的工作条件、性能要求、成分特点及热处理特点等。

10.4.1 刃具钢

1. 工作条件及性能要求

刃具钢主要指制造车刀、铣刀、钻头等切削刀具的钢种。根据刀具工作条件，对刃具钢提出如下性能要求：

(1)高硬度　只有刀具的硬度高于被切削材料的硬度时，才能顺利地进行切削。切削金属材料所用刃具的硬度，一般都在60HRC以上。刃具钢的硬度主要取决于马氏体中的含碳量，因此，刃具钢的碳含量都较高，一般为0.6%～1.5%。

(2)高耐磨性　耐磨性实际上是反映一种抵抗磨损的能力，当磨损量超越所规定的尺寸公差范围时，刃部就丧失了切削能力，刀具不能继续使用。因此，耐磨性亦可被理解为抵抗尺寸公差损耗的能力，耐磨性的高低，直接影响着刀具的使用寿命。硬度愈高、其耐磨性愈好。在硬度基本相同

情况下，碳化物的硬度、数量、颗粒大小、分布情况对耐磨性有很大影响。实践证明，一定数量的硬而细小的碳化物均匀分布在强而韧的金属基体中，可获得较为良好的耐磨性。

(3)高热硬性　所谓热硬性是指刃部受热升温时，刃具钢仍能维持高硬度(大于60HRC)的能力，热硬性的高低与回火稳定性和碳化物的弥散程度等因素有关。在刃具钢中加入W、V、Nb等，将显著提高钢的热硬性，如高速钢的热硬性可达600℃左右。

此外，刃具钢还要求具有一定的强度、韧性和塑性，以免刃部在冲击、震动载荷作用下，突然发生折断或剥落。

2. 碳素工具钢及低合金刃具钢

(1)碳素工具钢　常用的碳素工具钢有T7A、T8A、T10A、T12A等，其碳含量约为0.65%～1.3%。碳素工具钢经适当的热处理后，能达到60HRC以上的硬度和较高的耐磨性。此外，碳素工具钢加工性能良好，容易锻造和切削加工，价格低廉，因此，在工具生产中占有较大的比重，其生产量约占全部工具的60%。碳素工具钢用途广泛，不仅用作刃具，还可用作模具和量具。表10-12为常用碳素工具钢的牌号、热处理及大致用途。

表10-12　碳素工具钢的牌号、热处理及用途

钢号	热处理					用途举例
	淬火			回火		
	温度/℃	介质	硬度HRC	温度/℃	硬度HRC	
T7 T7A	780～780	水	61～63	180～200	60～62	制造承受震动或冲击及需要在适当硬度下具有较大韧性的工具，如凿子、打铁用模、各种锤子、木工木具、石钻(软岩石用)等
T8 T8A	760～780	水	61～63	180～200	60～62	制造承受震动及需要足够韧性而具有较高硬度的工具，如简单模子、冲头、剪切金属用剪刀、木工工具、煤用凿等
T9 T9A	760～780	水	62～64	180～200	60～62	制造具有一定硬度及韧性的冲头、冲模、木工工具、凿岩用凿子等
T10 T10A	760～780	水，油	62～64	180～200	60～62	制造不受震动及锋利刃口上有少许韧性的工具，如刨刀、拉丝模、冷冲模、手锯锯条、硬岩用钻子等
T12 T12A	760～780	水，油	62～64	180～200	60～62	制造不受震动及需要极高硬度和耐磨性的各种工具，如丝锥、锋利的外科刀具、锉刀、刮刀等

碳素工具钢的缺点是淬透性低，须用水作淬火介质(水淬火可以淬透 Φ15～18，而油淬火仅能淬透 Φ5～7)，容易产生淬火变形，特别是形状复杂的工具，应该特别注意；其次是回火稳定性小，热硬性差，刃部受热至 200～250℃时，其硬度和耐磨性已迅速下降。因此，碳素工具钢只能用于制造刃部受热程度较低的手用工具、低速及小走刀量的机用工具。

(2)低合金刃具钢　常用的低合金刃具钢有 9SiCr、9Mn2V、CrWMn 等，其化学成分、热处理及用途举例如表 10-13 所示。

表 10-13　常用低合金刃具钢的化学成分、热处理及用途

钢号	化学成分(%)					淬火			回火		用途举例
	C	Mn	Si	Cr	其他	温度/℃	介质	HRC(不低于)	温度/℃	HRC	
9SiCr	0.85～0.95	0.3～0.6	1.2～1.6	0.95～1.25		850～870	油	62	190～200	60～63	板牙，丝锥，绞刀，搓丝板，冷冲模等
CrWMn	0.9～1.05	0.8～1.1	0.15～0.35	0.9～1.2	1.2～1.6W	820～840	油	62	140～160	62～65	长丝锥，长绞刀，板牙，拉刀，量具，冷冲模等
CrMn	1.3～1.5	0.45～0.75	≤0.40	1.3～1.6		840～860	油	62	130～140	62～65	长丝锥，拉刀，量具等
9Mn2V	0.85～0.95	1.7～2.0	≤0.40		0.01～0.25V	780～820	油	62	150～200	58～63	丝锥，板牙，样板，量规，中小型模具，磨床主轴，精密丝杠等

在低合金工具钢中常加入的合金元素有 Cr、Si、Mn、Mo、V 等，为避免碳化物的不均匀性，其总量一般不超过 4%。9SiCr 钢是一种常用的合金刃具钢，也经常作为冷冲模具钢使用。9SiCr 钢相当于在 T9 钢的基础上加入 1.2%～1.6%的硅和 0.95%～1.25%铬。由于硅和铬的加入，使钢的临界点有所升高。9SiCr 钢生产中的应用很广，特别是用于制造各种薄刃刀具，如板牙、丝锥等。

3. 高速钢

高速钢是一种高合金工具钢，含有 W、Mo、Cr、V 等合金元素，其总量超过 10%。

高速钢的主要特性是具有良好的热硬性，当切削温度高达 600℃左右时硬度仍无明显下降，能以比低合金工具钢更高的切削速度进行切削加工。高速钢的品种有几十种之多，它们具有不同的性能、适用于制造各种用途和不同类型的高速切削刀具。表 10-14 为常用的几种高速钢的化学成分、热处理、硬度、热硬性及用途。

表 10-14　常用高速钢的化学成分、热处理、特性及用途

名称	钢号	主要化学成分(%)						热处理温度/℃			硬度		热硬性 HRC*	用途
		C	W	Mo	Cr	V	Al 或 Co	退火	淬火	回火	退火后 HB	回火后 HRC		
钨高速钢	W18Cr4V (18－4－1)	0.70～0.80	17.50～19.00	≤0.30	3.80～4.40	1.00～1.40	—	860～880	1260～1300	550～570	207～255	63～66	61.5～62	制造一般高速切削用车刀、刨刀、钻头、铣刀等
高碳钨高速钢	95W18Cr4V	0.90～1.00	17.50～19.00	≤0.30	3.80～4.40	1.00～1.40	—	860～880	1260～1280	570～580	241～269	67.5	64～65	在切削不锈钢及其他硬或韧的材料时，可显著提高刀具寿命与被加工零件的光洁度

续表

名称	钢号	主要化学成分(%) C	W	Mo	Cr	V	Al或Co	热处理温度/℃ 退火	淬火	回火	硬度 退火后HB	回火后HRC	热硬性HRC*	用途
钨钼高速钢	W6Mo5Cr4V2 (6—5—4—2)	0.80～0.90	5.75～6.75	4.75～5.75	3.80～4.40	1.80～2.20	—	840～860	1220～1240	550～570	≤241	63～66	60～61	制造要求耐磨性和韧性很好配合的高速切削刀具,如丝锥、钻头等;并适用于采用轧制、扭制热变形加工成形新工艺来制造钻头等刀具
高钒的钨钼高速钢	W6Mo5Cr4V3 (6—5—4—3)	1.10～1.25	5.75～6.75	4.75～5.75	3.80～4.40	2.80～3.30	—	840～885	1200～1240	550～570	≤255	>65	64	制造要求耐磨性和热硬性较高的,耐磨性和韧性较好配合的,形状稍为复杂的刀具,如拉刀、铣刀等
超硬高速钢 高碳高钒高速钢	W12Cr4V4Mo	1.25～1.40	10.50～13.00	0.90～1.20	3.80～4.40	3.80～4.40	—	840～860	1240～1270	550～570	≤262	>65	64～64.5	只宜制造形状简单的刀具或仅需很少磨削的刀具。优点:硬度热硬性高,耐磨性优越,切削性能良好,使用寿命长;缺点:韧性有所降低,可磨削性和可锻性均差
超硬高速钢 含钴高速钢	W18Cr4VCo10	0.70～0.80	18.00～19.00	—	3.80～4.40	1.00～1.40	9.00～10.00 (Co)	870～900	1270～1320	540～590	≤277	66～68	64	制造形状简单截面较粗的刀具,如直径在15mm以上的钻头,某几种车刀;而不宜于制造形状复杂的薄刃成型刀具或承受单位载荷较高的小截面刀具。用于加工难切削材料,例如高温合金、难熔金属、超高强度钢、钛合金以及奥氏体不锈钢等,也用于切削硬度≤HB300—350
超硬高速钢 含钴高速钢	W6Mo5Cr4V2Co8	0.80～0.90	5.5～6.70	4.8～6.20	3.80～4.40	1.80～2.20	7.00～9.00 (Co)	870～900	1220～1260	540～590	≤269	64～66	64	
超硬高速钢 含铝高速钢	W6Mo5Cr4V2Al	1.10～1.20	5.75～6.75	4.75～5.75	3.80～4.40	1.80～2.20	1.00～1.30 (Al)	850～870	1220～1250	550～570	255～267	67～69	65	在加工一般材料时刀具使用寿命为18—4—1的二倍,在切削难加工的超高速强度钢,耐热钢,耐热合金时,其使用寿命接近钴高速钢
超硬高速钢 含铝高速钢	W10Mo4Cr4V3Al (5F—6)	1.30～1.45	9.00～10.50	3.50～4.50	3.50～4.50	2.70～3.20	0.70～1.20 (Al)	845～855	1230～1260	540～560	≤269	67～69	65.5～67.5	

* 将淬火后试样在600℃加热四次,每次1h。

现以应用较广泛的W18Cr4V钢为例,说明合金元素的作用及热处理特点。W18Cr4V钢简称18-4-1,各合金元素的作用如下:

(1)碳　一方面要保证能与钨、铬、钒形成足够数量的碳化物,另一方面又要有一定的碳溶于高温奥氏体,获得过饱和的马氏体,以保证高硬度、高耐磨性以及高的热硬性。

(2)钨　钨是保证高速钢热硬性的主要元素,它与钢中的碳形成钨的碳化物。

(3)铬　铬的主要作用是提高钢的淬透性,改善耐磨性和提高硬度。

(4)钒　钒的主要作用是细化晶粒，同时提高钢的硬度和耐磨性。

W18Cr4V钢的应用很广，适于制造一般高速切削用车刀、刨刀、钻头、铣刀等。下面就以W18Cr4V钢制造的盘形齿轮铣刀为例，说明其热处理工艺方法的选定和工艺路线的安排。

盘形齿轮铣刀的主要用途是铣制齿轮，在工作过程中，齿轮铣刀往往会磨损、变钝而失去切削能力，因此要求齿轮铣刀经淬火回火后，应保证具有高硬度(刃部硬度要求为63～66HRC)、高耐磨性及热硬性，盘形齿轮铣刀生产过程的工艺路线如下：

下料→锻造→退火→机加工→淬火→回火→喷砂→磨加工→成品。

锻造后必须经过退火，以降低硬度(退火后硬度为207～255HBS)，消除内应力，并为随后淬火、回火处理作好组织准备。为了缩短退火时间，高速钢的退火一般采用等温退火，其退火工艺为860～880℃加热，740～750℃等温6h，炉冷至500～550℃后出炉空冷。退火后可直接进行机械加工，但为了使齿轮铣刀在铲削后齿面有较高的表面质量，需要在铲削前增加调质处理，即在900～920℃加热，油中冷却，然后在700～720℃回火1～8h。调质后的组织为回火索氏体+碳化物，其硬度为26～33HRC。

W18Cr4V钢制齿轮铣刀的淬火工艺如图10.4所示。由图可见，W18Cr4V钢盘形齿轮铣刀在淬火之前先要进行一次预热(800～840℃)。由于高速钢导热性差、塑性低，而淬火温度又很高，假如直接加热到淬火温度就很容易产生变形与裂纹，所以必须预热。对于大型或形状复杂的工具，还要采用两次预热。

高速钢的热硬性主要取决于马氏体中合金元素的含量，对热硬牲影响最大的元素W及V，在奥氏体中的溶解度只有在1000℃以上时才有明显的增加。在1270～1280℃时，奥氏体中约含有7%～8%的钨，4%的铬，1%的钒，温度再高，奥氏体晶粒就会迅速长大，淬火状态下残余奥氏体的量也会迅速增多，降低高速钢的性能，所以其淬火温度一般为1270～1280℃。高速钢刀具淬火加热时间一般按8～15s/mm(厚度)计算，淬火方法根据具体情况确定，本例采用580～620℃在中性盐中进行一次分级淬火，可以减小工件的变形与开裂，对于小型或形状简单的刀具也可采用油淬。

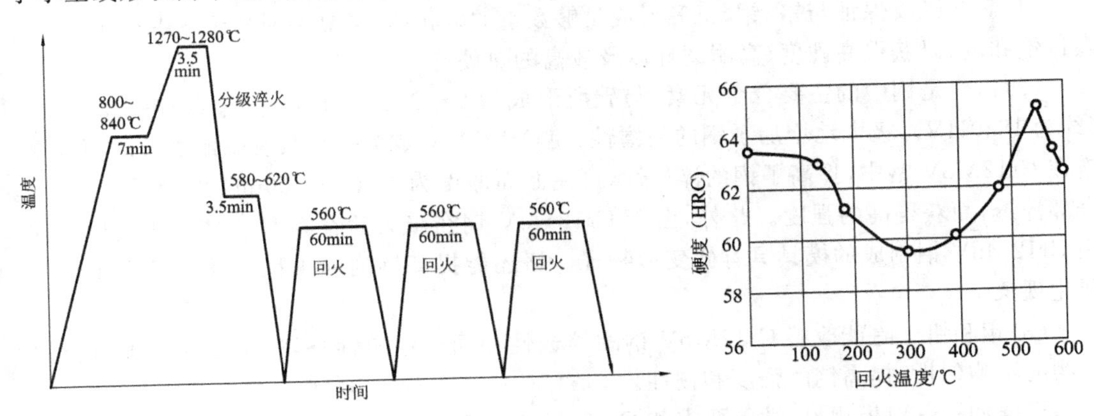

图10.4　W18Cr4V钢制齿轮铣刀的淬火工艺

图10.5　W18Cr4V钢硬度与回火温度的关系

W18Cr4V钢的硬度与回火温度之间的关系如图10.5所示。由图可知，在550～570℃回火时硬度最高。因为在此温度范围内，钨及钒的碳化物(W_2C，VC)呈细小分散状从马氏体中弥散沉淀析出，这些碳化物很稳定，难以聚集长大，从而提高了钢的硬度，这就是所谓“弥散硬化”；在此温度范围内，一部分碳及合金元素也从残余奥氏体中析出，降低了残余奥氏体中碳及合金元素含量，提高了马氏体转变温度，当随后冷却时，就会有部分残余奥氏体转变为马氏体，使钢的硬度得到提高。

由于 W18Cr4V 钢在淬火状态约有 20%～25%的残余奥氏体，一次回火难以全部消除，经三次回火后才可使残余奥氏体减至最低量(一次回火后约剩 15%，二次回火后约剩 3%～5%，三次回火后约剩 1%～2%)。并且后一次回火还可以消除前一次回火中由于奥氏体转变为马氏体所产生的内应力。回火后的组织由回火马氏体＋少量残余奥氏体十碳化物所组成。

W6Mo5Cr4V2 为生产中广泛应用的另一种高速钢，其热塑性、使用状态的韧性、耐磨性等均优于 W18Cr4V 钢，热硬性不相上下，并且碳化物细小，分布均匀，密度小，价格便宜，但磨削加工性稍差，脱碳敏感性较大。W6Mo5Cr4V2 的淬火温度为 1220～1240℃，可用于制造要求耐磨性和韧性很好配合的高速切削刀具如丝锥、钻头等。

10.4.2 模具钢

用于制造各类模具的钢称为模具钢。和刃具钢相比，其工作条件不同，因而对模具钢性能要求也有所区别。

1. 冷作模具钢

冷作模具包括拉延模、拔丝模或压弯模、冲裁模、冷镦模和冷挤压模等，均属于在室温冷下对金属进行变形加工的模具，也称为冷变形模具。由其工作条件可知，冷作模具钢所要求的性能主要是高的硬度、良好的耐磨性以及足够的强度和韧性。

尺寸较小、载荷较轻的模具可采用 T10A、9SiCr、9Mn2V 等刃具钢制造；尺寸较大的、重载的或性能要求较高、热处理变形要求小的模具，采用 Cr12、Cr12MoV 等 Cr12 型钢制造。现以 Cr12MoV 钢为例说明合金元素的作用及热处理特点。

Cr12MoV 钢的化学成分为 $w_c=1.45\%\sim1.70\%$、$w_{Cr}=10.00\%\sim12.50\%$、$w_{Mo}=0.40\%\sim0.60\%$、$w_v=0.15\%\sim0.30\%$，各合金元素的作用如下：

(1)碳　既要保证与铬、钼、钒等形成足够数量的碳化物；又要保证马氏体中存在一定的碳过饱和度，以获得高硬度、高耐磨性以及较高的热硬性。

(2)铬　是钢中的主要合金元素，与碳所形成的 Cr_7C_3 或 $(Cr,Fe)_7C_3$ 具有极高的硬度(约为 1820HV)，极大地增加了钢的耐磨性，使 Cr12MoV 成为一种具有高耐磨性的模具钢。铬在 Cr12MoV 钢中，提高了钢的淬透性，可使截面厚度为≤300～400mm 的模具在油中能全部淬透，而获得高的强度。此外，由于 Cr12MoV 钢在淬火后存在有较多的残余奥氏体，用 Cr12MoV 钢制成的模具具有微变形特征。铬还能提高钢的回火稳定性以及产生“二次硬化现象。

(3)钼和钒　除能改善 Cr12MoV 钢的淬透性和回火稳定性外，还可细化晶粒、改善碳化物的不均匀性，提高钢的强度和韧性。

根据冲孔落料模规格、性能要求和 Cr12MoV 钢成分的特点，制定其生产过程的工艺路线如下：锻造→退火→机加工→淬火、回火→精磨或电火花加工→成品。

2. 热作模具钢

热作模具包括热锻模、热镦模、热挤压模、精密锻造模、高速锻模等，均属于在受热状态

下对金属进行变形加工的模具，也称为热变形模具。由于热作模具是在非常苛刻的条件下工作，承受压应力、张应力、弯曲应力及冲击应力，还经受到强烈的摩擦，因此必须具有高的强度以及与韧性的良好配合，同时还要有足够的硬度和耐磨性；工作时经常与炽热的金属接触，型腔表面温度高达 400～600℃，因此必须具有高的回火稳定性；工作中反复受到炽热金属的加热和冷却介质冷却的交替作用，极易引起"龟裂"现象，即所谓"热疲劳"，因此还必须具有抗热疲劳能力。此外，由于热作模具一般尺寸较大，田而还要求热作模具钢具有高的淬透性和热导性。

综上所述，一般的碳素工具钢和低合金工具钢是不能满足性能要求的，一般中、小型热锻模具(高度小于 250mm 为小型模具；高度在 250～400mm 为中型模)均采用 5CrMnMo 钢来制造；而大型热锻模具则采用 5CrNiMo 钢制造，因为它的淬透性比较好，强度和韧性亦比较高。

钢中各合金元素的作用如下：

(1)碳　钢中的碳含量为 0.50%～0.60%。从热锻模的工作条件出发，碳含量不能过高，以免降低钢的热导性和韧性；钢中碳含量也不能过低，否则无法保证强度、硬度和耐磨性的要求。

(2)铬　钢中的铬是提高淬透性的重要元素，同时还能提高钢的回火稳定性。

(3)镍　在 5CrNiMo 钢中，镍与铬能显著提高钢的淬透性；镍固溶于铁索体中，在强化铁索体的同时，还可以增加钢的韧性，使 5CrNiMo 钢获得良好的综合力学性能。因此，5CrNiMo 钢适用于大型热锻模具。

(4)锰　在 5CrMnMo 钢中，锰能显著提高钢的淬透性，但锰固溶于铁索体中，在强化铁索体的同时使韧性有所降低。因此 5CrMnMo 钢只适用于中、小型热锻模具。

(5)钼　在两种钢中均含有 0.16%～0.30%的钼，其主要作用在于防止产生第二类回火脆性。同时，钼还有细化晶粒、提高淬透性、提高回火稳定性等作用。

5CrMnMo 钢的应用很广，特别适用于各种中、小型热锻模。

10.4.3　量具钢

1. 对量具钢的要求

根据量具的工作性质，其工作部分应有高的硬度(≥56HRC)与耐磨性，某些量具要求热处理变形小，在存放和使用的过程中，尺寸不能发生变化，始终保持其高的精度，并要求有好的加工工艺性。

2. 量具用钢及热处理

高精度的精密量具如塞规、块规等，常采用热处理变形较小的钢制造，如 CrMn、CrWMn、GCr15 钢等；精度较低、形状简单的量具，如量规、样套等可采用 T10A、T12A、9SiCr 等钢制造，也可选用 10、15 钢经渗碳热处理或 50、55、60、60Mn、65Mn 钢经高频感应加热处理后制造精度要求不高，但使用频繁，碰撞后不致拆断的卡板、样板、直尺等量具。

10.5　特殊性能钢

所谓特殊性能钢是指不锈钢、耐热钢、耐磨钢等一些具有特殊化学和物理性能的钢。

10.5.1 不锈钢

1. 金属腐蚀的基本概念

腐蚀是金属制件失效的主要方式之一。腐蚀分为化学腐烛和电化学腐蚀两种。钢在高温下的氧化属于典型的化学腐蚀，而钢在常温下的氧化主要是属于电化学腐蚀。金属抵抗高温氧化性气氛腐蚀的能力称为抗氧化性，含有铝、铬、硅等元素的合金钢在高温时能形成比较致密的氧化铝、氧化铬、氧化硅等氧化膜，能阻挡外界氧原子的进一步扩散，提高了钢的抗氧化性。有时利用渗铝、渗铬等表面化学热处理方法，可使碳钢获得良好的抗氧化性。

在化学腐蚀过程中不发生电化学反应(即在化学反应过程中无电流产生)，而在电化学腐蚀过程中有电化学反应发生(即在化学反应过程中有电流产生)，形成了原电池或微电池，使金属在电解质溶液中产生电化学作用而遭到腐蚀。

2. 常用不锈钢

(1)铬不锈钢　主要有 1Cr13、2Cr13、3Cr13,4Cr13、1Cr17 等，其化学成分、热处理、机械性能及用途如表 10-15 所示。

表 10-15　常用铬不锈钢的主要成分、热处理、组织、机械性能及用途

类别	钢号	化学成分(%)		热处理工艺	组织	机械性能						用途
		C	Cr			σ_b/MPa	σ_s/MPa	δ/%	ψ/%	A_k/J	硬度 HRC	
马氏体型	1Cr13	0.08～0.15	12～14	1000～1050℃油或水淬 700～790℃回火	回火索氏体	≥600	≥420	≥20	≥60	≥72	HB 187	制作能抗弱腐蚀性介质、能承受冲击负荷的零件，如汽轮机叶片、水压机阀、结构架、螺栓、螺帽等
马氏体型	2Cr13	0.16～0.24	12～14	1000～1050℃油或水淬 700～790℃回火	回火索氏体	≥600	≥450	≥16	≥55	≥64	—	
马氏体型	3Cr13	0.25～0.34	12～14	1000～1050℃油淬 200～300℃回火	回火马氏体						48	制作具有较高硬度和耐磨性的医疗工具、量具、滚珠轴承
马氏体型	4Cr13	0.35～0.45	12～14	1000～1050℃油淬 200～390℃回火	回火马氏体						50	同　上
铁素体型	1Cr17	≤0.12	16～18	750～800℃空冷	铁素体	≥400	≥250	≥20	≥50			制作硝酸工厂设备，如吸收塔、热交换器、酸槽、输送管道，以及食品工厂设备等

Cr13 型不锈钢中得平均含铬量为 13%，主要作用是提高钢的耐蚀性。1Cr13、2Cr13 钢常用来制造汽轮机叶片、水压机阀、结构架、螺栓、螺帽等零件，但 2Cr13 钢的强度稍高，而耐蚀性差些。

3Cr13 钢常用于制造要求弹性较好的夹持器械，如各种手术钳及医用镊子等；而 4Cr13 钢由于其含碳量稍高，适合于制造要求较高硬度和耐磨性的外科刃具，如手术剪、手术刀等。

(2)铬镍不锈钢(18-8 型)　18-8 型镍铬不锈钢相当于我国标准钢号中的 18-9 型铬镍不

锈钢，在国标中共有 5 个钢号：0Cr18Ni9、1Cr18Ni9、2Cr18Ni9、0Cr18Ni9Ti 和 1Cr18Ni9Ti。其化学成分、热处理，力学性能及用途如表 10-16 所示。

表 10-16　18-8 型不锈钢的化学成分、热处理、力学性能及用途

钢　号	化学成分（%）				热处理	机械性能				特性及用途
	C	Cr	Ni	Ti		σ_b /MPa	σ_s /MPa	δ_s /%	ψ /%	
0Cr18Ni9	≤0.08	17～19	8～12		1050～1000℃水淬（固溶处理）	≥490	≥180	40	≥60	具有良好的耐蚀及耐晶间腐蚀性能，为化学工业用的良好耐蚀材料
1Cr18Ni9	≤0.14	17～19	8～12		1050～1050℃水淬（固溶处理）	≥550	≥200	≥45	≥50	制作耐硝酸、冷磷酸、有机酸及盐、碱溶液腐蚀的设备零件
0Cr18Ni9Ti	≤0.08	17～19	8～10	5×(C%－0.02)～0.8	1050～1050℃水淬（固溶处理）	≥550	≥200	≥40	≥55	耐酸容器及设备衬里，输送管道等设备和零件，抗磁仪表，医疗器械，具有较好的耐晶间腐蚀性
1Cr18Ni9Ti	≤0.12	17～19	8～10	5×(C%－0.02)～0.8						

铬镍不锈钢属于奥氏体型不锈钢钢，其强度、硬度均很低，无磁性，塑性、韧性及耐蚀性均较 Cr13 型不锈钢为好；适合于冷作成型，焊接性较好，一般采取冷加工变形强化措施来提高其强度；与 Cr13 型钢比较，切削加工性较差，在一定条件下会产生晶间腐蚀，应力腐蚀倾向较大。

10.5.2　耐热钢

1. 耐热性的一般概念

耐热钢就是在高温下不发生氧化，并对机械负荷作用具有较高抗力的钢，包括抗氧化钢和耐热钢。

(1)金属的抗氧化性　金属的抗氧化性是保证零件长期在高温下工作的重要条件。抗氧化能力的高低主要由材料的成分决定。在钢中加入足够的 Cr、Si、Al 等元素，可使钢件表面在高温下与氧接触时，能生成致密的高熔点氧化膜，严密地覆盖住钢的表面，保护钢件免于高温气体的继续腐蚀。例如钢中含有 15%的铬时，其抗氧化温度可高达 900℃；若含有 20%～25%的铬，则抗氧化温度可达 1000℃。

(2)金属的高温强度　金属在高温下所表现出的力学性能与室温下的力学性能有很大区别。当温度超过再结晶温度时，除受机械力的作用产生塑性变形和加工硬化外，同时还可发生再结晶和软化的过程。当工作温度高于金属的再结晶温度、工作应力超过金属在该温度下的弹性极限时，随着时间的延长，金属将发生极其缓慢的变形，这种现象称为“蠕变”。金属的蠕变抗力愈大，即表示金属高温强度愈高。

2. 抗氧化钢

在高温下有较好的抗氧化性、又有一定强度的钢称为抗氧化钢。多用于制造炉用零件和热交换器，如燃气轮机燃烧室、锅炉吊挂、加热炉底板和辊道以及炉管等。

抗氧化钢大多是在铬钢、铬镍钢或铬锰氮钢基础上添加硅或铝而配制成的。常用抗氧化钢举例如表 10-17 所示。

表 10-17　常用抗氧化钢的主要成分、热处理、性能及用途

钢号	化学成分(%)						热处理	室温机械性能				用途举例
	C	Si	Mn	Cr	Ni	N		σ_b /MPa	σ_s /MPa	δ_5 /%	ψ /%	
3Cr18Mn12Si2N	0.22～0.30	1.40～2.20	10.50～12.50	17.0～19.0	—	0.22～0.30	1000～1050℃油、水或空冷(固溶处理)	70	40	35	45	锅炉吊钩,渗碳炉构件,最高使用温度约为1000℃
2Cr20Mn9Ni2Si2N	0.17～0.26	1.80～2.70	8.50～10.0	18.0～21.0	2.0～3.0	0.20～0.30	同上	65	40	35	45	
3Cr18Ni25Si2	0.30～0.40	1.50～2.50	≤1.50	17.0～20.0	23.0～26.0	—	同上	65	35	25	40	各种热处理炉、坩埚炉构件和耐热铸件,可使用到1000℃

表中所列 3Cr18Ni25Si2 是早期使用的钢,因含镍量过高不符合我国资源情况,现已逐渐采用前两种钢代替,但抗氧化性稍差。在室温下,2Cr20Mn9 和 3Cr18Mn12Si2N 钢的 lixue 性能并不比 3Cr18Ni25Si2 钢差,而且还具有良好的铸造性能,所以经常制成铸件使用。这三种钢属于奥氏体类型,不仅具有良好抗氧化性,而且有抗硫腐蚀和抗渗碳能力,还能进行剪切、冷热冲压和焊接。

3. 热强钢

所谓热强钢是指在高温下具有一定的抗氧化能力、较高的强度以及良好的组织稳定性的钢。汽轮机、燃气机的转子和叶片、锅炉过热器、高温工作的螺栓、内燃机进、排气阀等均用此类钢制造。

常用的热强钢有珠光体钢、马氏体钢、贝氏体钢、奥氏体钢等几种。

(1)珠光体钢　这类钢在 600℃以下温度范围内使用,所含合金元素最少,其总量一般不超过 3%～5%,广泛用于动力、石油等工业部门作为锅炉用钢及管道材料。常用的珠光体钢有 15CrMo、12Cr1MoV 等,其化学成分、热处理、力学性能及有途见表 10-18。

表 10-18　常用珠光体热强钢的化学成分、热处理、力学性能及用途

钢号	化学成分				热处理	室温机械性能				高温机械性能 /MPa	用途举例
	C	Cr	Mo	V		σ_b /MPa	σ_s /MPa	δ_5 /%	A_k /J		
15CrMo	0.12～0.18	0.80～1.10	0.40～0.55		930～960℃正火,680～730℃回火	240	450	21	48	500℃:$\sigma_{105}=100～140$ $\sigma_{1/105}=80$ 550℃:$\sigma_{105}=50～70$ $\sigma_{1/105}=45$	壁温≤550℃的过热器,≤510℃的高中压蒸汽导管和锻件,亦用于炼油工业
12Cr1MoV	0.08～0.15	0.90～1.20	0.25～0.35	0.15～0.30	980～1020℃正火,720～760℃回火	260	480	21	48	520℃:$\sigma_{105}=160$ $\sigma_{1/105}=130$ 580℃:$\sigma_{105}=80$ $\sigma_{1/105}=60$	壁温≤580℃过热器,≤540℃导管

(2)马氏体钢　前面提到的 Cr13 型马氏体不锈钢除具有较高的抗蚀性外,还具有一定的耐热性,所以 1Cr13 及 2Cr13 等钢既可作为不锈钢,又可作为热强钢来使用。1Cr13 钢的

碳含量较低，其热强性比2Cr13钢稍优，常用作汽轮机叶片。1Cr13可在450～475℃使用，而2Cr13只能用到400～450℃。

1Cr10MoV和1Cr12WMoV钢是在1Cr13和2Cr13钢基础上发展起来的马氏体钢，这类热强钢具有较好的热强性、组织稳定性及工艺性。1Cr10MoV钢适宜于制造540℃以下汽轮机叶片、燃气轮机叶片、增压器叶片；1Crl2WMoV钢适宜于制造680℃以下汽轮机叶片、燃气轮机叶片。这两种热强钢的化学成分、热处理、力学性能见表10-19。

表10-19 1Cr10MoV及1Cr12WMoV钢的化学成分、热处理及力学性能

钢号	化学成分(%)					热处理	室温机械性能					高温机械性能
	C	Cr	Mo	W	V		σ_b/MPa	σ_s/MPa	δ_5/%	ψ/%	A_k/J	
1Cr10MoV	0.10～0.18	10.0～10.5	0.50～0.70	—	0.25～0.40	1050℃油淬720～740℃空冷或油冷	700	500	16	55	48	550℃：σ105=152～170 σ1/105=63
1Cr12WMoV	0.12～0.18	10.0～13.0	0.50～0.70	0.70～1.10	0.15～0.35	1000℃油冷680～700℃空冷或油冷	750	600	15	45	48	580℃：σ105=120 σ1/105=55

(3)贝氏体钢　贝氏体钢中钼、钨、钒的作用与珠光体钢中相似，钢中硅的作用主要是提高钢的抗氧化性，代替铬的作用，但硅不能提高钢的热强性，当硅的含量超过3%时，会导致室温塑性急剧降低并损害钢在高温下的塑性变形能力。贝氏体钢虽然与珠光体钢一样也用于制造锅炉钢管，但贝氏钵钢所制造的锅炉钢管能承受更高的温度和压力。

(4)奥氏体钢　这类热强钢在600～700℃温度范围内使用，含大量的合金元素，尤其是含有较多的Cr和Ni元素，其总量大大超过10%。广泛应用于汽轮机、燃气轮机、航空、舰艇、火箭、电炉石油及化工等工业部门中，常用的奥氏体钢有1Cr18Ni9Ti、4Cr14Ni14W2Mo等。1Cr18Ni9Ti既是奥氏体不锈钢，又是一种广泛应用的奥氏体热强钢，其抗氧化性可达700～900℃，600℃左右有足够的热强性，在锅炉及汽轮机制造方面常用来生产610℃以下的过热器管道及构件等。

10.5.3 耐磨钢

耐磨钢主要指在冲击载荷作用下产生冲击硬化的高锰钢，主要化学成分是含碳1.0%～1.3%，含锰10%～14%。由于这种钢机械加工比较困难，基本上都是铸造成型，因而将其钢号写成ZGMn13。在高锰钢铸件的铸态组织中存在着大量的碳化物，因而表现出硬而脆、耐磨性差的特性，不能实际应用。实践证明，高锰钢只有在全部获得奥氏体组织时才呈现出最为良好的韧性和耐磨性。

高锰钢广泛应用于既耐磨损又耐冲击的零件。在铁路交通方面，高锰钢可用于铁道上的撤叉、撤尖、转辙器及小半经转弯处的轨条等。因为高锰钢件不仅具有良好的耐磨性，而且由于其材质坚韧，不会突然折断；即使有裂纹产生，由于加工硬化作用，也会抵抗裂纹的继续扩展，使裂纹扩展缓慢而易被发觉。另外，高锰钢在寒冷气候条件下，还有良好的力学性能，不会发生冷脆；高锰钢用于挖掘机的铲斗、各式碎石机的颚板、衬板，显示出了非常优越的耐磨性；高锰钢在受力变形时，能吸收大量的能量，受到弹丸射击时也不易穿透，因此高锰钢也常用于制造防弹钢板以及保险箱钢板等；高锰钢还大量用于挖掘机、拖拉机、坦克等的履带板、主动轮、从动轮和履带支承滚轮等；由于高锰钢是非磁性的，也可用于既耐磨损又抗磁化的零件，如吸料器的电磁铁罩。

小　结

本章主要介绍了低合金钢和合金钢的分类、性能、热处理和应用，要求了解合金元素在钢中的作用，掌握工业用钢的分类、牌号、性能和选用。

思考与习题

10-1　钢按化学成分分为几类？其中碳及合金元素的质量分数范围怎样？

10-2　按用途写出下列钢号的名称，并说明牌号中数字和字母的含义：
45，T12，40Cr，60Si2Mn，GCr15，ZGMn13，W18Cr4V

10-3　常用刃具钢有哪几类？W18Cr4V钢中合金元素的作用是什么？

10-4　量具钢有哪些性能要求？

10-5　不锈钢为什么不锈？

第 11 章　铸　　铁

铸铁是 $w_C>2.11\%$ 的铁碳合金。它是以铁、碳、硅为主要组成元素，并比碳钢含有较多的锰、硫、磷等杂质元素的多元合金。铸铁件生产工艺简单，成本低廉，并且具有优良的铸造性、切削加工性、耐磨性和减振性等。因此，铸铁件广泛应用于机械制造、冶金、矿山及交通运输等部门。按质量百分比统计，在各类机械中，铸铁件约占 40%～70%，在机床和重型机械中，则达到 60%～90%。

11.1　概　述

11.1.1　铸铁的成分和性能特点

1. 成分与组织特点

工业上常用铸铁的成分(质量分数)一般为含碳 2.5%～4.0%、含硅 1.0%～3.0%、含锰 0.5%～1.4%、含磷 0.01%～0.5%、含硫 0.02%～0.2%。为了提高铸铁的力学性能或某些物理、化学性能，还可以添加一定量的 Cr、Ni、Cu、Mo 等合金元素，得到合金铸铁。

铸铁中的碳主要是以石墨(G)形式存在的，所以铸铁的组织是由钢的基体和石墨组成的。铸铁的基体有珠光体、铁素体、珠光体加铁素体三种，它们都是钢中的基体组织。因此，铸铁的组织特点，可以看作是在钢的基体上分布着不同形态的石墨。

2. 铸铁的性能特点

铸铁的力学性能主要取决于铸铁的基体组织及石墨的数量、形状、大小和分布。石墨的硬度仅为 3～5HBS，抗拉强度约为 20MPa，伸长率接近于零，故分布于基体上的石墨可视为空洞或裂纹。由于石墨的存在，减少了铸件的有效承载面积，且受力时石墨尖端处产生应力集中，大大降低了基体强度的利用率。因此，铸铁的抗拉强度、塑性和韧性比碳钢低。

由于石墨的存在，使铸铁具有了一些碳钢所没有的性能，如良好的耐磨性、消振性、低的缺口敏感性以及优良的切削加工性能。此外，铸铁的成分接近共晶成分，因此铸铁的熔点低，约为 1200℃左右，液态铸铁流动性好，此外由于石墨结晶时体积膨胀，所以铸造收缩率低，其铸造性能优于钢。

11.1.2　铸铁的石墨化及影响因素

1. 铁碳合金双重相图

碳在铸件中存在的形式有渗碳体(Fe_3C)和游离状态的石墨(G)两种。渗碳体是由铁原子和碳原子所组成的金属化合物，它具有较复杂的晶格结构。若将渗碳体加热到高温，则可分解为铁素体或奥氏体与石墨，即 $Fe_3C \rightarrow F(A)+G$。这表明石墨是稳定相，而渗碳体仅是介(亚)稳定相。因此。描述铁碳合金结晶过程的相图应有两个,即前述的 Fe-Fe_3C 相图和 Fe-G 相图。为了便于比较和应用,习惯上把这两个相图合画在一起,称为铁碳合金双重相图,如图 12.1 所示。图中实线表示 Fe-Fe_3C 相图,虚线表示 Fe-G 相图,凡虚线与实线重合的线条都用实线表示。

2. 石墨化过程

(1)石墨化方式　铸铁组织中石墨的形成过程称为石墨化过程。铸铁的石墨化有以下两种方式:

①按照 Fe-G 相图,从液态和固态中直接析出石墨。在生产中经常出现的石墨飘浮现象,就证明了石墨可从铁液中直接析出。

②按照 Fe-Fe_3C 相图结晶出渗碳体,随后渗碳体在一定条件下分解出石墨。

(2)石墨化过程　现以过共晶合金的铁液为例,当它以极缓慢的速度冷却,并全部按 Fe-G 相图进行结晶时,则铸铁的石墨化过程可分为三个阶段:

第一阶段 (液相—共晶阶段):从液体中直接析出石墨,包括过共晶液相沿着液相线 C′D′冷却时析出的一次石墨 GI,以及共晶转变时形成的共晶石墨 G 共晶。

第二阶段(共晶—共析阶段):过饱和奥氏体沿着 E′S′线冷却时析出的二次石墨 GⅡ。

第三阶段(共析阶段):在共析转变阶段,由奥氏体转变为铁素体和共析石墨 G 共析。

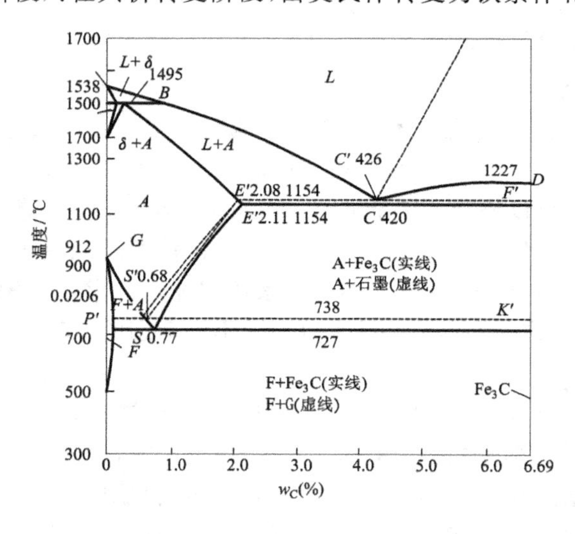

图 11.1　铁碳合金双重相图

上述成分的铁液若按 Fe-Fe_3C 相图进行结晶,然后由渗碳体分解出石墨,则其石墨化过程同样可分为三个阶段:

第一阶段:一次渗碳体和共晶渗碳体在高温下分解而析出石墨;

第二阶段:二次渗碳体分解而析出石墨;

第三阶段:共析渗碳体分解而析出石墨。

石墨化过程是原子扩散过程,所以石墨化的温度愈低,原子扩散愈难,因而愈不易石墨化。显然,由于石墨化程度的不同,将获得不同基体的铸铁组织。

3. 影响石墨化的因素

影响铸铁石墨化的主要因素是化学成分和结晶过程中的冷却速度。

(1)化学成分的影响　主要为碳、硅、锰、硫、磷的影响,具体影响如下:

①碳和硅　碳和硅是强烈促进石墨化的元素,铸铁中碳和硅的含量愈高,便越容易石墨化。这是因为随着含碳量的增加,液态铸铁中石墨晶核数增多,所以促进了石墨化。硅与铁原子的结合力较强,硅溶于铁素体中,不仅会削弱铁、碳原子间的结合力,而且还会使共晶点的含碳量降低,共晶温度提高,这都有利于石墨的析出。

②锰　锰是阻止石墨化的元素。但锰与硫能形成硫化锰,减弱了硫的有害作用,结果又间接地起着促进石墨化的作用,因此,铸铁中含锰量要适当。

③硫　硫是强烈阻止石墨化的元素,硫不仅增强铁、碳原子的结合力,而且形成硫化物后,常以共晶体形式分布在晶界上,阻碍碳原子的扩散。此外,硫还降低铁液的流动性和促使高温铸件开裂。所以硫是有害元素,铸铁中含硫量愈低愈好。

④磷　磷是微弱促进石墨化的元素,同时它能提高铁液的流动性,但形成的 Fe_3P 常以共晶体形式分布在晶界上,增加铸铁的脆性,使铸铁在冷却过程中易于开裂,所以一般铸铁中磷含量也应严格控制。

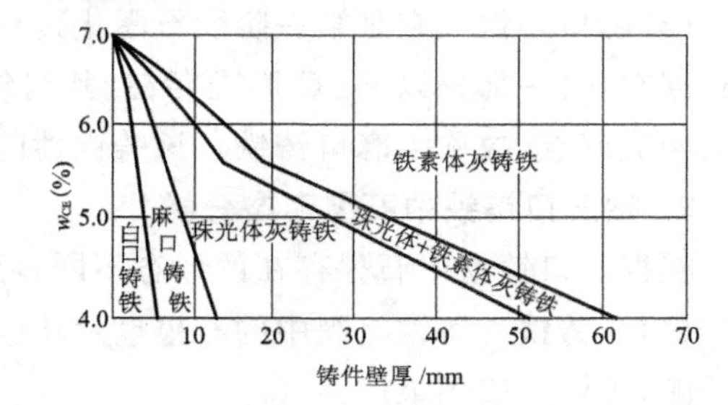

图 11.2　铸件壁厚和化学成分对铸铁组织的影响

(2)冷却速度的影响　在实际生产中,往往存在同一铸件厚壁处为灰铸铁,而薄壁处却出现白口铸铁。这种情况说明,在化学成分相同的情况下,铸铁结晶时,厚壁处由于冷却速度慢,有利于石墨化过程的进行,薄壁处由于冷却速度快,不利于石墨化过程的进行。

根据上述影响石墨化的因素可知,当铁液的碳当量较高,结晶过程中的冷却速度较慢时,易于形成灰铸铁。相反,则易形成白口铸铁。

11.1.3　铸铁的组织与石墨化的关系

在实际生产中,由于化学成分、冷却速度以及孕育处理、铁水净化情况的不同,各阶段石墨化过程进行的程度也会不同,从而可获得各种不同金属基体的铸态组织。现把灰铸铁、球墨铸铁、蠕墨铸件、可锻铸铁的铸态组织与石墨化进行的程度之间的关系如表 11-1 所示。

表 11-1　铸铁组织与石墨化进行程度之间的关系

铸铁名称	铸铁显微组织	石墨化进行的程度	
		第一阶段石墨化	第二阶段石墨化
灰口铸铁	F+G 片 F+P+G 片 P+G 片	完全进行	完全进行 部分进行 未进行
球墨铸铁	F+G 球 F+P+G 球 P+G 球	完全进行	完全进行 部分进行 未进行
蠕墨铸铁	F+G 蠕虫 F+P+G 蠕虫	完全进行	完全进行 部分进行
可锻铸铁	F+G 团絮 P+G 团絮	完全进行	完全进行 未进行

11.1.4 铸铁的分类

1. 按石墨化程度分类

根据铸铁在结晶过程中石墨化过程进行的程度可分为三类：

(1)白口铸铁　它是第一、第二、三阶段的石墨化过程全部被抑制，而完全按照 $Fe\text{-}Fe_3C$ 相图进行结晶而得到的铸铁，其中的碳几乎全部以 Fe_3C 形式存在，断口呈银白色，故称为白口铸铁。此类铸铁组织中存在大量莱氏体，性能是硬而脆，切削加工较困难。除少数用来制造不需加工的硬度高、耐磨零件外，主要用作炼钢原料。

(2)灰口铸铁　它是第一、二阶段石墨化过程充分进行而得到的铸铁，其中碳主要以石墨形式存在，断口呈灰银白色，故称灰口铸铁，是工业上应用最多最广的铸铁。

(3)麻口铸铁　它是第一阶段石墨化过程部分进行而得到的铸铁，其中一部分碳以石墨形式存在，另一部分以 Fe_3C 形式存在，其组织介于白口铸铁和灰口铸铁之间，断口呈黑白相间构成麻点，故称为麻口铸铁。该铸铁性能硬而脆、切削加工困难，故工业上使用也较少。

2. 按灰口铸铁中石墨形态分类

根据灰口铸铁中石墨存在的形态不同，可将铸铁分为以下四种。

(1)灰铸铁　铸铁组织中的石墨呈片状。这类铸铁力学性能较差，但生产工艺简单，价格低廉，工业上应用最广。

(2)可锻铸铁　铸铁中的石墨呈团絮状。其力学性能好于灰铸铁，但生产工艺较复杂，成本高，故只用来制造一些重要的小型铸件。

(3)球墨铸铁　铸铁组织中的石墨呈球状。此类铸铁生产工艺比可锻铸铁简单，且力学性能较好，故得到广泛应用。

(4)蠕墨铸铁　铸铁组织中的石墨呈短小的蠕虫状。蠕墨铸铁的强度和塑性介于灰铸铁和球墨铸铁之间。此外，它的铸造性、耐热疲劳性比球墨铸铁好，因此可用来制造大型复杂的铸件，以及在较大温度梯度下工作的铸件。

11.2 灰铸铁

11.2.1 灰铸铁的成分、组织与性能特点

1. 灰铸铁的化学成分

铸铁中碳、硅、锰是调节组织的元素，磷是控制使用的元素，硫是应限制的元素。目前生产中，灰铸铁的化学成分范围一般为：$w_C=2.7\%\sim3.6\%$，$w_{Si}=1.0\%\sim2.5\%$，$w_{Mn}=0.5\%\sim1.3\%$，$w_P\leqslant0.3\%$，$w_S\leqslant0.15\%$。

2. 灰铸铁的组织

灰铸铁是第一阶段和第二阶段石墨化过程都能充分进行时形成的铸铁，它的显微组织特征是片状石墨分布在各种基体组织上。

从灰铸铁中看到的片状石墨，实际上是一个立体的多枝石墨团。由于石墨各分枝都长成翘曲的薄片，在金相磨片上所看到的仅是这种多枝石墨团的某一截面，因此呈孤立的长短

不等的片状(或细条状)石墨,其立体形态如图11.3所示。

图 11.3 扫描电子显微镜下的片状石墨形态

3. 灰铸铁的性能特点

(1)力学性能 灰铸铁组织相当于以钢为基体加片状石墨。基体中含有比钢更多的硅、锰等元素,这些元素可溶于铁素体中而使基体强化。因此,其基体的强度与硬度不低于相应的钢。片状石墨的强度、塑性、韧性几乎为零,可近似地把它看成是一些微裂纹,它不仅割断了基体的连续性,缩小了承受载荷的有效截面,而且在石墨片的尖端处导致应力集中,使材料形成脆性断裂。故灰铸铁的抗拉强度、塑性、韧性和弹性模量远比相应基体的钢低,石墨片的数量愈多,尺寸愈粗大,分布愈不均匀,对基体的割裂作用和应力集中现象愈严重,则铸铁的强度、塑性与韧性就愈低。

由于灰铸铁的抗压强度 σ_{bc}、硬度与耐磨性主要取决于基体,石墨的存在对其影响不大,故灰铸铁的抗压强度一般是其抗拉强度的3~4倍。同时,珠光体基体比其他两种基体的灰铸铁具有较高的强度、硬度与耐磨性。

表 11-2 灰铸铁的牌号、力学性能及用途(摘自 GB9439—88)

牌号	铸铁类别	铸件壁厚/mm	最小抗拉强度 σ_b/MPa	适用范围及举例
HT100	铁素体灰铸铁	2.5~10	130	低载荷和不重要的零件,如盖、外罩、手轮、支架、重锤等
		10~20	100	
		20~30	90	
		30~50	80	
HT150	珠光体+铁素体灰铸铁	2.5~10	175	承受中等应力(抗弯应力小于 100 MPa)的零件,如支柱、底座、齿轮箱、工作台、刀架、端盖、阀体、管路附件及一般无工作条件要求的零件
		10~20	145	
		20~30	130	
		30~50	120	
HT200	珠光体灰铸铁	2.5~10	220	承受较大应力(抗弯应力小于 300 MPa)和较重要的零件,如汽缸体、齿轮、机座、飞轮、床身、缸套、活塞、刹车轮、联轴器、齿轮箱、轴承座、液压缸等
		10~20	195	
		20~30	170	
		30~50	160	
HT250		4.0~10	270	
		10~20	240	
		20~30	220	
		30~50	200	
HT300	孕育铸铁	10~20	290	承受高弯曲应力(小于 500 MPa)及抗拉应力的重要零件,如齿轮、凸轮、车床卡盘、剪床和压力机的机身、床身、高压液压缸、滑阀壳体等
		20~30	250	
		30~50	230	
HT350		10~20	340	
		20~30	290	
		30~50	260	

11.2.2 灰铸铁的孕育处理

灰铸铁组织中石墨片比较粗大，因而它的力学性能较低。为了提高灰铸铁的力学性能，生产上常进行孕育处理。孕育处理就是在浇注前往铁液中加入少量孕育剂，改变铁液的结晶条件，从而获得细珠光体基体加上细小均匀分布的片状石墨组织的工艺过程。经孕育处理后的铸铁称为孕育铸铁。

11.2.3 灰铸铁的牌号和应用

1. 灰铸铁的牌号

灰铸铁的牌号以其力学性能来表示。依照GB 5612—85《铸铁牌号表示方法》，灰铸铁的牌号以“HT”起首，其后以三位数字来表示，其中“HT”表示灰铸铁，数字为其最低抗拉强度值。例如，HT200，表示以ϕ30mm单个铸出的试棒测出的抗拉强度值大于200MPa(但小于300MPa)。依照GB 5675—85，灰铸铁共分为HT100、HT150、HT200、HT250、HT300、HT350六个牌号。其中，HT100为铁素体灰铸铁，HT150为珠光体—铁素体灰铸铁，HT200和HT250为珠光体灰铸铁，HT300和HT350为孕育铸铁。

2. 灰铸铁的应用

表11-2列出了不同壁厚灰铸铁件抗拉强度和用途举例。

11.2.4 灰铸铁的热处理

1. 消除内应力退火

铸件在铸造冷却过程中容易产生内应力，可能导致铸件变形和裂纹，为保证尺寸的稳定，防止变形开裂，对一些大型复杂的铸件，如机床床身、柴油机汽缸体等，往往需要进行消除内应力的退火处理(又称人工时效)。工艺规范一般为：加热温度500～550℃，加热速度一般在60～120℃/h，经一定时间保温后，炉冷到150～220℃出炉空冷。

2. 改善切削加工性退火

灰口铸铁的表层及一些薄截面处，由于冷速较快，可能产生白口，硬度增加，切削加工困难，故需要进行退火降低硬度，其工艺规程依铸件壁厚而定。厚壁铸件加热至850～950℃，保温2～3h；薄壁铸件加热至800～850℃，保温2～5h。冷却方法根据性能要求而定，如果主要是为了改善切削加工性，可采用炉冷或以30～50℃/h速度缓慢冷却。若需要提高铸件的耐磨性，采用空冷，可得到珠光体为主要基体的灰铸铁。

3. 表面淬火

表面淬火的目的是提高灰铸铁件的表面硬度和耐磨性。其方法除感应加热表面淬火外，铸铁还可以采用接触电阻加热表面淬火。

11.3 球墨铸铁

11.3.1 球墨铸铁的生产方法

球墨铸铁一般生产过程如下：

(1)制取铁水　制造球墨铸铁所用的铁水碳含量要高(3.6%～4.0%)，但硫、磷含量要低。为防止浇注温度过低，出炉的铁水温度必须高达1400℃以上。

(2)球化处理和孕育处理　它们是制造球墨铸铁的关键,必须严格操作。

球化剂的作用是使石墨呈球状析出,国外使用的球化剂主要是金属镁,我国广泛采用的球化剂是稀土镁合金。稀土镁合金中的镁和稀土都是球化元素,其含量均小于10%,其余为硅和铁。以稀土镁合金作球化剂,结合了我国的资源特点,其作用平稳,减少了镁的用量,还能改善球墨铸铁的质量。球化剂的加入量一般为铁水重量的1.0%～1.6%(视铸铁的化学成分和铸件大小而定)。

孕育剂的主要作用是促进石墨化,防止球化元素所造成的白口倾向。常用的孕育剂为硅含量75%的硅铁,加入量为铁水重量的0.4%～1.0%。

11.3.2　球墨铸铁的成分、组织与性能特点

1. 球墨铸铁的成分

球墨铸铁的化学成分与灰铸铁相比,其特点是含碳与含硅量高,含锰量较低,含硫与含磷量低,并含有一定量的稀土与镁。由于球化剂镁和稀土元素都起阻止石墨化的作用,并使共晶点右移,所以球墨铸铁的碳当量较高。一般 $w_C=3.6\%\sim4.0\%$,$w_{Si}=2.0\%\sim3.2\%$。

锰有去硫、脱氧的作用,并可稳定和细化珠光体。故要求珠光体基体时,$w_{Mn}=0.6\%\sim0.9\%$;要求铁素体基体时,$w_{Mn}<0.6\%$。

硫、磷是有害元素,其含量愈低愈好。硫不但易形成 MgS、Ce_2S_3 等消耗球化剂,引起球化不良,而且还会形成夹杂等缺陷,而磷会降低球墨铸铁的塑性。一般原铁水液中 $w_s<0.07\%$,$w_P<0.1\%$。

2. 球墨铸铁的组织

球墨铸铁的组织特征:球铁的显微组织由球形石墨和金属基体两部分组成。随着成分和冷速的不同,球铁在铸态下的金属基体可分为铁素体、铁素体+珠光体、珠光体三种,如图11.4所示。在光学显微镜下观察时,石墨的外观接近球形。

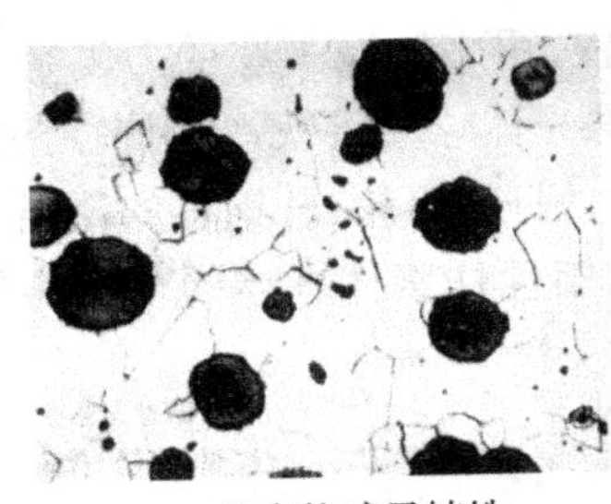

(a)铁素体球墨铸铁

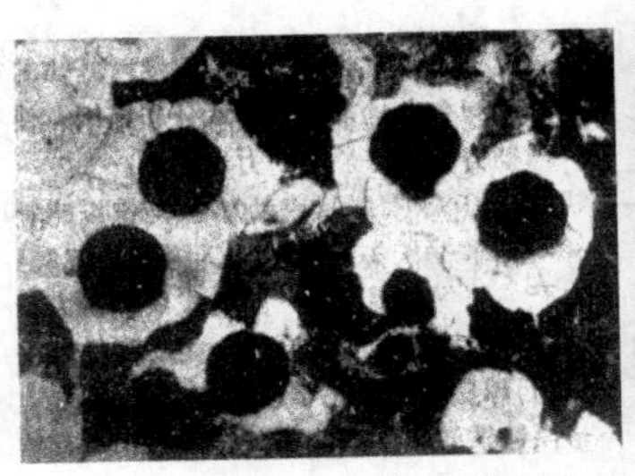

(b)铁素体+珠光体球墨铸铁

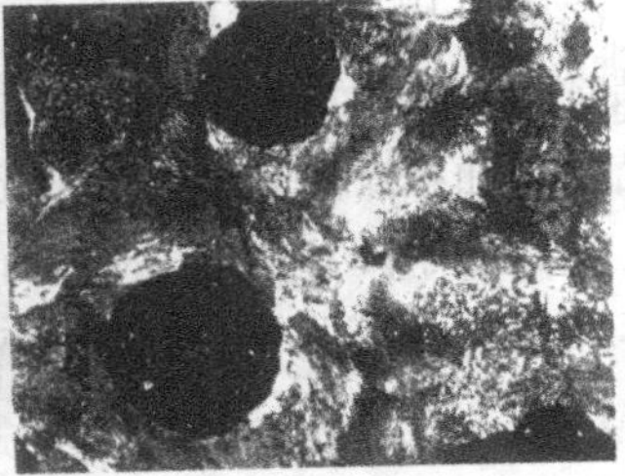

(c)珠光体球墨铸铁

图11.4　球墨铸铁的显微组织

3. 球墨铸铁的性能特点

(1)力学性能　由于球墨铸铁中的石墨呈球状,因此,球墨铸铁的基体强度利用率可高达70%～90%,而灰铸铁的基体强度利用率仅为30%～50%。所以球墨铸铁的抗拉强度、塑性、韧性不仅高于其他铸铁,而且可与相应组织的铸钢相媲美,如疲劳极限接近一般中碳钢;而冲击疲劳抗力则高于中碳钢;特别是球墨铸铁的屈强比几乎比钢提高一倍,一般钢的屈强比为0.35～0.50,而球墨铸铁的屈强比达0.7～0.8。在一般机械设计中,材料的许用应力是按屈服强度来确定的,因此,对于承受静载荷的零件,用球墨铸铁代替铸钢,就可以减

轻机器重量。但球墨铸铁的塑性与韧性却低于钢。

球墨铸铁中的石墨球愈小、愈分散，球墨铸铁的强度、塑性、与韧性愈好，反之则差。球墨铸铁的力学性能还与其基体组织有关。铁素体基体具有高的塑性和韧性，但强度与硬度较低，耐磨性较差。珠光体基体强度较高，耐磨性较好，但塑性、韧性较低。铁素体＋珠光体基体的性能介于前两种基体之间。经热处理后，具有回火马氏体基体的硬度最高，但韧性很低；下贝氏体基体则具有良好的综合力学性能。

11.3.3 球墨铸铁的牌号与应用

我国国家标准中列有七个球墨铸铁牌号，如表11-3所示。我国球墨铸铁牌号的表示方法是用“QT”代号及其后面的两组数字组成。“QT”为球铁二字的汉语拼音字头，第一组数字代表最低抗拉强度值，第二组数字代表最低伸长率值。表中 a_k 为无缺口试样值。

表11-3 球墨铸铁的牌号及力学性能

牌　号	基体组织	力学性能(不小于)				
		σ_b/MPa	$\sigma_{0.2}$/MPa	δ(%)	a_k/(J/cm^2)	HBS
QT400-7	F	400	250	17	60	≤197
QT420-10	F	420	270	10	30	≤207
QT500-05	F+P	500	350	5	—	147～241
QT600-02	P	600	420	2	—	229～302
QT700-02	P	700	490	2	—	231～304
QT800-02	S回	800	560	2	—	241～321
QT1200-01	B下	1200	840	1	30	≥38HRC

由表可见，球墨铸铁通过热处理可获得不同的基体组织，其性能可在较大范围内变化，加上球墨铸铁的生产周期短，成本低(接近于灰铸铁)，因此，球墨铸铁在机械制造业中得到了广泛的应用。它成功地代替了不少碳钢、合金钢和可锻铸铁，用来制造一些受力复杂，强度、韧性和耐磨性要求高的零件。如具有高强度与耐磨性的珠光体球墨铸铁，常用来制造拖拉机或柴油机中的曲轴、连杆、凸轮轴，各种齿轮、机床的主轴、蜗杆、蜗轮、轧钢机的轧辊、大齿轮及大型水压机的工作缸、缸套、活塞等。具有高的韧性和塑性铁素体基体的球墨铸铁，常用来制造受压阀门、机器底座、汽车的后桥壳等。

11.3.4 球墨铸铁的热处理

球墨铸铁的热处理原理与钢大致相同，但由于球墨铸铁中含有较多的碳、硅等元素，而且组织中有石墨球存在，因此其热处理工艺与钢相比，具有其特殊性。

硅能提高共析转变温度、降低临界冷却速度、降低碳在奥氏体中的溶解，所以，球墨铸铁热处理加热温度较高，保温时间较长，淬火时的冷却速度较慢。同时，由于石墨的热导性较差，故球墨铸铁热处理时的加热速度不能太快，升温速度一般为70～100℃/h。

球墨铸铁常用的热处理方法有退火、正火、等温淬火、调质处理等。

1. 退火

(1)去应力退火　球墨铸铁的弹性模量以及凝固时收缩率比灰铸铁高，故铸造内应力比灰铸铁约大两倍。对于不再进行其他热处理的球墨铸铁铸件，都应进行去应力退火。去应力退火工艺是将铸件缓慢加热到500～620℃左右，保温2～8h，然后随炉缓冷。

(2)石墨化退火　石墨化退火的目的是消除白口,降低硬度,改善切削加工性以及获得铁素体球墨铸铁。根据铸态基体组织不同,分为高温石墨化退火和低温石墨化退火两种。

2. 正火

球墨铸铁正火的目的是为了获得珠光体组织,并使晶粒细化、组织均匀,从而提高零件的强度、硬度和耐磨性,并可作为表面淬火的预先热处理。正火可分为高温正火和低温正火两种。

3. 等温淬火

当铸件形状复杂、又需要高的强度和较好的塑性与韧性时,正火已很难满足技术要求,而往往采用等温淬火。等温淬火后的组织为下贝氏体+少量残余奥氏体+少量马氏体+球状石墨。

4. 调质处理

球墨铸铁经调质处理后,获得回火索氏体和球状石墨组织,硬度为 250～380HBS,具有良好的综合力学性能,故常用来调质处理来处理柴油机曲轴、连杆等重要零件。

一般也可在球墨铸铁淬火后,采用中温或低温回火处理。中温回火后获得回火托氏体基体组织,具有高的强度与一定韧性,例如用球墨铸铁制作的铣床主轴就是采用这种工艺。低温回火后获得回火马氏体基体组织,具有高的硬度和耐磨性,例如用球墨铸铁制作的轴承内外套圈就是采用这种工艺。

球墨铸铁除能进行上述各种热处理外,为了提高球墨铸铁零件表面的硬度、耐磨性、耐蚀性及疲劳极限,还可以进行表面热处理,如表面淬火、渗氮等。

11.4　可锻铸铁

11.4.1　可锻铸铁的生产方法

可锻铸铁的生产分为两个步骤:

第一步,浇注出白口铸件坯件。为了获得纯白口铸件,必须采用碳和硅的含量均较低的铁水。为了后面缩短退火周期,也需要进行孕育处理。常用孕育剂为硼、铝和铋。

第二步,石墨化退火。其工艺是将白口铸件加热至 900～980℃保温约 15h 左右,使其组织中的渗碳体发生分解,得到奥氏体和团絮状的石墨组织。

11.4.2　可锻铸铁的成分、组织与性能特点

1. 可锻铸铁的成分

为了保证浇注后获得白口铸铁件,必须使可锻铸铁的化学成分有较低的含碳量和含硅量。其原因是若含碳和含硅量过高,由于它们都是强烈促进石墨化元素,故铸铁的铸态组织中就有片状石墨形成,并在随后的退火过程中,从渗碳体分解出的石墨将会附在片状石墨上析出,而得不到团絮状石墨。而且石墨数量也增多,使力学性能下降。但含碳和含硅量也不能太低,否则,不仅使退火时石墨化困难,增长退火周期,而且使熔炼困难和铸造性能变差。目前生产中,可锻铸铁的碳含量为 $w_C=2.2\%\sim2.8\%$,硅含量为 $w_{Si}=1.0\%\sim1.8\%$。

锰可消除硫的有害影响。但锰是阻止石墨化元素,含锰量过高要增长退火周期。生产

中，根据可锻铸铁基体不同，锰含量可在 $w_{Mn}=0.4\%\sim1.2\%$范围内选择。含硫与含磷量应尽可能降低，一般要求 $w_p<0.2\%$、$w_s<0.18\%$。

11.4.2 可锻铸铁的组织

可锻铸铁的组织特征：完全石墨化退火后获得的铸铁，其显微组织如图 11.5(a)所示，由铁素体和团絮石墨构成，称为铁素体基体可锻铸铁。只进行第一阶段石墨化退火，其显微组织如图 11.5(b)所示，由珠光体和团絮状石墨构成，称为珠光体基体可锻铸铁。团絮状石墨的特征是：表面不规则，表面面积与体积之比值较大。

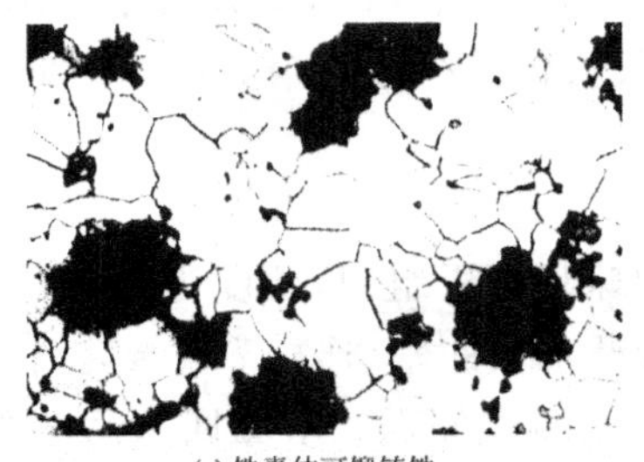

(a) 铁素体可锻铸铁

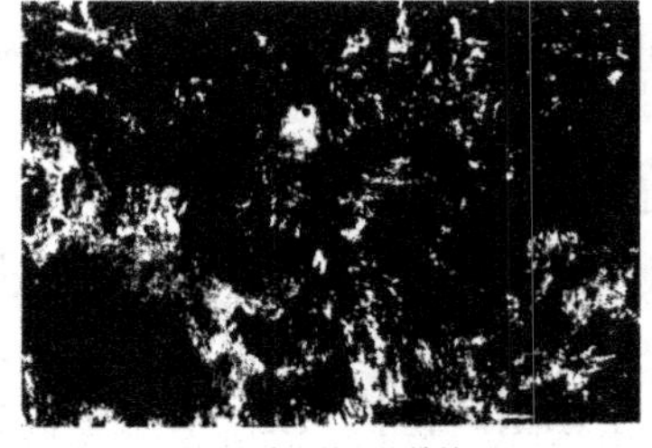

(b) 珠光体可锻铸铁

图 11.5 可锻铸铁的显微组织

3. 可锻铸铁的性能特点

可锻铸铁的力学性能优于灰铸铁，并接近于同类基体的球墨铸铁，但与球墨铸铁相比，具有铁水处理简易、质量稳定、废品率低等优点。因此生产中，常用可锻铸铁制作一些截面较薄而形状较复杂、工作时受震动而强度、韧性要求较高的零件，因为这些零件如用灰铸铁制造，则不能满足力学性能要求，如用球墨铸铁铸造，易形成白口，如用铸钢制造，则因铸造性能较差，质量不易保证。

11.4.3 可锻铸铁的牌号与应用

表 11-4 为黑心可锻铸铁和珠光体可锻铸铁的牌号及力学性能。牌号中“KT”是“可铁”两字汉语拼音的第一个字母，其后面的“H”表示黑心可锻铸铁，“Z”表示珠光体可锻铸铁。符号后面的两组数字分别表示其最小的抗拉强度值(MPa)和伸长率值(%)。

表 11-4 可锻铸铁的牌号和力学性能

分类	牌号	试样直径/mm	σ_b/MPa	σ_S/MPa	δ/%	硬度 HBS	使用举例
			不小于				
铁素体可锻铸铁	KTH300-06	12 或 15	300	186	6	120～150	管道、弯头、接头、三通、中压阀门
	KTH330-08	12 或 15	330	—	8	120～150	各种扳手、犁刀、犁拄；粗纺机和印花机盘头等
	KTH350-10	12 或 15	350	200	10	120～150	汽车、拖拉机中的前后轮壳、差速器壳、制动器支架；农机中的犁刀、犁拄；以及铁道扣板、船用电机壳等
	KTH370-12	12 或 15	370	226	12	120～150	

续表

分类	牌 号	试样直径/mm	σ_b/MPa	σ_s/MPa	δ/%	硬度 HBS	使用举例
			不小于				
珠光体可锻铸铁	KTZ450-06	12或15	450	270	6	150～200	曲轴、凸轮轴、联杆、齿轮、摇臂、活塞环、轴套、犁刀、耙片、万向接头、棘轮、扳手、传动链条、矿车轮等
	KTZ550-04	12或15	550	340	4	180～250	
	KTZ650-02	12或15	650	430	2	210～260	
	KTZ700-02	12或15	700	530	2	240～290	

可锻铸铁的强度和韧性均较灰铸铁高，并具有良好的塑性与韧性，常用作汽车与拖拉机的后桥外壳、机床扳手、低压阀门、管接头、农具等承受冲击、震动和扭转载荷的零件；珠光体可锻铸铁塑性和韧性不及黑心可锻铸铁，但其强度、硬度和耐磨性高，常用作曲轴、连杆、齿轮、摇臂、凸轮轴等强度与耐磨性要求较高的零件。

小 结

本章主要介绍了铸铁的分类、成分、组织和性能，要求了解铸铁的石墨化过程，掌握铸铁的牌号识别，以及铸铁的组织与性能。

思考与习题

11-1 根据碳在铸铁中的形态不同，铸铁分为哪几类？

11-2 石墨对铸铁的性能有哪些影响？铸铁中石墨存在的四种状态是什么？

11-3 影响铸铁石墨化的主要因素是什么？

11-4 写出下列牌号的名称，并说明牌号中数字和字母的含义。

HT150，KTH350-10，QT600-3

第12章　有色金属及其合金

金属材料分为黑色金属和有色金属两大类。黑色金属主要是指钢和铸铁。而把其余金属,如铝、铜、锌、镁、铅、钛、锡等及其合金统称为有色金属。

与黑色金属相比,有色金属及其合金具有许多特殊的力学、物理和化学性能。因此,在空间技术、原子能、计算机等新型工业部门中有色金属材料应用很广泛。例如,铝、镁、钛等金属及其合金,具有比密度小、比强度高的特点,在航天航空工业、汽车制造、船舶制造等方面应用十分广泛。银、铜、铝等金属,导电性能和导热性能优良,是电器工业和仪表工业不可缺少的材料。钨、钼、铌是制造在1300℃以上使用的高温零件及电真空元件的理想材料。本章仅介绍机械制造中广泛使用的铝、铜及其合金,轴承合金。

12.1　铝及铝合金

12.1.1　工业纯铝

工业上使用的纯铝,一般指其纯度为99%～99.99%。纯铝具有下述性能特点:

(1)纯铝的密度较小(约2.7g/cm^3);熔点为660℃;具有面心立方晶格;无同素异晶转变,故铝合金的热处理原理和钢不同。

(2)纯铝的导电性、导热性很高,仅次于银、铜、金。在室温下,铝的导电能力为铜的62%,但按单位质量导电能力计算,则铝的导电能力约为铜的200%。

(3)纯铝是无磁性、无火花材料,而且反射性能好,既可反射可见光,也可反射紫外线。

(4)纯铝的强度很低(σ_b为80～100MPa),但塑性很高($\delta=35\%\sim40\%$,$\Psi=80\%$)。通过加工硬化,可使纯铝的硬度提高(σ_b为150～200MPa),但塑性下降($\Psi=50\%\sim60\%$)。

(5)在空气中,铝的表面可生成致密的氧化膜。它可隔绝空气,故在大气中具有良好的耐蚀性。但铝不能耐酸、碱、盐的腐蚀。

工业纯铝的主要用途是:代替贵重的铜合金,制作导线。配制各种铝合金以及制作要求质轻、导热或耐大气腐蚀但强度要求不高的器具。

12.1.2　铝合金

1. 铝合金的分类

铝合金可分为变形铝合金和铸造铝合金两大类。变形铝合金是将合金熔融铸成锭子后,再通过压力加工(轧制、挤压、模锻等)制成半成品或模锻件,故要求合金应有良好的塑性变形能力。铸造铝合金则是将熔融的合金直接铸成形状复杂的甚至是薄壁的成型体,故要求合金应具有良好的铸造流动性。

2. 铝合金的强化

(1)铝合金的时效强化　含碳量较高的钢,在淬火后其强度、硬度立即提高,而塑性则急剧降低,而热处理可强化的铝合金却不同,当它加热到相区,保温后在水中快冷,其强度、硬度并没有明显升高,而塑性却得到改善,这种热处理称为固溶淬火(或固溶热处理)。淬火后,铝合金的强度和硬度随时间而发生显著提高的现象称为时效强化和时效硬化。室温下进行的时效称为自然时效,加热条件下进行的时效称为人工时效。

3. 铸造铝合金及其热处理

铸造铝合金要求具有良好的铸造性能,因此,合金组织中应有适当数量的共晶体。铸造铝合金的合金元素含量一般高于变形铝合金。常用的铸造铝合金中,合金元素总量约为8%～25%。铸造铝合金有铝硅系、铝铜系、铝镁系、铝锌系四种,其中以铝硅系合金应用最广。国家标准 GB1073-1986 规定,铸造铝合金牌号由 Z(铸)Al、主要合金元素的化学符号及其平均质量分数(%)组成。如果平均含量小于 1,一般不标数字,必要时可用一位小数表示。常用铸造铝合金的牌号(代号)、化学成分、力学性能与用途如表 12-1 所示。

(1)铝硅系铸造铝合金　又称为硅铝明,其特点是铸造性能好,线收缩小,流动性好,热裂倾向小,具有较高的抗蚀性和足够的强度,在工业上应用十分广泛。

这类合金最常见的是 ZL102,硅含量 $w_{Si}=10\%\sim13\%$,相当于共晶成分,铸造后几乎全部为(α+Si)共晶体组织。它的最大优点是铸造性能好,但强度低,铸件致密度不高,经过变质处理后可提高合金的力学性能。该合金不能进行热处理强化,主要在退火状态下使用。

(2)铝铜系铸造铝合金　这类合金的铜含量不低于 $w_{Cu}=4\%$。由于铜在铝中有较大的溶解度,且随温度的改变而改变,因此这类合金可以通过时效强化提高强度,并且时效强化的效果能够保持到较高温度,使合金具有较高的热强性。由于合金中只含少量共晶体,故铸造性能不好,抗蚀性和比强度也较优质硅铝明低,此类合金主要用于制造在 200～300℃条件下工作、要求较高强度的零件,如增压器的导风叶轮等。

(3)铝镁系铸造铝合金　这类合金有 ZL301、ZL303 两种,其中应用最广的是 ZL301。该类合金的特点是密度小,强度高,比其他铸造铝合金耐蚀性好。但铸造性能不如铝硅合金好,流动性差,线收缩率大,铸造工艺复杂。它一般多用于制造承受冲击载荷,耐海水腐蚀,外形不太复杂便于铸造的零件,如舰船零件。

(4)铝锌系铸造铝合金　与 ZL102 相类似,这类合金铸造性能很好,流动性好,易充满铸型,但密度较大,耐蚀性差。由于在铸造条件下锌原子很难从过饱和固溶体中析出,因而合金铸造冷却时能够自行淬火,经自然时效后就有较高的强度。该合金可以在不经热处理的铸态下直接使用,常用于汽车、拖拉机发动机的零件。

4. 变形铝合金及其热处理

变形铝合金可按其性能特点分为铝—锰系或铝—镁系、铝—铜—镁系、铝—铜—镁—锌系、铝—铜—镁—硅系等。这些合金常经冶金厂加工成各种规格的板、带、线、管等型材供应。

表 12-1　常用铸造铝合金的牌号(代号)、化学成分、力学性能和用途

类别	牌号(代号)	化学成分(余量为 A1)(质量分数)(%)					铸造方法①与合金状态③	力学性能(不低于)			用途②
		Si	Cu	Mg	Zn	Ti		σ_b/MPa	δ/%	HBS	
铝硅合金	ZA1Si12 (ZL102)	10.0~ 13.0	—	—	—		J,T2 SB,JB SB,JB,T2	155 145 135	2 4 4	50 50 50	抽水机壳体、工作温度在 200℃以下,要求气密性承受低载荷的零件
铝硅合金	ZA1Si5Cu1Mg (ZL105)	4.5~ 5.5	1.0~ 1.5	0.4~ 0.6	—		J,T5 S,T5 S,T6	235 195 225	0.5 1.0 0.5	70 70 70	在 225℃以下工作的零件,如风冷发动机的气缸头
铝铜合金	ZA1Cu5Mn (ZL201)	—	4.5~ 5.3	Mn0.6~ 1.0		0.15~ 0.35	S,T4 S,T5	295 335	8 4	70 90	支臂、挂架梁、内燃机气缸头、活塞等
铝铜合金	ZA1Cu4 (ZL203)	—	4.0~ 5.0	—			S,T4 S,T5	195 215	6 3	60 70	形状简单,表面粗糙度要求较细的中等承载零件
铝镁合金	ZA1Mg10 (ZL301)	—	—	9.5~ 10.0			S,T4	280	10	60	砂型铸造在大气或海水中工作的零件
铝锌合金	ZA1Zn10Si7 (ZL401)	6.0~ 8.0	—	0.1~ 0.3	9.0~ 13.0		J,T1 S,T1	245 195	1.52	90 80	结构形状复杂的汽车、飞机零件

表 12-2　常用变形铝合金的代号、成分、力学性能

组别	牌号	化学成分					直径及板厚 mm	供应状态	试样①状态	力学性能		原代号
		$w_{Cu}\times100$	$w_{Mg}\times100$	$w_{Mn}\times100$	$w_{Zn}\times100$	$w_{其他}\times100$				σ_b/MPa	$\delta_{10}\times100$	
防锈铝	5A50	0.10	4.8~ 5.5	0.30~ 0.6	0.20	Si0.6Fe0.5	≤φ200	BR	BR	265	15	LF5
防锈铝	3A21	0.20	—	1.0~ 1.6	—	Si0.6Fe0.7 Ti0.15	所有	BR	BR	<167	20	LF21
硬铝	2A01	2.2~ 3.0	0.20~ 0.50	0.20	0.10	Si0.5Fe0.5 Ti0.15	—	—	BM BCZ	—	—	LY1
硬铝	2A10	3.8~ 4.8	0.40~ 0.80	0.40~ 0.8	0.30	Si0.7Fe0.7 Ti0.15	>2.5~ 4.0	Y	M CZ	<235 373	12 15	LY10
硬铝	2A12	3.8~ 4.9	1.2~ 1.8	0.30~ 0.90	0.30	Si0.5Fe0.5 Ti0.15	>2.5~ 4.0	Y	M CZ	≤216 456	14 8	LY12
超硬铝	7A04	1.4~ 2.0	1.8~ 2.8	0.20~ 0.60	5.0~ 7.0	Si0.5 Fe0.5 Cr0.10~0.25 Ti0.10	>0.5~4.0 >2.5~4.0 φ20~100	Y Y BR	M Cs BCS	245 490 549	10 7 6	LC4
锻铝	6A02	0.20~ 0.6	0.45~ 0.90	或 Cr0.15 ~0.35	—	Si0.5 ~1.2 Ti0.15Fe0.5	φ20~ 150	R,BCZ	BCS	304	8	LD2
锻铝	2A50	1.8~ 2.6	0.40~ 0.80	0.40~ 0.80	0.30	Si0.7~1.2 Ti0.15Fe0.7	φ20~ 150	R,BCZ	BCS	382	10	LD5

试样状态:B 不包铝(无 B 者为包铝的);R 热加工;M 退火;CZ 淬火+自然时效;CS 淬火+人工时效;C 淬火;Y 硬化(冷轧)摘自 GB/T3190-1996、GB10569-89、GB10572-89

按 GB/T16474-1996 规定,变形铝合金牌号用四位字符体系表示,牌号的第一、二、四位为数字,第二位为“A”字母。牌号中第一位数字是依主要合金元素 Cu、Mn、Si、Mg、Mg_2Si、Zn 的顺序来表示变形铝合金的组别。例如 2A××表示以铜为主要合金元素的变形铝合

金。最后两位数字用以标识同一组别中的不同铝合金。

常用变形铝合金的牌号、成分、力学性能如表12-2所示。

(1)铝—锰或铝—镁系合金　这类合金又叫防锈铝，它们的时效强化效果较弱，一般只能用冷变形来提高强度。

铝—锰系合金中3A21具有单相固溶体，所以有好的耐蚀性。又由于固溶强化，所以比纯铝与3A21有更高的强度。含镁量愈大，合金强度愈高。防锈铝的工艺特点是塑性及焊接性能好，常用拉延法制造各种高耐蚀性的薄板容器(如油箱等)、防锈蒙皮以及受力小、质轻、耐蚀的制品与结构件(如管道、窗框、灯具等)。

(2)铝—铜—镁系合金　这类合金又叫硬铝，是一种应用较广的可热处理强化的铝合金。硬铝中如含铜、镁量多，则强度、硬度高，耐热性好(可在200℃以下工作)，但塑性、韧性低。这类合金通过淬火时效可显著提高强度，σ_b 可达420MPa，其比强度与高强度钢(一般指 σ_b 为1000～1200MPa的钢)相近，故名硬铝。硬铝的耐蚀性远比纯铝差，更不耐海水腐蚀，尤其是硬铝中的铜会导致其抗蚀性剧烈下降。为此，须加入适量的锰，对硬铝板材还可采用表面包一层纯铝或包覆铝，以增加其耐蚀性，但在热处理后强度稍低。

2A01(铆钉硬铝)有很好的塑性，大量用来制造铆钉。飞机上常用的铆钉材料为2A10，它比2A01含铜量稍高，含镁量更低，塑性好，且孕育期长，还有较高的剪切强度。

2A10(标准硬铝)既有相当高的硬度，又有足够的塑性，退火状态可进行冷弯、卷边、冲压。时效处理后又可大大提高其强度，常用来制形状较复杂、载荷较低的结构零件，在仪器制造中也有广泛应用。

2A12合金经淬火自然时效后可获得高强度，因而是目前最重要的飞机结构材料，广泛用于制造飞机翼肋、翼架等受力构件。2A12硬铝还可用来制造200℃以下工作的机械零件。

(3)铝—铜—镁—锌系合金　这类合金又叫超硬铝。

目前应用最广的超硬铝合金是7A04。常用于飞机上受力大的结构零件，如起落架、大梁等。在光学仪器中，用于要求重量轻而受力较大的结构零件。

(4)铝—铜—镁—硅系合金　这类合金又叫锻铝。力学性能与硬铝相近，但热塑性及耐蚀性较高，更适于锻造，故名锻铝。由于其热塑性好，所以锻铝主要用作航空及仪表工业中各种形状复杂、要求比强度较高的锻件或模锻件，如各种叶轮、框架、支杆等。

12.2 铜及铜合金

12.2.1 工业纯铜

1. 工业纯铜的性质

纯铜又称紫铜，它的相对密度为8.96g/cm³，熔点为1083.4℃。纯铜的导电性和导热性优良，仅次于银而居于第二位。纯铜具有面心立方晶格，无同素异构转变，强度不高，硬度很低，塑性极好，并有良好的低温韧性，可以进行冷、热压力加工。

纯铜具有很好的化学稳定性，在大气、淡水及冷凝水中均有优良的抗蚀性。但在海水中的抗蚀性较差，易被腐蚀。纯铜在含有 CO_2 的湿空气中，表面将产生碱性碳酸盐的绿色薄膜，又称铜绿。

2. 工业纯铜的用途

纯铜主要用于导电、导热及兼有耐蚀性的器材，如电线、电缆、电刷、防磁器械、化工用传热或深冷设备等。纯铜是配制铜合金的原料，铜合金具有比纯铜好的强度及耐蚀性，是电气仪表、化工、造船、航空、机械等工业部门中的重要材料。

12.2.2 铜合金

1. 铜合金的分类及牌号表示方法

(1)铜合金的分类　通常有下列两种分法：

①按化学成分　铜合金可分为黄铜、青铜及白铜(铜镍合金)三大类，在机器制造业中，应用较广的是黄铜和青铜。

黄铜是以锌为主要合金元素的铜—锌合金。其中不含其他合金元素的黄铜称普通黄铜(或简单黄铜)，含有其他合金元素的黄铜称为特殊黄铜(或复杂黄铜)。

青铜是以除锌和镍以外的其他元素作为主要合金元素的铜合金。按其所含主要合金元素的种类可分为锡青铜、铅青铜、铝青铜、硅青铜等。

②按生产方法　铜合金可分为压力加工产品和铸造产品两类。

(2)铜合金牌号表示方法　有加工铜合金和铸造铜合金之分：

①加工铜合金　其牌号由数字和汉字组成，为便于使用，常以代号替代牌号。

加工黄铜：普通加工黄铜代号表示方法为"H"＋铜元素含量(质量分数×100)。例如，H68 表示 $w_{Cu}=68\%$、余量为锌的黄铜。特殊加工黄铜代号表示方法为"H"＋主加元素的化学符号(除锌以外)＋铜及各合金元素的含量(质量分数×100)。例如，HPb59-1 表示 $w_{Cu}=59\%$，$w_{Pb}=1\%$、余量为锌的加工黄铜。

加工青铜：代号表示方法是"Q"("青"的汉语拼音字首)＋第一主加元素的化学符号及含量(质量分数×100)＋其他合金元素含量(质量分数×100)。例如，QA15 表示 $w_{Al}=5\%$、余量为铜的加工铝青铜。

②铸造铜合金　铸造黄铜与铸造青铜的牌号表示方法相同，它是："Z"＋铜元素化学符号＋主加元素的化学符号及含量(质量分数×100)＋其他合金元素化学符号及含量(质量分数×100)。例如，ZCu Zn38，表示 $w_{Zn}=38\%$、余量为铜的铸造普通黄铜；ZCuSn10P1 表示 $w_{Sn}=10\%$、$w_{P}=1\%$、余量为铜的铸造锡青铜。

2. 黄铜

(1)普通黄铜　常用黄铜的牌号、代号、成分、力学性能及用途如表 12-3 所示。

普通黄铜主要供压力加工用，按加工特点分为冷加工用 α 单相黄铜与热加工用 $\alpha+\beta'$ 双相黄铜两类。

H90(及 H80 等)。α 单相黄铜，有优良的耐蚀性、导热性和冷变形能力，并呈金黄色，故有金色黄铜之称。常用于镀层、及制作艺术装饰品、奖章、散热器等。

H68(及 H70)。α 单相黄铜，按成分称为七三黄铜。它具有优良的冷、热塑性变形能力，适宜用冷冲压(深拉延、弯曲等)制造形状复杂而要求耐蚀的管、套类零件，如弹壳、波纹管等，故又有弹壳黄铜之称。

H62(及 H59)。$\alpha+\beta'$ 双相黄铜，按成分称为六四黄铜。它的强度较高，并有一定的耐

蚀性，广泛用来制作电器上要求导电、耐蚀及适当强度的结构件，如螺栓、螺母、垫圈、弹簧及机器中的轴套等，是应用广泛的合金，有商业黄铜之称。

(2)特殊黄铜　在普通黄铜基础上，再加入其他合金元素所组成的多元合金称为特殊黄铜。常加入的元素有锡、铅、铝、硅、锰、铁等。特殊黄铜也可依据加入的第二合金元素命名，如锡黄铜、铅黄铜、铝黄铜等。

合金元素加入黄铜后，一般或多或少地能提高其强度。加入锡、铝、锰、硅后还可提高耐蚀性与减少黄铜应力腐蚀破裂的倾向。某些元素的加入还可改善黄铜的工艺性能，如加硅改善铸造性能，加铅改善切削加工性能等。

常用特殊黄铜的牌号、代号、成分、力学性能及用途如表 12-3 所示。

表 12-3　常用与常用特殊黄铜的代号、成分、力学性能及用途
(摘自 BG2041-89,GB1076-87,GB5232-85)

组别	代号或牌号	化学成分		力学性能①			主要用途②
		$w_{Cu}\times100$	$W_{其他}\times100$	σ_b/MPa	$\delta\times100$	HBS	
普通黄铜	H90	88.0～91.0	余量 Zn	245/392	35/3	—	双金属片、供水和排水管、证章、艺术品
	H68	67.0～70.0	余量 Zn	294/392	40/13	—	复杂的冷冲压件、散热器外壳、弹壳、导管、波纹管、轴套
	H62	60.5～63.5	余量 Zn	294/412	40/0	—	销钉、铆钉、螺钉、螺母、垫圈、弹簧、夹线板
	ZCuZn38	60.0～63.0	余量 Zn	295/295	30/30	59/68.5	一般结构件如散热器、螺钉、支架等
特殊黄铜	HSn62-1	61.0～63.0	0.7～1.1Sn 余量 Zn	249/392	35/5	—	与海水和汽油接触的船舶零件(又称海军黄铜)
	HSi80-3	79.0～81.0	2.5～4.5Si 余量 Zn	300/350	15/20	—	船舶零件，在海水、淡水和蒸汽(<265℃=条件下工作的零件
	HMn58-2	57.0～60.0	1.0～2.0Mn 余量 Zn	382/588	30/3	—	海轮制造业和弱电用零件
	HPb59-1	57.0～60.0	0.8～1.9Pb 余量 Zn	343/441	25/5	—	热冲压及切削加工零件，如销、螺钉、螺母、轴套(又称易削黄铜)
	ZCuZn40Mn3Fel	53.0～58.0	3.0～4.0Mn 0.5～1.5Fe 余量 Zn	440/490	18/5	98/108	轮廓不复杂的重要零件，海轮上在300℃以下工作的管配件，螺旋桨等大型铸件
	ZCuZn25A16Fe3Mn3	60.0～66.0	4.5～7(Al)、2～4(Fe) 1.5～4.0(Mn) 余量 Zn	725/745	7/7	166.5/166.5	要求强度耐蚀零件如压紧螺母、重型蜗杆、轴承、衬套

①力学性能中分母的数值，对压力加工黄铜来说是指硬化状态(变形程度 50%)的数值，对铸造黄铜来说是指金属型铸造时的数值；分子数值，对压力加工黄铜为退火状态(600℃)时的数值，对铸造黄铜为砂型铸造时的数值。

②主要用途在 GB 标准中未作规定。

3. 青铜

青铜是人类应用最早的一种合金，原指铜锡合金。现在工业上把以铝、硅、铅、铍、锰、钛等为主加元素的铜基合金均称为青铜，分别称为铝青铜、铍青铜、硅青铜等，铜锡合金称为锡青铜。按照生产方式不同，青铜分为压力加工青铜和铸造青铜两类，其牌号、化学成分、力学性能及主要用途如表 12-4 所示。

表 12-4 常用青铜的牌号(代号)、化学成分、力学性能及用途①

组别	牌号(代号)	化学成分(质量分数)(%) 第一主加元素	化学成分(质量分数)(%) 其他	力学性能② σ_b/MPa	力学性能② δ(%)	力学性能② HBS	主要用途
压力加工锡青铜	(QSn4-3)	Sn3.5～4.5	Zn2.7～3.3 余量 Cu	350/550	40/4	60/160	弹性元件、管配件、化工机械中耐磨零件及抗磁零件
	(QSn6.5-0.1)	Sn6.0～7.0	P0.1～0.25 余量 Cu	350～450/700～800	60～70/7.5～12	70～90/160～200	弹簧、接触片、振动片、精密仪器中的耐磨零件
铸造锡青铜	ZCuSn10P1 (ZQSn10-1)	Sn9.0～10.5	P0.5～1.0 余量 Cu	220/310	3/2	80/90	重要的减磨零件，如轴承、轴套、涡轮、摩擦轮、机床丝杆螺母
	ZCuSn5Zn5Pb5 (ZQSn5-5-5)	Sn4.0～6.0	Zn4.0～6.0 Pb4.0～6.0 余量 Cu	200/200	13/12	60/65	中速、中等载荷的轴承、轴套、涡轮及 1MPa 压力下的蒸汽管配件和水管配件
特殊青铜	ZCuAl10Fe3 (ZQA19-4)	A18.5～10.0	Fe2.0～4.0 余量 Cu	490/540	13/15	100/110	耐磨零件(压下螺母、轴承、涡轮、齿圈)及在蒸汽、海水中工作的高强度耐蚀件，250℃以下的管配件
	ZCuPb30 (ZQPb30)	Pb27.0～33.0	余量 Cu	—	—	—/25	大功率航空发动机、柴油机曲轴及连杆的轴承
	(QBe2)	Be1.8～2.1	Ni0.2～0.5 余量 Cu	500/850	40/3	90/250	重要的弹簧与弹性元件，耐磨零件以及在高速、高压和高温下工作的轴承。

①按 GB/T1076-1987 和 GB/T5233-1985 修正。

②力学性能数字表示意义同表 8-6。

(1)锡青铜　锡含量低于 8%的锡青铜称为压力加工锡青铜，锡含量大于 10%的锡青铜称为铸造锡青铜。锡青铜在大气、海水、淡水以及水蒸气中抗蚀性比纯铜和黄铜好，但在盐酸、硫酸及氨水中的抗蚀性较差。

(2)铝青铜　铝青铜是以铝为主加元素的铜合金，一般铝含量为 5%～10%。铝青铜的力学性能和耐磨性均高于黄铜和锡青铜，它的结晶温度范围小，不易产生化学成分偏析，而且流动性好，分散缩孔倾向小，易获得致密铸件，但收缩率大，铸造时应在工艺上采取相应的措施。

铝青铜的耐蚀性优良，在大气、海水、碳酸及大多数有机酸中具有比黄铜和锡青铜更高的耐蚀性。为了进一步提高铝青铜的强度和耐蚀性，可添加适量的铁、锰、镍元素。铝青铜可制造齿轮、轴套、蜗轮等高强度、耐磨的零件以及弹簧和其他耐蚀元件。

(3)铍青铜　铍青铜一般铍含量为1.7%～2.5%。铍青铜可以进行淬火时效强化，淬火后得到单相α固溶体组织，塑性好，可以进行冷变形和切削加工，制成零件后再进行人工时效处理，获得很高的强度和硬度(σ_b=1200～1400MPa，δ=2%～4%，330～400HBS)，超过其他所有的铜合金。

铍青铜的弹性极限、疲劳极限都很高，耐磨性、抗蚀性、导热性、导电性和低温性能也非常好，此外，尚具有无磁性、冲击时不产生火花等特性。在工艺方面，它承受冷热压力加工的能力很好，铸造性能也好。但铍青铜价格昂贵。

铍青铜主要用来制作精密仪器、仪表的重要弹簧、膜片和其他弹性元件，钟表齿轮，还可以制造高速、高温、高压下工作的轴承、衬套、齿轮等耐磨零件，也可以用来制造换向开关、电接触器等。铍青铜一般是淬火状态供应，用它制成零件后可不再淬火而直接进行时效处理。

12.3　钛及钛合金

12.3.1　钛及钛合金的性能特点

钛是银白色金属，熔点为1680℃，密度为4.54g/cm³，具有重量轻、比强度高、耐高温、耐腐蚀及很高的塑性等优点。

钛在固态下具有同素异构转变：

$$\alpha\text{-Ti} \rightleftharpoons \beta\text{-Ti}$$

在882.5℃以下为密排六方晶格，称为α-Ti，α-Ti的强度高而塑性差，加工变形较困难，在882.5℃以上为体心立方晶格，称为β-Ti，它的塑性较好，易于进行压力加工。目前，由于钛及其合金的加工条件较复杂，成本较昂贵，这在很大程度上限制了它的应用。

12.3.2　钛合金的分类

为了进一步改善钛的性能，需进行合金化。根据钛合金热处理后的组织，可将其分为α型钛合金、β型钛合金和(α+β)型钛合金，牌号分别用TA、TB、TC并加上编号来表示，这是目前国内使用较普遍的钛合金分类方法。按性能特点和用途还可将钛合金分为结构钛合金、耐热钛合金、低温钛合金、耐蚀钛合金以及功能钛合金等。

12.3.3　常用的钛及钛合金材料

1. 工业纯钛

工业纯钛的钛含量一般在w_{Ti}=99.5%～99.0%之间，其室温组织为α相，有TA1、TA2、TA3三个牌号。工业纯钛塑性好，具有优良的焊接性能和耐蚀性能，长期工作温度可达300℃，可制成板材、棒材、线材等。主要用于飞机的蒙皮、构件和耐蚀的化学装置，反应器，海水淡化装置等。

工业纯钛不能进行热处理强化，实际使用中主要采用冷变形的方法对其进行强化，其热处理工艺主要有再结晶退火和消除应力退火。

2. α 型钛合金

这类钛合金中主要加入元素是 Al、Sn 和 Zr，合金在室温和使用温度下均处于 α 单相状态。α 钛合金的室温强度低于 β 钛合金和(α+β)钛合金，但在 500～600℃ 时具有良好的热强性和抗氧化能力，焊接性能也好，并可利用高温锻造的方法进行热成形加工。α 型钛合金不能热处理强化，热处理工艺只有再结晶退火和去应力退火。

典型合金牌号为 TA7，成分为 Ti-5AL-2.5Sn，该合金使用温度不超过 500℃，主要用于制造导弹燃料罐，超音速飞机的涡轮机匣等部件。

3. (α+β)型钛合金

该类钛合金室温组织为(α+β)两相组织，它的塑性很好，容易锻造、压延和冲压成形，并可通过淬火和时效进行强化，热处理后强度可提高 50%～100%。

典型的合金牌号是 TC4，成分为 Ti-6Al-4V，该合金具有良好的综合力学性能，组织稳定性也高，既可用于低温结构件，也可用于高温结构件，常用来制造航空发动机压气机盘和叶片以及火箭液氢燃料箱部件等。

4. β 型钛合金

该类钛合金加入的元素主要有 Mo、V、Cr 等，β 钛合金有较高的强度和优良的冲压性能，可通过淬火和时效进一步强化。在时效状态下，合金的组织为 β 相中弥散分布细小的 α 相颗粒。

典型合金的牌号是 TB2，其成分为 Ti-5Mo-5V-8Cr-3Al，适用于制造压气机叶片、轴、轮盘等重载荷零件。常用钛及其合金牌号、化学成分和力学性能见表 12-5 所示。

表 12-5 工业纯钛和部分钛合金的牌号、化学成分和力学性能

组 别	合金牌号	化学成分(质量分数)(%)	热处理	室温力学性能		高温力学性能		
				σ_b/MPa	δ_5/%	试验温度/℃	σ_b/MPa	σ_{100}/MPa
工业纯钛	TA3	Ti(杂质微量)	退火	540	15	—	—	—
α 型钛合金	TA6 TA7	Ti-5Al Ti-5AI-2.5Sn	退火退火	685 785	10 10	350 350	420 490	390 440
(α+δ)钛合金	TC3 TC2	Ti-5Al-4V Ti-3Al-1.5Mn	退火退火	800 685	10 12	— 350	— 420	— 390
β 钛合金	TB2	Ti-5Mo-5V-8Cr-3Al	固溶+时效	1370	8	—	—	—

12.4 滑动轴承合金

滑动轴承是指支承轴和其他转动或摆动零件的支承件。它是由轴承体和轴瓦两部分构成的。轴瓦可以直接由耐磨合金制成，也可在钢体上浇铸一层耐磨合金内衬制成。用来制造轴瓦及其内衬的合金，称为轴承合金。

滑动轴承支承着轴进行工作。当轴旋转时，轴与轴瓦之间产生相互摩擦和磨损，轴对轴承施有周期性交变载荷，有时还伴有冲击等。滑动轴承的基本作用是将轴准确地定位，并在载荷作用下支承轴颈而不被破坏，因此，对滑动轴承的材料有很高要求。

12.4.1 滑动轴承合金的性能要求

(1)具有良好的减摩性　摩擦系数低,磨合性(跑合性)好,抗咬合性好。

(2)具有足够的力学性能　滑动轴承合金要有较高的抗压强度和疲劳强度,并能抵抗冲击和振动。

(3)滑动轴承合金还应具有良好的导热性、小的热膨胀系数、良好的耐蚀性和铸造性能。

12.4.2 常用的滑动轴承合金

滑动轴承的材料主要是有色金属。常用的有锡基轴承合金、铅基轴承合金、铜基轴承合金、铝基轴承合金等。常用轴承合金的代号、成分与用途如表 12-6,12-7 所示。

表 12-6　铸造轴承合金代号、成分、用途(摘自 GB/T1074-92)

类别	牌号	硬度 HBS(不小于)	用途举例[①]
锡基轴承合金	ZSnSb12Pb10Cu4	29	一般发动机的主轴承,但不适于高温工作
	ZSnSb12Cu6Cdl	34	
	ZSnSb10Cu6	27	1500kW 以上蒸汽机、370kW 涡轮压缩机,涡轮泵及高速内燃机轴
	ZSnSb8Cu4	24	一般大机器轴承及高载荷汽车发动机的双金属轴承
	ZSnSb4Cu4	20	涡轮内燃机的高速轴承及轴承衬
铅基轴承合金	ZPbSb15Sn16Cu2	30	100～880kW 蒸汽涡轮机,150～750kW 电动机和小于1500kW 起重机及重载荷推力轴承
	ZPbSb15Sn5Cu5Cd2	32	船舶机械、小于 250kW 电动机、抽水机轴承
	ZPbSb15Sn10	24	中等压力机械,也适用于高温轴承
	ZPbSb15Sn5	20	低速、轻压力的机械轴承
	ZPbSb10Sn6	18	重载荷、耐蚀、耐磨轴承

表 12-7　常用铜基轴承合金的牌号、化学成分、力学性能及用途

牌　号	化学成分(%)				力学性能			用途
	w_{Pb}	w_{Sn}	$w_{其他}$	w_{Cu}	σ_b/MPa	δ(%)	HBS	
ZCuPb30	27.0～33.0			余量			25	高速高压下工作的航空发动机、高压柴油机轴承
ZcuPb20Sn5	18.0～23.0	4.0～6.0		余量	150	6	44～54	高压力轴承、轧钢机轴承、机床、抽水机轴承
ZcuPb15Sn8	13.0～17.0	7.0～9.0		余量	170～200	5～6	60～65	冷轧机轴承
ZcuSn10P1		9.0～10.5	w_P 0.5～1.0	余量	220～310	3～2	80～90	高速、高载荷柴油机轴承
ZcuSn5Pb5Zn5	4.0～6.0	4.0～6.0	w_{Zn} 4.0～6.0	余量	200	13	60～65	中速、中载轴承

轴承合金牌号表示方法为"Z"("铸"字汉语拼音的字首)＋基体元素与主加元素的化学符号＋主加元素的含量(质量分数×100)＋辅加元素的化学符号＋辅加元素的含量(质量分

数×100)。例如:ZSnSb8Cu4 为铸造锡基轴承合金,主加元素锑的质量分数为 8%,辅加元素铜的质量分数为 4%,余量为锡。ZPbSb15Sn5 为铸造铅基轴承合金,主加元素锑的质量分数为 15%,辅加元素锡的质量分数为 5%,余量为铅。

除上述轴承合金外,珠光体灰铸铁也常用作滑动轴承的材料。它的显微组织是由硬基体(珠光体)与软质点(石墨)构成,石墨还有润滑作用。铸铁轴承可承受较大的压力,价格低廉,但摩擦系数较大,导热性低,故只适宜于制作低速(v<2m/s)的不重要轴承。

12.5 粉末冶金材料

粉末冶金(powder metallurgy)是制取金属粉末,采用成形和烧结等工序将金属粉末或金属粉末与非金属粉末的混合物制成制品的工艺技术,它属于冶金学的一个分支。

粉末冶金法既是制取具有特殊性能金属材料的方法,也是一种精密的无切屑或少切屑的加工方法。它可使压制品达到或极接近于零件要求的形状、尺寸精度与表面粗糙度,使生产率和材料利用率大为提高,并可减少切削加工用的机床和生产占地面积。

本节仅介绍粉末冶金材料的制取及常用的粉末冶金材料。

12.5.1 粉末冶金材料的生产

1. 金属粉末的制取

金属粉末可以是纯金属粉末,也可以是合金、化合物或复合金属粉末,其制造方法很多,常用的有以下几种:

(1)机械方法　对于脆性材料通常采用球磨机破碎制粉。另外一种应用较广的方法是雾化法,它是使溶化的液态金属从雾化塔上部的小孔中流出,同时喷入高压气体,在气流的机械力和急冷作用下,液态金属被雾化、冷凝成细小粒状的金属粉末,落入雾化塔下的盛粉桶中。

(2)物理方法　常用蒸汽冷凝法,即将金属蒸汽冷凝而制取金属粉末。例如,将锌、铅等的金属蒸汽冷凝便可获得相应的金属粉末。

(3)化学方法　常用的化学方法有还原法、电触法等。

2. 金属粉末的筛分混合

筛分的目的是使粉料中的各组元均匀化。在筛分时,如果粉末越细,那么同样重量粉末的表面积就越大,表面能也越大,烧结后的制品密度和力学性能也越高,但成本也越高。

粉末应按要求的粒度组成与配合进行混合。在各组成成分的密度相差较大且均匀程度要求较高的情况下,常采用湿混。例如,在粉末中加入大量酒精,以防止粉末氧化。为改善粉末的成形性与可塑性,还常在粉料中加入增塑剂,铁基制品常用的增塑剂是硬脂酸锌。为便于压制成形和脱模,也常在粉料中加入润滑剂。

12.5.2 常用的粉末冶金材料

粉末冶金材料牌号采用汉语拼音字母(F)和阿拉伯数字组成的六位符号体系来表示。“F”表示粉末冶金材料,后面数字与字母分别表示材料的类别和材料的状态或特性。详见GB4309-84。

1. 烧结减摩材料

在烧结减摩材料中最常用的是多孔轴承，它是将粉末压制成轴承后，再浸在润滑油中，由于粉末冶金材料的多孔性，在毛细现象作用下，可吸附大量润滑油（一般含油率为12%～30%），故又称为含油轴承。工作时由于轴承发热，使金属粉末膨胀，孔隙容积缩小。再加上轴旋转时带动轴承间隙中的空气层，降低摩擦表面的静压强，在粉末孔隙内外形成压力差，迫使润滑油被抽到工作表面。停止工作后，润滑油又渗入孔隙中。故含油轴承有自动润滑的作用。它一般用作中速、轻载荷的轴承，特别适宜不能经常加油的轴承，如纺织机械、食品机械、家用电器（电扇、电唱机）等轴承，在汽车、拖拉机、机床中也广泛应用。

2. 烧结铁基结构材料(烧结钢)

该材料是以碳钢粉末或合金钢粉末为主要原料，并采用粉末冶金方法制造成的金属材料或直接制成烧结结构零件。

这类材料制造结构零件的优点是：制品的精度较高、表面光洁（径向精度2～4级、表面粗糙度Ra=1.6～0.20），不需或只需少量切削加工。制品还可以通过热处理强化来提高耐磨性，主要用淬火+低温回火以及渗碳淬火+低温回火。制品多孔，可浸渍润滑油，改善摩擦条件，减少磨损，并有减振、消音的作用。

用碳钢粉末制造的合金，含碳量低的，可制造受力小的零件或渗碳件、焊接件。碳含量较高的，淬火后可制造要求有一定强度或耐磨的零件。用合金钢粉末制的合金，其中常有Cu、Mo、B、Mn、Ni、Cr、Si、P等合金元素。它们可强化基体，提高淬透性，加入铜还可提高耐蚀性。合金钢粉末合金淬火后σ_b可达500～800MPa，硬度40～50HRC，可制造受力较大的烧结结构件，如液压泵齿轮、电钻齿轮等。

3. 烧结摩擦材料

机器上的制动器与离合器大量使用摩擦材料。它们都是利用材料相互间的摩擦力传递能量的，尤其是在制动时，制动器要吸收大量的动能，使摩擦表面温度急剧上升（可达1000℃左右），故摩擦材料极易磨损。因此，对摩擦材料性能的要求是：①较大的摩擦系数；②较好的耐磨性；③良好的磨合性、抗咬合性；④足够的强度，以能承受较高的工作压力及速度。

4. 硬质合金

硬质合金是以碳化钨（WC）或碳化钨与碳化钛（TiC）等高熔点、高硬度的碳化物为基体，并加入钴（或镍）作为粘结剂的一种粉末冶金材料。

(1)硬质合金的性能特点　硬质合金的性能特点主要有以下两个方面：

①硬度高、红硬性高、耐磨性好　由于硬质合金是以高硬度、高耐磨、极为稳定的碳化物为基体，在常温下，硬度可达86～93HRA（相当于69～81HRC），红硬性可达900～1000℃。故硬质合金刀具在使用时，其切削速度、耐磨性与寿命都比高速钢有显著提高。这是硬质合金最突出的优点。

②抗压强度高　抗压强度可达6000MPa，高于高速钢，但抗弯强度较低，只有高速钢的1/3～1/2左右。硬质合金弹性模量很高，约为高速钢的2～3倍。但它的韧性很差，A_K=2～4.8J，约为淬火钢的30%～50%。

另外，硬质合金还具有良好的耐蚀性（抗大气、酸、碱等）与抗氧化性。

硬质合金主要用来制造高速切削刃具和切削硬而韧的材料的刃具。此外，它也用来制造某些冷作模具、量具及不受冲击、振动的高耐磨零件（如磨床顶尖等）。

(2)常用的硬质合金　常用的硬质合金按成分与性能特点可分为三类。

①钨钴类硬质合金　它的主要化学成分为碳化钨及钴。其代号用“硬”、“钴”两字汉语拼音的字首“YG”加数字表示。数字表示钴的含量(质量分数×100)。例如 YG6,表示钨钴类硬质合金,$w_{Co}=6\%$,余量为碳化钨。

②钨钴钛类硬质合金　它的主要化学成分为碳化钨、碳化钛及钴。其代号用“硬”、“钛”两字的汉语拼音的字首“YT”加数字表示。数字表示碳化钛含量(质量分数×100)。例如 YT15,表示钨钴钛类硬质合金,$w_{TiC}=15\%$,余量为碳化钨及钴。

硬质合金中,碳化物的含量越多,钴含量越少,则合金的硬度、红硬性及耐磨性越高,但强度及韧性越低。当含钴量相同时,YT 类合金由于碳化钛的加入,具有较高的硬度与耐磨性。同时,由于这类合金表面会形成一层氧化钛薄膜,切削时不易粘刀,故具有较高的红硬性。但其强度和韧性比 YG 类合金低。因此,YG 类合金适宜加工脆性材料(如铸铁等),而 YT 类合金则适宜于加工塑性材料(如钢等)。同一类合金中,含钴量较高者适宜制造粗加工刃具,反之,则适宜制造精加工刃具。

③通用硬质合金。它是以碳化钽(TaC)或碳化铌(NbC)取代 YT 类合金中的一部分 TiC。在硬度不变的条件下,取代的数量越多,合金的抗弯强度越高。它适用于切削各种钢材,特别对于不锈钢、耐热钢、高锰钢等难于加工的钢材,切削效果更好。它也可代替 YG 类合金加工铸铁等脆性材料,但韧性较差,效果并不比 YG 类合金好。通用硬质合金又称“万能硬质合金”,其代号用“硬”、“万”两字的汉语拼音的字首“YW”加顺序号表示。

以上硬质合金的硬度很高,脆性大,除磨削外,不能进行一般的切削加工,故冶金厂将其制成一定规格的刀片供应。使用前采用焊接、粘接或机械固紧的办法将它们固紧在刀体或模具体上。

近年来,用粉末冶金法还生产了另一种新型工模具材料——钢结硬质合金。其主要化学成分是碳化钛或碳化钨以及合金钢粉末。它与钢一样可进行锻造、热处理、焊接与切削加工。它在淬火低温回火后,硬度达 70HRC,具有高耐磨性、抗氧化及耐腐蚀等优点。用作刃具时,钢结硬质合金的寿命与 YG 类合金差不多,大大超过合金工具钢,如用作高负荷冷冲模时,由于具有一定韧性,寿命比 YG 类提高很多倍。由于它可切削加工,故适宜制造各种形状复杂的刃具、模具与要求钢度大、耐磨性好的机械零件,如镗杆、导轨等。

小　结

本章主要介绍了有色金属材料的分类、成分、性能和应用,要求掌握铝及铝合金、铜及铜合金的牌号、性能特点和应用,了解钛及钛合金、滑动轴承合金及硬质合金的性能和应用。

思考与习题

12-1　简述铝及铝合金的性能特点和主要用途。

12-2　什么是时效?超硬铝合金为什么要时效处理?

12-3　常用的青铜有哪几类?其性能和用途怎样?

12-4　什么是轴承合金?它分为哪几类?

12-5　常用的粉末冶金材料由哪些?各有什么性能?

第13章　非金属材料

非金属材料是指除金属材料以外的其他一切材料的总称。它主要包括:高分子材料、陶瓷及复合材料等。它们具有金属材料所不及的一些特异性能,如塑料的质轻、绝缘、耐磨、隔热、美观、耐腐蚀、易成型;橡胶的高弹性、吸震、耐磨、绝缘等;陶瓷的高硬度、耐高温、抗腐蚀等;加上它们的原料来源广泛,自然资源丰富,成型工艺简便,故在生产中的应用得到了迅速发展,在某些生产领域中已成为不可取代的材料。

13.1　高分子材料

13.1.1　高分子材料的基本概念

由分子量很大(一般在1000以上)的有机化合物为主要组分组成的材料,称为高分子材料。高分子材料有塑料、合成橡胶、合成纤维、胶粘剂等。

虽然高分子物质相对分子质量很大,且结构复杂多变,但它们一般都是由一种或几种简单的低分子有机化合物经加聚或缩聚反应后重复连接而成链状结构,就像一根链条是由很多链环连接而成一样,故称为大分子链。

13.1.2　高分子材料的分类和命名

(1)高分子材料的分类　高分子材料的种类很多,数量也很大,可以从不同的角度对其进行分类。

①按化学组成分类　可将其分为碳链高分子材料、杂链高分子材料、元素有机高分子材料和无机高分子材料四类。

②按分子链的几何形状分类

可将其分为线型高分子材料、支链高分子材料、体型网状高分子材料三种,

③按合成反应分类

可分为加聚聚合物和缩聚聚合物。所以高分子化合物常称为高聚物或聚合物,高分子材料称为高聚物材料。

④按高分子材料的热行为及成型工艺特点分类

可分为热塑性高分子材料和热固性高分子材料两类。

(2)高分子材料的命名　高分子材料命名方法和名称比较复杂,有些名称是专用词,如淀粉、蛋白质、纤维素等。还有许多是商品名称,如有机玻璃、涤纶、腈纶等等,不胜枚举。研究高分子学科采用的命名方法,和有机化学中各类物质的名称有密切的关系。

对于加聚物,通常在其单体原料名称前加一个“聚”字即为高聚物名称,如乙烯加聚生成

聚乙烯。对于缩聚和共聚反应生成的高分子，在单体名称后加"树脂"或"橡胶"，如酚醛树脂、乙丙橡胶。有些高分子名称是在其链节名称前加一个"聚"字即可，如聚乙二酰己二胺(尼龙66)。而一些组成和结构复杂的高聚物常用商品名称，如有机玻璃、电木等。

13.1.3 高分子材料的性能

1. 高分子材料的物理状态

高分子材料的大分子链结构特征，使其具有许多独特物理、化学性能的内在条件。一种已经确定了大分子链结构的高分子材料，在不同的温度下会呈现不同的物理状态，因而具有不同的性能特点，如有机玻璃在室温下像玻璃一样坚硬，但若将它加热至100℃左右，则变得像橡胶一样柔软而富有弹性。

(1)玻璃态　当温度低于 T_g 时，高分子化合物是一种非晶态固体，就像玻璃那样，故称为玻璃态。温度 T_g 就称为玻璃化温度。在玻璃态时，高分子化合物的大分子链的热运动基本上处于停止状态，只有链节的微小热振动及链中键长和键角的弹性变形。在外力作用下，弹性变形的特征与低分子材料的很相似，应力与应变成正比，且材料具有一定的刚度。玻璃态是塑料的工作状态。故 T_g 越高，塑料的耐高温性能越好，一般塑料的 T_g 均在室温以上，有的可高达200℃。

(2)高弹态　当温度处于 T_g 到 T_f 之间时，高分子材料将处于一种高弹性状态，就像橡胶那样，故称为高弹态。在高弹态时，高分子化合物的大分子链的热运动有所改善，虽然整条大分子链不能整体移动，但大分子链中的某些小段(几个或几十个链节)可以产生自由热运动。处于高弹态的高分子化合物在受外力作用时，原来卷曲的链段将沿受力方向变形($\delta=100\%\sim1000\%$)，这种很大的弹性变形并不能立即回复，须经过一定时间才能缓慢恢复原状。高弹态是橡胶的工作状态，故 T_g 越低，橡胶的耐寒性就越好，T_f 越高，其耐热性相应也就越好。一般橡胶的 T_g 都在室温以下，有的可达－100℃以下。

(3)粘流态　当温度高于 T_f 时，高分子化合物将变成流动的粘液状态，故称粘流态。在粘流态时，高分子化合物的大分子链的热运动非常活跃，整条大分子链都可以自由运动，粘流态是高分子化合物的成型加工的工艺状态，也是有机胶粘剂的工作状态。由单体聚合生成的高分子化合物原料一般是块状、颗粒状或粉末状，将这些原料加热至粘流态后，通过吹塑、挤压、模铸等方法，能加工成各种形状的型材及零件。

2. 高分子材料基本性能及特点

由于结构的层次多，状态的多重性，以及对温度和时间较为敏感，高分子材料的许多性能相对不够稳定，变化幅度较大，它的力学、物理及化学性能都具有某些明显的特点。

(1)高弹性　无定型和部分晶态高分子材料在玻璃化温度以上时，由于其链段能自由运动，从而表现出很高的弹性。它与金属材料的弹性在数量上存在巨大差别，说明它们之间在本质上是不同的。高分子材料的高弹性决定于分子链的柔顺性，且与分子量及分子间交联密度紧密相关。

(2)重量轻　高分子材料是最轻的一类材料，一般密度在 $1.0\sim2.0g/cm^2$ 之间，约为钢的1/8～1/4，陶瓷的一半一下。最轻的塑料聚丙烯的比重为 $0.91g/cm^2$。重量轻是高分子材料最大优点之一，具有非常重要的实际意义。

(3)滞弹性　某些高分子材料的高弹性表现出强烈的时间依赖性，即应变不随应力即时建立平衡，而有所滞后。产生滞弹性的原因是链段的运动遇到困难时，需要时间来调整构像

以适应外力的要求。所以,应力作用的速度愈快,链段愈来不及做出反应,则滞弹性愈明显。滞弹性的主要表现有蠕变、应力松弛和内耗等。

(4)强度与断裂　高分子材料的强度比金属低得多,但由于其比重小,所以它的比强度还是很高的,某些高分子材料的比强度比钢铁和其他金属还高。高分子材料的实际强度远低于理论强度,预示了提高高分子材料实际强度的潜力很大,在受力的工程结构中更广泛地应用高分子材料是很有发展前途的。高分子材料的断裂也有两种形式,即脆性断裂和韧性断裂。

(6)减摩、耐磨性　大多数塑料对金属或塑料对塑料的摩擦系数值一般在 0.2～0.4 范围内,但有一些塑料的摩擦系数很低,如聚四氟乙烯对聚四氟乙烯的摩擦系数只有 0.04,几乎是所有固体中最低的。像尼龙、聚甲醛、聚碳酸酯等工程塑料,均有较好的摩擦性能,可用于制造轴承、轴套、机床导轨贴面等。塑料(一部分)除了摩擦系数低以外,更主要的优点是磨损率低且可以作一定的估计。其原因是它们的自润滑性能好,对工作条件及磨粒的适应性强。特别在无润滑和少润滑条件下,它们的减摩、耐磨性能是金属材料无法比拟的。

(7)绝缘性　高分子的化学键为共价键,没有自由电子和可移动的离子,不能电离,因此是良好的绝缘体,其绝缘性能与陶瓷材料相当。随着近代合成高分子材料的发展,出现了许多具有各种优异电性能的新型高分子材料,并且还出现了高分子半导体、超导体等。另外,由于高分子链细长、卷曲,在受热、声之后振动困难,所以对热、声通常也具有良好的绝缘性能。

(8)耐热性　同金属材料相比,高分子材料的耐热性是比较低的,这也是高分子材料的不足之处。热固性塑料的耐热性比热塑性塑料要高,但也一般只能在 200℃以下长期工作。

(9)耐蚀性　由于高分子材料的大分子链都是强大的共价键结合,没有自由电子和可移动的离子,不发生电化学腐蚀,而只有可能有化学腐蚀问题。但是,高分子化合物的分子链长而卷曲,缠结,链上的基团大多被包围在内部,只有少数露在外面的基团才与活性介质起反应,因此其化学稳定性相当高。高分子材料具有良好的耐蚀性能,它们能耐水、无机溶剂、酸、碱的腐蚀。

(10)老化　老化是指高分子材料在加工、储存和使用过程中,由于内外因素的综合作用,是高分子材料失去原有性能而丧失使用价值的过程。在日常生活中高分子材料的机械、物理、化学性能衰退的老化现象是非常普遍的。有的表现为材料变硬、变脆、龟裂,有的则变软、褪色、透明度下降等。产生老化的原因主要是高分子的分子链的结构发生了降解(大分子链发生断裂或裂解的过程)或交联(分子链之间生成新的化学键,形成网状结构)。影响老化的内在因素主要是其化学结构、分子链结构和聚集态结构中的各种弱点。外在因素有热、光、辐射、应力等物理因素;水、氧、酸、碱、盐等化学因素;昆虫、微生物等生物因素。老化现象是一个影响高分子材料使用的严重缺点,应采取积极有效的措施来提高高分子材料的抗老化能力。

13.1.4　常用的高分子材料

高分子材料主要有塑料、合成橡胶、合成纤维、胶粘剂及涂料等。下面只介绍在机械工业上应用广泛的塑料和合成橡胶。

1. 塑料

塑料是以合成树脂为主要成分,加入各种添加剂,在加工过程中能塑制成形的有机高分子材料。它具有质轻、绝缘、减摩、耐蚀、消音、吸振、价廉、美观等优点，已成为人们日常生活中不可缺少的材料之一，并且越来越多的应用于各工业部门及各类工程结构中。

(1)塑料的组成　塑料是合成树脂和其他添加剂的组成物。其中合成树脂是塑料的主要成分，它对塑料的性能起着决定性的作用。添加剂是为了改善塑料的某些性能而加入的物质，各种添加剂的加入与否及加入量的多少，需根据塑料的性能和用途来确定。

①合成树脂　它是由低分子化合物通过加聚反应或缩聚反应合成的高分子化合物。在常温下呈固体或粘稠液体，受热后软化或呈熔融状态。它可把其他添加剂粘结起来，故又称粘料。单一组分的塑料中树脂几乎达100%，多组分塑料中，树脂含量一般为30%～70%。而且，大多数塑料都是以树脂名称来命名的，如聚氯乙烯塑料的树脂就是聚氯乙烯。

②添加剂　种类很多，作用各异。

填充剂：又称填料，它赋予塑料各种不同的性能，并可降低塑料的成本，是塑料中又一重要组分。填料的品种很多，性能各异。不同塑料在加入不同的填料后，对其性能的改进程度均有所不同。一般来说，以有机材料作填料可提高塑料的机械强度；以无机物昨填料则可使塑料具有较高的耐磨、耐蚀、耐热、导热及自润滑性等。如石棉纤维、玻璃纤维等可提高强度；云母可增强电绝缘性；铜、银金属粉末可改善导电性；石墨可改善塑料的摩擦和磨损性能。

增塑剂：起作用使进一步提高树脂的可塑性，以增加塑料在成型时的流动性，并赋予制品以柔软性和弹性，减少脆性，还可改善塑料的加工工艺性。如在聚氯乙烯中加入适量的磷苯二甲酸二丁酯增塑剂后，就可制得软质聚氯乙烯薄膜、人造革等。增塑剂含量过高会降低塑料的刚度，故其在塑料中含量一般为5%～20%。

固化剂：它通过与树脂中的不饱和键或反应基团作用，使各条大分子链相互交联，让受热可塑的线型结构变成体型(网状)的热稳定结构，成型后获得坚硬的塑料制品。为了加速固化，常与促进剂配合使用。

稳定剂：防止某些塑料在成型加工和使用过程中受光、热等外界因素影响而使分子连断裂，分子结构变化，性能变差(即老化)。稳定剂的加入可延长塑料制品的使用寿命。其用量一般为千分之几。

着色剂：装饰用塑料、常要求有一定的色泽和鲜艳美观，着色剂则使塑料具有各种不同的颜色，以适应使用要求。着色剂有有机染料和五机染料两大类。它应色泽鲜艳，易于着色，耐热耐晒，与塑料结合牢靠，在加工成型温度下不变色，不起化学反应，不因加入着色剂而降低塑料性能、价格便宜等。

其他：如润滑剂、发泡剂、防静电剂、阻燃剂、稀释剂、芳香剂等。

(2)塑料的分类　塑料的种类繁多，分类方法也多种多样。

①按塑料受热后所表现的性能不同可分为热塑性塑料和热固性塑料两大类。

热塑性塑料的合成树脂的分子链具有线型结构，柔顺性好，经加热后软化并熔融成为流动的粘稠液体，冷却后即成型固化。此过程是物理变化，其化学结构基本不发生改变，可反复多次进行，其性能并不发生显著变化。如聚乙烯、聚氯乙烯、聚酰胺(尼龙)等均属热塑性塑料。这类塑料的优点是成型加工简便，具有较高的机械性能，缺点是刚性及耐热性较差。

热固性塑料在受热后软化，冷却后成型固化，发生化学变化，在加热时不再转化(即变化是不可逆的)。如酚醛、环氧、氨基塑料及有机硅塑料等均属热固性塑料。这类塑料具有耐

热性高，受压不易变形等优点。缺点是脆性较大，机械性能不好，但可通过加入填料或磨压塑料，以提高其强度，成型工艺复杂，生产效率低。

②按应用范围可分为通用塑料和工程塑料两大类。

通用塑料指产量大，用途广，价格低廉，通用性强的聚乙烯、聚氯乙烯、聚苯乙烯、聚丙烯、酚醛塑料和氨基塑料等六大品种，它们占塑料总产量的3/4以上。

工程塑料力学性能比较好，可以代替金属在工程结构和机械设备中应用的塑料，它们通常具有较高的强度、刚度和韧性，而且耐热、耐辐射、耐蚀性能以及尺寸稳定性能好。常用的有聚酰胺(尼龙)、聚甲醛、酚醛塑料、有机玻璃、ABS等。

(3)塑料的性能　塑料具有很多优良的性能。

①密度小、比强度高　塑料的相对密度一般在0.83～2.2之间，仅为钢铁材料的1/8～1/4，铝的1/2。这样，塑料的比强度(强度与相对密度之比)就较高，如用玻璃纤维增强的塑料其比强度可以达到甚至超过钢材的水平。这对于需要全面减轻结构自重的车辆、船舶、飞机、宇航器等都具有重要的意义。

②化学稳定性高　塑料对酸、碱和有机溶剂均有良好的耐蚀性。特别是号称“塑料王”的聚四氟乙烯，除能与熔融的碱金属作用外，对各种酸、碱均有良好的耐蚀能力，甚至使黄金都能溶解的“王水”也不能腐蚀它。因此，塑料在腐蚀条件下和化工设备中被广泛应用。

③绝缘性能好　在高分子塑料的分子链中因其化学键是共价键，不能电离，故没有自由电子和可移动的离子，所以塑料是电的不良导体。此外，由于分子链细长、卷曲，在受热、声之后振动困难，故对热、声也有良好的绝缘性能。广泛用于电机、电器和电子工业作绝缘材料。

④减摩性好　大部分塑料的摩擦系数都较小，具有良好的减摩性。用塑料制成的轴承、齿轮、凸轮、活塞环等摩擦零件，可以在各种液体、半干摩擦和干摩擦条件下有效地工作。

⑤减振、消音、耐磨性好　塑料制作传动件、摩擦零件，可以吸收振动，降低噪音，而且耐磨性好。

⑥生产效率高、成本低　塑料制品可以一次成型，生产周期短，比较容易实现自动化或半自动化生产，加上其原料来源广泛，故价格低廉。

当然，塑料在性能上也存在不少的缺点：如强度低，耐热性差(一般仅能在100℃以下长期工作，只有少数能在200℃左右温度下工作)，热膨胀系数很大(约为金属的10倍)，导热性很差，以及易老化，易燃烧等。这些都有待进一步研究和探索，逐步得到改善。

(4)常用的工程塑料　工程塑料的品种很多，常见的主要有以下一些：

①聚酰胺(PA)又称尼龙或锦纶，是热塑性塑料。它是由二元胺与二元酸缩合而成，或由氨基酸脱水成内酰胺再聚合而成。它具有较高的强度和韧性、耐磨、耐水、耐疲劳、减摩性好并有自润滑性、抗霉菌、无毒等综合性能。但吸水性和成型收缩率较大，影响尺寸稳定性；耐热性不高，通常工作温度不能超过100℃。主要用于制作一般机械零件，减摩、耐磨件及传动件，如轴承、齿轮、螺栓、导轨贴合面等。

②聚甲醛　它是较常用的一种热塑性塑料，具有很高的硬度、刚性和抗拉强度，优良的耐疲劳性、减摩性，较小的高温蠕变性，吸水性低、尺寸稳定性好，且电绝缘性也较好。但其耐酸性和阻燃性比较差，密度较大。他可代替金属制作各种结构零件，如轴承、齿轮、汽车面板、弹簧衬套等。

③ABS塑料　它是由丙烯腈(A)、丁二烯(B)、苯乙烯(S)组成的三元共聚物，它兼有三组元的共同性能，具有硬、韧、刚的混合特性，所以综合机械性能较好，又称塑料合金。ABS塑料还具有良好的耐磨性、电绝缘性及成型加工性。但其耐高温和耐低温性能差，易燃。ABS塑料产量大，价格低廉，应用广泛，主要用于制造齿轮、轴承、把手、仪表盘、装饰板、小汽车车身等。

④聚甲基丙烯酸甲酯　又称有机玻璃，这种塑料密度小(是普通玻璃的1/2)透光性极好，且具有高强度和韧性，不易破碎，耐紫外线和防大气老化，容易加工成型，着色性好。但其硬度低，耐磨性差，易擦伤，耐热性差，热膨胀系数大。主要用作透明件和装饰件，如汽车前窗玻璃、仪表灯罩、光学镜片、防弹玻璃等。

⑤聚砜　这种热塑性塑料具有突出的耐热、抗氧化性能，可在－100～150℃中长期使用。他还具有较高的强度，良好的耐辐射性和尺寸稳定性能，另外，它有非常优良的电绝缘性能，可在潮湿的空气或水中以及在190℃的高温下仍保持相当好的电绝缘性。常用来制作强度高、耐热且尺寸较准确的结构传动件，如小型精密的电子、电器和仪表中的零件等。

⑥酚醛塑料　即电木，它是以酚醛树脂为基体，加入木粉、纸木、布、玻璃布、石棉等填料经固化处理而形成的热固性塑料。它具有强度高、硬度高的特点，用玻璃布增强的层压酚醛塑料的强度可与金属比美，称为玻璃钢。还具有高的耐热性、耐磨性、耐蚀性和良好的绝缘性。主要用于制作齿轮、刹车片、滑轮以及插座、开关壳等电器零件。

⑦环氧塑料　它是由环氧树脂加入固化剂后形成的热固性塑料。其比强度高、耐热性、耐蚀性、绝缘性及加工成型性好，但价格贵。主要用于制作模具、精密量具、电气及电子元件等重要零件，还可用于修复机械零件等。

⑧氨基塑料　它是热固性塑料，具有良好的绝缘性、耐磨性、耐蚀性，硬度高、着色性好且不易燃烧。可作一般机械零件、绝缘件和装饰件。此外，它还可作为木材胶粘剂，制作胶合板、纤维板等。用它制成的泡沫塑料，更是价格便宜、性能优异的保温、隔音材料。

2. 合成橡胶

橡胶是一种天然的或人工合成的高分子弹性体。橡胶的主要成分是生橡胶(天然的或合成的)。工业上使用的橡胶制品是在生橡胶中加入各种添加剂(填料、增塑剂、硫化剂、硫化促进剂、防老化剂等)，经过加热、加压的硫化处理，使各高分子链间相互交联成网状结构而得到的产品。此外，某些特种用途的橡胶，还添加了其他一些专门的配合剂(发泡剂、硬化剂等)。经硫化处理后，克服了橡胶因温度上升而变软发粘的缺点，并且还大幅度地提高了它的力学性能。

(1)橡胶的分类　通常有两种分类方法。

①橡胶按原料来源可分为天然橡胶和合成橡胶两大类。

天然橡胶是一种从天然植物中采集到的以聚异戊二烯为主要成分的高分子化合物。这种橡胶弹性、耐磨性、加工性能都很好，其综合力学性能优于多数合成橡胶，但耐氧、耐油、耐热性差，抗酸、碱的腐蚀能力低，容易老化变质，主要用于制造轮胎及通用制品。

合成橡胶是从石油、天然气或农副产品中提炼出某些低分子的不饱和烃作原料，制成“单体”物质，然后经过复杂的化学反应聚合而成的高分子化合物，故有人造橡胶之称。它通常具有比天然橡胶更优异的性能，原料充沛，价格便宜，在生产中应用更为广泛。

②根据橡胶应用范围不同，可将其分为通用橡胶和特种橡胶两大类。

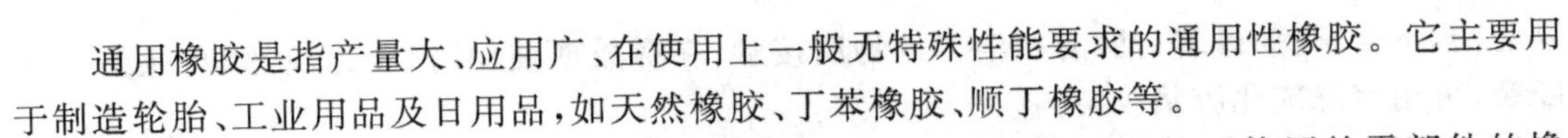

通用橡胶是指产量大、应用广、在使用上一般无特殊性能要求的通用性橡胶。它主要用于制造轮胎、工业用品及日用品，如天然橡胶、丁苯橡胶、顺丁橡胶等。

特种橡胶是指用于制造在高温、低温、酸、碱、油、辐射等特殊条件下使用的零部件的橡胶。(2)橡胶的性能

①高弹性是橡胶最突出的性能特征，在较小的外力作用下，能产生很大的形变(可在100%～1000%之间)，在卸除载荷后又能很快地恢复原状，橡胶的高弹性与其分子结构密切相关。

②优良的伸缩性能和可贵的积蓄能量的能力，使橡胶成为常用的密封材料、减振防振材料及传动材料。

③良好的耐磨性，隔音性及阻尼特性。

但橡胶的耐寒性、耐臭氧性及耐辐射性等较差

(3)常用橡胶　合成橡胶的种类很多，工业上常用的主要有以下几种：

①异戊橡胶　它是以异戊二烯为单体聚合而成的一种顺式结构橡胶，其化学组成、立体结构均与天然橡胶相似，性能也与天然橡胶非常接近，故有合成天然橡胶之称。它具有天然橡胶的大部分优点，耐老化性优与天然橡胶，但弹性和强力比天然橡胶稍低，加工性能差，成本较高。可代替天然橡胶制作轮胎、胶鞋、胶带、胶管以及其他通用制品。

②丁苯橡胶　其种类很多，主要有丁苯-10，丁苯-30，丁苯-50。具有良好的耐热性、耐磨性、耐油性、绝缘性和抗老化性，且价格低廉，是目前应用最广的合成橡胶之一，是天然橡胶理想的代用品。它主要与其他橡胶混合使用，制造轮胎、胶带、胶布、胶管、胶鞋等。

③氯丁橡胶　这种橡胶不仅具有与天然橡胶相似的机械性能，而且还具有天然橡胶和一般通用橡胶所没有的其他优良性能，即耐油性、耐热性、耐酸性、耐老化、耐燃烧等，故有“万能橡胶”制成。但它耐寒性差，密度大，价格较贵。主要用于制作运输带、电缆以及耐蚀管道、各种垫圈和门窗嵌条等。

④顺丁橡胶　是唯一弹性高于天然橡胶的一种合成橡胶，其耐磨性高于天然橡胶，但抗撕裂性及加工性能差。因此，长于其他橡胶混合使用，制造胶管、沙车皮碗、减振器等橡胶制品，不能单独用于制造轮胎。

⑤丁基橡胶　其耐热性、绝缘性、抗老化性优于天然橡胶，透气性极小，但其回弹性较差。主要用于轮胎内胎、水坝衬里、防水涂层及各种气密性要求高的橡胶制品等。

除此之外，还有某些具有特殊性能的橡胶，如具有高耐热性和耐寒性的硅橡胶；具有良好耐油性的丁腈橡胶；具有很高耐蚀性的氟橡胶等。

(4)橡胶的应用、维护及保养

在机械工业中，橡胶主要应用于动、静态密封件，如旋转周密风，管道接口密封；减振防振件，如汽车底盘橡胶弹簧，机座减振垫片；传动件，如三角胶带、特制O形圈；运输胶带和管道；电线、电缆和电工绝缘材料；滚动件，如各种轮胎；以及耐辐射、防霉、制动、导电、导磁等特性的橡胶制品。

为了保持橡胶的高弹性，延长其使用寿命，在橡胶的储存、使用和保管过程中要注意以下问题：光、氧、热及重复的屈挠作用，都会损害橡胶的弹性，应注意防护。另外，橡胶中如含有少量变价金属(铜、铁、锰)的盐类，都回加速其老化。还有，根据需要选用合适的橡胶配方；不使用时，尽可能使橡胶件处于松弛状态；在运输和储存过程中，避免日晒雨淋，保持干

燥清洁,不要预算、碱、汽油、有机溶剂等物质接触;在存放或使用时,要远离热源;橡胶件如断裂,可用室温硫化胶浆胶结。

13.2 陶瓷材料

陶瓷是一种无机非金属固体材料,大体上可分为传统陶瓷和特种陶瓷两大类。传统陶瓷是以粘土、长石和石英等天然原料,经粉碎,成型和烧结而制成,因此,这类陶瓷又称为硅酸盐陶瓷。主要用于日用、建筑、卫生陶瓷用品,以及工业上应用的低压和高压陶瓷、耐酸陶瓷、过虑陶瓷等。特种陶瓷则是以纯度较高的人工化合物为原料(如氧化物、氮化物、硼化物等),经配料、成型、烧结而制得的陶瓷。它具有独特的机械、物理、化学、电、磁、光学性能,因而又被称为现代陶瓷或新型陶瓷。

陶瓷材料具有熔点高、硬度高、化学稳定性好、耐高温、耐腐蚀、耐磨损、绝缘等优点;某些特种陶瓷还具有导电、导热、导磁、透明、超高频绝缘、红外线透过率高等特性,以及压电、声光、激光等能量转换的功能。但陶瓷脆性大、韧性低、不能承受冲击载荷,抗急冷、急热性能差。同时还存在成型精度差、装配性能不良、难以修复等缺点,因而在一定程度上限制了它的适用范围。

陶瓷主要用于化工、机械、冶金、能源、电子和一些新技术中。尤其在某些特殊场合,陶瓷是唯一能选用的材料。例如内燃机的火花塞,引爆是瞬间温度可达 2500℃,并要求绝缘和耐化学腐蚀,这种工作条件,金属材料与高分子材料都不能胜任,唯有陶瓷材料最合适。现代陶瓷是国防、航天等高科技领域中不可缺少的高温结构材料和功能材料。

陶瓷材料既是最古老的传统材料,有是最年轻的近代新型材料。它和金属材料、高分子材料一起,构成了工程材料三大支柱。

13.2.1 陶瓷材料的结构特点

陶瓷是一种多晶固体材料,它的内部组织结构较为复杂,一般是由晶相、玻璃相和气相组成。

1. 晶体相

晶体相是指陶瓷的晶体结构,它是由某些化合物或固溶体组成,是陶瓷的主要组成相,一般数量较大,对性能的影响最大。陶瓷材料和金属材料一样,通常是由多晶体组成。有时,陶瓷材料不止一个晶相,而是多相晶体,即除了主晶相外,还有次晶相、第三晶相。对陶瓷材料来说,主晶相的性能,往往决定着陶瓷的机械、物理、化学性能。例如:刚玉瓷具有较高的机械强度、耐高温、抗腐蚀、电绝缘性能好等性能特点,其主要原因是其主晶相(α-Al_2O_3、刚玉型)的晶体结构紧密、离子键结合强度大的缘故。另外,和其他所有晶体材料一样,陶瓷中的晶体相也存在着各种晶体缺陷。

2. 玻璃相

玻璃相是一种非晶态的低熔点固体相。形成玻璃相的内部条件是粘度,外部条件是冷却速度。一般粘度较大的物质,如 Al_2O_3、、SiO_2、、B_2O_3 等化合物的液体,当其快速冷却时很容易凝固成非晶态的玻璃体,而缓慢冷却或保温一段时间,则往往会形成不透明的晶体。

玻璃相在陶瓷材料中也是一种重要的组成相,除釉层中绝大部分是玻璃相外,在瓷体内

部也有不少玻璃相存在。玻璃相的主要作用是：将分散的晶相粘结在一起，填充气孔空隙，使瓷坯致密，抑制晶体长大，防止晶格类型转变，降低陶瓷烧结温度，加快烧结过程以及获得一定程度的玻璃特性等。但玻璃相组成不均匀，致使陶瓷的物理、化学性能有所不同，而且玻璃相的强度低，脆性大，热稳定性差，电绝缘性差，故玻璃相含量应根据陶瓷性能要求合理调整，一般控制在20%～40%或者更多些，如日用陶瓷的玻璃相可达60%以上。

3. 气相

气相是指陶瓷组织结构中的气孔。气相的存在对陶瓷材料的性能有较大的影响，它使材料的强度降低，热导率、抗电击穿能力下降，介电损耗增大，而且它往往是产生裂纹的原因。同时，气相对光有散射作用而降低陶瓷的透明度。然而要求生产隔热性能好、密度小的陶瓷材料，则希望气孔数量多，分布和大小均匀一些，通常，陶瓷中的残留气孔量为5%～10%。

13.2.2 陶瓷材料的性能

陶瓷材料的性能主要包括力学性能、热性能、化学性能、电性能、磁性能以及光学性能等方面。

1. 力学性能

(1)硬度高、耐磨性好　大多数陶瓷的硬度远高于金属材料，其硬度大都在1500HV以上，而淬火钢只有500～800HV。陶瓷的硬度随温度的升高而降低，但在高温下仍有较高的数值。陶瓷的耐磨性也好，常用来制作耐磨零件，如轴承、刀具等。

(2)高的抗压强度、低的抗拉强度　陶瓷由于内部存在大量气孔，其致密程度远不及金属高，且气孔在拉应力作用下易于扩展而导致脆断，故抗拉强度低。但在受压时，气孔不会导致裂纹的扩展，因而陶瓷的抗压强度还是较高的。

(3)塑性和韧性极低　由于陶瓷晶体一般为离子键或共价键结合，其滑移系要比金属材料少得多，因此大多数陶瓷材料在常温下受外力作用时几乎不产生塑性变形，而是在一定弹性变形后直接发生脆性断裂。又由于陶瓷中存在气相，所以其冲击韧性和断裂韧度要比金属材料低得多。如45钢的K_{IC}约为$90MPa \cdot m^{1/2}$，而氮化硅陶瓷的K_{IC}则仅有$4.5 \sim 5.7MPa \cdot m^{1/2}$。脆性是陶瓷材料的最大缺点，是阻碍其作为工程结构材料广泛使用的主要问题。可通过以下几方面来改善陶瓷的韧性：消除陶瓷表面的微裂纹；使陶瓷表面承受压应力；防止陶瓷中特别是表面上产生缺陷。

2. 热性能

(1)熔点高　陶瓷由于离子键和共价键强有力的键合，其熔点一般都高于金属，大多在2000℃以上，有的甚至可达3000℃左右，因此，它是工程上常用的耐高温材料。

(2)优良高温强度和低抗热震性　多数金属在1000℃以上高温即丧失强度，而陶瓷却仍能在此高温下保持其室温强度，并且多数陶瓷的高温抗蠕变能力强。但当温度剧烈变化时，陶瓷易破裂，即它的抗热震性能低。

(3)低的热导率、低的热容量　陶瓷的热传导主要靠原子、离子或分子的热振动来完成的，所以，大多数陶瓷的热导率低，且随温度升高而下降。陶瓷的热容随温度升高而增加，但总的来说较小，且气孔率大的陶瓷热容量更小。

3. 化学性能

陶瓷是离子晶体，其金属原子被周围的非金属元素(氧原子)所包围，屏蔽于非金属原子的间隙之中，形成极为稳定的化学结构。因此，它不但在室温下不会同介质中的氧发生反应，而且在高温下(即使 1000℃以上)也不易氧化，所以具有很高的耐火性能及不可燃烧性，是非常好的耐火材料。并且陶瓷对酸、碱、盐类以及熔融的有色金属均有较强的抗蚀能力。

4. 电学性能

陶瓷有较高的电阻率，较小的介电常数和介电损耗，是优良的电绝缘材料。只有当温度升高到熔点附近时，才表现出一定的导电能力。随着科学技术的发展，在新型陶瓷中已经出现了一批具有各种电性能的产品，如经高温烧结的氧化锡就是半导体，可作整流器，还有些半导体陶瓷，可用来制作热敏电阻、光敏电阻等敏感元件；铁电陶瓷(钛酸钡和其他类似的钙钛矿结构)具有较高的介电常数，可用来制作较小的电容器；压电陶瓷则具有由电能转换成机械能的特性，可用作电唱机、扩音机中的换能器以及无损检测用的超声波仪器等。

5. 磁学性能

通常被称为铁氧体的磁性陶瓷材料(如 Fe_3O_4、$CuFe_2O_4$ 等)在唱片和录音磁带、变压器铁心、大型计算机的记忆元件等方面应用广泛。

6. 光学性能

陶瓷作为功能材料，还表现在它具有特殊光学性能的一个方面。如固体激光材料、光导纤维、光储存材料等。它们对通讯、摄影、激光技术和电子计算机技术的发展有很大的影响。近代透明陶瓷的出现，是光学材料的重大突破，现已广泛用于高压钠灯灯管、耐高温及辐射的工作窗口、整流罩以及高温透镜等工业领域。

13.2.3 常用的工程陶瓷材料

1. 普通陶瓷

它是由天然原料配制，成型和烧结而成的粘土类陶瓷。质地坚硬，绝缘性、耐蚀性、工艺性都好，可耐 1200℃高温，且成本低廉。使用温度一般为－15～100℃，冷热骤变温差不大于 50℃，且它抗拉强度低，脆性大。除用作日用陶瓷外，工业上主要用作绝缘的电瓷和对酸碱有耐蚀性的化学瓷，有时也可做承载较低的结构零件用瓷。

2. 氧化铝陶瓷

是一种以 Al_2O_3 为主要成分(一般含量在 45%以上)的陶瓷，又称高铝瓷。其所含玻璃相和气相极小，故硬度高，强度大，抗化学腐蚀能力和介电性能好，且耐高温(熔点为 2050℃)，力学性能一般随氧化铝(Al_2O_3)含量提高而改善。但其脆性大，抗冲击性差，抗热震性能低。氧化瓷主要用作高温器皿、电绝缘及电真空器件，也用作磨料和高速刀具等。近年来出现的氧化铝——微晶刚玉瓷、氧化铝金属瓷等，进一步提高了氧化铝瓷的性能，它们的强度、耐磨性、抗热震性能更高。广泛用于制造高温测温热电偶绝缘套管，耐磨、耐蚀用水泵、拉丝模及加工淬火钢的刀具等。

3. 氮化硅陶瓷

是将硅粉经反应烧结或将 Si_3N_4 经热压烧结而成的一种新型陶瓷。它们都是以共价键为主的化合物，原子间结合牢固，因此，这类陶瓷化学稳定性好，硬度高，耐磨性好，摩擦系数小并能自润滑；具有良好的耐蚀、耐高温、抗热震性和耐疲劳性能，在空气中使用到 1200℃以上其强度几乎不变；线膨胀系数比其他陶瓷材料小，有良好的电绝缘性和耐辐照性能。

近年来在 Si_3N_4 中添加一定数量的 Al_2O_3，合成一种 Si－Al－O－N 系统的新型陶瓷材

料，称为赛隆陶瓷。这类材料可用常压烧结方法达到接近热压氮化硅瓷的性能，是目前强度最高的陶瓷材料，并兼有优异的化学稳定性、耐磨性及良好的热稳定性。

4. 碳化硅陶瓷

是采用石英和碳为原料，经高温烧结而成的一种陶瓷。碳化硅瓷的最大特点是高温强度很大。它的抗弯强度在1400高温下仍可保持500～600的水平，而其他陶瓷材料在1200～1400时高温强度就已开始显著下降，因此，热压碳化硅瓷是目前高温强度最高的陶瓷材料之一。此外，它的热导率高，热稳定性好，同时耐磨、耐蚀、抗蠕变形能好，其综合性能不低于氮化硅陶瓷。它主要用于制作高温强度要求高的结构零件，如火箭尾部喷嘴、热电偶套管、炉管等；以及要求热传导能力高的零件，如高温下的热交换器、核燃料的包封材料等。

5. 氮化硼陶瓷

是将氮化硼(BN)粉末经冷压或热压烧结而成的一种陶瓷。其晶体结构属六方晶型，结构与石墨相似，故又有“白石墨”之称。立方BN晶格结构非常牢固，其硬度仅次于金刚石，是优良的耐磨材料，可作为砂轮磨料用于磨削既硬又韧的高速钢、模具钢、耐热钢，并可制成超硬刀具。

13.3 复合材料

13.3.1 复合材料概述

复合材料(是由两种或两种以上不同化学性质或不同组织结构的材料经人工组合而成的合成材料。它通常具有多相结构，其中一类组成物(或相)为基体，起粘结作用；另一类组成物为增强相，起提高强度和韧性的作用。

自然界中，许多物质都可称为复合材料，如树木是由纤维素和木质素复合而成，纤维素抗拉强度大，单杠行销，比较柔软，木质素则将众多纤维素粘结成刚性体；动物的骨骼是由硬而脆的无机磷酸盐和软而韧的蛋白质骨胶组成的复合材料。人们早就利用复合原理，在生产中创造了许多人工复合材料，如混凝土是由水泥、砂子、石头组成的复合材料；轮胎是纤维和橡胶的复合体等。

13.3.2 复合材料的分类

复合材料主要有以下几种分类方法：

1. 按基体类型分类

(1)金属基复合材料　如纤维增强金属、铝聚乙烯复合薄膜等

(2)高分子基复合材料　如纤维增强塑料、碳碳复合材料、合成皮革等

(3)陶瓷基复合材料　如金属陶瓷、纤维增强陶瓷、钢筋混凝土等

2. 按增强材料类型分类

(1)纤维增强复合材料　如玻璃纤维、碳纤维、硼纤维、碳化硅纤维、难熔金属丝等

(2)粒子增强复合材料　如金属离子与塑料复合、陶瓷颗粒与金属复合等

(3)层叠复合材料　如双金属、填充泡沫塑料等

3. 按复合材料用途分类

(1)结构复合材料　通过复合，材料的机械性能得到显著提高，主要用作各类结构零件，

如利用玻璃纤维优良的抗拉、抗弯、抗压及抗蠕变性能，可用来制作减摩、耐磨的机械零件。

（2）功能复合材料　通过复合，使材料具有其他一些特殊的物理、化学性能，从而制成一种多功能的复合材料，如雷达用玻璃钢天线罩就是具有良好透过电磁波性能的磁性复合材料。

13.3.3　复合材料的性能

复合材料是各项异性的非匀质材料，与传统材料相比，它具有以下几种性能特点：

1. 比强度与比模量高

2. 抗疲劳性能好

纤维增强复合材料的基体中密布着大量细小纤维，当发生疲劳破坏时，裂纹的扩展要经历非常曲折和复杂路径，且纤维与基体间的界面处能有效地阻止疲劳裂纹的进一步扩展，因此它的疲劳强度很高。如碳纤维增强塑料的疲劳强度为其抗拉强度的70%～80%，而金属材料一般只有40%～50%。

3. 减振性能好

在各种动力机械中，振动问题比较突出。当外加载荷的频率与构件的自振频率相同时，会产生严重的共振现象，使构件破坏。如选用比模量大的复合材料，可提高工件的自振频率，能有效防止它在工作状态下产生共振而造成早期破坏。此外，复合材料中的纤维与基体界面间的吸振能力较强，阻尼特性好，即使外加频率与自振频率相近而产生了振动，也会很快衰减下去。如用同样尺寸和形状的梁作振动试验，金属梁需9s才停止振动，而碳纤维复合材料则只需2.5s。

4. 优良的高温性能

大多数增强纤维可提高耐高温性能，使材料在高温下仍保持相当的强度。例如，铝合金在400℃时强度已显著下降，若以碳纤维或硼纤维增强铝材，则能显著提高材料的高温性能，400℃时的强度与模量几乎与室温下一样。同样，用钨纤维增强钴、镍及其合金，可将这些材料的使用温度提高到1000℃以上。而石墨纤维复合材料的瞬时耐高温性可达2000℃。

5. 工作安全性好

在纤维增强复合材料中，每平方厘米横截面上分布着成千上万根纤维，一旦过载后，会是其中少数纤维断裂，但随即应力迅速进行重新分配，由未断的纤维将载荷承担起来，不致在短时间内造成零件整体破坏，因而提高了零件使用时的安全可靠性能。

此外，复合材料往往还具有其他一些特殊性能，如隔热、隔音、耐蚀性以及特殊的光、电、磁等性能。

13.3.4　常用的复合材料

1. 纤维增强复合材料

纤维增强复合材料通常是以金属、塑料、陶瓷或橡胶为基体，以高强度、高弹性模量的纤维为增强材料而形成的一类复合材料。它是复合材料中最重要的一类，应用也最为广泛。它的性能主要取决于纤维的特性、含量及排布方式。增强纤维主要有玻璃纤维（spun glass）、碳纤维、石墨纤维、碳化硅纤维以及氮化铝、氮化硅晶须（直径几十微米的针状单晶）等。

（1）玻璃纤维复合材料　用玻璃纤维增强工程塑料的复合材料称为玻璃钢，分为热塑性玻璃钢和热固性玻璃钢两种。

热塑性玻璃钢是以热塑性树脂为粘结材料，以玻璃纤维为增强材料制成的一类复合材料。热塑性树脂有尼龙、聚碳酸酯、聚乙烯和聚丙烯等。这类材料大量用于要求强度高、重量轻的机械零件，如车辆、船舶、航天航空机械等受力受热结构件、传动件和电机、电器绝缘件等。

热固性玻璃钢是以热固性树脂为粘结材料，以玻璃纤维为增强材料制成的一类复合材料。热固性树脂有环氧、氨基、酚醛、有机硅等。其主要优点是质轻、比强度高、成型工艺简单、耐蚀、电波透过性好。作为结构材料它可制成板材、管材、棒材及各种成型工件，广泛应用于各工业部门。但其刚度较差，耐热性不高，容易蠕变，容易老化。

(2)碳纤维复合材料　碳纤维复合材料是以树脂为基体材料，碳纤维为增强材料的一类新型结构复合材料。常用树脂有环氧树脂、酚醛树脂和聚四氟乙烯等。这种复合材料具有质轻、高强度、热道喜属大、摩擦系数小、抗冲击性能好、疲劳强度高、化学稳定性好等一系列优越性能。可用作各类机器中的齿轮、轴承等耐磨零件，活塞、密封圈、衬垫板等，也可用于航天航空工业中，如飞机的翼尖、起落架、直升机的旋翼以及火箭、导弹的鼻锥体、喷嘴、人造卫星支承架及天线构架等。

(3)金属纤维复合材料　作为增强纤维的金属主要是强度较高的高熔点金属钨、钼、钛、铍、不锈钢等，它们能被基体金属润湿，也能增强陶瓷基体。用钨纤维增强镍基合金，可大大提高复合材料的高温强度，用它制造涡轮叶片，在提高工作温度的同时，显著提高其工作应力。另外，采用金属纤维增强陶瓷，可充分利用金属纤维的韧性和抗拉强度，有效地改善陶瓷的脆性。

2. 颗粒增强复合材料

颗粒增强复合材料是由一种或多种高硬度、高强度的细小颗粒均匀分布在韧性好的基体材料中所形成的一类复合材料。按化学成分的不同，颗粒主要分为金属颗粒和陶瓷颗粒两大类，如由 Al_2O_3…MgO 等氧化物或 TiC、SiC 等碳化物陶瓷颗粒分布在金属(如 Ti、Co、Fe 等)基体中形成的金属陶瓷就是一类陶瓷颗粒复合材料。它具有高强度、耐热、耐磨、耐蚀和热膨胀系数低等特性，可用来制作高速切削刀具、火花塞、喷嘴等高温工作零件。

3. 层叠复合材料

层叠复合材料是由两层或两层以上材料叠合而成的一类复合材料，各层片可由相同材料也可由不同材料组成，层爹复合材料可分为夹层结构复合材料、双层金属复合材料和金属——塑料多层复合材料三种。

(1)夹层结构复合材料　是由两层具有较高的硬度、强度、耐磨、耐蚀及耐热性的面板与具有低密度、低热导性、隔音性及绝缘性较好的心部材料复合而成。这类材料具有较大的抗弯刚度，常用于装饰、车厢、容器外壳等。

(2)双层金属复合材料　它使用胶合或熔合等方法将性能不同的两种金属复合在一起而成，如锡基轴承合金—钢双金属层滑动轴承材料，合金钢—普通碳钢复合钢板，以及日光灯中的起辉器双金属片等。

(3)金属—塑料多层复合材料　如钢—铜—塑料三层复合无油滑动轴承材料，就是以钢为基体，烧结铜网为中间层，塑料为表面层的金属—塑料多层复合材料。这种复合材料适用于制造尺寸精度要求高的各种机器的无润滑或少润滑条件下的轴承、垫片、衬套、球座等，并且广泛应用与化工机械、矿山机械、交通运输等部门。

小　结

本章主要介绍了高分子材料、陶瓷材料和复合材料的基本概念、分类、性能和应用，要求掌握工程塑料的分类和应用，了解陶瓷材料、复合材料的性能和应用。

思考与习题

13-1　什么是塑料，塑料怎样分类的？

13-2　举例说出几种陶瓷材料的特点和主要用途。

13-3　什么是复合材料？它由哪些突出的性能特点？列举一些复合材料的例子。

13-4　防止高分子材料的老化的基本措施。

13-5　陶瓷材料由哪三个相组成？其中玻璃相的作用是什么？

13-6　复合材料的基本组成相以及其增强原理是什么？

第 14 章　零件的选材

工程机械都是由各种零件组合而成，所以，零件的制造是生产出合格机械产品的基础，而要生产出一个合格的零件，必须解决为三个关键问题：即合理的零件结构设计，恰当的材料选择以及正确的加工工艺。本章着重从零件的工作条件，失效形式及应具备的主要性能指标和选材的具体方法等方面进行分析。

14.1　零件的失效

14.1.1　失效的概念与形式

失效是指零件在使用中，由于形状，或尺寸的改变或内部组织及性能的变化而失去原设计的效能。一般机械零件在以下三种情况下可认为已失效，零件完全不能工作；零件虽能工作，但已不能完成设计功能；零件已有严重损伤，不能再继续安全使用。

一般机械零件失效的常见形式有：

(1)断裂失效　零件承载过大或因疲劳损伤等发生破断。

(2)磨损失效　零件因过度摩擦而造成磨损过量，表面龟裂及麻点剥落等表面损伤。

(3)变形失效　零件承载过大而发生过量的弹、塑性变形或高温下发生蠕变等。

(4)腐蚀失效　零件在腐蚀性环境下工作而造成表层腐蚀脱落或断裂等。

同一个零件可能有几种不同的失效形式，例如轴类零件，其轴颈处因摩擦而发生磨损失效，在应力集中处则发生疲劳断裂，两种失效形式同时起作用。但一般情况下，总是由一种形式起主导作用，很少以两种形同时都使零件失效。另外，这些失效形式可相互组合成为更复杂的失效形式，如腐蚀疲劳断裂、腐蚀磨损等。

14.1.2　零件失效的原因及分析

1. 零件失效的原因

引起零件失效的因素很多且较为复杂，它涉及零件的结构设计，材料选择，材料的加工，产品的装配及使用保养等方面。

(1)设计不合理　零件的尺寸以及几何形状结构不正确，如存在尖角或缺口，过渡圆角不合适等。设计中对零件的工作条件估计不全面，或者忽略了温度、介质等其他因素的影响，造成零件实际工作能力的不足。

(2)选材不合理　设计中对零件失效的形式判断错误，使所选材料的性能不能满足工作条件的要求，或者选材所根据的性能指标不能反映材料对实际失效形式的抗力，从而错误地选择了材料。另外，所用材料的冶金质量太差，造成零件的实际工作性能满足不了设计要求。

(3)加工工艺不当　零件在成型加工的过程中,由于采用的工艺不恰当,可能会产生种种缺陷。如热加工中产生的过热、过烧和带状组织等。热处理中产生的脱碳、变形及开裂等。冷加工中常出现的较深刀痕、磨削裂纹等。

(4)安装使用不良　安装时配合过松、过紧,对中不准,固定不稳等,都可能使零件不能正常工作,或工作不安全。使用维护不良,不安工艺规程正确操作,也可使零件在不正常的条件下运行,造成早期失效。

零件的失效原因还可能有其他因素,在进行零件的具体失效分析时,应该从多方面进行考查,确定引起零件失效的主要原因,从而有针对性地提出改进措施。

而零件的失效形式主要与其特有的工作条件是分不开的。如齿轮,当载荷大,摩擦严重时常发生断齿或磨损失效,而当承载小,摩擦较大时,常发生麻点剥落失效。

零件的工作条件主要包括:受力情况(力的大小、种类、分布、残余应力及应力集中情况等),载荷性质(静载荷、冲击载荷、循环载荷等);温度(低温、常温、高温、变温等);环境介质(干爽、潮湿、腐蚀性介质等);摩擦润滑(干摩擦、滑动摩擦、滚动摩擦、有无润滑剂等)以及运转速度,有无振动等。

2. 零件的失效分析及改进措施

一般来说,零件的工作条件不同,发生失效的形式也会不一样,那么,防止零件失效的相应措施也就有所差别。

若零件发生断裂失效,如果是在高应力下工作,则可能是零件强度不够,应选用高强度材料或进行强化处理;如果是在冲击载荷下工作,零件可能是韧性不够,应选塑性、韧性好的材料或对材料进行强韧化处理;如果是在循环载荷下工作,零件可能发生的是疲劳破坏,则应选强度较高的材料经过表面强化处理,在零件表层存在一定的残余压应力为好,如果零件处于腐蚀性环境下工作,则可能发生的是腐蚀破坏,那么就应选择对该环境有相当耐蚀能力的材料。

若零件发生磨损失效,如果是粘着磨损,则往往是摩擦强烈,接触负荷大而零件的表层硬度不够,应选用高硬度材料或进行表面硬化处理,如果零件表层出现大面积剥落,则往往是表层出现软组织或存在网状或块状不均匀碳化物等,应改进热处理,工艺或重新锻造来均匀组织。

若零件发生变形失效,则往往是零件的强度不够,应选用淬透性好、高强度的材料或进行强韧化处理,提高其综合力学性能。如果是在高温下发生的变形失效,则往往是零件的耐热性不足而造成的,应选用化学稳定性好,高温性好的热强材料来制作。

14.2　零件设计中的材料选择

合理的选材标志应该是在满足零件工作要求的条件下,最大限度地发挥材料潜力,提高性能价格比。

14.2.1　选材的基本原则

选材的基本原则是材料在能满足零件使用性能的前提下,具有较好的工艺性和经济性;

根据本国资源情况，优先选择国产材料。

1. 材料的使用性能应满足工作要求

材料的使用性能是指机械零件在正常工作条件下应具备的力学、物理、化学等性能。它是保证该零件可靠工作的基础。对一般机械零件来说，选材时主要考虑的是其机械性能(力学性能)。而对于非金属材料制成的零件，则还应该考虑其工作环境对零件性能的影响。

零件按力学性能选材时，首先应正确分析零件的服役条件、形状尺寸及应力状态，结合该类零件出现的主要失效形式，找出该零件在实际使用中的主要和次要的失效抗力指标，以此作为选材的依据。根据力学计算，确定零件应具有的主要力学性能指标，能够满足条件的材料一般有多种，再结合其他因素综合比较，选择出合适材料。

2. 材料的工艺性应满足加工要求

材料的工艺性是指材料适应某种加工的特性。零件的选材除了首先考虑其使用性能外，还必须兼顾该材料的加工工艺性能，尤其是在大批量、自动化生产时，材料的工艺性能更显得重要。良好的加工工艺性能保证在一定生产条件下，高质量、高效率、低成本地加工出所设计的零件。

(1)铸造性　是指材料在铸造生产工艺过程中所表现出的工艺性能。其好坏是保证获得合格铸件的主要因素。材料的铸造性能主要包括流动性、收缩性，还有吸气、氧化、偏析等，一般来说，铸铁的铸造性能化铸钢好得多，铜、铝合金的铸造性能较好，介于铸铁和铸钢之间。

(2)锻造性　是指锻造该材料的难易程度。若该材料在锻造时塑性变形大，而所需变形抗力小，那么该材料的锻造性能就好，否则，锻造性能就差。影响材料锻造性主要是材料的化学成分和内部组织结构以及变形条件。一般来说，碳钢的可锻性为于合金钢，低碳钢好于高碳钢，铜合金可锻性较好而铝合金较差。

(3)焊接性　是指材料对焊接成形的适应性，也就是在一定的焊接工艺条件下材料获得优质焊接接头的难易程度。一般来说，低碳钢及低合金结构钢焊接性良好，中碳钢及合金钢焊接性较差，高碳高合金钢及铸铁的焊接性很差，一般不作焊接结构。铜、铝合金焊接性较差，一般需采取一些特殊工艺才能保证焊接质量。

(4)切削加工性　是指材料切削加工的难易程度，它一般用切削抗力大小，刀具磨损程度，切屑排除的难易及加工出的零件表面质量来综合衡量。一般来说，硬度适中(160～230HBS)的材料切削加工性好。易切削钢中碳钢、一般有色金属的切削加工性好，而高强度钢、耐热、不锈钢的切削加工性较差。

(5)热处理工艺性　是指材料对热处理加工的适应性能。它包括淬透性、淬硬性、氧化、脱碳倾向、变形开裂倾向、过热过烧倾向、回火脆性倾向等。一般来说，合金钢的淬透性好于碳钢，高碳钢的淬硬性好于低碳钢。淬火冷速越慢，变形开裂倾向越小，所以合金钢油中淬火的变形开裂比碳钢水中淬火要小。此外，合金钢比碳钢不易产生过热过烧现象，大多数合金钢会产生高温回火脆性。

(6)粘结固化性　高分子材料，陶瓷材料，复合材料及粉末冶金材料，大多数靠粘结剂在一定条件下将各组分粘结固化而成。因此，这些材料应注意在成型过程中，各组分之间的粘结固化倾向，才能保证顺利成型用成型质量。

3. 材料的性能价格比要高

从选材经济性原则考虑，应尽可能选用货源充足、价格低廉、加工容易的材料，而且应尽量减少所选材料的品种、规格，以简化供应、保管等工作。但是，仅仅考虑材料的费用及零件的制造成本并不是最合理的。必须对用该材料制成的性/价比尽可能高些。如某大型柴油机中的曲轴，以前用珠光体球墨铸铁生产，价格160元左右，使用寿命3～4年，后改为40Cr调质再表面淬火后使用，价格300元，使用寿命近10年，由此可见，虽然采用球墨铸铁生产曲轴成本低，但就性能价格比来说，用40Cr来生产曲轴则更为合理。因为后者的性价比要高于前者，况且，曲轴是柴油机中的重要零件，其质量好坏直接影响整台柴油机的运行安全及使用寿命，因此，为了提高这类关键零件的使用寿命，即使材料价格和制造成本较高，但从全面来看，其经济性仍然是合理的。

14.2.2 零件选材中的注意事项

零件选材通常遵循选材的基本原则，一般认为在正常工作条件下，该零件运行应该是安全可靠，生产成本也应该是经济合理的。但是，由于有许多没有估计到的因素会影响到材料的性能和零件的使用寿命，甚至也影响到该零件生产及运行的经济效益。因此，零件选材时还必须注意以下一些问题：

1. 零件的实际工作情况

实际使用的材料不可能绝对纯净，大都存在或多或少的夹杂物及各种不同类型的冶金缺陷，它们的存在，都会对材料的性能产生各种不同程度的影响。

另外，材料的性能指标是通过试验来测定的，而试验中的试样与实际工作中的零件无论是在材料，形状尺寸还是在受力状况，服役条件等方面都存在差异，因此，从试验中测出的数值与实际工作的零件可能会不一样，有些出入。所以，材料的性能指标只有通过与工作条件相似的模拟试验才能最终确定下来。

2. 材料的尺寸效应

用相同材料制成的尺寸大小不一样的零件，其力学性能会有一些差异，这种现象称为材料的尺寸效应。如钢材，由于尺寸大的零件淬硬深度要小，尺寸小的淬硬深度要大些。从而使得零件淬火后在整个截面上获得的组织不均匀一致。这种现象，对于淬透性低的钢，尺寸效应更为明显。

另外，尺寸效应还会影响钢材淬火后获得的表面硬度。在其他条件一样时，随零件尺寸的增大，淬火后零件获得的表面硬度会越低。

同样，尺寸效应现象在铸铁件以及其他一些材料中也同样存在，只是程度不同而已，因此，零件选材，特别是在零件尺寸较大的情况下，必须考虑尺寸效应的影响而适当加以调整。

3. 材料力学性能之间的合理配合

由于硬度值是材料一个非常重要的性能指标，且测定简便而迅速，又不破坏零件，还有材料的硬度与其他力学性能指标存在或多或少的联系。因此，大多数零件在图纸上的技术性能标注的大都是其硬度值。

材料硬度值的合理选择应综合考虑零件的工作条件及结构特点。如对强烈摩擦的零件，为提高其耐磨性，应选高硬度材料；为保证有足够的塑性和韧性，应选较低的硬度值；而对于相互摩擦的配合零件，应使两零件的硬度值合理匹配（轴的硬度一般比轴瓦高几个HRC）。

强度的高低反映材料承载能力的大小，通常机械零件都是在弹性范围内工作的。因此零件的强度设计都是以屈服强度 $\sigma_{0.2}$ 为原始数据（脆性材料为抗拉强度 σ_b），再以安全系数 N 加以修正，从而保证零件的安全使用。但是，这种安全也不是绝对的。实际工作的零件有时在许用应力以下也会发生脆断，或因短时过载而断裂。这种情况下不能只片面提高强度指标，因为钢材强度提高后，其塑性和韧性指标一般会呈下降趋势。当材料的塑性，韧性很低时，容易造成零件的脆性断裂。所以必须采取一定措施（如强韧化处理），在提高材料强度的同时，保证其有相当的塑性和韧性。

塑性及韧性指标一般不用于材料的设计计算，但它们对零件的工作性能都有很大的影响。一定的塑性能有效地提高零件工作的安全性。当零件短时过载时，能通过材料局部塑性变形，削弱应力峰，产生加工硬化，提高零件的强度，从而增加其抗过载的能力。一定的韧性，能保证零件承受冲击载荷及有效防止低应力脆断的危险。但也不能因此而片面追求材料的高塑性和韧性，因为塑性和韧性的提高，必然是以牺牲材料的硬度和强度为代价，反而会降低材料的承载能力和耐磨性，故应根据实际情况合理，调配这些性能指标。

14.3 典型零件、工具的选材及热处理

金属材料、高分子材料，陶瓷材料及复合材料是目前主要的工程材料，它们各有自己的特性，所以各有其合适的用途。

高分子材料的密度小，比强度大，绝缘、减振、隔音性能佳，加工简便成本低。但是，高分子材料的强度低，刚度小，尺寸稳定性较差，容易老化。因此，在机械工程中，一般用来制造承受载荷较轻的一些不重要的结构零件。如用于轻载荷的塑料齿轮，轴承、一些紧固件及各种密封件等。

陶瓷材料硬度高，耐高温，抗氧化，耐磨损且耐蚀性好。但它质脆、韧性差，不能经受冲击载荷，抗急冷，急热性能差，易碎裂。因此，在机械工程中，陶瓷材料一般不用来制造受力复杂及冲击性大的重要零件，主要用来制造在高温下工作的零件，切削刀具和某些耐磨工件。如，坩埚，发动机叶片，拉丝模，立方氮化硼刀具等。由于陶瓷材料的制造工艺较复杂，成本高，故在机械工程中应用还不普遍。

复合材料综合了多种不同材料的优良性能。具有很高的比强度和比模量，抗疲劳，减振，耐高温，有良好的断裂安全性；但复合材料通常表现为各向异性，横向力学性能较低，伸长率小，抗冲击性差。因此，复合材料虽然有着较多的性能优点，是一类很有发展前途的新型工程材料，但目前制造成本很高，影响了它的应用范围。

金属材料具有优良的使用性能，能满足绝大多数机械零件的工作要求，且金属材料还具有良好的加工工艺性能，能很方便地通过各种成型加工方法将其加工成所需产品，还能通过多种热处理提高和改善材料性能，充分发挥材料的潜力。因此，目前它是机械工程中最主要的结构材料，被广泛地用于制造各种重要的机械零件和工程结构。在金属材料中，机械零件的用材最主要是钢铁材料。又因为钢铁材料的性能与热处理有着非常紧密的联系，如果选材正确，但没有合理的热处理工艺相配合，零件的性能也是不可能达到设计要求的。所以，下面介绍典型零件选材的同时紧密结合热处理工艺加以分析、讨论。

14.3.1 轴类零件的选材及热处理

轴是机器中的重要零件之一，用来支持旋转的机械零件，如齿轮、带轮等。根据承受载荷的不同，轴可分为转轴、传动轴和心轴三种。这里只就受力较复杂的一种传动轴（机床主轴）为例来讨论其选材和热处理工艺。

1. 机床主轴的工作条件、失效形式及技术要求

（1）机床主轴的工作条件　机床主轴工作时高速旋转，并承受弯曲、扭转，冲击等多种载荷的作用；机床主轴的某些部位承受着不同程度的摩擦，特别是轴颈部分与其他零件相配合处承受摩擦与磨损。

（2）机床主轴的主要失效形式　当弯曲载荷较大，转速很高时，机床主轴承受着很高的交变应力，而当轴表面硬度较低，表面质量不良时常发生因疲劳强度不足而产生疲劳断裂，这是轴类工件最主要的失效形式。

当载荷大而转速度高，且轴瓦材质较硬而轴颈硬度不足时，会增加轴颈与轴瓦的摩擦，加剧轴颈的磨损而失效。

（3）对机床主轴的材料性能要求　根据机床主轴的工作条件，失效形式，要求主轴材料应具备以下主要性能：

①具有较高的综合力学性能　当主轴运转工作时，要承受一定的变动载荷与冲击载荷，常产生过量变形与疲劳断裂失效。如果主轴材料通过正火或调质处理后具有较好的综合力学性能，即较高的硬度、强度、塑性与韧性，则能有效地防止主轴产生变形与疲劳失效。

②主轴轴颈等部位淬火后应具有高的硬度和耐磨性，提高主轴运转精度及使用寿命。

2. 主轴选材及热处理工艺的具体实例

主轴的材料及热处理工艺的选择应根据其工作条件、失效形式及技术要求来确定。

主轴的材料常采用碳素钢与合金钢，碳素钢中的35、45、50等优质中碳钢，因具有较高的综合机械性能，应用较多，其中以45号钢用得最为广泛。为了改善材料力学性能，应进行正火或调质处理。

合金钢具有较高的机械性能，但价格较贵，多用于有特殊要求的轴。当主轴尺寸较大，承载较大时可采用合金调质钢如40Cr、40CrMn、35CrMo等进行调质处理。对于表面要求耐磨的部位，在调质后再进行表面淬火，当主轴承受重载荷、高转速，冲击与变动载荷很大时，应选用合金渗碳钢如20Cr、20CrMnTi等进行渗碳淬火。而对于在高温、高速和重载条件下工作的主轴，必须具有良好的高温机械性能，常采用27Cr2Mo1V、38CrMoAlA等合金结构钢。此外，合金钢对应力集中的敏感性较高，因此设计合金钢轴时，更应从结构上避免或减少应力集中现象，并减少轴的表面粗糙度值。

现以C616车床主轴（图14.1）为例，分析其选材与热处理工艺。该主轴承受交变弯曲应力与扭转应力，但载荷不大，转速较低，受冲击较小，故材料具有一般综合力学性能即可满足要求。主轴大端的内锥孔和外锥体，经常与卡盘、顶尖有相对摩擦，花键部位与齿轮有相对滑动，因此这些部位硬度及耐磨性有较高要求。该主轴在滚动轴承中运转，为保证主轴运转精度及使用寿命，轴颈处硬度为220～250HBS。

根据上述工作条件分析，该主轴可选45钢。热处理工艺及应达到的技术条件是：主轴整体调质，改善综合力学性能，硬度为220～250HBS；内锥孔与外锥体淬火后低温回火，硬度为45～50HRC；但应注意保护键槽淬硬，故宜采用快速加热淬火；花键部位采用高频感应

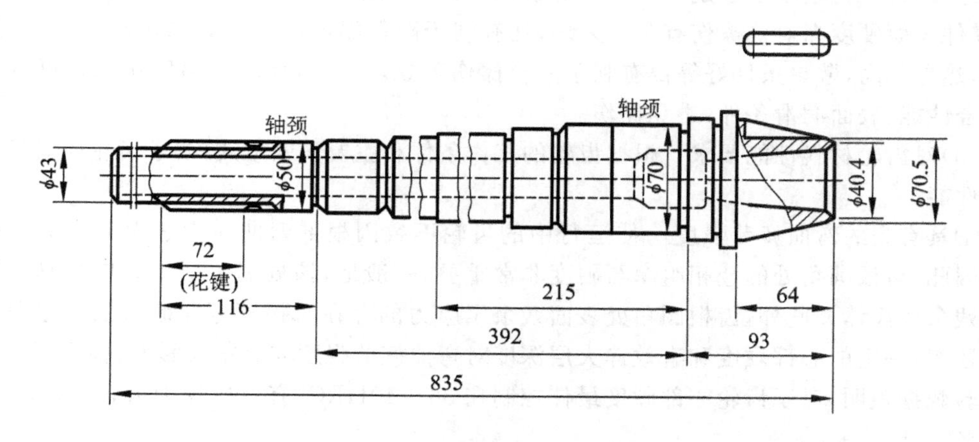

图 14.1　C616 车床主轴简图

表面淬火，以减少变形并达到表面淬硬的目的。硬度达 48～53HRC，由于主轴较长，而且锥孔与外锥体对两轴颈的同轴度要求较高，故锥部淬火应与花键部位淬火分开进行，以减少淬火变形。随后用粗磨纠正淬火变形，然后再进行花键的加工与淬火，其变形可通过最后精磨予以消除。

14.3.2　齿轮类零件的选材及热处理

1. 齿轮的工作条件、失效形式及对材料性能的要求

(1)齿轮的工作条件　齿轮作为一种重要的机械传动零件，在工业上应用十分广泛，各类齿轮的工作过程大致相似，只是受力程度，传动精度有所不同。

①齿轮工作时，通过齿面接触传递动力，在啮合齿表面存在很高的接触压应力及强烈的摩擦。

②传递动力时，轮齿就像一根受力的悬臂梁，接触压应力作用在轮齿上，使齿根部承受较高的弯曲应力。

③当啮合不良，启动或换挡时，轮齿将承受较高的冲击载荷。

(2)齿轮的主要失效形式　在通常情况下，齿轮的失效形式主要有：断齿、齿面剥落，磨损及擦伤等。

①断齿，大多数情况下是由于齿轮在交变应力作用下齿根产生疲劳破坏的结果，但也可能是超载引起的脆性折断。

②齿面剥落，是接触应力超过了材料的疲劳极限而产生的接触疲劳破坏。根据疲劳裂纹产生的位置，可分为裂纹产生于表面的麻点剥落，裂纹产生于接触表面下某一位置的浅层剥落，以及裂纹产生于硬化层与心部交界处的深层剥落。

③齿面磨损，是啮合齿面相对滑动时互相摩擦的结果，齿轮磨损主要有两种类型，即粘着磨损和磨粒磨损。粘着磨损产生的原因主要是油膜厚度不够，粘度偏低，油温过高，接触负荷大而转速低，当以上某一因素超过临界值就会造成温度过高而产生断续的自焊现象而形成粘着磨损，磨粒磨损则是由切削作用产生的，其原因可能是接触面粗糙，存在外来硬质点或互相接触的材料硬度不匹配等。

④齿面擦伤，基本上也是一种自焊现象，影响因素主要是表面状况和润滑条件。一般来说，零件表面硬度高对抗擦伤有利。另外，凡有利于降低温度的因素如摩擦小，有稳定的油膜层，热导率高，散热条件好等都有利于减轻擦伤现象。还有，齿轮采用磷化工艺可有效改善走合性能、表面润滑条件，避免擦伤。

(3)对齿轮材料性能要求　根据齿轮的工作条件和主要失效形式，要求齿轮应具备以下主要性能。

①具有高的弯曲疲劳强度　使运行中的齿轮不致因根部弯曲应力过大而造成疲劳断裂。因此，齿根圆角处的金相组织与硬度非常重要，一般地，该处的表层组织应是马氏体和少量残余奥氏体。此外，齿根圆角处表面残余压应力的存在对提高弯曲疲劳强度也非常有利。还有，一定的心部硬度和有效淬火层深度对弯曲疲劳强度亦有很大影响，根据国内外大量试验数据表明，对于齿轮心部硬度最佳控制在36～40HRC，有效层深为齿轮模数的15%～20%。

②具有高的接触疲劳抗力　使齿面不致在受到较高接触应力时而发生齿面剥落现象。通过提高齿面硬度，特别是采用渗碳、渗氮、碳氮共渗及其他齿面强化措施可大幅度提高齿面抗剥落的能力。一般地，渗碳淬火后齿轮表层的理想组织是细晶粒马氏体加上少量残余奥氏体。不允许有贝氏体、珠光体，因为贝氏体，珠光体对疲劳强度、抗冲击能力、抗接触疲劳能力均不利。心部金相组织应是马氏体和贝氏体的混合组织。另外，齿轮表层组织中含有少量均匀分布的细小的碳化物对提高表面接触疲劳强度和抗磨损能力都是有利的。

总之，提高材料的冶金质量及热处理质量，减少钢中非金属夹杂物，细化显微组织，改善碳化物形态，尺寸及分布，减少或避免表面脱碳层及淬火时的表面非马氏体组织，使表面获得残余压应力状态等均可使齿轮的弯曲疲劳强度，接触疲劳强度及耐磨性等得到改善，并提高其使用寿命。

2. 齿轮选材及热处理工艺具体实例

(1)机床齿轮选材　机床中齿轮的载荷一般较小，冲击不大，运转较平稳，其工作条件较好。机床齿轮的选材主要是根据齿轮的具体工作条件(如运转速度、载荷大小、及性质，传动精度等来确定的，如表14-1所示。

由表中可见，机床齿轮常用材料分中碳钢或中碳合金钢及低碳或低合金结构钢两大类。中碳钢常选用45钢，经高频感应加热淬火，低温或中温回火后，硬度值达45～50HRC，主要用于中小载荷齿轮。如变速箱次要齿轮，溜板箱齿轮等。中碳合金钢常选用40Cr或42SiMn钢，调质后感应加热淬火，低温回火，硬度值可达50～55HRC，主要用于中等载荷，冲击不大的齿轮，如铣床工作台变速箱齿轮，主速机床走刀箱、变速箱齿轮等。低碳钢一般选用15或20钢，渗碳后直接淬火，低温回火后使用，硬度可达HRC58～63，一般用于低载荷，耐磨性高的齿轮。低合金结构钢常采用20Cr、20CrMnTi、12CrNi3等渗碳用钢，经渗碳后淬火，低温回火后使用，硬度值可达58～63HRC，主要用于高速，重载及受一定冲击的齿轮，如机床变速箱齿轮，立式车床上重要的弧齿锥齿轮等。

表 14-1　机床齿轮的用材及热处理

序号	齿轮工作条件	钢种	热处理工艺	硬度要求
1	在低载荷下工作，要求耐磨性好的齿轮	15	900～950℃渗碳后直接淬火，180～200℃回火	58～63HRC
2	低速（< 0.1m/s）、低载荷下工作的不重要的变速箱齿轮及挂轮架齿轮	45	840～860℃正火	156～217HB
3	低速（< 1m/s）、低载荷下工作的齿轮（如车床溜板上的齿轮）	45	820～840℃水冷，500～550℃回火	200～250HBS
4	中速、中载荷或大载荷下工作的齿轮（如车床变速箱中的次要齿轮）	45	高频加热，水冷，300～340℃回火	45～50HRC
5	速度较大或中等载荷下工作的齿轮，齿部硬度要求较高（如钻床变速箱中的次要齿轮）	45	高频加热，水冷，240～260℃回火	50～55HRC
6	高速、中等载荷，齿面硬度要求高的齿轮（如磨床砂轮箱齿轮）	45	高频加热，水冷，180～200℃回火	54～60HRC
7	速度不大，中等载荷，断面较大的齿轮（如立车齿轮）	40Cr 42SiMn	840～860℃油冷，600～650℃回火	200～230HBS
8	中等速度（2～4 m/s）、中等载荷下工作高速机床走刀箱、变速箱齿轮	40Cr 42SiMn	调质后高频加热，乳化液冷却，260～300℃回火	50～55HRC
9	高速、高载荷、齿部要求高硬度的齿轮	40Cr 42SiMn	调质后高频加热，乳化液冷却，180～20 0℃回火	54～60HRC
10	高速、中载荷、受冲击、模数 < 5 齿轮（如机床变速箱齿轮）	20Cr 20Mn2B	900～950℃渗碳后直接淬火或800～820℃油淬、180～200℃回火	58～63HRC
11	高速、中载荷、受冲击、模数 > 6 的齿轮（如立车上的重要齿轮）	20CrMnTi 20SiMnVB	900～950℃渗碳，降温至820～850℃淬火，180～200℃回火	58～63HRC
12	高速、中载荷、形状复杂，要求热处理变形小的齿轮	38CrMoAl 38CrAl	正火或调质后510～550℃氮化	850HV以上
13	在不高载荷下工作的大型齿轮	50Mn2 65Mn	820～840℃空冷	< 241HBS
14	传动精度高，要求具有一定耐磨性的大齿轮	35CrMo	850～870℃空冷，600～650℃回火（热处理后精加工齿形）	255～305HBS

（2）汽车、拖拉机齿轮选材　汽车、拖拉机齿轮主要分装在变速箱和差速器中。在变速箱中，通过它来改变发动机，曲轴和主轴齿轮的转速；在差速器中，通过它来增加扭转力矩，调节左右两车轮的转速，并将发动机动力传给主动轮，推动汽车、拖拉机运行，所以这此类齿轮传递功率、承受冲击载荷及摩擦压力都很大，工作条件比机床齿轮要繁重得多。因此，对其疲劳强度，心部强度，冲击韧性及耐磨性等方面都有更高要求，实践证明，选用合金渗碳钢经渗碳（或碳氮共渗），淬火及低温回火后使用非常合适。常采用的合金渗碳钢为20CrMo、20CrMnTi、20CrMnMo等，这类钢的淬透性较高，通过渗碳，淬火及低温回火后，齿面硬度为58～63HRC，具有较高的疲劳强度和耐磨性，心部硬度为33～45HRC，具有较高的强度及韧性。且齿轮的变形较小，完全可以满足其工作条件要求大批量生产时，齿轮坯宜采用模

镀生产，既节约金属，又提高了齿轮力学性能，齿轮坯常采用正火处理，齿轮常用渗碳温度为920～930℃，渗碳层深一般为$\delta=(0.2\sim0.3)m$（m为齿轮模数），表层含碳量$w_c=0.7\%\sim1.0\%$。表层组织应为细针状体和少量残余奥氏体以及均匀弥散分布的细小碳化物。该类齿轮的加工路线通常为：下料→锻造→正火→机械粗加工→渗碳→淬火、低温回火→喷丸→磨齿。

对于运行速度更快，周期长，安全可靠性好的齿轮，如冶金、电站设备、铁路机车、船舶的汽轮发动机等设备上的齿轮，可选用12CrNi2、12CrNi3、12CrNi4、20CrNi3等淬透性更高的合金渗碳钢。对于传递功率更大，齿轮表面载荷高，冲击更大，结构尺寸很大的齿轮，则可选用20CrNi2Mo、20Cr2Ni4、18Cr2Ni4W等高淬透性合金渗碳钢。

另外，对于高精密传动齿轮，可选用渗氮钢经渗氮处理：如一般用途（表面耐磨）的选用40Cr、20CrMnTi钢渗氮；在冲击载荷下工作（要求表面耐磨，心部韧性高）的齿轮可选用18Cr2Ni4WA、30CrNi3等钢；在重载荷下工作（要求表面耐磨、心部强度高）的宜采用35CrMoV、40CrNiMo等钢；在重载及冲击下工作（要求表面耐磨，心部强韧性高）的可采用35CrNiMoA、40CrNiMoA等钢；精密传动（要求表面耐磨，畸变小）的齿轮可采用38CrMoALA钢渗氮。

14.3.3 常用刀具的选材及热处理

按切削速度的高低可将刀具简单地划分为两大类：低速切削刀具和高速切削刀具。

1. 刀具的工作条件，主要失效形式及对材料性能要求

在切削过程中，刀具切削部分承受切削力、切削高温的作用以及剧烈的摩擦、磨损和冲击、振动。

刀具在使用中发生的最主要失效形式是刀具磨损，即刀具在切削过程中，其前刀面、后刀面上微粒材料被切屑或工件带走的现象。刀具磨损常表现在后刀面上形成后角为零的棱带以及前刀面上形成月牙形凹坑。造成刀具磨损的主要原因是切屑、工件与刀具间强烈的摩擦以及由切削温度升高而产生的热效应引起磨损加剧。刀具另一种主要失效形式是刀具破损，即刀具受力过大，或因冲击、内应力过大而导致崩刃或刀片突然碎裂的现象。

根据上述的刀具工作条件，失效形式，要求刀具材料应具备以下主要性能：

(1)高硬度　刀具材料的硬度必须高于工作材料的硬度，否则切削难以进行，在常温下，一般要求其硬度在HRC60以上。

(2)高耐磨性　为承受切削时的剧烈摩擦，刀具材料应具有较强的抵抗磨损的能力，以提高加工精度及使用寿命。

(3)高红硬性　切削时由于金属的塑性变形、弹性变形和强烈摩擦，会产生大量的切削热，造成较高的切削温度，因此刀具材料必须具有高的红硬性，在高温下仍能保持高的硬度、耐磨性和足够的坚韧性。

(4)良好的强韧性　为了承受切削力，冲击和振动，刀具材料必须具备足够的强度和韧性才不致被破坏。

刀具材料除应有以上优良的切削性能外，一般还应具有良好的工艺性和经济性。

2. 刀具选材及热处理工艺实例

(1)低速刀具的选择及热处理工艺　常见低速切削刀具有锉刀、手用锯条、丝锥、板牙及铰刀等。它们的切削速度较低，受力较小，摩擦和冲击都不大。

对于这类刀具,常采用的材料有碳素工具钢及低合金工具钢两大。碳素工具钢是一种含碳量高的优质钢,淬火、低温回火后硬度可达 HRC 60～65,可加工性能好,价格低,刃口容易磨得锋利,适用于制造低速或手动刀具。常用牌号为 T8、T10、T13、T10A 等,各牌号的碳素工具钢淬火后硬度相近,但随含碳量的增加,未溶碳化物增多,钢的耐磨性增加,而韧性降低,故 T7、T8 适用于制造承受一定冲击而韧性要求较高的刀具,如木工用斧头,钳工凿子等;T9、T10、T11 钢用于制造冲击较小而要求高硬度与耐磨的刀具,如手锯条、丝锥等;T12、T13 钢硬度及耐磨性最高,而韧性最差,用于制造不承受冲击的刀具,如锉刀、刮刀等。牌号后带"A"的高级优质碳素工具钢比相应的优质碳素工具钢韧性好且淬火变形及开裂倾向小,适于制造形状复杂的刀具。低合金工具钢含有少量合金元素,与碳素工具钢相比有较高的红硬性与耐磨性,淬透性好,热处理变形小。主要用于制造各种手用刀具和低速机用切削刀具,如手铰刀,板牙,拉刀等,常用牌号有 9SiCr,CrWMn 等。

手用铰刀是加工金属零件内孔的精加工刀具。因是手动铰削,速度较低,且加工余量小,受力不大。它的主要失效形式是磨损及扭断。因此,手用铰刀对材料的性能要求是:齿刃部经热处理后,应具有高硬度和高耐磨性以抵抗磨损,硬度为 62～65HRC,刀轴弯曲畸变量要小约为 0.15～0.3mm,以满足精加工孔的要求。

根据以上条件,手用铰刀可选低合金工具钢 9SiCr 经适当热处理后满足要求,其具体热处理工艺为:刀具毛坯锻压后采用球化退火改善内部组织,机械加工后的最终热处理采用分级淬火 600～650℃预热,再升温至 850～870℃加热,然后 160～180℃硝盐中冷却(ϕ3～13)或≤80℃油冷(ϕ13～50),热矫直,再在 160～180℃进行低温回火,柄部则采用 600℃高温回火后快冷。

经过以上热处理,手用铰刀基本上可满足工作性能要求,且变形量很小。

(2)高速刀具的选材及热处理工艺　常见高速切削刀具有车刀、铣刀、钻头、齿轮滚刀等,它们的切削速度高,受力大,摩擦剧烈,温度高且冲击性大。

对于这类刀具,常采用的材料有高速钢,硬质合金,陶瓷以及超硬材料四类。这里,我们只就高速钢作介绍。

高速钢是一种含较多合金元素的高合金工具钢,红硬性较高,允许在较高速度下切削,高速钢的强度和韧性高,制造工艺性好,易于磨出锋利刃口,因而得到广泛应用,适于制造各种复杂形状的刀具。常用高速钢的牌号有 W18Cr4V、W6Mo5Cr4V2、W18Cr4V2Co8、W6Mo5Cr4V2Al 等,其中 W18Cr4V 属典型的钨系高速钢,硬度为 62～65 HRC,具有较好的综合性能,在国内外应用最广;W6Mo5Cr4V2 属钨钼系高速钢,其碳化物分布均匀,强度和韧性好,但易脱碳,过热,红硬性稍差,适于制造热轧刀具,如热轧麻花钻头等;W18Cr4V2Co8 属含钴超硬系高速钢,其硬度高,耐磨性和红硬性好,适于制造特殊刀具,用来加工难以切削的金属材料,如高温合金、不锈钢等;W6Mo5Cf4V2AL 属含铝超硬系高速钢,其硬度可达 68～69HRC,耐磨性与红硬性均很高,适用于制造切削难加工材料的刀具以及要求耐用度高,精度高的刀具,如齿轮滚刀,高速插齿刀等。

车刀是一种最简单也是最基本最常用的刀具,用来夹持在车床上切削工件外圆或端面等。车削的速度不是很高,且一般是连续进行,冲击性不大,但粗车时载荷可能较大。它的主要失效形式是刀刃和刀面的磨损。因此,车刀对材料的性能要求是,高的硬度和耐磨性,经热处理后切削部分的硬度≥64HRC;红硬性较高,应≥52HRC,使刀具能担负较高的切削速度，足够的强度及韧性，使刀具能承受较大的切削力及一定的冲击性。

根据以上条件，车刀可选取最常用的钨系高速成钢 W18Cr4V 即可满足其性能要求，其具体热处理工艺为：为了改善刀具毛坯的机械加工性能，消除锻造应力，为最终热处理作为组织准备，其预先热处理采用等温球化退火（即在 850～870℃保温后，迅速冷却到 720～740℃等温停留 4～5h，再冷到 600℃以下出炉），退火后，组织为索氏体及细小粒状碳化物，硬度为 210～255HBS。机械加工后进行淬火、回火的最终热处理，因车刀的切削载荷通常不大，承受冲击较小，而切削热量较大，形状简单，所以宜采用较高淬火温度，通常为 1290～1320℃。因高速钢的塑性和导热性较差，为了减少热应力，防止刀具变形和开裂，必须进行 850±10℃的中温预热，淬火冷却可采用油冷或在 580～620℃的盐浴中等温冷却，对厚度小，刃部长的车刀可在 240～280℃保温 1.5～3h 进行分级淬火，以减少畸变，同时改善刀具性能，回火常采用 560℃×1～1.5h 回火三次，以尽量减少钢中残余奥氏体量，产生二次硬化，获得最高硬度≥64HRC，经过上述热处理，W18Cr4V 制车刀完全能满足工作性能要求。

小　结

本章主要介绍了金属材料选材的一般原则和步骤，要求学生掌握选材的基本原则，能够结合生产实际，对零件材料及其工艺路线进行合理选择。

思考与习题

14-1　零件常见失效形式有哪几种？他们要求材料的主要性能指标分别是什么？

14-2　零件选材的基本原则是什么？

14-3　制定下列零件的热处理工艺，并编写简明的工艺路线（各零件均选用锻造毛坯，且钢材具有足够的淬透性）。

(1)某机床变速箱齿轮（模数 m＝4），要求齿面耐磨，心部强度和韧性要求不高，选用 45 钢制造。

(2)某机床主轴，要求有良好的综合机械性能，轴颈部分要求耐磨（50～55 HRC），选用 45 钢制造。

参考文献

[1] 黄云清.公差配合与测量技术[M].北京:机械工业出版社,2001.
[2] 吕永智.公差配合与技术测量[M].北京:机械工业出版社,2006.
[3] 杨好学.互换性与技术测量[M].西安:西安电子科技大学出版社,2006.
[4] 刘品.机械精度设计与检测基础[M].哈尔滨:哈尔滨工业大学出版社,2004.
[5] 胡照海.公差配合与测量技术[M].北京:人民邮电出版社,2006.
[6] 于梅.机械制图[M].南京:东南大学出版社,2011.
[7] 王槐德.机械制图新旧标准代换教程.北京:中国标准出版社,2011.
[8] 刘斌.机械精度设计与检测基础[M].北京:国防工业出版社,2011.
[9] 于凤丽.公差配合与测量技术[M].北京:机械工业出版社,2009.
[10] 机械工程师手册编写委员会.机械工程师手册.北京:机械工业出版社,2007.
[11] 董庆怀.公差配合与测量技术[M].北京:机械工业出版社,2011.
[12] 于永泗,齐民.机械工程材料[M].大连:大连理工大学出版社,2010.
[13] 付传起.工程材料及成形工艺基础[M].北京:国防科技大学出版社,2011.
[14] 王章忠.机械工程材料[M].北京:机械工业出版社,2010.
[15] 张瑞平.金属工艺学[M].北京:冶金工业出版社,2008.
[16] 沈莲.机械工程材料[M].北京:机械工业出版社,2010.
[17] 机械工程师电机工程手册编委会.机械工程手册:工程材料卷[M].北京:机械工业出版社,2007.
[18] 束德林.工程材料力学性能[M].北京:机械工业出版社,2009.
[19] 李炜新.金属材料与热处理[M].北京:机械工业出版社,2005.
[20] 曾正明.机械工程材料手册[M].北京:机械工业出版社,2004.
[21] 程晓宇.工程材料与热加工技术[M].西安:西安电子科技大学出版社,2007.
[22] 苏建修.机械制造基础[M].北京:机械工业出版社,2004.

配套教学资源与服务

一、教学资源简介

本教材通过 www.51cax.com 网站配套提供两种配套教学资源：

● 新型立体教学资源库：**立体词典**。“立体”是指资源多样性，包括视频、电子教材、PPT、练习库、试题库、教学计划、资源库管理软件等等。“词典”则是指资源管理方式，即将一个个知识点(好比词典中的单词)作为独立单元来存放教学资源，以方便教师灵活组合出各种个性化的教学资源。

● 网上试题库及组卷系统。教师可灵活地设定题型、题量、难度、知识点等条件，由系统自动生成符合要求的试卷及配套答案，并自动排版、打包、下载，大大提升了组卷的效率、灵活性和方便性。

二、如何获得立体词典？

立体词典安装包中有：1)立体资源库。2)资源库管理软件。3)海海全能播放器。

● 院校用户(任课教师)

请直接致电索取立体词典(教师版)、51cax 网站教师专用帐号、密码。其中部分视频已加密，需要通过海海全能播放器播放，并使用教师专用帐号、密码解密。

● 普通用户(含学生)

可通过以下步骤获得立体词典(学习版)：1)在 www.51cax.com 网站注册并登录；2)点击右上方“输入序列号”键，并输入教材封底提供的序列号；3)在首页搜索栏中输入本教材名称并点击“搜索”键，在搜索结果中下载本教材配套的立体词典压缩包，解压缩并双击 Setup.exe安装。

四、教师如何使用网上试题库及组卷系统？

网上试题库及组卷系统仅供采用本教材授课的教师使用，步骤如下：

1)利用教师专用帐号、密码(可来电索取)登录 51CAX 网站 http://www.51cax.com；2)单击网站首页右上方的“进入组卷系统”键，即可进入“组卷系统”进行组卷。

五、我们的服务

提供优质教学资源库、教学软件及教材的开发服务，热忱欢迎院校教师、出版社前来洽谈合作。

电话：0571－28811226，28852522

邮箱：market01@sunnytech.cn，book@51cax.com

Q Q：592397921